国家示范性高等职业院校工学结合系列教材

混凝土结构施工

——工作单

王军强　编著

中国建筑工业出版社

图书在版编目（CIP）数据

混凝土结构施工——工作单/王军强编著．—北京：中国建筑工业出版社，2009
（国家示范性高等职业院校工学结合系列教材）
ISBN 978-7-112-11171-8

Ⅰ．混…　Ⅱ．王…　Ⅲ．混凝土结构-混凝土施工-高等学校：技术学校-教材　Ⅳ．TU755

中国版本图书馆CIP数据核字（2009）第129162号

国家示范性高等职业院校工学结合系列教材
混凝土结构施工
——工作单
王军强　编著
*
中国建筑工业出版社出版、发行(北京西郊百万庄)
各地新华书店、建筑书店经销
北京红光制版公司制版
北京盈盛恒通印刷有限公司印刷
*
开本:787×1092毫米　1/16　印张:19¼　字数:468千字
2010年4月第一版　2014年7月第五次印刷
定价:**37.00**元
ISBN 978-7-112-11171-8
(18425)

本书是高职示范院校工学结合试点教材。混凝土结构施工是高职建筑工程技术专业的主干专业学习领域，包括《混凝土结构施工》和《混凝土结构施工——工作单》2部分。本书以建筑工程中混凝土结构主体的施工过程为导向，以框架结构、剪力墙结构施工的任务为载体，以分部、分项工程作为情境，作为教学设计基础，以建筑工程施工技术管理人员的岗位标准作为课程构建标准，以行动导向进行教学设计、组织、实施与评价。

《混凝土结构施工——工作单》提供基本的学习情境、项目、工作任务，给出完成项目、任务需要的职业能力、知识、态度等，并对学习的结果进行考核评价。《混凝土结构施工》是学习手册，引导学生解决学习中的知识困惑与行动疑惑，知识的排序与建构与完成项目、任务的实际过程是一致的，符合工程的建设实际。两本书配套学习，结合软硬件环境配套，能很好的实现工学结合，体现建筑工程施工工作本位的思想，对于培养学生的职业行动能力，提高学生的操作技能和职业迁移能力是非常有意义的。

基于工作过程，本套资料给出6个学习情境，分别是：学习情境1—混凝土结构施工图的识读与交底，学习情境2—混凝土结构工程计量，学习情境3—混凝土结构模板分项工程，学习情境4—混凝土结构钢筋分项工程，学习情境5—混凝土结构混凝土分项工程，学习情境6—混凝土结构预应力分项工程。

本书既可作为高等职业院校建筑工程技术专业教材用书，也可作为相关专业参考用书。

* * *

责任编辑：朱首明　刘平平　李　明
责任设计：张政纲
责任校对：兰曼利　陈晶晶

前　言

建筑工程主体结构按分部分项工程可以划分混凝土结构、劲性钢（管）混凝土结构、砌体结构、钢结构、木结构和网架和索膜结构。混凝土结构在建筑工程中占有重要份额，按体系可以分为框架结构、剪力墙结构、框架－剪力墙结构、筒体结构等，按用途几乎覆盖建筑的所有领域。混凝土结构的分项工程包括模板、钢筋、混凝土，预应力、现浇以及装配式结构。

混凝土结构的施工量大面广，施工产品大多呈现出单一性、特殊性、不重复性，技术比较复杂，施工周期长。需要完成钢筋工程、模板工程、混凝土工程、脚手架工程等一系列工程任务，涉及到施工技术、施工工艺、材料、结构与构造、工程计量与计价、力学、安全与环保、工程识图、工程经济等方面的知识。

以混凝土框架结构、剪力墙结构施工作为项目载体，以完成项目的实际工作过程作为课程开发的导向，以混凝土结构的分项工程作为学习情境，基于完成情境中的任务进行教学单元分解和建构，并据此进行教学设计、组织、实施与评价。混凝土结构施工的课程内容来源于工程实际－混凝土框架结构施工、剪力墙结构施工，以完成实际项目的任务为课程内容的载体。课程标准与施工员职业行动能力实现零距离对接。教学实施基于学习情境，以学生为中心，提倡分组、团队学习，采取行动导向教学，教中学、做中学。教学评价以过程评价为核心，兼顾学生自评、小组交互评价与行业评价。

根据上述思路，完成混凝土结构施工课程的开发，共包括 2 本教材。《混凝土结构施工—工作单》提供基本的学习情境、项目、工作任务，给出完成项目、任务需要的职业能力、知识、态度等，并对学习的结果进行考核评价—学习情境评价表。《混凝土结构施工》是学习手册，引导学生解决学习中的知识困惑与行动疑惑，知识的排序与建构与完成项目、任务的实际过程是一致的，符合工程的建设实际。两本书配套学习，结合软硬件环境配套，能很好的实现工学结合，体现建筑工程施工工作本位的思想，对于培养学生的职业行动能力，提高学生的操作技能和职业迁移能力是非常有意义的。

《混凝土结构施工》包括 6 个学习情境。

学习情境 1—混凝土结构施工图的识读与交底，培养学生的结构识图与技术交底能力，为工程施工做好准备。

学习情境 2—混凝土结构工程计量，培养学生的工程计量、工料准备等方面的能力。

学习情境 3—混凝土结构模板分项工程，使学生具备模板与脚手架工程施工的专项组织与施工管理能力。

学习情境 4—混凝土结构钢筋分项工程，使学生具备钢筋工程施工的专项组织与施工管理能力，会进行钢筋施工方案的编写。

学习情境 5—混凝土结构混凝土分项工程，使学生具备混凝土工程施工的专项组织与施工管理能力，会进行混凝土施工方案的编写。

学习情境 6—混凝土结构预应力分项工程，使学生具备预应力工程施工的专项组织与施工管理能力，会进行预应力工程施工方案的编写。

通过六部分的学习，使学生能根据混凝土结构施工图纸，学会结构识图，能进行工程计量，编制施工专项和主体施工方案，组织分项施工，进行质量自查和验收评定，组织资料和工程交接，会编写安全环境和工作保护措施，最终具备完成混凝土结构主体施工任务的职业行动能力，达到施工员技术管理岗位的岗位要求。

《混凝土结构施工——工作单》以混凝土框架结构、剪力墙结构作为教学项目，以完成项目的具体任务作为任务载体，基于完成项目的过程为导向，进行教学转换和设计，共开发出6个学习情境，每个情境给出具体任务，并给出学习情境评价表供教学自评、互评时使用，具体为：

学习情境1—混凝土结构施工图的识读与交底，提供了5个综合任务：

综合任务一：梁柱平法结构图识读训练

综合任务二：混凝土楼面与屋面板的平法识读训练

综合任务三：板式楼梯结构施工图识读

综合任务四：框架结构图纸的整体识读

综合任务五：剪力墙结构识读训练

学习情境2—混凝土结构工程计量，提供了4个综合任务：

综合任务一：梁、柱、板钢筋计量

综合任务二：框架结构钢筋工程计量

综合任务三：剪力墙结构钢筋工程计量

综合任务四：楼梯钢筋工程计量

学习情境3—混凝土结构模板分项工程，提供了2个综合任务：

综合任务一：模板工程训练

综合任务二：脚手架工程训练

学习情境4—混凝土结构钢筋分项工程，提供了4个综合任务：

综合任务一：钢筋进场验收与管理

综合任务二：钢筋下料、加工、绑扎、安装实训

综合任务三：编制混凝土框架结构钢筋绑扎技术交底记录

综合任务四：编制混凝土结构钢筋专项施工方案

学习情境5—混凝土结构混凝土分项工程，提供了3个综合任务：

综合任务一：混凝土原材料检测与施工配合比确定

综合任务二：混凝土施工过程模拟实训

综合任务三：混凝土施工技术交底记录的编制

学习情境6—混凝土结构预应力分项工程，提供了3个任务：

综合任务一：预应力钢筋混凝土原材料检验

综合任务二：识读预应力施工图，编写施工工艺流程

综合任务三：预应力混凝土专项施工方案编写

工学结合课程的开发是个系统工程，涉及到学校、企业、社会、政府等诸多部门，需要工程技术人员、管理人员、教师、学生等的协作参与，需要政策、资金、软硬件建设等的支持配套，而课程也时刻处于动态与发展过程之中，会随着技术进步、社会发展、观念更新等的变化而变化，因此课程的开发需要时刻更新并不断进步。

本书在编写过程中得到江苏省建筑职教集团、龙信建设集团有限公司以及徐州建筑职业技术学院的领导、技术人员和有关同志的支持和帮助，课程团队和企业兼职教师为本书的定位及素材的选取做了大量工作，在此一并致谢！限于编者水平，加之时间仓促，书中难免存在一些缺点以及错漏之处，欢迎读者批评指正。

目录

学习情境1
混凝土结构施工图的识读与交底

项　目　构　架

1　项目说明

以典型混凝土主体结构施工图识读作为项目载体，进行混凝土主体结构识读教学。项目来自于实际工程，采取分离，内容高于实际工程要求，符合学习型学习情境的要求，符合企业、行业的技术发展要求。

1.1　目标设置（培养目标）

明确项目要求和工作说明，熟悉对应的工程图纸、标准、图集和手册，分析项目既定情况，结合平法系列图集，通过训练模拟，学生能达到下列能力要求：

（1）梁柱平法制图规则和构造做法的应用能力（03G101-1）；

（2）现浇混凝土楼面与屋面板的平法制图规则的应用能力（04G101-4）；

（3）现浇混凝土板式楼梯制图规则和构造详图的应用能力（03G101-2）；

（4）框架结构施工图的施工建构能力；

（5）剪力墙结构的整体识读能力；

（6）剪力墙结构技术交底能力。

1.2　教学时间

理论教学时间：10学时

实践教学时间：10学时

2　项目

引出典型工作任务，采取四步和六步教学方法进行教学组织和教学实施，具体参见项目清单。

2.1　结构设计总说明样本。

2.2　梁结构平法施工图。

2.3 柱平法施工图。

2.4 板平法施工图。

2.5 楼梯施工图。

2.6 剪力墙平法施工图。

3 工作单

3.1 梁柱平法结构图识读训练单

（1）根据梁平法图，选取典型梁段，将平法转化为梁截面表示法，每段梁选取 3 个断面，分别为支座端和跨中端。

（2）根据梁平法施工图，选取某典型轴线，将平法图转化为七线图表示，即分别将梁中的上部钢筋、腰部构造钢筋或扭筋、梁下部钢筋表示出来。

（3）根据柱子平法施工图，将柱截面平法施工图转换为列表注写方式，并绘制箍筋类型图。

（4）根据钢筋配料单，完成梁、柱的配料计算工作。

3.2 混凝土楼面与屋面板的平法识读训练

（1）根据板结构施工图，选取板块，进行板配筋说明。

（2）根据板结构施工图，选取板块，进行板配筋施工放样说明。

（3）完成板的配筋。

3.3 现浇混凝土板式楼梯结构施工图识读

（1）板式楼梯结构施工图的配筋组成和构造识读。

（2）板式楼梯结构施工图钢筋的施工与放样。

3.4 剪力墙结构识图实训

（1）剪力墙构件组成识读；

（2）剪力墙构件平法表示规则实训；

（3）剪力墙连梁、暗梁、边框梁的识读；

（4）剪力墙暗柱、端柱的识读；

（5）剪力墙墙体的识读；

（6）剪力墙的图纸交底实训。

4 项目评价

注重学习和训练的过程评价，包括项目模拟学习、练习、实施过程、结果对比、反馈交流等。采取评价表实施项目全过程评价和考核。

项 目 评 价

学习情境评价表（混凝土结构施工图的识读与交底）

<table>
<tr><td colspan="2">姓名：</td><td colspan="2">学号：</td><td rowspan="3">照片</td></tr>
<tr><td colspan="2">年级：</td><td colspan="2">专业：</td></tr>
<tr><td colspan="4">自评标准</td></tr>
<tr><td>项次</td><td>内容</td><td>分值</td><td>自评分</td><td>教师评分</td></tr>
<tr><td>1</td><td>结构说明识读</td><td>5</td><td></td><td></td></tr>
<tr><td>2</td><td>梁、柱平法图的识读</td><td>10</td><td></td><td></td></tr>
<tr><td>3</td><td>梁柱钢筋构造及施工做法</td><td>10</td><td></td><td></td></tr>
<tr><td>4</td><td>梁柱钢筋施工初步放样</td><td>10</td><td></td><td></td></tr>
<tr><td>5</td><td>板结构图纸识读</td><td>10</td><td></td><td></td></tr>
<tr><td>6</td><td>板钢筋施工放样</td><td>5</td><td></td><td></td></tr>
<tr><td>7</td><td>楼梯结构施工图纸识读</td><td>5</td><td></td><td></td></tr>
<tr><td>8</td><td>楼梯钢筋构造</td><td>5</td><td></td><td></td></tr>
<tr><td>9</td><td>楼梯放样</td><td>10</td><td></td><td></td></tr>
<tr><td>10</td><td>钢筋配料清单</td><td>10</td><td></td><td></td></tr>
<tr><td>11</td><td>剪力墙结构施工图识读</td><td>10</td><td></td><td></td></tr>
<tr><td>12</td><td>剪力墙结构钢筋构造要求</td><td>10</td><td></td><td></td></tr>
<tr><td></td><td></td><td></td><td></td><td></td></tr>
<tr><td></td><td></td><td></td><td></td><td></td></tr>
<tr><td colspan="4">自评等级</td><td></td></tr>
<tr><td colspan="4">教师评定等级：</td><td></td></tr>
<tr><td colspan="3">工作时间：</td><td colspan="2">提前 ○
准时 ○
超时 ○</td></tr>
<tr><td colspan="2">自评做得很好的地方</td><td colspan="3"></td></tr>
<tr><td colspan="2">自评做得不好的地方</td><td colspan="3"></td></tr>
<tr><td colspan="2">下次需要改进的地方</td><td colspan="3"></td></tr>
<tr><td colspan="2">自评：</td><td colspan="3">非常满意 ○
满　　意 ○
合　　格 ○　　不满意 ○</td></tr>
<tr><td colspan="2">教师交流记录：</td><td colspan="3"></td></tr>
</table>

综合任务一　梁柱平法结构图识读训练

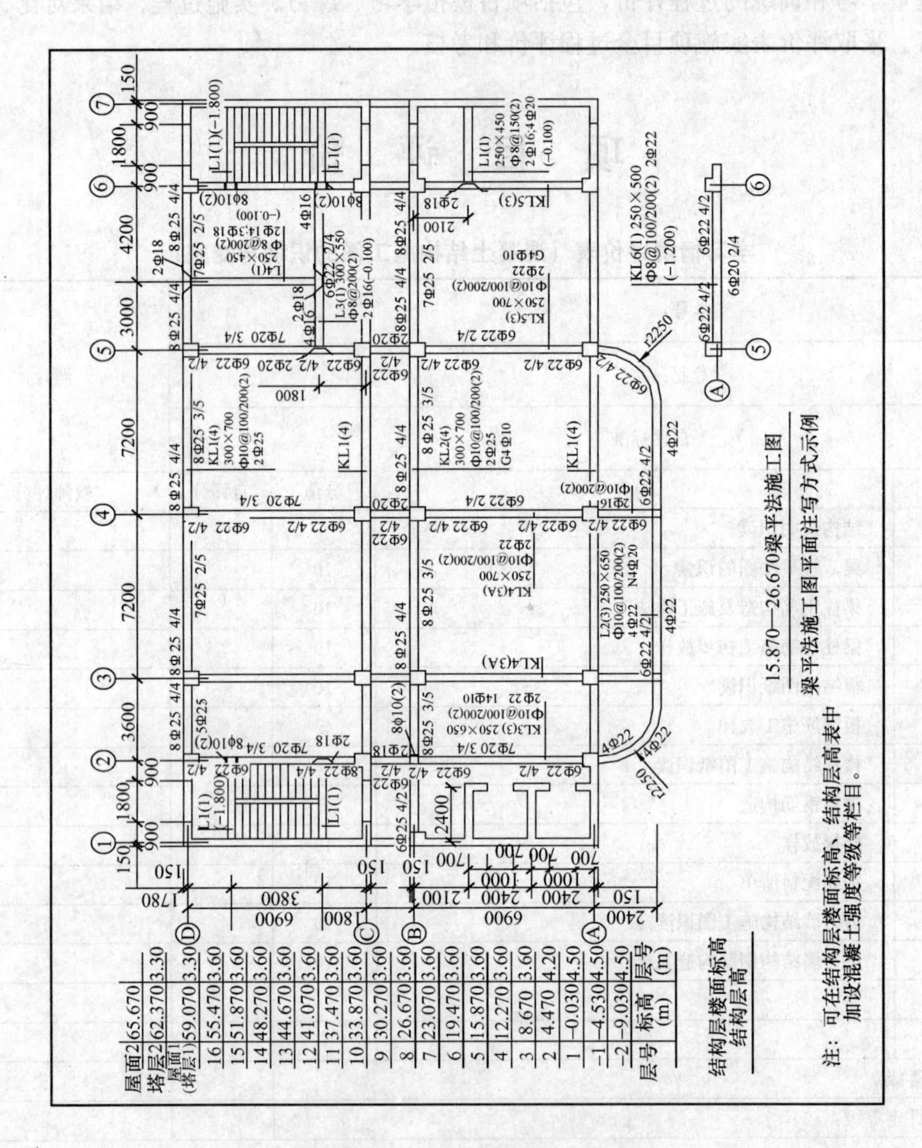

图 1.1.1　梁平法施工图

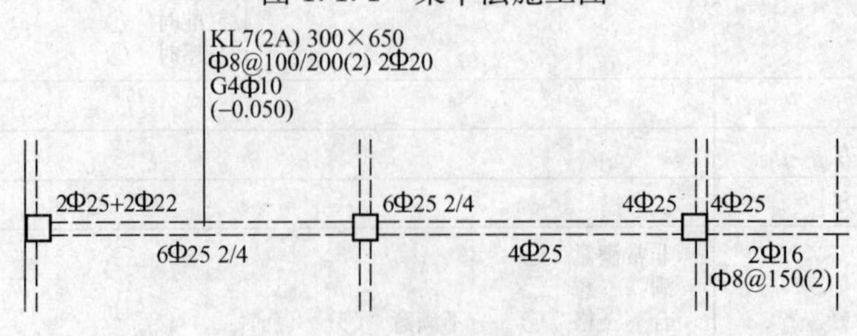

图 1.1.2　梁平面注写方式示意

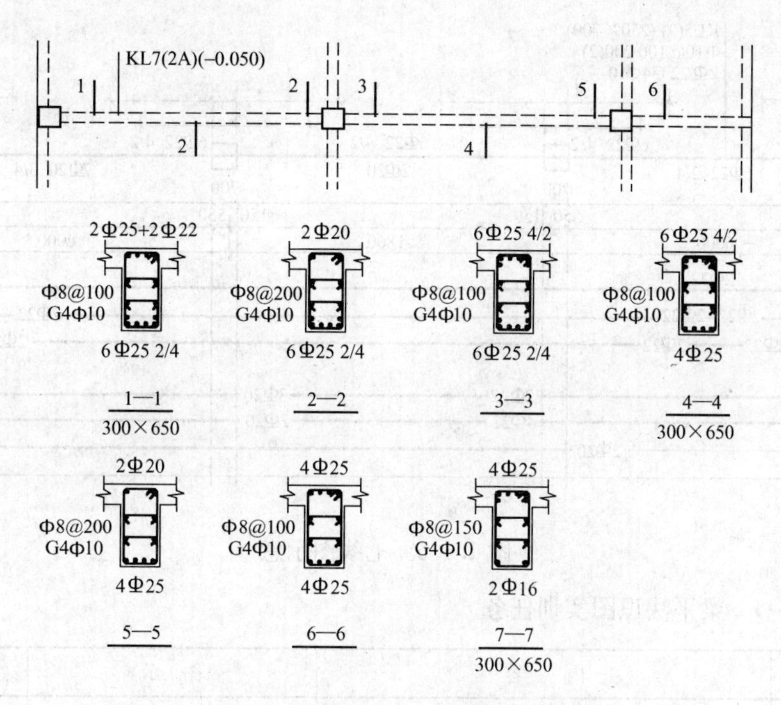

图 1.1.3　梁截面注写方式示意

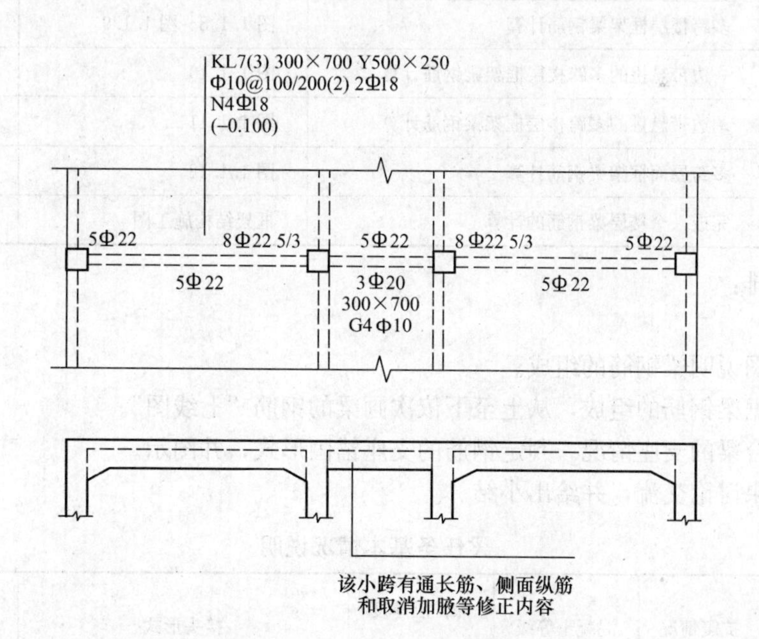

图 1.1.4　梁截面注写方式示意

目标：根据梁平法数据，画出梁的上部、下部纵筋的形状和分部图，同层次的不同形状或规格的钢筋要画在“七线图”中不同的线上，梁两端钢筋弯折部分要按构造要求逐层内向缩进。结果完成“钢筋配料单和七线图”。

评价与反馈（根据结果，进行自评和互评）

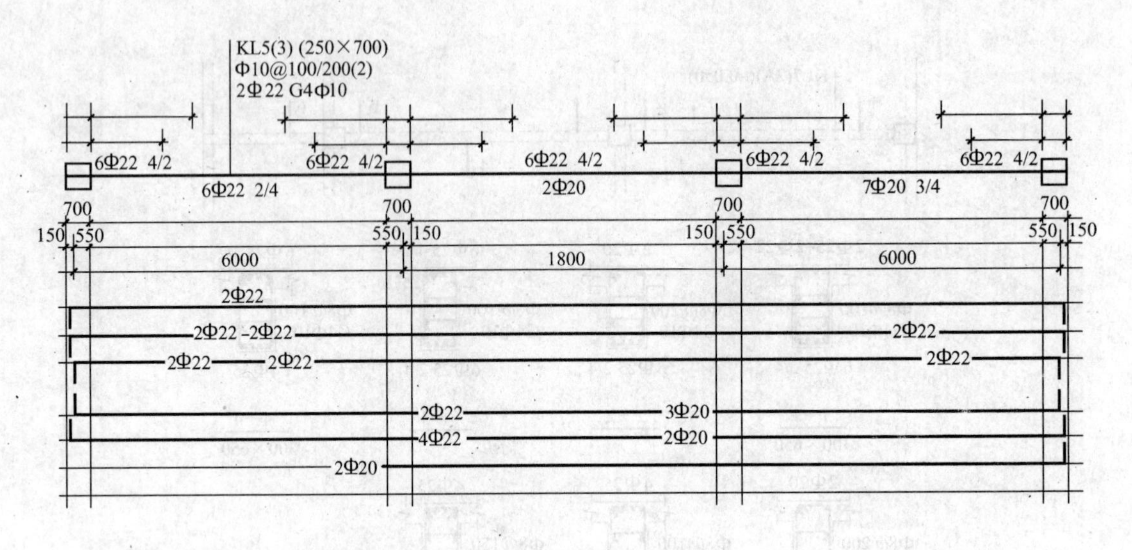

图 1.1.5　七线图示意

任务(一)　梁平法识图实训任务

任务	内　容	图　示	梁情况
任务 1：	单跨楼层框架梁钢筋计算	图 1.1.6～图 1.1.7	表 1.1.1
任务 2：	多跨楼层框架梁钢筋计算	图 1.1.8～图 1.1.9	表 1.1.1
任务 3：	一边带悬挑的多跨楼层框架梁钢筋计算	图 1.1.10	表 1.1.1
任务 4：	两边带悬挑的多跨楼层框架梁钢筋计算	图 1.1.11	表 1.1.1
任务 5：	多跨屋面框架梁钢筋计算	图 1.1.12	表 1.1.1
任务 6：	完成一个楼层梁钢筋的计算	框架结构施工图	表 1.1.1

任务安排：

要求：

(1) 看图说明梁钢筋的组成。

(2) 根据梁钢筋的组成，从上至下依次画梁的钢筋“七线图”。

(3) 结合梁的支座情况，判定钢筋的支座锚固形式，并图示。

(4) 结果讨论交流，并给出小结。

梁任务基本情况说明　　**表 1.1.1**

梁属性	抗震情况	混凝土等级	保护层厚度(mm)	接头形式	任务
楼层框架梁	2 级	C25	25	直径≤18mm 为绑扎连接，直径＞18mm 为机械连接，考虑 8m 一个接头	任务 1～任务 2
屋面框架梁	2 级	C35	25		任务 6
多跨楼层梁	2 级	C35	25		任务 3～任务 5
普通梁	非抗震	C25～C35	25		

梁钢筋计算内容列表 **表 1.1.2**

梁属性选取	梁计算钢筋内容				
		上部贯通筋			
		支座负筋	端支座负筋	第一排	第二排
			中间支座负筋	第一排	第二排
		架立筋			
		梁中部筋	构造腰筋		
楼层框架梁 屋面框架梁 普通梁	纵向钢筋		抗扭腰筋		
		下部贯通筋		第一排	第二排
		下部贯通筋		第一排	第二排
		变截面情况	上平下不平		
			下平上不平		
			上下均不平		
	箍筋				
	拉筋				

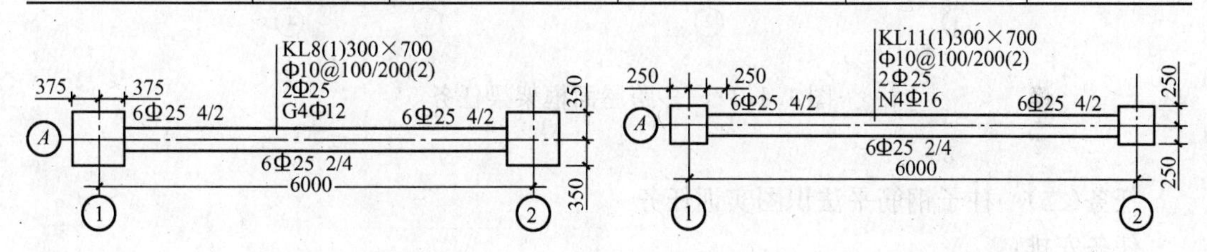

图 1.1.6 单跨梁任务 1　　图 1.1.7 单跨梁任务 1

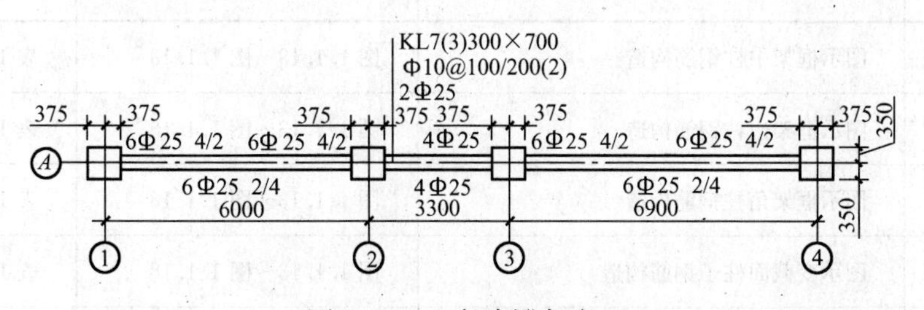

图 1.1.8 多跨梁任务 2

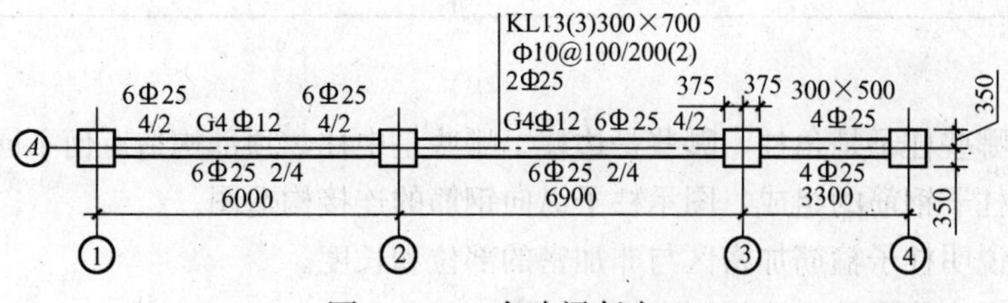

图 1.1.9 多跨梁任务 2

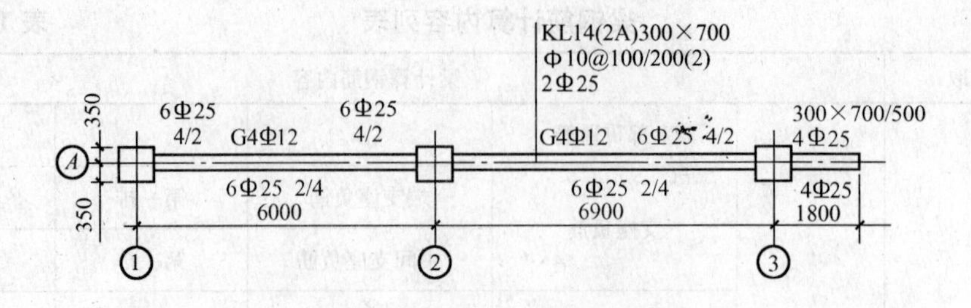

图 1.1.10　多跨梁任务 3

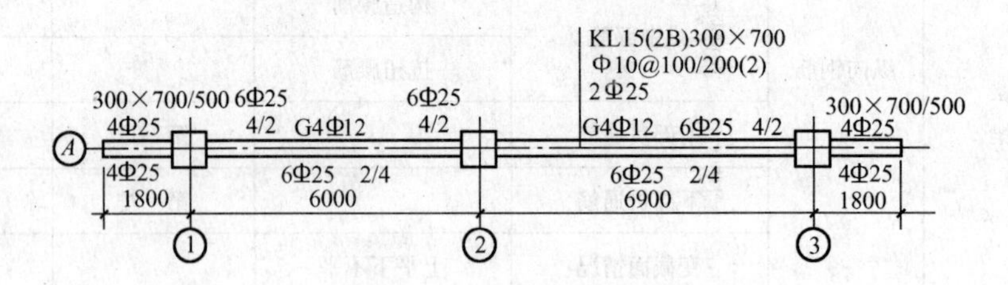

图 1.1.11　多跨梁任务 4

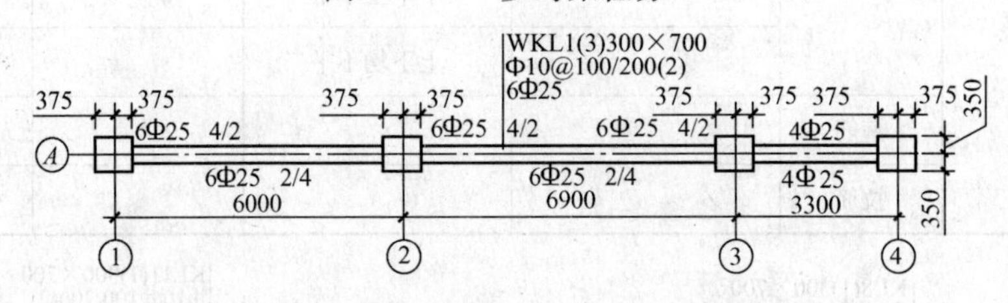

图 1.1.12　多跨屋面框架梁任务 5

任务(二)　柱子钢筋平法识图实训任务

任务安排:

任务	内　容	图　示	柱情况
任务 1:	图示框架中柱钢筋构造	图 1.1.13～图 1.1.18	表 1.1.3
任务 2:	图示框架边柱钢筋构造	图 1.1.13～图 1.1.18	表 1.1.3
任务 3:	图示框架角柱钢筋构造	图 1.1.13～图 1.1.18	表 1.1.3
任务 4:	图示变截面柱子钢筋构造	图 1.1.13～图 1.1.18	表 1.1.3
任务 5:	一个单元柱子平法整体识图实训	图 1.1.19～图 1.1.20	表 1.1.3

要求:

(1) 图中哪些柱子是角柱、哪些是边柱、哪些是中柱，顶部构造有何不同?

(2) 根据柱子钢筋的组成，图示柱子纵向钢筋的连接构造图。

(3) 列表说明柱子箍筋加密区与非加密的部位和长度。

(4) 总结交流柱子的平法规则和构造特点。

柱子任务基本情况说明 表 1.1.3

柱子属性	抗震情况	梁截面（mm）	混凝土等级	保护层厚度（mm）		接头形式	任务
				上部	基础		
中柱	2 级	300×700	C30	25	40	直径≤25mm 为绑扎连接，直径>25mm 为机械连接，考虑 8m 一个接头	任务 1
边柱	2 级	300×700	C30	25	40		任务 2
角柱	2 级	300×700	C30	25	40		任务 3
变截面柱	2 级	300×700	C30	25	40		任务 4

柱子钢筋计算内容列表 表 1.1.4

梁属性选取	梁计算钢筋内容				
楼层框架梁 屋面框架梁 普通梁	纵向钢筋	基础插筋			
		中间层纵筋			
		顶层纵筋	中柱		
			边柱		
			角柱		
		变截面情况	斜通上层		
			锚固		
	箍筋				
	拉筋				

柱子箍筋情况分析表（绑扎连接） 表 1.1.5

柱　子			基础相邻层或 1 层箍筋		
柱子部位	范围	是否加密	长度	箍筋根数计算表	全高加密箍筋根数计算
基础根部	$H_n/3$	加密	(层高−梁高)/3=A	(A−50)/间距+1	(A+B+C+D) 大于层高，柱子全高加密，箍筋根数=(A−50)/间距+1
搭接部位	$l_{lE}+0.3l_{lE}+l_{lE}$	加密	$2.3l_{lE}=B$	B/间距	
梁下部位	$\max(h_c, H_n/6, 500)$	加密	$\max(h_c, H_n/6, 500)=C$	C/间距	
梁高范围	梁高	加密	$h_b-c=D$	D/间距	
非加密区	柱子剩余部分	非加密	层高−(A+B+C+D)=E	E/非加密间距−1	

柱子箍筋情况分析表（绑扎连接）　　表 1.1.6

柱子			中间层、顶层箍筋根数计算		
柱子部位	范围	是否加密	长度	箍筋根数计算表	全高加密箍筋根数计算
非连接区	max(h_c，H_n/6，500)	加密	(层高－梁高)/3＝A	(A－50)/间距＋1	(A+B+C+D)大于层高，柱子全高加密，箍筋根数＝(A－50)/间距＋1
搭接部位	$l_{lE}+0.3l_{lE}+l_{lE}$	加密	$2.3l_{lE}=B$	B/间距	
梁下部位	max(h_c，H_n/6，500)	加密	max(h_c，H_n/6，500)＝C	C/间距	
梁高范围	梁高	加密	$h_b-c=D$	D/间距	
非加密区	柱子剩余部分	非加密	层高－(A+B+C+D)＝E	E/非加密间距－1	

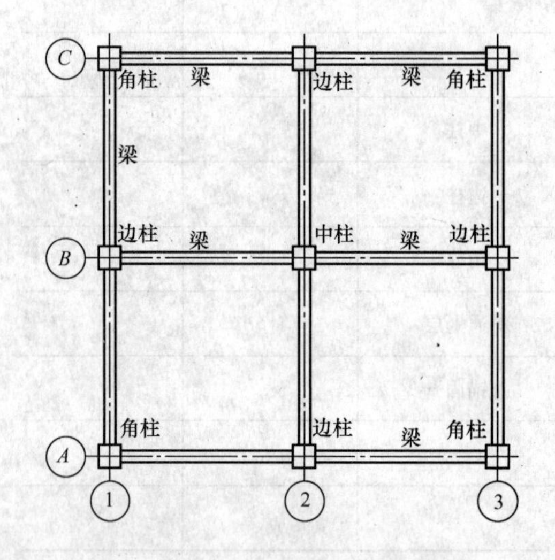

图 1.1.13　柱平法识图实训任务

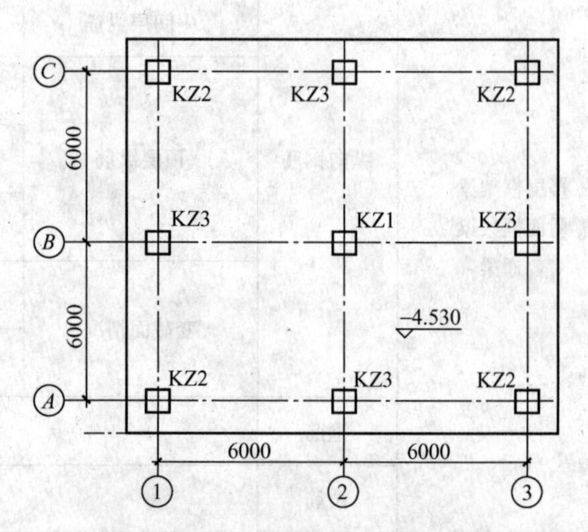

图 1.1.14　柱平法识图实训任务

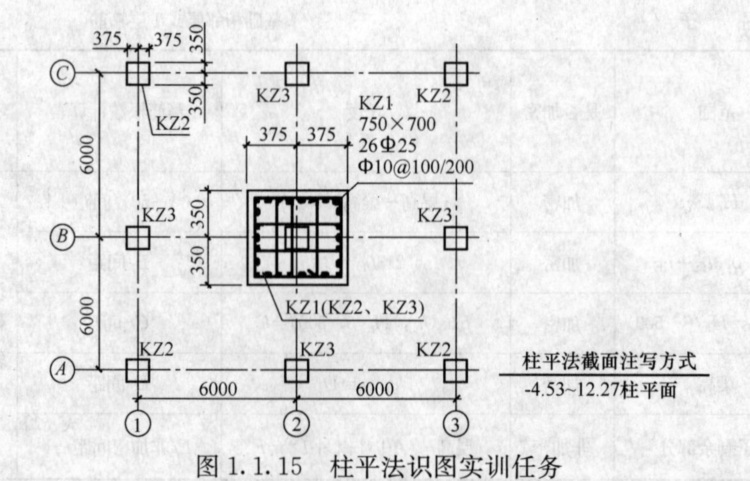

图 1.1.15　柱平法识图实训任务

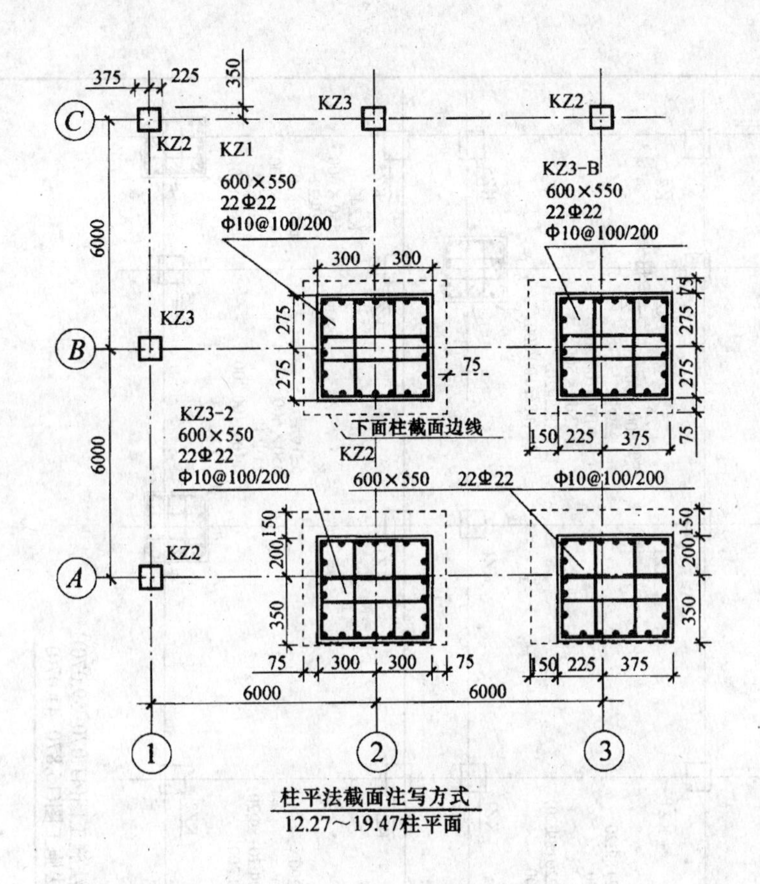

图 1.1.16　柱平法识图实训任务

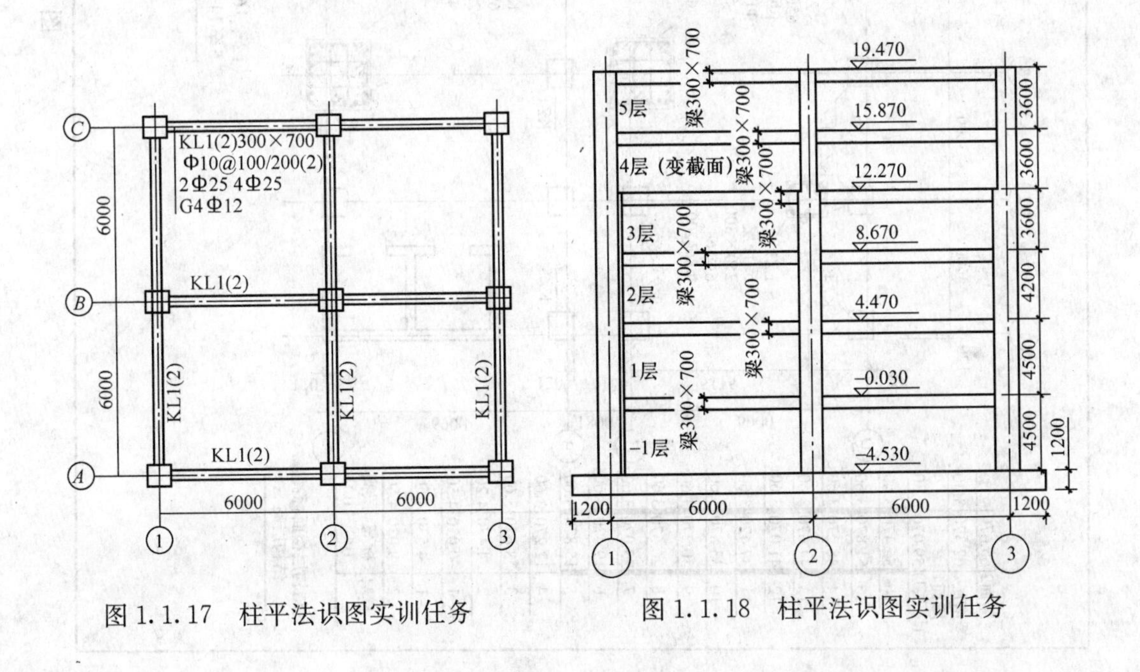

图 1.1.17　柱平法识图实训任务　　　图 1.1.18　柱平法识图实训任务

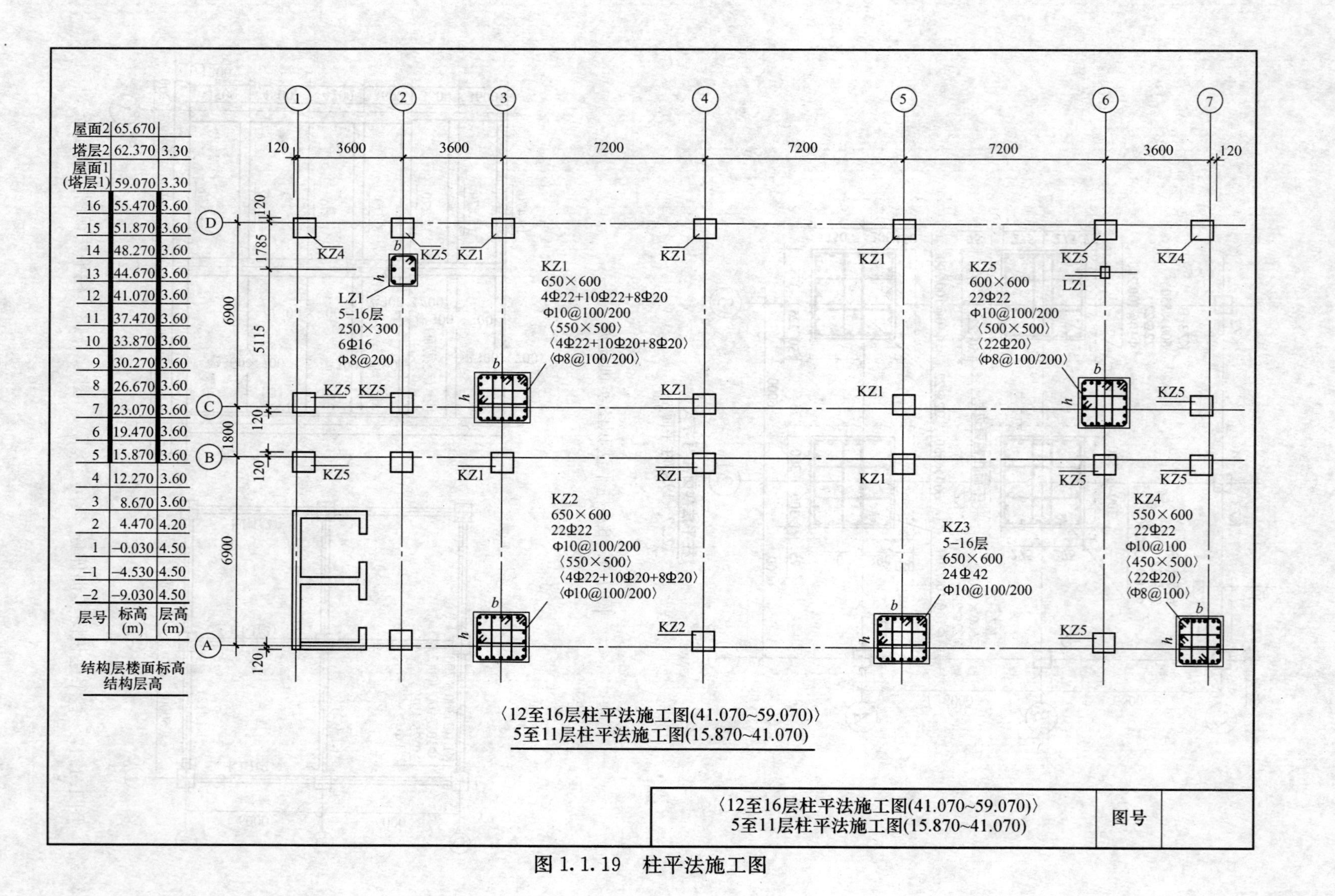

图 1.1.19 柱平法施工图

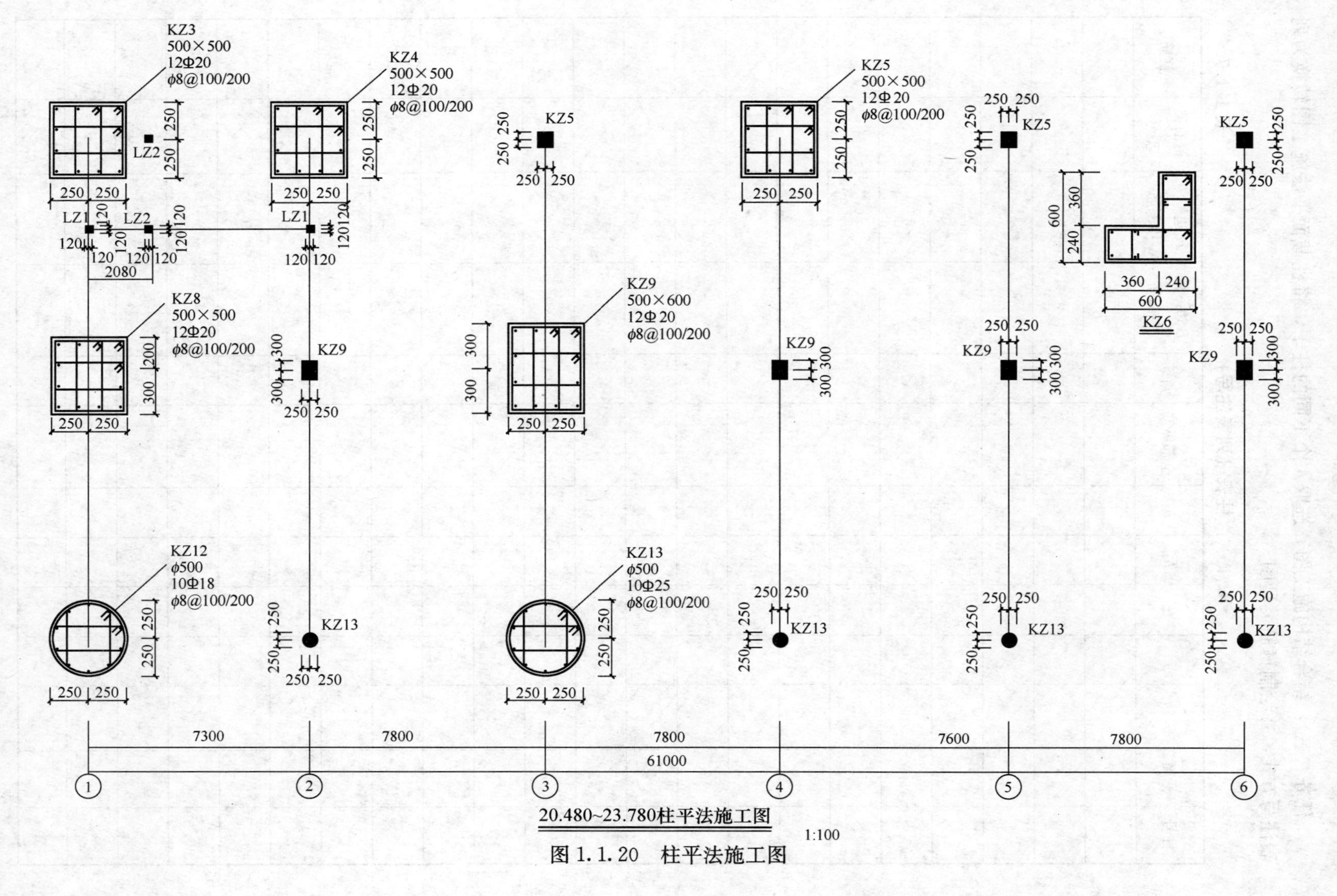

20.480~23.780柱平法施工图

1:100

图 1.1.20　柱平法施工图

任务（三）：结合结构施工图，选取 4 个不同的柱子，将柱截面平法施工图转换为列表注写方式，并绘制箍筋类型图。

柱表（列表注写） **表 1.1.7**

柱号	标高	$b\times h$	b_1	b_2	h_1	h_2	全部纵筋	角筋	B 边一侧中部筋	H 边一侧中部筋	箍筋类型号	箍筋

钢 筋 配 料 单 表 1.1.8

工程名称： （ 部分） 共 页第 页

序号	部位	构件名称	钢筋规格	钢筋形式（简图）	断料长度（mm）	根数	单位重量（kg/m）	构件数量	质量（kg）	备注

综合任务二　混凝土楼面与屋面板的平法识读训练

任务安排：

任务	内　容	图　示	梁情况	备　注
任务 1	单块板的钢筋识图实训	图 1.2.1	表 1.2.1	
任务 2	三跨板的钢筋计算	图 1.2.2	表 1.2.1	
任务 3	一端延伸悬挑板的钢筋计算	图 1.2.3	表 1.2.1	
任务 4	一个楼层板的平法识读实训	图 1.2.4	表 1.2.1	

要求：

(1) 说明板钢筋的计算内容，列表说明。

(2) 根据板钢筋的组成，图示补充板钢筋中的分布筋、温度筋。

(3) 计算板的钢筋，包括面部钢筋、底部钢筋。

(4) 对板的钢筋计算结果进行列表汇总。

(5) 总结交流计算内容。

板任务基本情况说明　　　　**表 1.2.1**

板属性	抗震情况	混凝土等级	保护层厚度（mm）	接头形式	任务
单块板	非抗震	C30	15	直径≤18mm 为绑扎连接，直径＞18mm 为机械连接，考虑 8m 一个接头	任务 1
双跨板	非抗震	C30	15		任务 2
三跨板	非抗震	C30	15		任务 3
一端延伸悬挑板	非抗震	C30	15		任务 4
两端延伸悬挑板	非抗震	C30	15		任务 5

板钢筋计算内容列表　　　　**表 1.2.2**

板属性选取	梁计算钢筋内容				
单块板的钢筋 双跨板的钢筋 三跨板的钢筋 一端延伸悬挑板的钢筋 两端延伸悬挑板的钢筋	面部钢筋	支座负筋	端支座负筋		
			端支座分布筋		
			中间支座负筋		
			中间支座分布筋		
		温度筋	X 向温度筋		
			Y 向温度筋		
	底部钢筋	X 向底部筋			
		Y 向底部筋			
	附加钢筋				

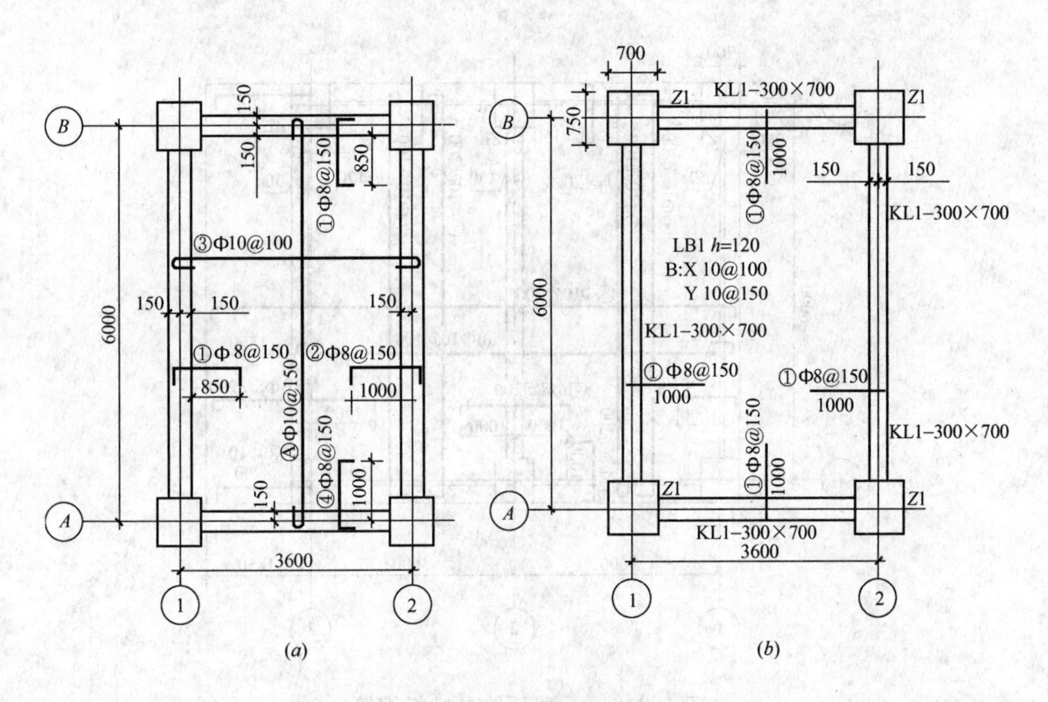

图 1.2.1 单跨板钢筋

（未注明的分布筋间距为 ϕ8@250，温度筋为 ϕ8@200）

（*a*）单跨板传统标注；（*b*）单跨板平法标注

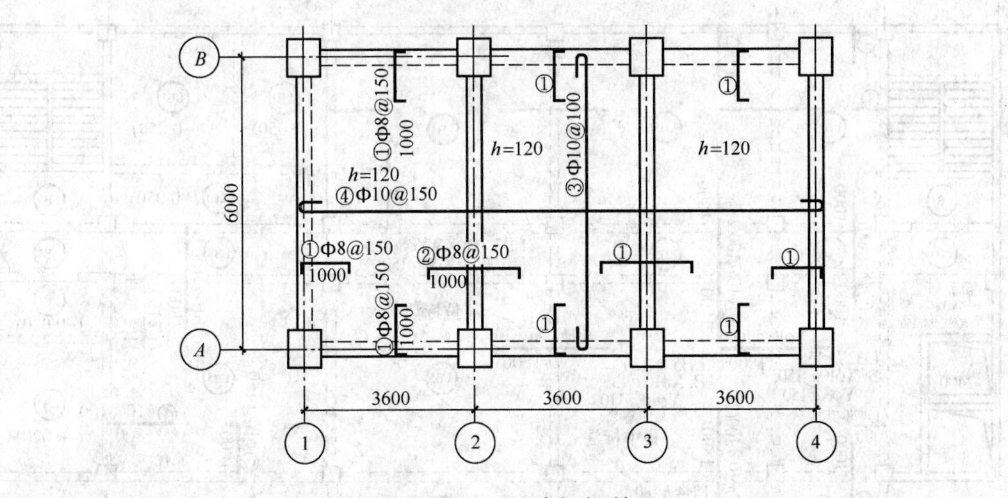

图 1.2.2 三跨板钢筋

（未注明的分布筋间距为 ϕ8@250，温度筋为 ϕ8@200）

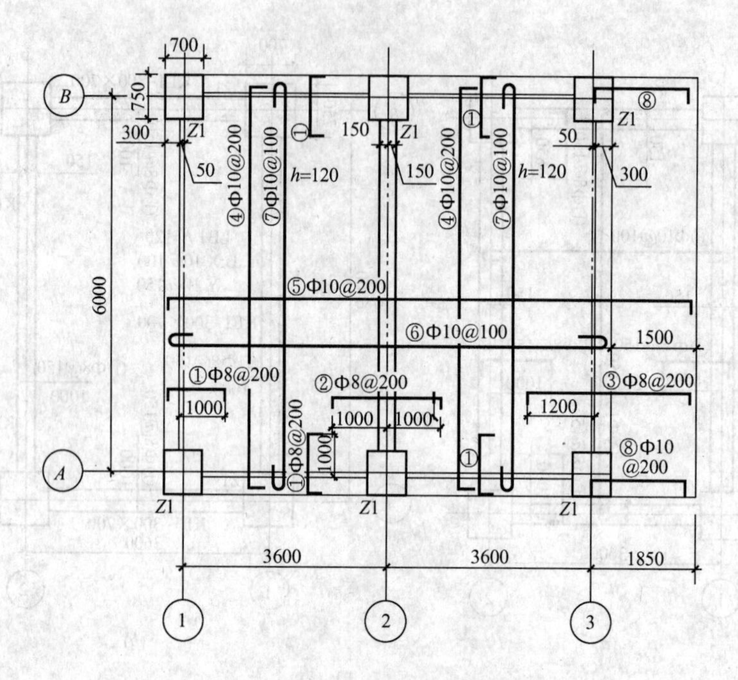

图 1.2.3　一端延伸悬挑板钢筋

（未注明的分布筋间距为 ϕ8@250）

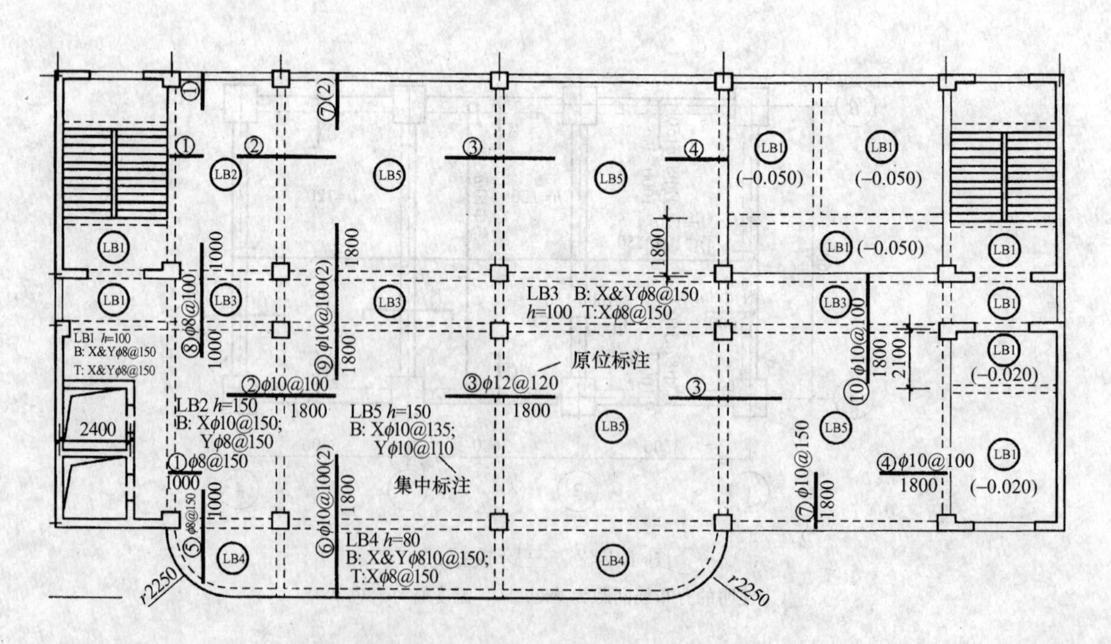

图 1.2.4　现浇楼板平法施工图

综合任务三　板式楼梯结构施工图识读

任务：

1. 结合板式楼梯结构施工图，说明板式楼梯的钢筋组成；
2. 图示分解板式楼梯钢筋；
3. 说明板式楼梯的计算内容；
4. 板式楼梯的整体识读。

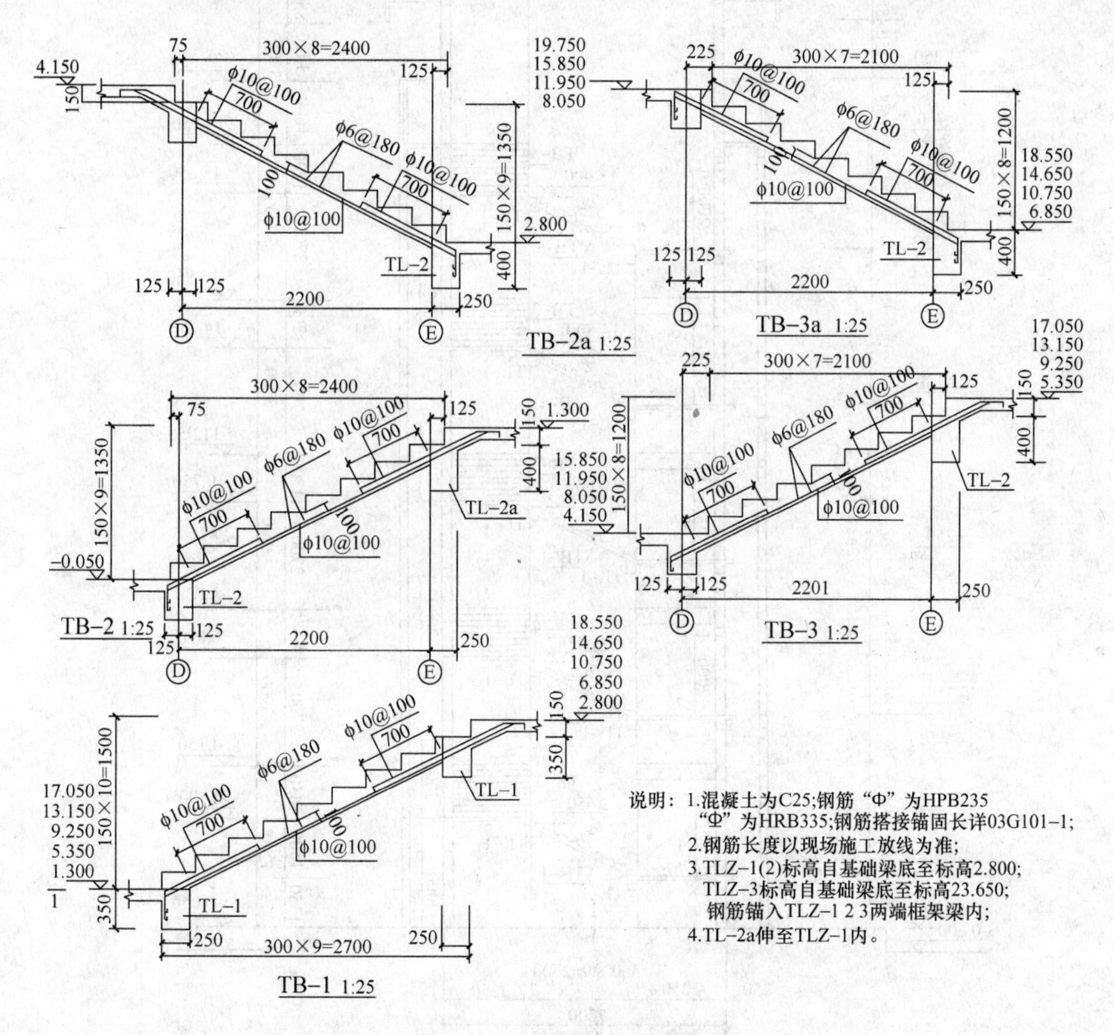

图 1.3.1　楼梯结构施工图

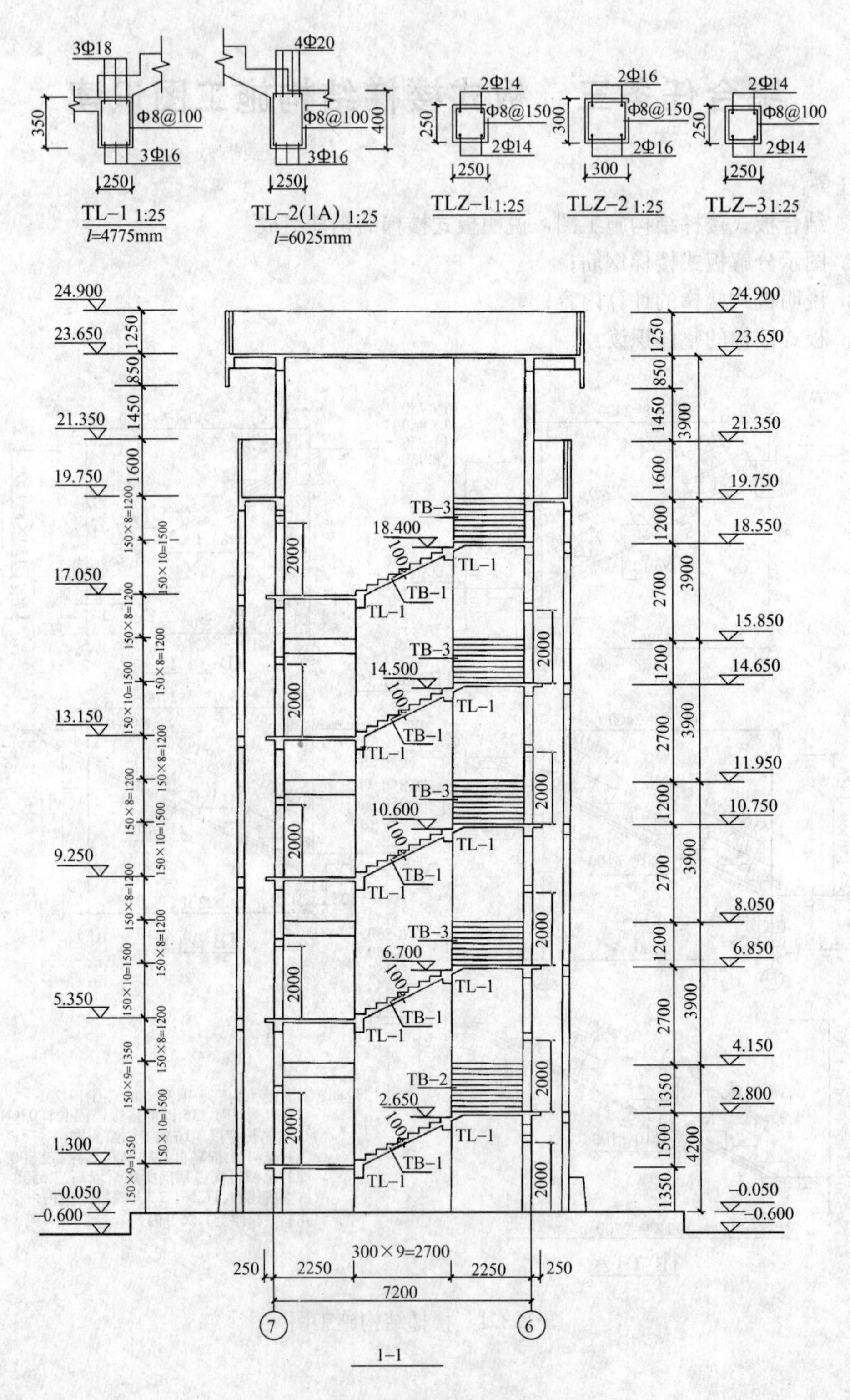

图 1.3.2　楼梯结构施工图

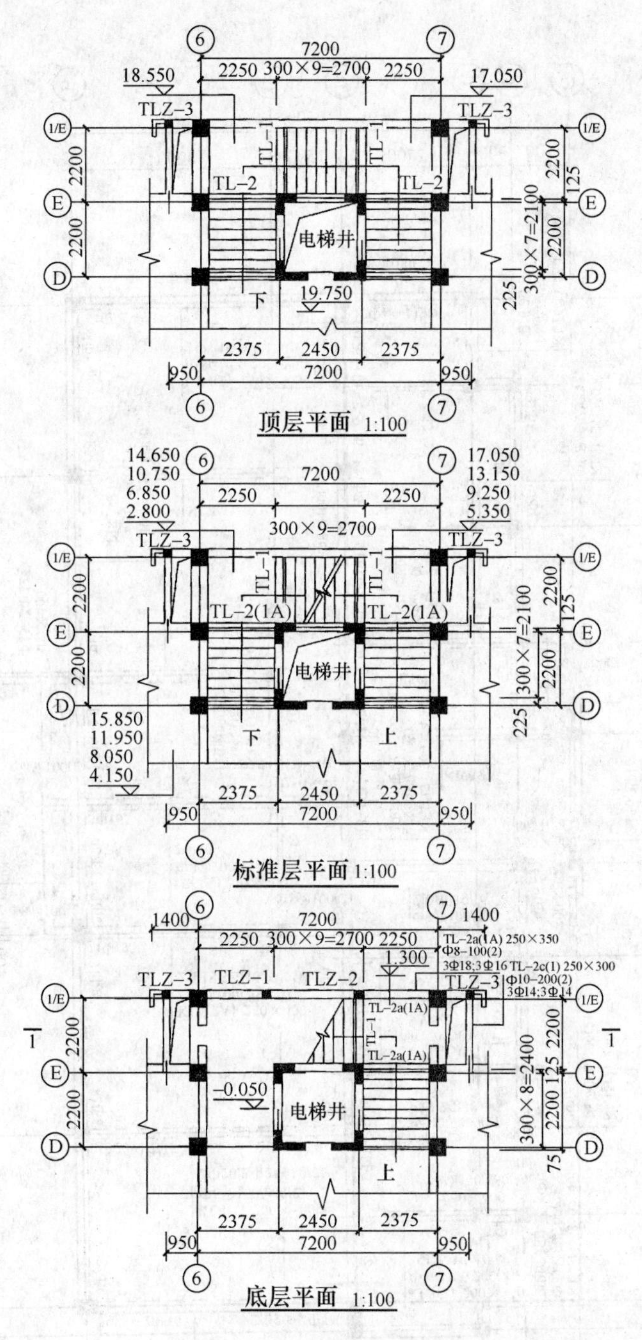

图 1.3.3　楼梯结构施工图

综合任务四　框架结构图纸的整体识读

任务：

结合给定施工图，识读框架结构，进行图纸会率与技术交底工作。

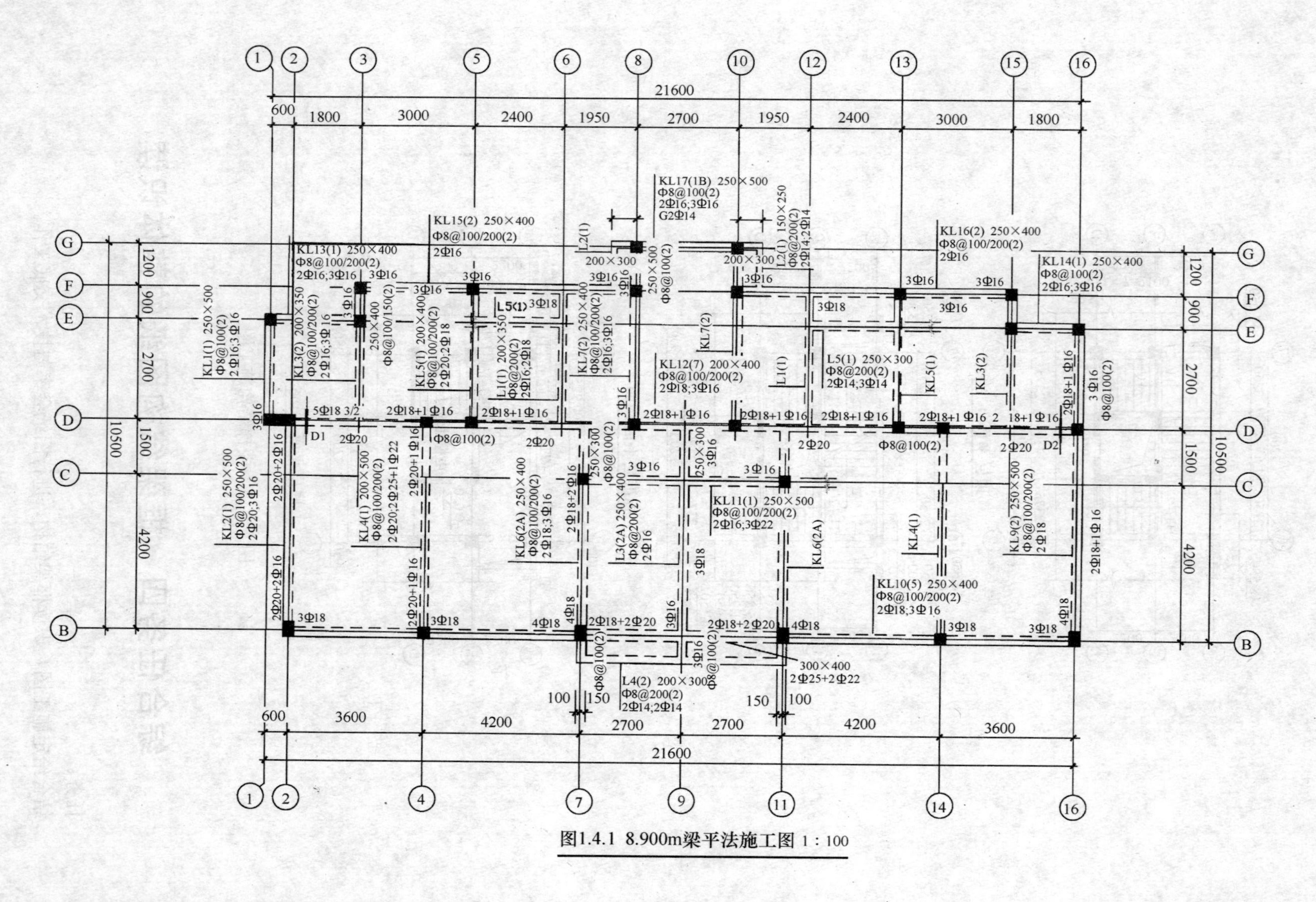

图1.4.1 8.900m梁平法施工图 1:100

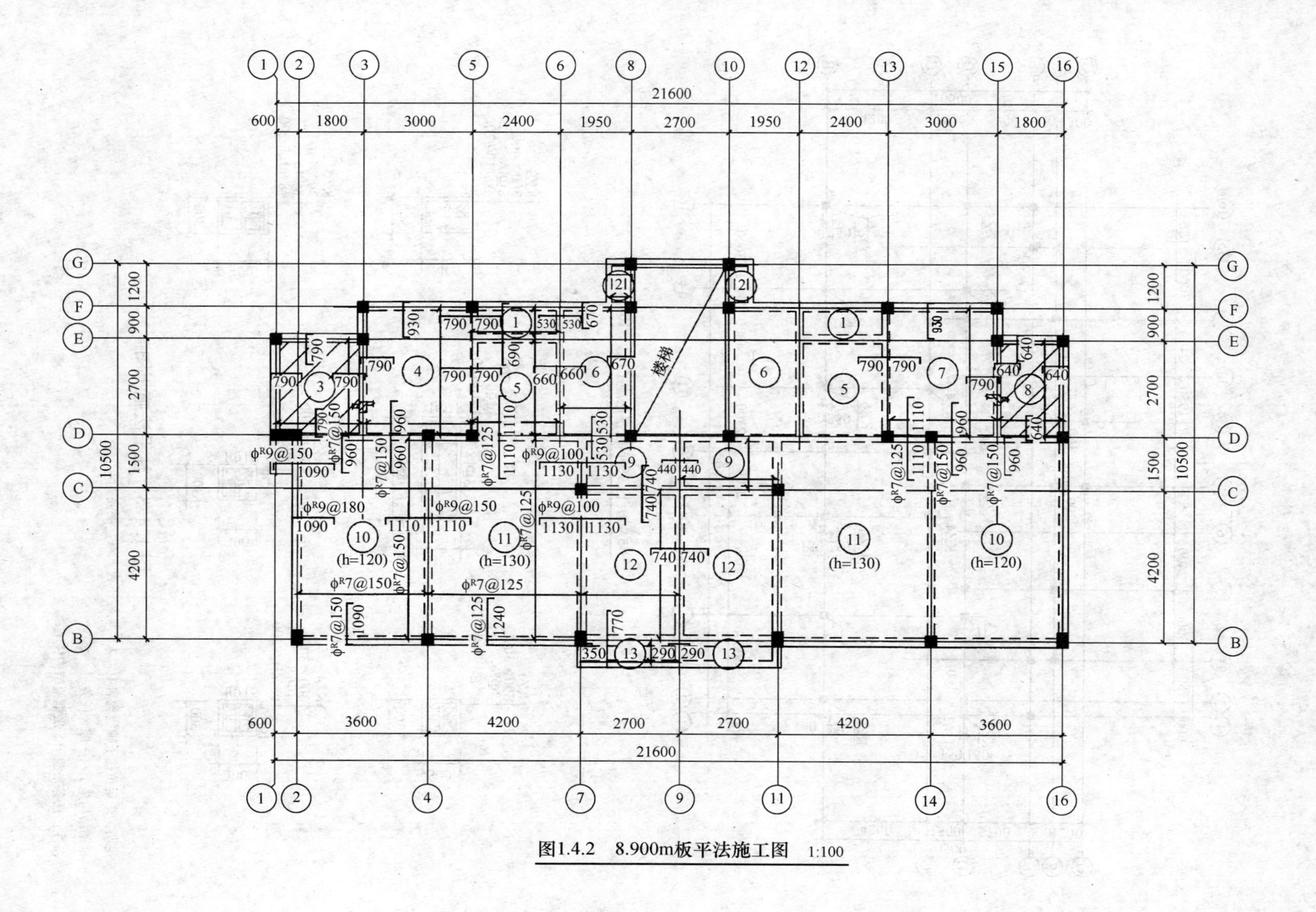

图1.4.2 8.900m板平法施工图 1:100

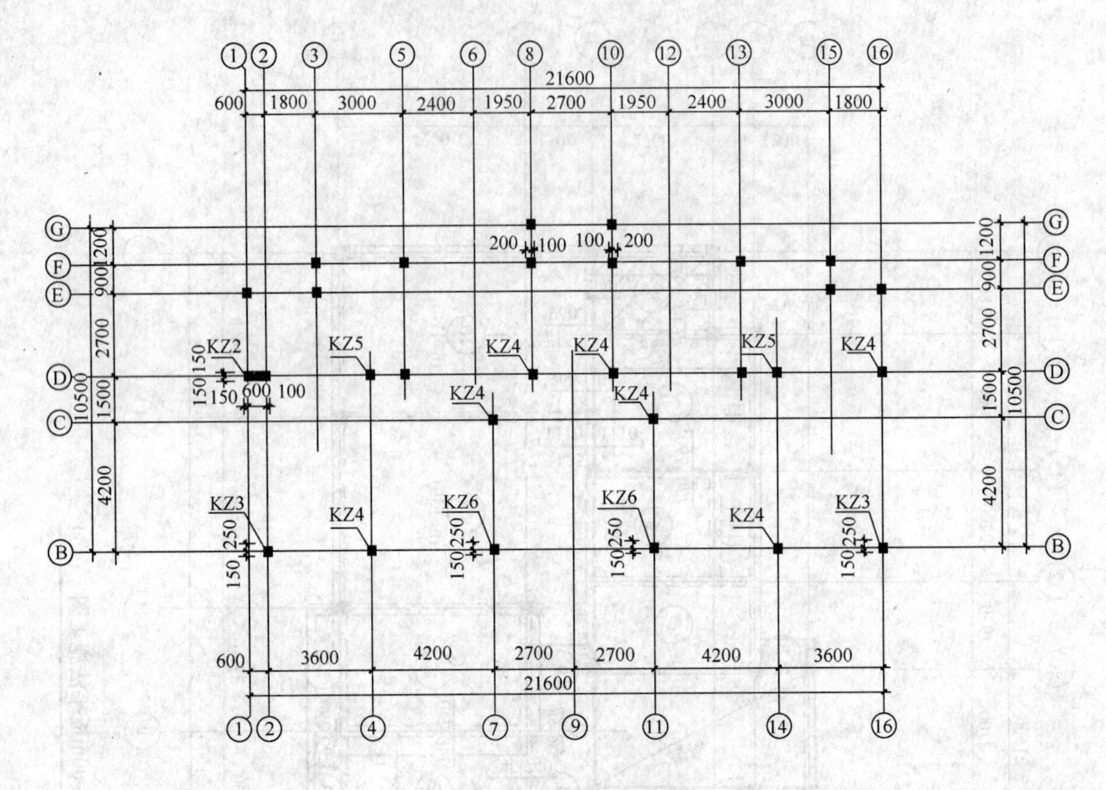

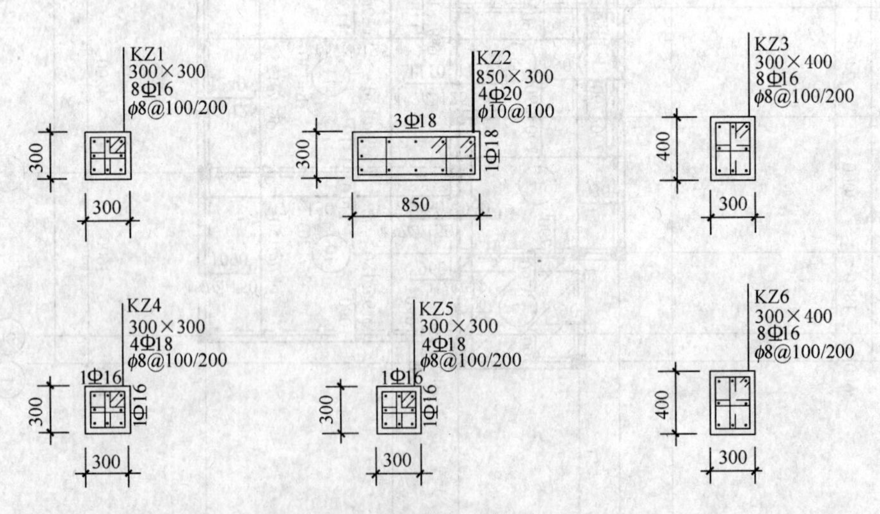

图 1.4.3　柱平法施工图

说明：未定位柱子轴线均居中，未注明柱子为 KZ1，层高 3m。

框架结构施工——综合任务

备注：任务来源于 5 层框架结构住宅。

综合任务五　剪力墙结构识读训练

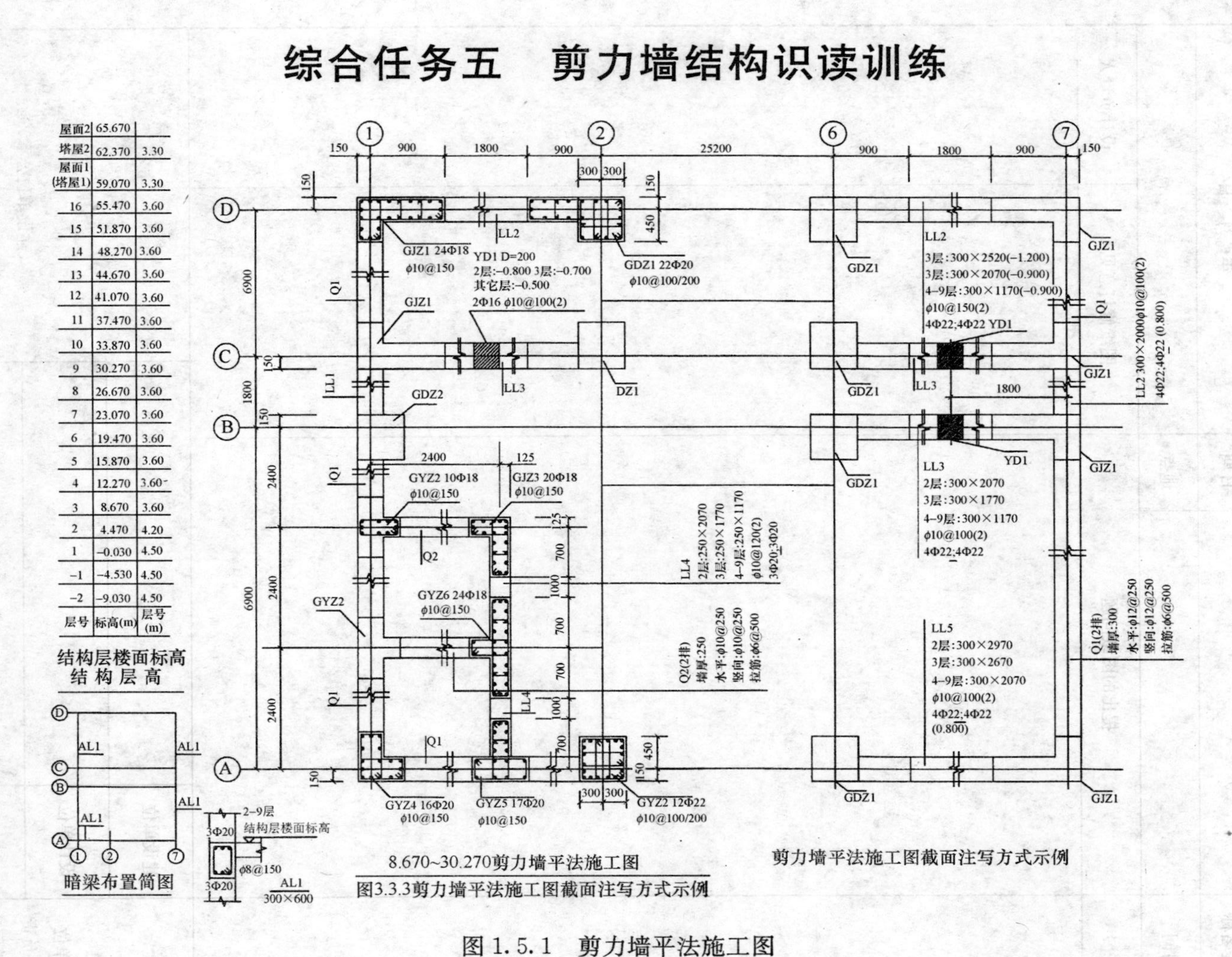

层号	标高(m)	层高(m)
屋面2	65.670	
塔屋2	62.370	3.30
屋面1(塔屋1)	59.070	3.30
16	55.470	3.60
15	51.870	3.60
14	48.270	3.60
13	44.670	3.60
12	41.070	3.60
11	37.470	3.60
10	33.870	3.60
9	30.270	3.60
8	26.670	3.60
7	23.070	3.60
6	19.470	3.60
5	15.870	3.60
4	12.270	3.60
3	8.670	3.60
2	4.470	4.20
1	-0.030	4.50
-1	-4.530	4.50
-2	-9.030	4.50

结构层楼面标高
结构层高

图 1.5.1　剪力墙平法施工图

任务：选取构件，图示剪力墙钢筋，完成剪力墙的图纸会率工作。

附录：

设计交底记录

编　　号：

共　　页第　　页

工程名称			日期	年　月　日
时间			地点	
序号	提出的图纸问题		图纸修订意见	设计负责人
各单位项目负责人签字	建设单位		（建设单位公章）	
	设计单位			
	监理单位			
	施工单位			

图纸会审、设计变更、洽商记录

工程名称		时　间	年　月　日
内容：			

施工单位	项目经理： 技术负责人： 专职质检员：	建设（监理）单位	专业技术人员： （专业监理工程师） 项目负责人： （总监理工程师）	设计单位	专业设计人员： 项目负责人：

学习情境 2
混凝土结构工程计量

项 目 构 架

1 项目说明

以典型混凝土结构施工图作为项目载体，进行混凝土结构土建工程计量实训。

1.1 目标设置（培养目标）

明确结构构造、配筋、模板、混凝土等计量规则的要求和工作说明，进一步深化理解对应的工程图纸、标准、图集和手册，分析项目既定情况，结合平法系列图集，通过训练模拟，学生能达到下列能力要求：

（1）学会混凝土结构钢筋工程的计量；
（2）学会混凝土结构混凝土工程的计量；
（3）学会混凝土结构模板工程的计量；
（4）学会混凝土结构工料清单的编制。

1.2 教学时间

理论教学时间：8 学时
实践教学时间：10 学时

2 项目

引出典型工作任务，采取四步和六步教学方法进行教学组织和教学实施。具体参见项目清单。

（1）结构设计总说明；
（2）梁结构平法施工图；
（3）柱平法施工图；
（4）板平法施工图；
（5）楼梯图；
（6）剪力结构施工图。

3 工作单

3.1 钢筋工程计量训练

（1）根据梁平法图，选取典型梁，如纵横方向的、边跨和跨中等，根据七线图，将典型的梁进行钢筋施工放样，包括上部钢筋、下部钢筋、腰部钢筋，注意钢筋的搭接、锚固、节点构造要求，然后进行计算和详图绘制。

（2）根据梁类型，是否抗震，加密区与非加密区的划分，确定梁箍筋的形式，箍筋构造、设置要求，并进行计算。

（3）根据柱子平法施工图，对于角柱、边柱、中柱，柱根、层间柱、顶层柱等进行典型任务设置，进行对应的施工初步放样，并进行配料计算。

（4）根据板结构施工图，选取板块，进行板配筋施工放样说明，包括上部钢筋、下部钢筋、分布钢筋、措施钢筋等，注意钢筋的构造、锚固搭接、以及起点钢筋的设置位置等，然后进行板配筋计算。

（5）根据板式楼梯结构施工图，进行楼梯的配筋说明和计算。

（6）根据剪力墙的结构施工图，对剪力墙墙体、墙柱、梁体进行结构配筋说明和计算。

（7）以上对应项目完成钢筋配料单的编写与汇总。

3.2 混凝土工程计量

对照结构施工图和建设工程量计价规范 GB 50500—2003 条目划分要求，分别选取典型单元，对混凝土基础量、混凝土柱工程量、混凝土梁工程量、混凝土板工程量、混凝土墙工程量、整体楼梯工程量（阳台、雨篷、台阶）等进行对应条目的计量规则训练，填写表格。

3.3 混凝土框架结构模板工程计量

主要对现浇混凝土及钢筋混凝土工程模板工程进行计量训练。

4 项目评价

注重学习和训练的过程评价，包括项目模拟学习、练习、实施过程、结果对比、反馈交流等。采取评价表实施项目全过程评价和考核。

项 目 评 价

学习情境评价表（混凝土结构工程计量）

姓名：	学号：			照片
年级：	专业：			
自评标准				
项次	内容	分值	自评分	教师评分
1	梁钢筋配料计算	10		
2	柱钢筋配料计算	10		
3	楼板钢筋配料计算	10		
4	楼梯钢筋配料计算	10		
5	剪力墙钢筋配料计算	10		
6	钢筋配料清单编制汇总	10		
7	现浇混凝土梁柱板工程计量	10		
8	现浇混凝土基础、楼梯、其他构件工程计量	10		
9	后浇带、预埋件等	10		
10	模板工程计量	10		
自评等级				
教师评定等级：				
工作时间：			提前 ○ 准时 ○ 超时 ○	
自评做得很好的地方				
自评做得不好的地方				
下次需要改进的地方				
自评：	非常满意 ○ 满　　意 ○ 合　　格 ○　　不满意 ○			
教师交流记录：				

综合任务一　梁、柱、板钢筋计量

任务（一）梁钢筋计量训练工作单

任务安排：

梁钢筋计算训练工作单任务安排表　　表 2.1.1

任务	内　容	图　示	梁情况
任务 1：	单跨楼层框架梁钢筋计算	图 2.1.1～图 2.1.7	表 2.1.2
任务 2：	多跨楼层框架梁钢筋计算	图 2.1.8～图 2.1.12	表 2.1.2
任务 3：	一边带悬挑的多跨楼层框架梁钢筋计算	图 2.1.13	表 2.1.2
任务 4：	两边带悬挑的多跨楼层框架梁钢筋计算	图 2.1.14	表 2.1.2
任务 5：	下平上不平多跨楼层框架梁钢筋计算	图 2.1.15～图 2.1.16	表 2.1.2
任务 6：	多跨屋面框架梁钢筋计算	图 2.1.17	表 2.1.2
任务 7：	完成一个楼层梁钢筋的计算	框架结构施工图	

要求：

（1）说明梁钢筋的计算内容，列表说明。

（2）根据梁钢筋的组成，从上至下依次画梁的钢筋“七线图”。

（3）计算梁的钢筋，包括纵向钢筋、箍筋和拉筋等。

（4）对梁的钢筋计算结果进行列表汇总。

（5）总结交流计算内容。

梁任务基本情况说明　　表 2.1.2

梁属性	抗震情况	混凝土等级	保护层厚度（mm）	接头形式	任务
楼层框架梁	2 级	C25	25	直径≤18mm 为绑扎连接，直径＞18mm 为机械连接，考虑 8m 一个接头	任务 1～任务 2
屋面框架梁	2 级	C35	25		任务 6
多跨楼层梁	2 级	C35	25		任务 3～任务 5
普通梁	非抗震	C25～C35	25		

梁钢筋计算内容列表 表 2.1.3

<table>
<tr><th>梁属性选取</th><th colspan="5">梁计算钢筋内容</th></tr>
<tr><td rowspan="13">楼层框架梁
屋面框架梁
普通梁</td><td rowspan="11">纵向钢筋</td><td>上部贯通筋</td><td></td><td></td><td></td></tr>
<tr><td rowspan="2">支座负筋</td><td>端支座负筋</td><td>第一排</td><td>第二排</td></tr>
<tr><td>中间支座负筋</td><td>第一排</td><td>第二排</td></tr>
<tr><td>架立筋</td><td></td><td></td><td></td></tr>
<tr><td rowspan="2">梁中部筋</td><td>构造腰筋</td><td></td><td></td></tr>
<tr><td>抗扭腰筋</td><td></td><td></td></tr>
<tr><td>下部贯通筋</td><td></td><td>第一排</td><td>第二排</td></tr>
<tr><td>下部贯通筋</td><td></td><td>第一排</td><td>第二排</td></tr>
<tr><td rowspan="3">变截面情况</td><td>上平下不平</td><td></td><td></td></tr>
<tr><td>下平上不平</td><td></td><td></td></tr>
<tr><td>上下均不平</td><td></td><td></td></tr>
<tr><td>箍筋</td><td></td><td></td><td></td><td></td></tr>
<tr><td>拉筋</td><td></td><td></td><td></td><td></td></tr>
</table>

钢筋计算内容汇总 表 2.1.4

序号	部位	构件名称	钢筋规格	钢筋形式（简图）	计算长度（mm）	根数	单位重量（kg/m）	构件数量	质量（kg）	备注

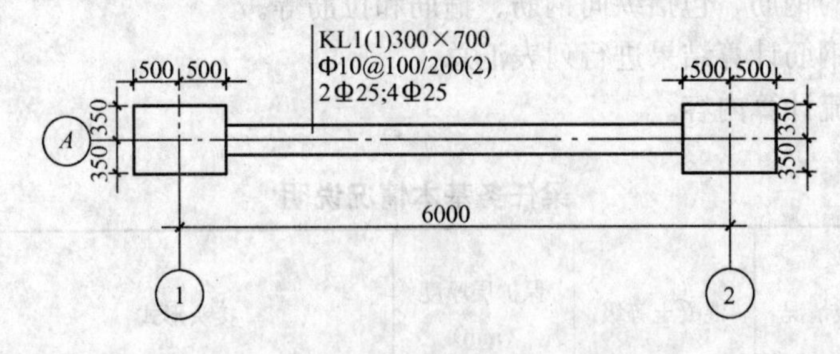

图 2.1.1 单跨梁任务 1

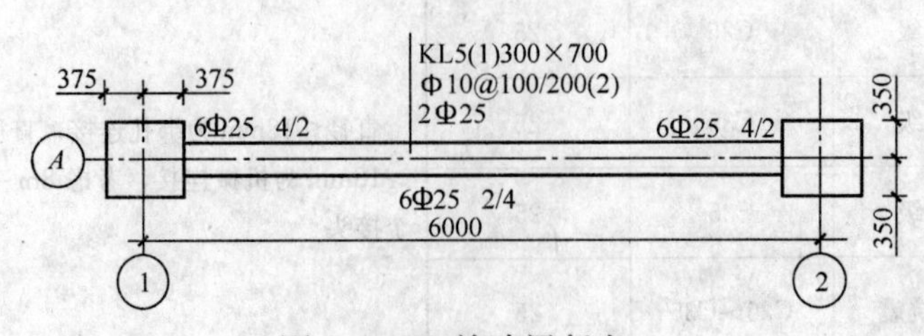

图 2.1.2 单跨梁任务 1

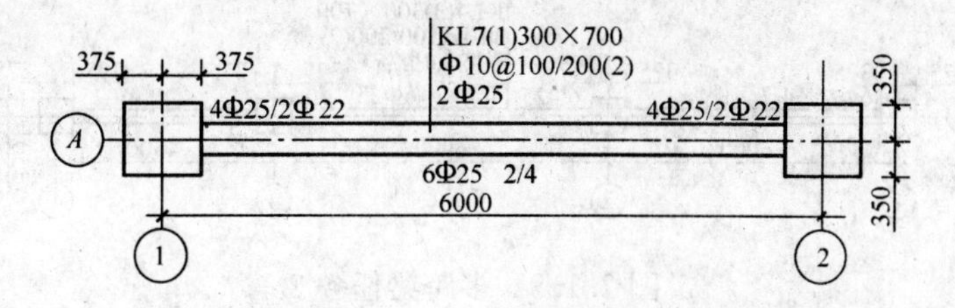

图 2.1.3　单跨梁任务 1

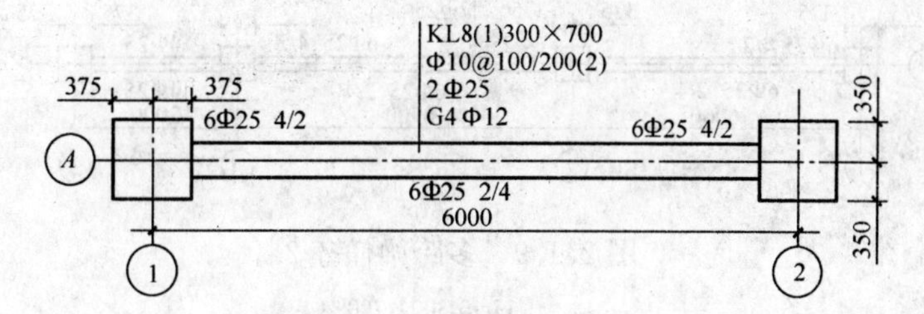

图 2.1.4　单跨梁任务 1

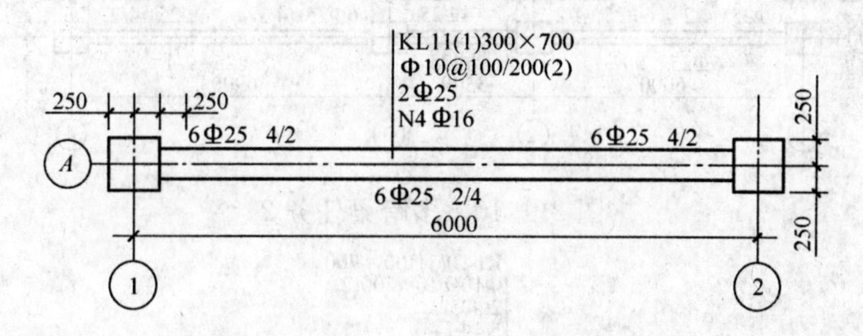

图 2.1.5　单跨梁任务 1

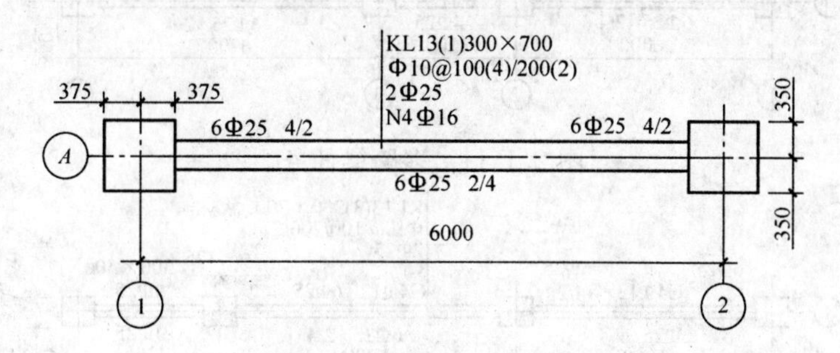

图 2.1.6　单跨梁任务 1

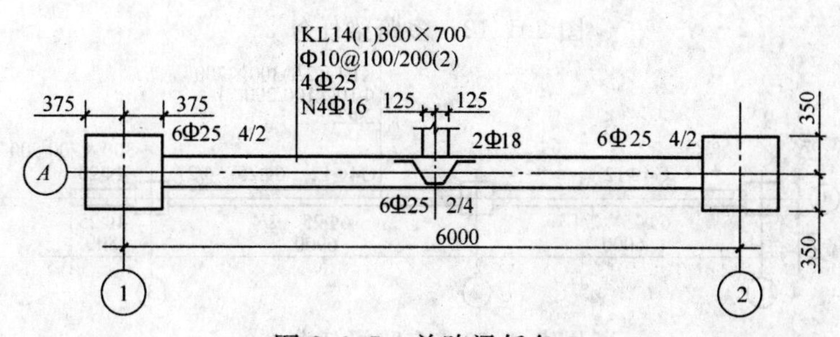

图 2.1.7　单跨梁任务 1

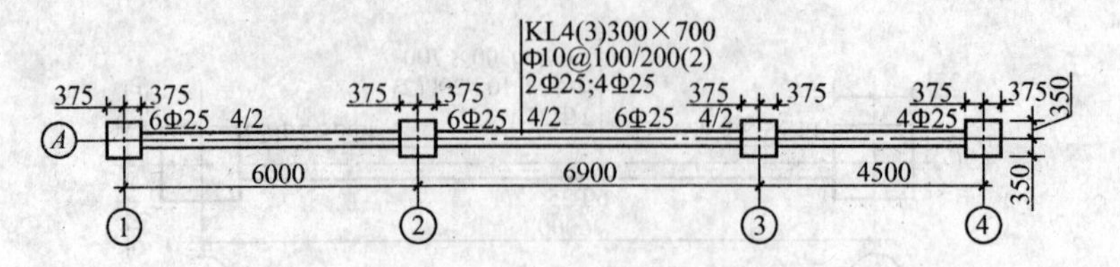

图 2.1.8 多跨梁任务 2

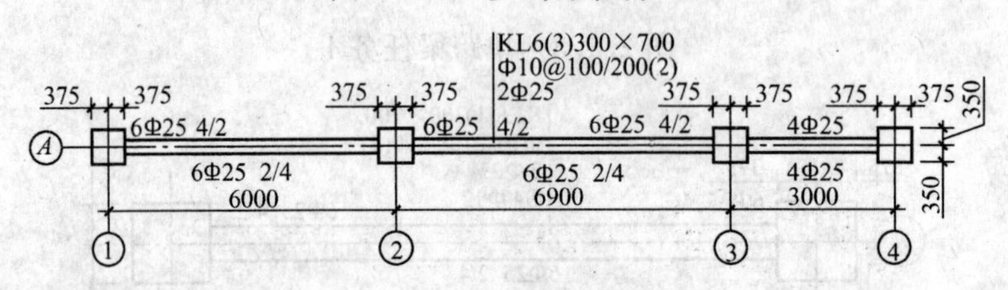

图 2.1.9 多跨梁任务 2

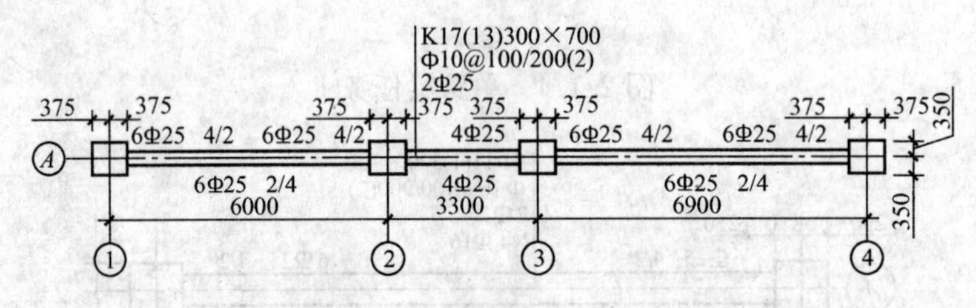

图 2.1.10 多跨梁任务 2

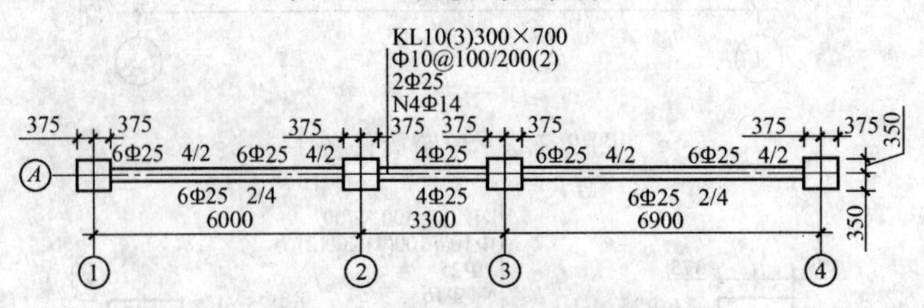

图 2.1.11 多跨梁任务 2

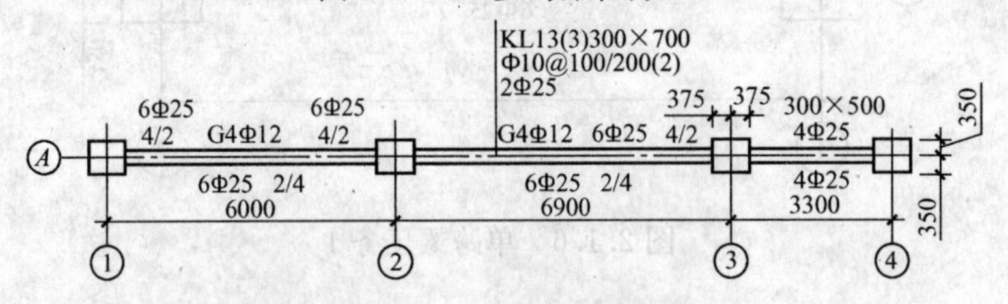

图 2.1.12 多跨梁任务 2

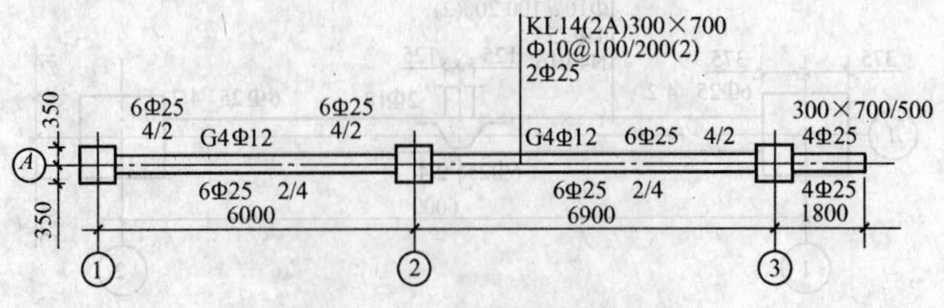

图 2.1.13 多跨梁任务 3

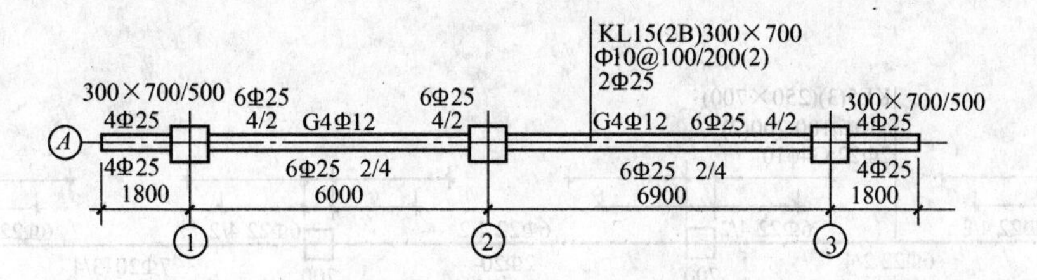

图 2.1.14 多跨梁任务 4

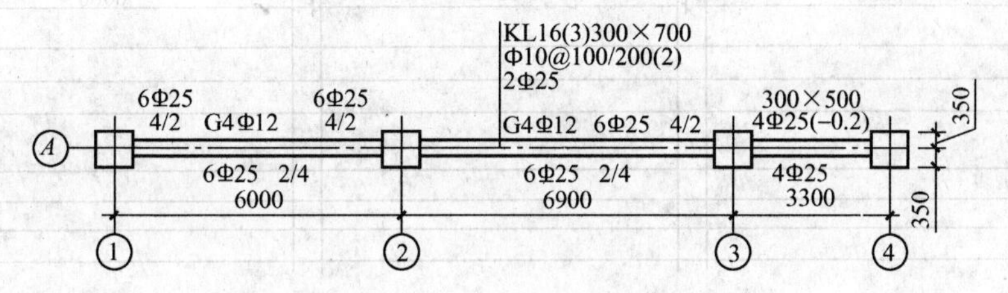

图 2.1.15 多跨梁任务 5

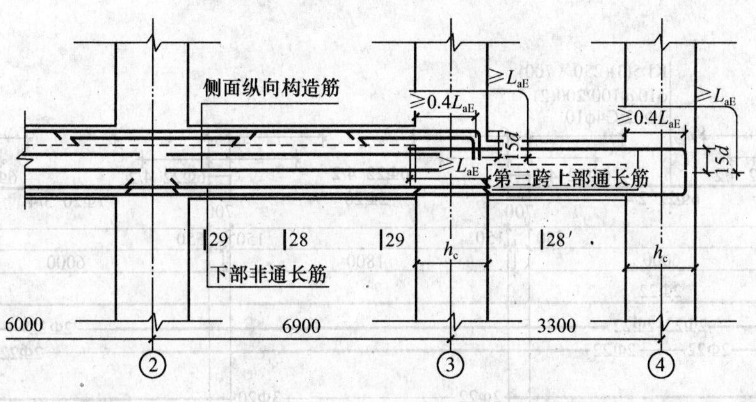

图 2.1.16 多跨梁任务 5

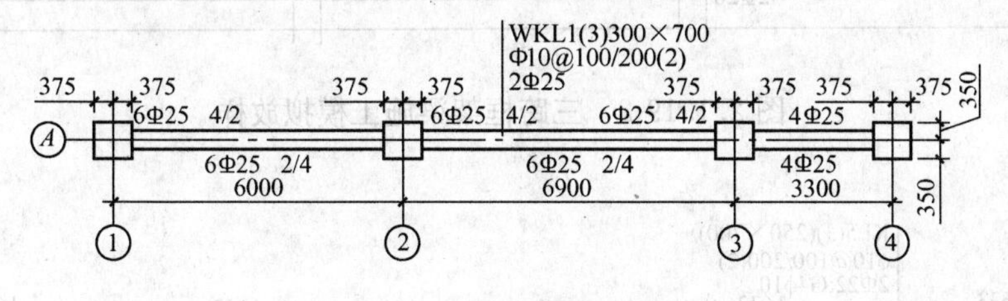

图 2.1.17 多跨屋面框架梁任务 6

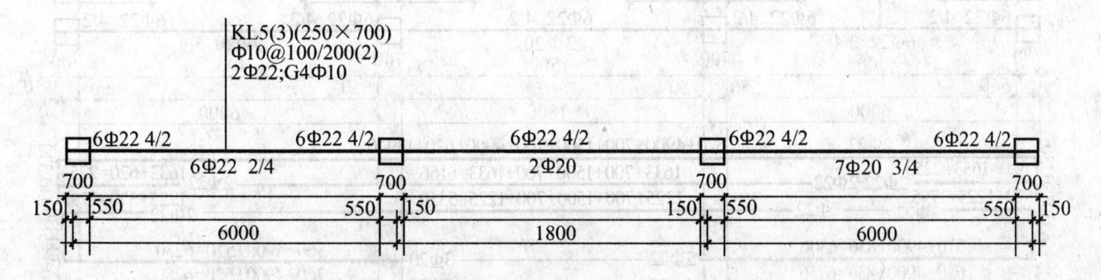

图 2.1.18 三跨框架梁平法施工图

示范：框架梁钢筋施工模拟放样

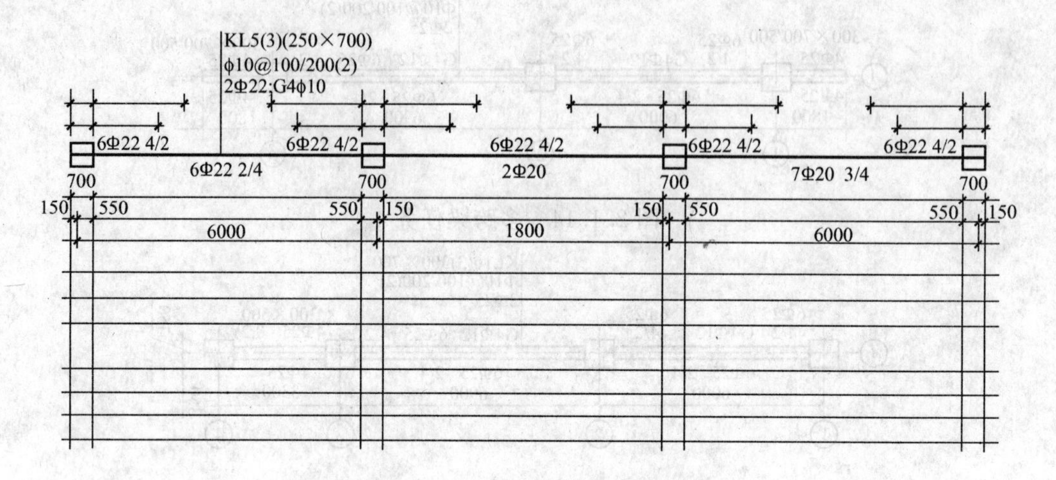

图 2.1.19-1　三跨框架梁施工模拟放样

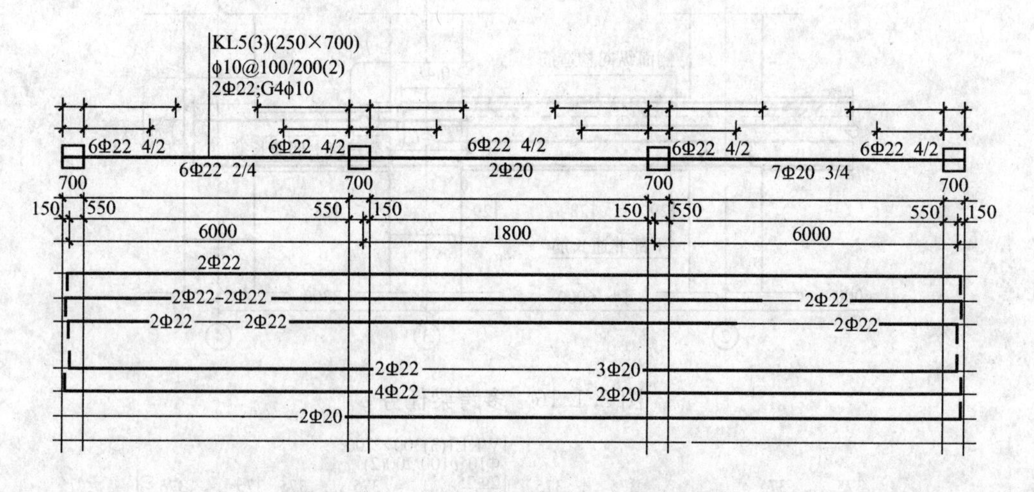

图 2.1.19-2　三跨框架梁施工模拟放样

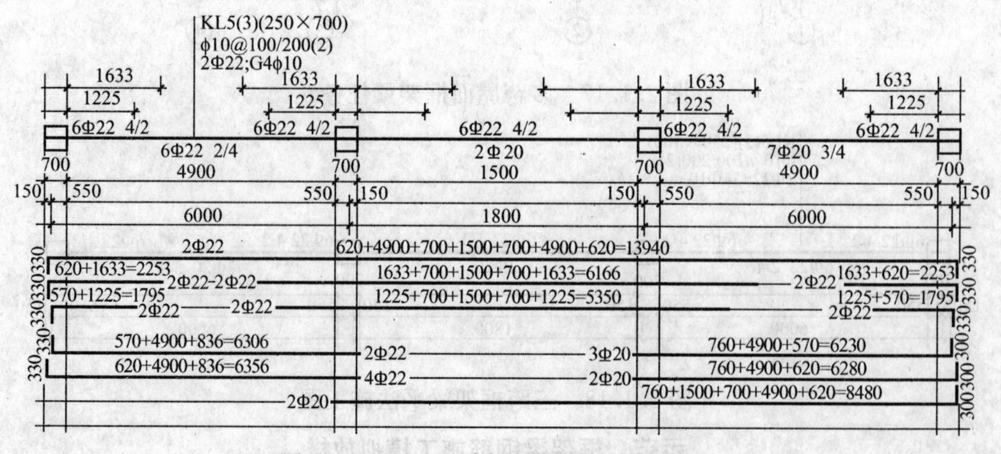

图 2.1.19-3　三跨框架梁施工模拟放样

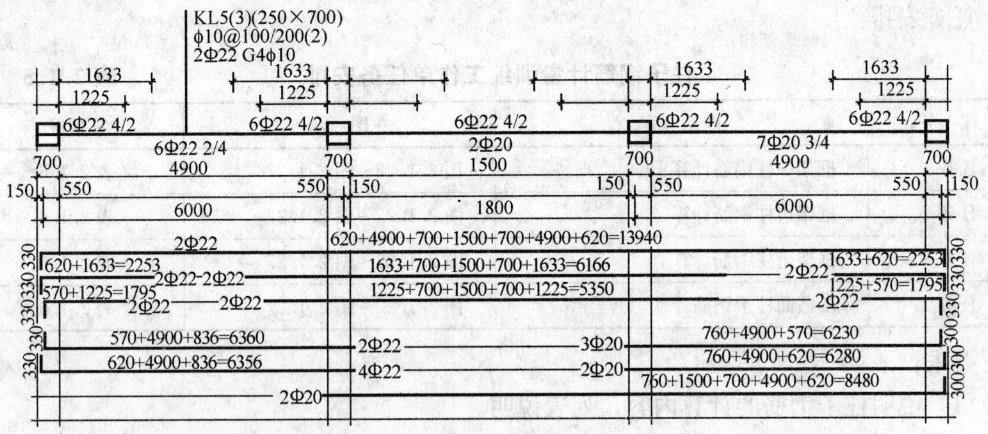

直钩长度: $15d=15\times22=330$, $15d=15\times20=300$;

l_{aE}: 二级抗震, HRB335普通钢筋, $d\leqslant25$, C25; $38d=38\times22=836$; $38d=38\times20=760$;

端支座直锚部分长度: (第一排纵筋)=700−30−25−25=620,

(第二排纵筋)=620−25−25=570;

中间支座: $0.5h_c+5d=0.5\times700+5\times22=460<l_{aE}$, 所以, 以$l_{aE}$作为中间支座纵筋的锚固长度

650 200 $2h_b=2\times700=1400>500$, 所以, 箍筋加密区长度为1400, ϕ10箍筋总根数=39+15+39=93;

其中: 第一跨加密区(1400−50×2)/100+1=15根, 非加密区(4900−1450×2)/200−1=9根, 箍筋根数=15+9+15=39根

第三跨同第一跨。第二跨全部为加密区(1500−50×2)/100+1=15根;

ϕ10构造钢筋: 锚固长度=15d=15×10=150, 第一、三跨 150+4900+150=5200, 第二跨 150+1500+150=1800。

图 2.1.19-4　三跨框架梁施工模拟放样

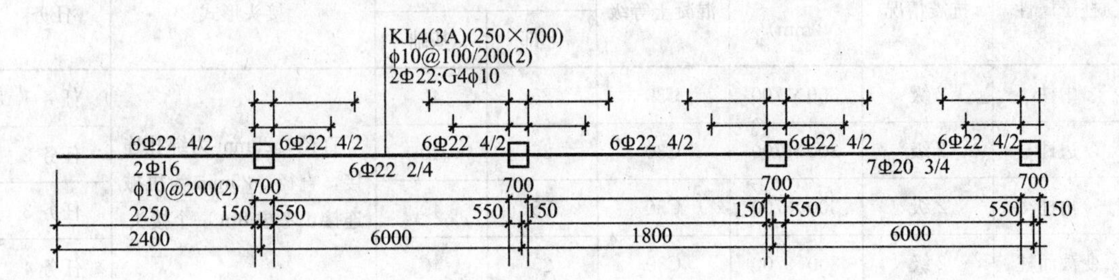

图 2.1.20　一端带悬挑的三跨框架梁

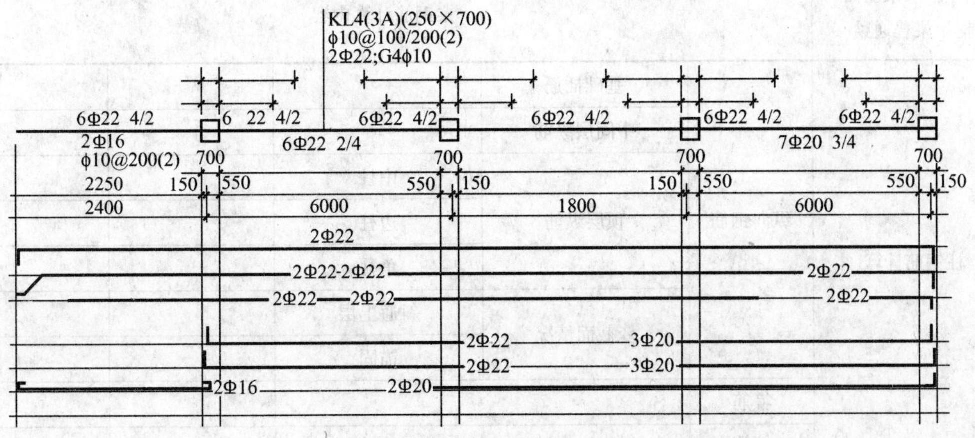

图 2.1.21　一端带悬挑的三跨框架梁施工模拟放样

任务（二）柱子钢筋计量训练工作单

任务安排：

柱子钢筋计量训练工作单任务安排 **表 2.1.5**

任　务	内　　容	图　示	柱情况
任务 1	框架中柱钢筋计算	图 2.1.22～图 2.1.27	表 2.1.6
任务 2	框架边柱钢筋计算	图 2.1.22～图 2.1.27	表 2.1.6
任务 3	框架角柱钢筋计算	图 2.1.22～图 2.1.27	表 2.1.6
任务 4	变截面柱子钢筋计算	图 2.1.22～图 2.1.27	表 2.1.6

要求：

（1）说明柱子钢筋的计算内容，列表说明。

（2）根据柱子钢筋的组成，图示柱子钢筋的立面图。

（3）列表说明柱子箍筋加密区与非加密的部位和长度。

（4）计算柱子的钢筋，包括纵向钢筋、箍筋。

（5）对柱子的钢筋计算结果进行列表汇总。

（6）总结交流计算内容。

柱子任务基本情况说明 **表 2.1.6**

柱子属性	抗震情况	梁截面（mm）	混凝土等级	保护层厚度（mm）		接头形式	任务
				上部	基础		
中柱	2 级	300×700	C30	25	40	直径≤25mm 为绑扎连接，直径＞25mm 为机械连接，考虑 8m 一个接头	任务 1
边柱	2 级	300×700	C30	25	40		任务 2
角柱	2 级	300×700	C30	25	40		任务 3
变截面柱	2 级	300×700	C30	25	40		任务 4

柱子钢筋计算内容列表 **表 2.1.7**

楼层框架梁屋面框架梁普通梁	梁钢筋计算内容						
柱钢筋计算	纵向钢筋	基础插筋					
		中间层纵筋					
		顶层纵筋	中柱				
			边柱				
			角柱				
		变截面情况	斜通上层				
			锚固				
	箍筋						
	拉筋						

柱子箍筋情况分析表（绑扎连接） **表 2.1.8**

柱　子			基础相邻层或1层箍筋		
柱子部位	范围	是否加密	长度	箍筋根数计算表	全高加密箍筋根数计算
基础根部	$H_n/3$	加密	(层高－梁高)/3＝A	(A－50)/间距＋1	($A+B+C+D$) 大于层高，柱子全高加密，箍筋根数＝(A－50)/间距＋1
搭接部位	$l_{lE}+0.3l_{lE}+l_{lE}$	加密	$2.3l_{lE}=B$	B/间距	
梁下部位	$\max(h_c，H_n/6，500)$	加密	$\max(h_c，H_n/6，500)=C$	C/间距	
梁高范围	梁高	加密	$h_b-c=D$	D/间距	
非加密区	柱子剩余部分	非加密	层高－($A+B+C+D$)＝E	E/非加密间距－1	

柱子箍筋情况分析表（绑扎连接） **表 2.1.9**

柱　子			中间层、顶层箍筋根数计算		
柱子部位	范围	是否加密	长度	箍筋根数计算表	全高加密箍筋根数计算
非连接区	$\max(h_c，H_n/6，500)$	加密	(层高－梁高)/3＝A	(A－50)/间距＋1	($A+B+C+D$) 大于层高，柱子全高加密，箍筋根数＝(A－50)/间距＋1
搭接部位	$l_{lE}+0.3l_{lE}+l_{lE}$	加密	$2.3l_{lE}=B$	B/间距	
梁下部位	$\max(h_c，H_n/6，500)$	加密	$\max(h_c，H_n/6，500)=C$	C/间距	
梁高范围	梁高	加密	$h_b-c=D$	D/间距	
非加密区	柱子剩余部分	非加密	层高－($A+B+C+D$)＝E	E/非加密间距－1	

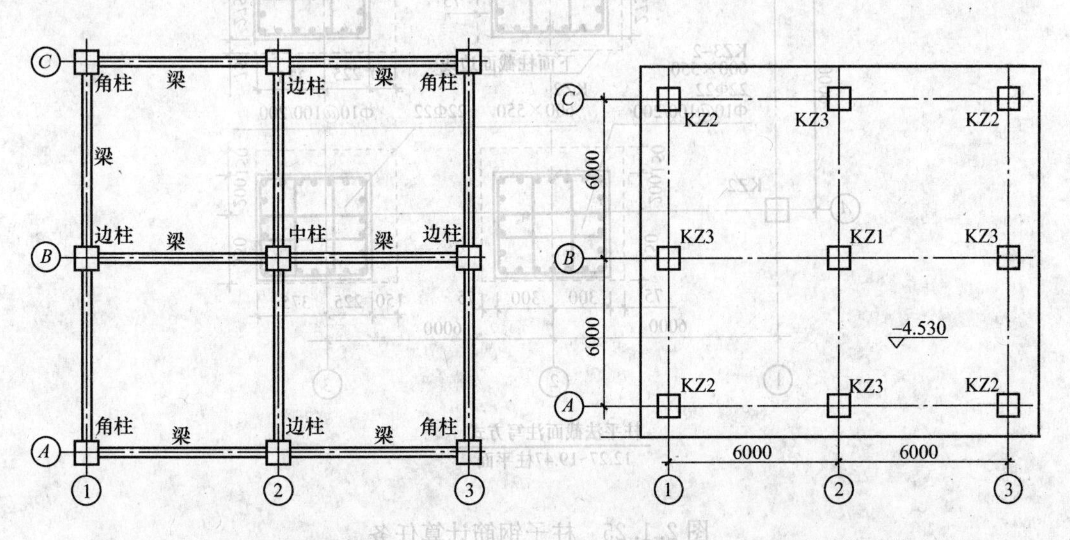

图 2.1.22　柱子钢筋计算任务

图 2.1.23　柱子钢筋计算任务

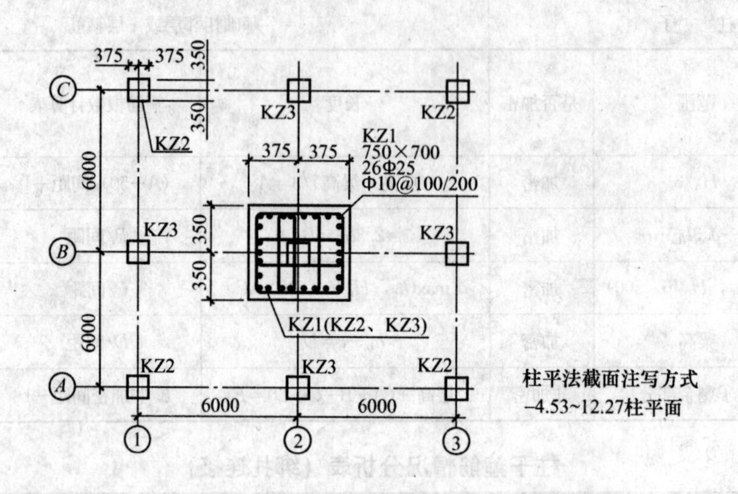

图 2.1.24　柱子钢筋计算任务

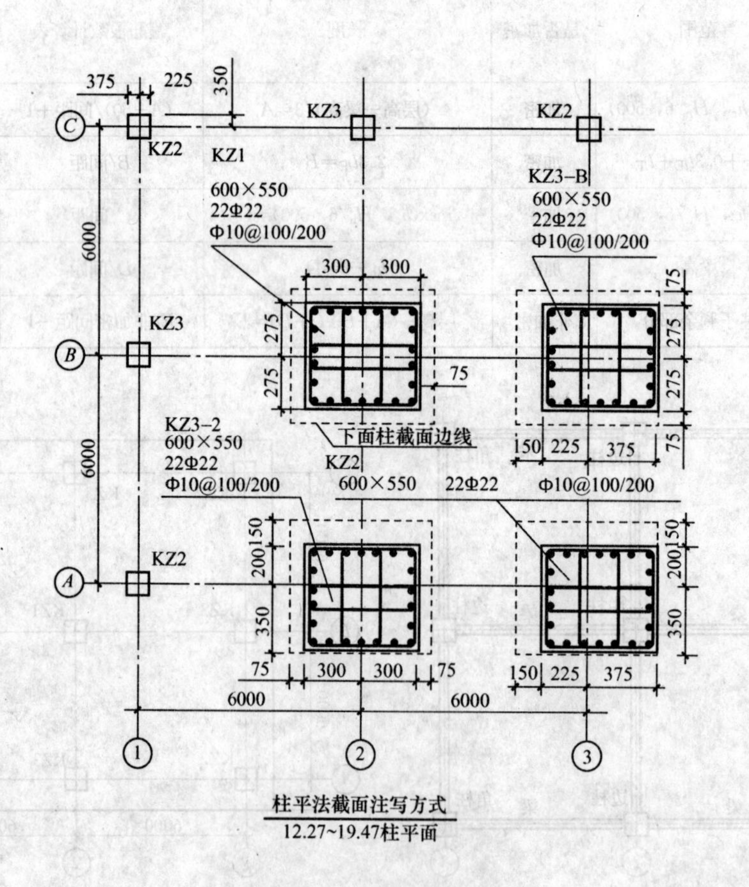

图 2.1.25　柱子钢筋计算任务

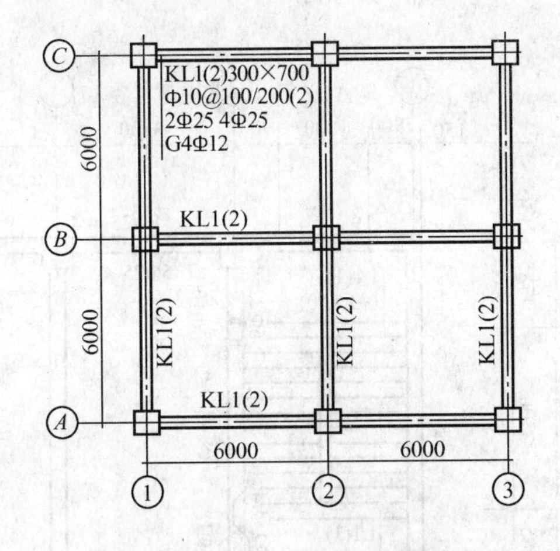

图 2.1.26　柱子钢筋计算任务

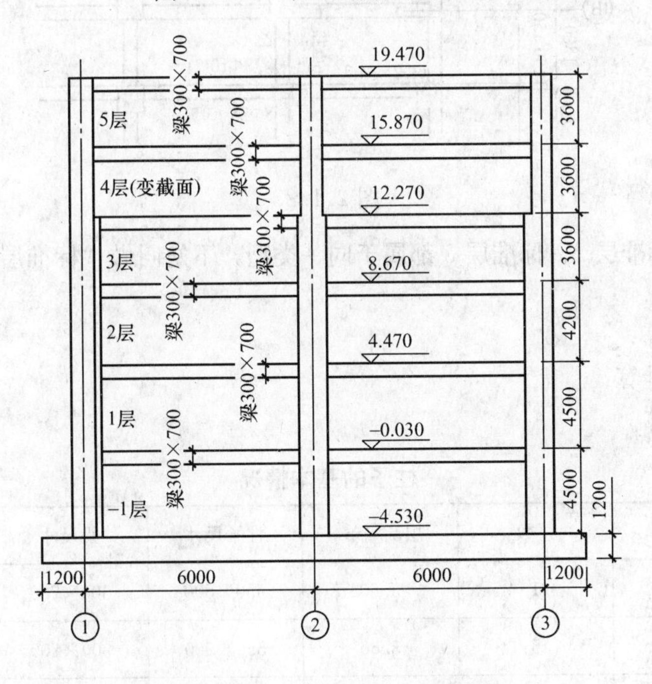

图 2.1.27　柱子钢筋计算任务

框架柱纵向钢筋计算示范

柱表

“±0.000 以下”的构造：地下室一层，地下室层高 4.50m。地下室下面是“正筏板”基础（即“低板位”的有梁式筏形基础，基础梁底和基础板底一平）。地下室顶板的框架梁仍然采用 KL1（300mm×700mm）。基础主梁的截面尺寸为 700mm×900mm，下部纵筋为 9Φ25。筏板的厚度为 500，筏板的纵向钢筋都是Φ18@200。混凝土强度等级 C30，二级抗震等级。

首先，本例子解决一个整体的分析方法问题。

根据这样的楼层划分表，我们就对整个工程的柱纵筋布局就有了一个总体认识，并且可以很方便地制定出下一步的计算方案：

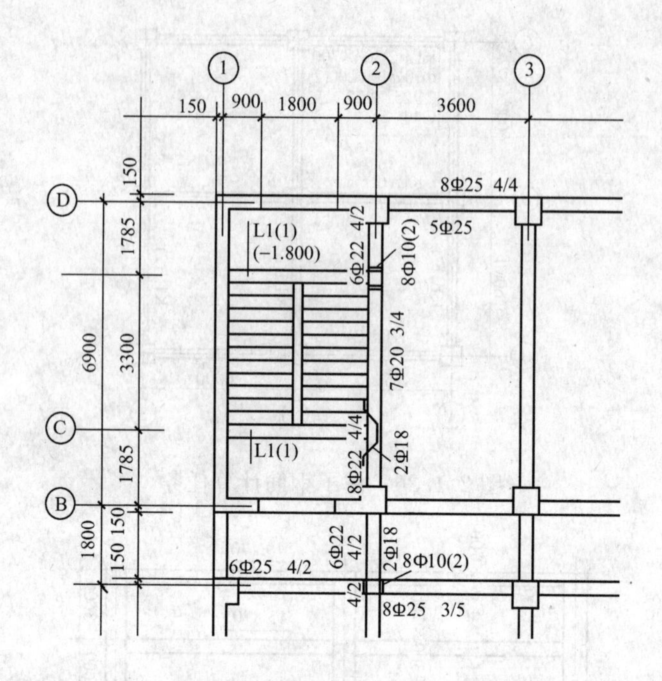

图 2.1.28

标准层 1、标准层 2、标准层 3 都属于同一类型，不妨叫做“标准层”，第 1 层、第 2 层单独计算；

顶层单独计算；

地下室单独计算；

基础单独计算。

柱子的基本情况 **表 2.1.10**

名称	层数	层高（m）	柱子尺寸	梁尺寸	标高
顶层（16 层）	1	3.60	550×500	300×700	55.470～59.070
标准层 3（11～15）	5	3.60	550×500	300×700	
第 10 层	1	3.60	650×600	300×700	33.870
标准层 2（6～9）	4	3.60	650×600	300×700	
第 5 层	1	3.60	750×700	300×700	15.870
标准层 1（3～4）	2	3.60	750×700	300×700	8.670
第 2 层	1	4.20	750×700	300×700	4.470
第 1 层	1	4.50	750×700	300×700	0.030
地下室	1	4.50	750×700	300×700	
基础					

柱子的基本情况 **表 2.1.11**

柱号	标高	$b\times h$	b_1	b_2	h_1	h_2	全部纵筋	角筋	B边一侧中部筋	H边一侧中部筋	箍筋类型号	箍筋
KZ1	−0.030～19.470	750×700	375	375	150	550	24Φ25				5×4	ϕ8@100/200
	19.470～37.470	650×600	325	325	150	450		4Φ22	5Φ22	4Φ20	4×4	ϕ8@100/200
	37.470～59.070	550×500	275	275	150	350		4Φ22	5Φ22	4Φ20	4×4	ϕ8@100/200

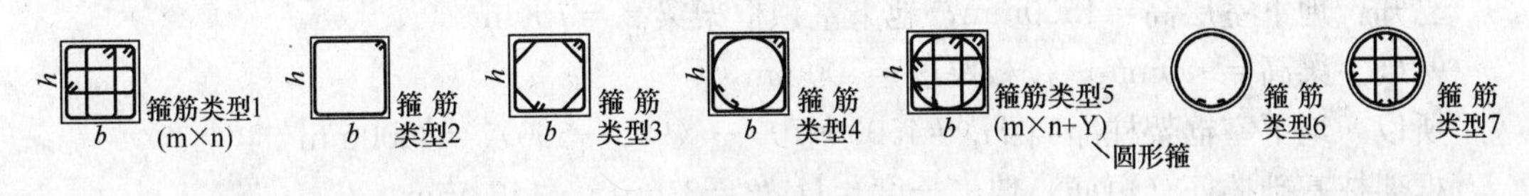

柱子列表表示 **表 2.1.12**

柱号	标高	$b\times h$（圆柱直径 D）	b_1	b_2	h_1	h_2	全部纵筋	角筋	B边一侧中部筋	H边一侧中部筋	箍筋类型号	箍筋
KZ1	−0.030～19.470	750×700	375	375	150	550	24Φ25				1(5×4)	ϕ8@100/200
	19.470～37.470	650×600	325	325	150	450		4Φ22	5Φ22	4Φ20	1(4×4)	ϕ8@100/200
	37.470～59.070	550×500	275	275	150	350		4Φ22	5Φ22	4Φ20	1(4×4)	ϕ8@100/200
XZ1	−0.030～8.670							8Φ25			标准详图	ϕ10@200

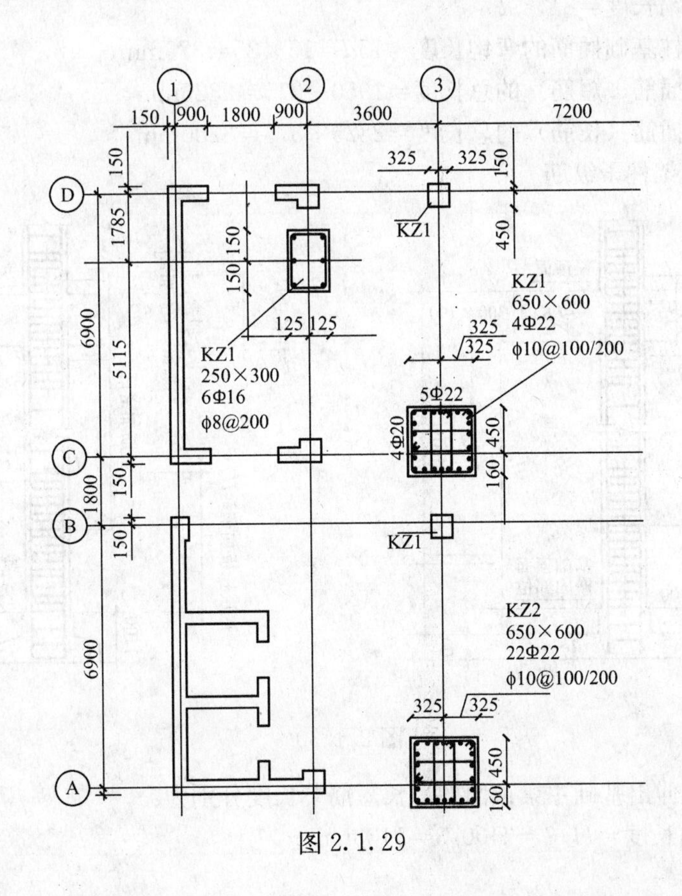

图 2.1.29

1. 基础插筋

求该地下室的基础插筋

地下室的抗震框架柱 KZ1 的截面尺寸为 750mm×700mm，柱纵筋为 22Φ25，混凝土强度等级 C30，二级抗震等级。地下室顶板的框架梁截面尺寸为 300mm×700mm。地下室上一层的层高为 4.50m，地下室上一层的框架梁截面尺寸为 300mm×700mm。

（1）计算框架柱基础插筋伸出基础梁顶面以上的长度：

已知：地下室层高＝4500mm，地下室顶框架梁高＝700mm，

基础主梁高＝900mm，筏板厚度＝500mm，

所以，地下室框架柱净高 H_n＝4500－700－（900－500）＝3400mm

框架柱基础插筋（短筋）伸出长度＝H_n/3＝3400/3＝1133mm

则框架柱基础插筋（长筋）伸出长度＝1133＋35×25＝2008mm。

（2）计算框架柱基础插筋的直锚长度：

已知：基础主梁高度＝900mm，基础主梁下部纵筋直径＝25mm，

筏板下层纵筋直径＝18mm，基础保护层＝40mm，

所以，框架柱基础插筋直锚长度＝900－25－18－40＝817mm。

（3）框架柱基础插筋的总长度：

框架柱基础插筋的垂直段长度（短筋）＝1133＋817＝1950mm 框架柱基础插筋的垂直段长度（长筋）＝2008＋817＝2825mm 因为，l_{aE}＝34d＝34×25＝850mm，

而现在的直锚长度＝817＜l_{aE}

所以，框架柱基础插筋的弯钩长度＝15d＝15×25＝375mm，

框架柱基础插筋（短筋）的总长度＝1950＋375＝2325mm，

框架柱基础插筋（长筋）的总长度＝2825＋375＝3200mm。

2. 地下室框架柱子纵筋

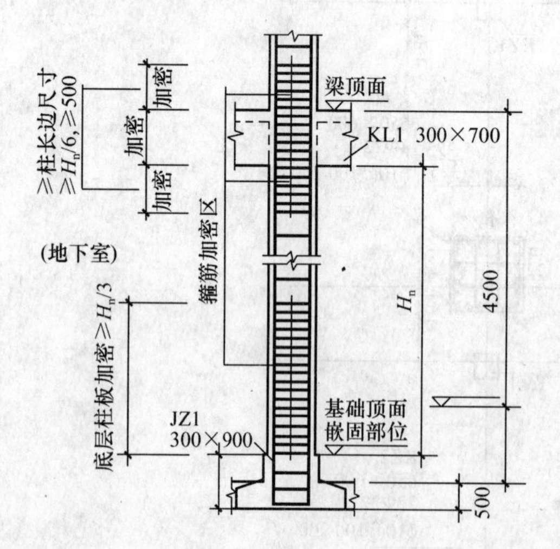

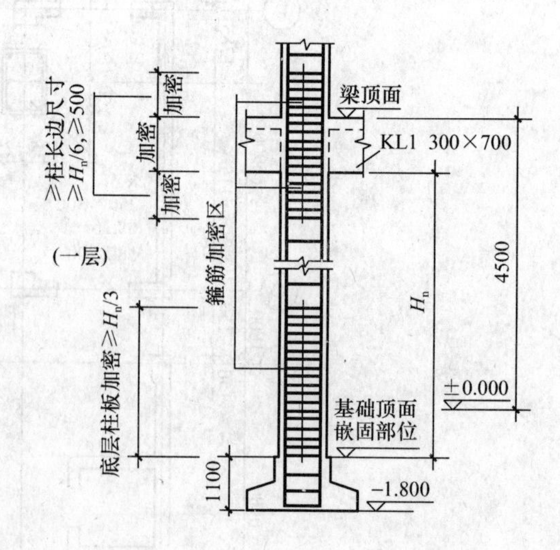

图 2.1.30

框架柱 KZ1 伸出基础主梁顶面的“长短筋”长度分别为：

“短筋”伸出长度＝H/3＝3400/3＝1133mm

“长筋”伸出长度$=H/3+35d=1133+35\times25=2008$mm

而地下室的柱纵筋就应该与这样的“长短插筋”连接，并且伸出上一层楼板顶面“三选一”的高度，即伸出上一层楼板顶面max（$H_n/6$，h_c，500）

因此，“地下室的柱纵筋”的长度包括以下两个组成部分：

（1）地下室顶板以下部分的长度：

柱净高H_n+地下室顶板的框架梁截面高度$-H_n/3$（注：上述的H_n是地下室的柱净高，$H_n/3$就是框架柱基础插筋伸出基础梁顶面以上的长度）

（2）地下室板顶以上部分的长度：

max（$H_n/6$，h_c，500）（注：这里的H_n是上一层楼的柱净高）

值得指出的是，地下室的柱纵筋可以没有“长、短筋”的区别，而是采用统一的长度（即按上述方法计算出来的长度）。其理由是：柱纵筋基础插筋伸出长度的长短差异为$35d$，而地下室柱纵筋伸出上一层楼板顶面的长短差异也是$35d$，所以“地下室柱纵筋”本身可以采用统一的长度。计算地下室柱纵筋的两部分长度。

（1）地下室顶板以下部分的长度H_1：

地下室的柱净高$H_n=4500-700-（900-500）=3400$mm，

所以$H_1=H_n+700-H_n/3=3400+700-1133=2967$mm。

（2）地下室板顶以上部分的长度H_2：

上一层楼的柱净高$H_n=4500-700=3800$mm

所以$H_2=$max（$H_n/6$，h_c，500）$=$max（3800/6，750，500）$=750$mm。

（3）这样就得到地下室柱纵筋的长度：

地下室柱纵筋的长度$=H_1+H_2=2967+750=3717$mm

长短筋错开长度$=35d=35\times25=875$mm

3. 第1层柱纵筋计算

长度=1层层高－max（1层楼层净高$H_n/6$，柱截面长边尺寸，500）+max（2层楼层净高$H_n/6$，柱截面长边尺寸，500）+与三层纵筋搭接长度l_{lE}

1层净高=4500－700=3800mm

2层净高=4200－700=3500mm

长度=4500－max（3800/6，750，500）+max（3500/6，750，500）=4500－750+750=4500

4. 第2层柱纵筋计算（假定梁截面尺寸不变）

长度=2层层高－max（2层楼层净高$H_n/6$，柱截面长边尺寸，500）+max（3层楼层净高$H_n/6$，柱截面长边尺寸，500）+与三层纵筋搭接长度l_{lE}

2层净高=4200－700=3500mm

3层净高=3600－700=2900mm

长度=4200－max（3500/6，750，500）+max（2900/6，750，500）=4200－750+750=4200mm

标准层1柱子纵筋：

长度=层高－max（层楼层净高$H_n/6$，柱截面长边尺寸，500）+max（上层楼层净高$H_n/6$，柱截面长边尺寸，500）

长度＝3600－max（2900/6，750，500）＋max（2900/6，750，500）＝4200－750＋750＝3600mm

标准层柱纵筋长度＝标准层层高＋l_{lE}（搭接长度，焊接、机械连接取0）

5. 顶层的框架柱纵筋

顶层的层高为3.60m，抗震框架柱KZ1的截面尺寸为550mm×500mm，柱纵筋为22Φ20，混凝土强度等级C30，二级抗震等级。顶层顶板的框架梁截面尺寸为300mm×700mm。

地下室柱纵筋计算中，我们已经知道地下室的柱纵筋在伸出上一层楼面时，维持35d的长、短筋的差异。在以后的一层、二层以及以上各楼层的柱纵筋计算中，各楼层的柱纵筋长度都等于本层的层高。这样，柱纵筋“长、短筋”35d的差异一直维持到顶层。

1）对于中柱：

长度＝顶层层高－max（楼层净高H_n/6，500，柱截面长边尺寸）－梁高＋锚固长度

对锚固长度取值：

柱纵筋伸入梁内的直段长度（直锚长度）＜l_{lE}时，采用弯锚形式：

锚固长度＝梁高－保护层＋12d

直锚长度＞l_{lE}时，采取直锚形式：

锚固长度＝梁高－保护层

由框架结构，混凝土强度等级C30，二级抗震等级，HRB335钢筋，查表得：

l_{aE}＝34d＝34×20＝680mm＞700－30＝670，采取弯锚方式。

锚固长度＝梁高－保护层＋12d＝700－30＋12×20＝910mm

H_n＝3600－700＝2900mm

max（楼层净高H_n/6，500，柱截面长边尺寸）＝max（2900/6，500，550）＝550

与柱子短筋相连的钢筋长度

长度＝顶层层高－max（楼层净高H_n/6，500，柱截面长边尺寸）－梁高＋锚固长度

＝3600－550－700＋910

＝3260mm

与柱子长筋相连的钢筋长度：

长度＝3260－35×20＝2560mm

2）边柱

“柱插梁”的做法：框架柱外侧纵筋从顶层框架梁的底面算起，锚入顶层框架梁1.5l_{aE}。

长度＝顶层层高－max（楼层净高H_n/6，500，柱截面长边尺寸）－梁高＋1.5锚固长度

与柱子短筋相连的钢筋长度

与柱子长筋相连的钢筋长度

长度＝3370－35×20＝2670mm

（上述假定下层柱子中钢筋采用焊接，伸出长度长短相差35d）。

6. 变截面楼层纵筋的计算

第五层的层高为3.60m，这是一个“变截面”的关节楼层，抗震框架柱KZ1在第五层的截面尺寸为750mm×700mm，在第六层截面尺寸变为650mm×600mm，柱纵筋

为 22Φ25，混凝土强度等级 C30，二级抗震等级。

计算第五层的框架柱纵筋尺寸。

情况 1：第五层顶板的框架梁截面尺寸为 300mm×700mm。

情况 2：第五层顶板的框架梁截面尺寸为 300mm×500mm。

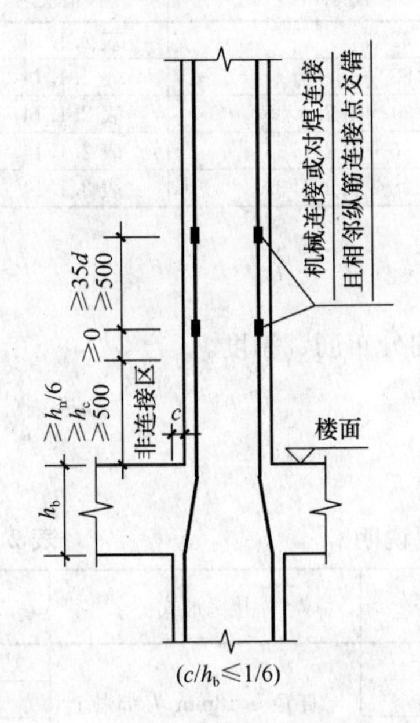

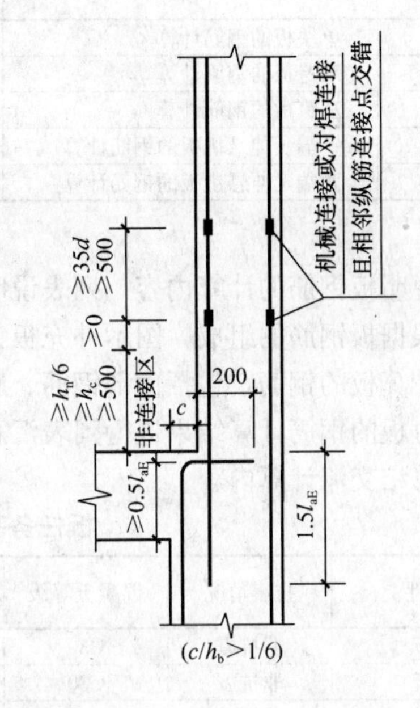

图 2.1.31

当 $c/h_b \leqslant 1/6$ 时，可以忽略变截面导致的纵向钢筋长度变化

对于情况 1：$c/h_b=$（750－650）/2/700＝1/14＜1/6

增加长度$=\sqrt{c_2+h_b^2}-h_b=\sqrt{50^2+700^2}-700=2$，看来是可以忽略的。

对于情况 2：

$c/h_b=$（750－650）/500＝1/5＞1/6

当 $c/h_b>1/6$ 时：

柱截面下层竖向钢筋长度

长度＝层高－下层钢筋露出长度 max（楼层净高 $H_n/6$，500，柱截面长边尺寸）

－节点梁高＋锚固长度

锚固长度＝max（0.5l_{aE}，梁高－保护层）＋（200＋截面高度差值 c－保护层）

柱变截面插筋长度＝本层露出长度＋与上层搭接长度＋锚固长度（1.5l_{aE}）

楼层净高＝3600－500＝3100mm

max（楼层净高 $H_n/6$，500，柱截面长边尺寸）＝max（3100/6，500，750）＝750

锚固长度＝max（0.5×34×25，500－30）＋（200＋100－30）＝470＋270＝740mm

长度＝3600－750－500＋740＝3090mm

上一层插筋长度＝伸出长度＋1.5l_{aE}

＝max（楼层净高 $H_n/6$，500，柱截面长边尺寸）＋1.5l_{aE}

＝750＋1.5×34×25＝2025mm

任务（三）板钢筋识读与计量工作单（参见图 2.1.32～图 2.1.40）

任务安排：

板钢筋识读与计量任务　　表 2.1.13

任务	内容	图示	板情况	备注
任务 1	单块板的钢筋计算	图 2.1.32	表 2.1.14	
任务 2	双跨板的钢筋计算	图 2.1.33	表 2.1.14	
任务 3	三跨板的钢筋计算	图 2.1.34～图 2.1.35	表 2.1.14	
任务 4	一端延伸悬挑板的钢筋计算	图 2.1.36～图 2.1.37	表 2.1.14	
任务 5	两端延伸悬挑板的钢筋计算	图 2.1.38～图 2.1.39	表 2.1.14	

要求：

(1) 说明板钢筋的计算内容，列表说明。

(2) 根据板钢筋的组成，图示补充板钢筋中的分布筋、温度。

(3) 计算板的钢筋，包括面部钢筋、底部钢筋。

(4) 对板的钢筋计算结果进行列表汇总。

(5) 总结交流计算内容

板任务基本情况说明　　表 2.1.14

板属性	抗震情况	混凝土等级	保护层厚度（mm）	接头形式	任务
单块板	非抗震	C30	15	直径≤18mm 为绑扎连接，直径>18mm 为机械连接，考虑 8m 一个接头	任务 1
双跨板	非抗震	C30	15		任务 2
三跨板	非抗震	C30	15		任务 3
一端延伸悬挑板	非抗震	C30	15		任务 4
两端延伸悬挑板	非抗震	C30	15		任务 5

板钢筋计算内容列表　　表 2.1.15

板属性选取	梁计算钢筋内容				
单块板的钢筋 双跨板的钢筋 三跨板的钢筋 一端延伸悬挑板的钢筋 两端延伸悬挑板的钢筋	面部钢筋	支座负筋	端支座负筋		
			端支座分布筋		
			中间支座负筋		
			中间支座分布筋		
		温度筋	X 向温度筋		
			Y 向温度筋		
	底部钢筋	X 向底部筋			
		Y 向底部筋			
	附加钢筋				

单跨板钢筋计算示范　　表 2.1.16

计算内容		计算方法	底部筋长度＝净跨＋左锚固＋右锚固＋两端弯钩			
X 向板底钢筋长度		计算过程	净跨	支座情况	锚固长度	弯钩
			3600-150-150	支座为框架梁	max(h_b/2，5d)	6.25d
			3300		max(300/2，50)	62.5
结果	3725	公式	3300＋150×2＋62.5×2＝3725			

单跨板钢筋计算示范（计算根数：算法 1）　　表 2.1.17

计算内容		计算方法	底部×向钢筋筋根数＝布筋范围/钢筋间距＋1		
X 向板底钢筋根数		计算过程	布筋范围	第一根钢筋布置	间距
			净跨-50×2	距梁边 50mm	100
			6000－150×2－50×2＝5600	50	100
结果	57 根	公式	5600/100＋1＝57		

单跨板钢筋计算示范（计算根数：算法 2）　　表 2.1.18

计算内容		计算方法	底部×向钢筋筋根数＝布筋范围/钢筋间距＋1		
X 向板底钢筋根数		计算过程	布筋范围	第一根钢筋布置	间距
			净跨－25×2	距梁边一个保护层	100
			6000－150×2－25×2＝5650	c＝25	
结果	58 根	公式	5650/100＋1＝58		

单跨板钢筋计算示范（计算根数：算法 3）　　表 2.1.19

计算内容		计算方法	底部×向钢筋筋根数＝布筋范围/钢筋间距＋1 (净跨＋保护层×2＋左跨梁角筋的一半＋右跨梁角筋的一半－板筋间距)/布筋间距＋1		
X 向板底钢筋根数		计算过程	布筋范围	第一根钢筋布置	间距
			净跨－25×2	距梁角筋 1/2 板间距	100
			6000－150×2＋25×2＋25－100＝5675	100/2＝50	
结果	58 根	公式	5675/100＋1＝58		

单跨板钢筋计算示范　　表 2.1.20

计算内容		计算方法	端支座锚固长度＋板内净长＋弯折长度(板厚－2×保护层)				
X 向端支座负筋长度		计算过程	板内净长	支座情况	弯折长度	锚固长度	弯钩
			1000－150	框架梁	h-2c	24d	6.25d
			850		120－2×15	24×8	6.25×8
结果	1182	公式	24×8＋850＋120－2×15＋6.25×8				
说明			锚固端考虑带弯钩 6.25d				

单跨板钢筋计算示范(计算根数：算法 3)　　表 2.1.21

计算内容		计算方法	钢筋筋根数＝布筋范围/钢筋间距＋1		
X 向端支座负筋根数计算		计算过程	布筋范围	第一根钢筋布置	间距
			净跨－50×2	距梁边 50mm	150
			6000－150×2－50×2＝5600		
结果	57 根	公式	5600/100＋1＝57		

单跨板钢筋计算示范　　表 2.1.22

计算内容		计算方法	轴线长度－负筋标注长度 1＋负筋标注长度 2 ＋搭接长度				
Y 向分布筋长度计算		计算过程	轴线长度	支座情况	负筋标注长度 1	标注长度 2	搭接
			6000	框架梁	1000	1000	150
							150×2
结果	4300	公式	6000－1000×2＋150×2				

单跨板钢筋计算示范 **表 2.1.23**

计算内容		计算方法	钢筋根数=布筋范围/钢筋间距+1		
Y向分布筋根数计算		计算过程	负筋板内净长	分布筋间距	间　距
			1000−150	250	
			850	250	
结果	5×2根	公式	850/250+1=4.4		

单跨板钢筋计算示范 **表 2.1.24**

计算内容		计算方法	轴线长度−负筋标注长度1+负筋标注长度2+搭接长度				
Y向温度筋长度计算		计算过程	轴线长度	支座情况	负筋标注长度1	负筋标注长度2	搭接
			6000	框架梁	1000	1000	150
							150×2
结果	4300	公式	6000−1000×2+150×2				
计算内容		计算方法	钢筋根数=布筋范围/钢筋间距11				
Y向温度筋根数计算		计算过程	布筋范围		负筋标注尺寸		间距
			3600−1000×2		1000×2		200
			1600		2000		
结果	7根	公式	1600/200−1=7				

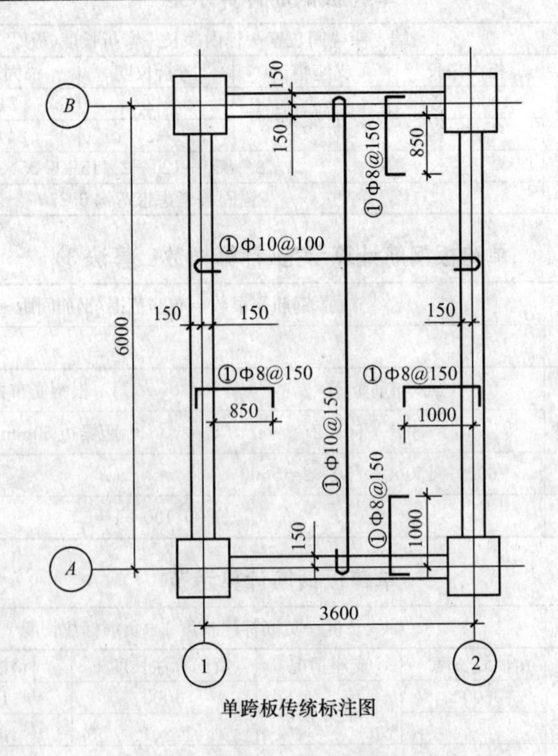

图 2.1.32　单跨板钢筋计算任务 1

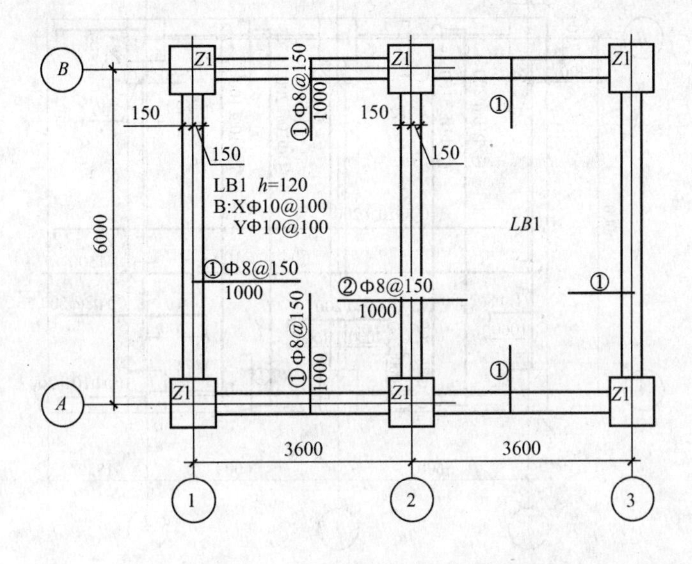

图 2.1.33　两跨板钢筋计算任务 2

（未注明的分布筋间距为 ϕ8@250，温度筋为 ϕ8@200）

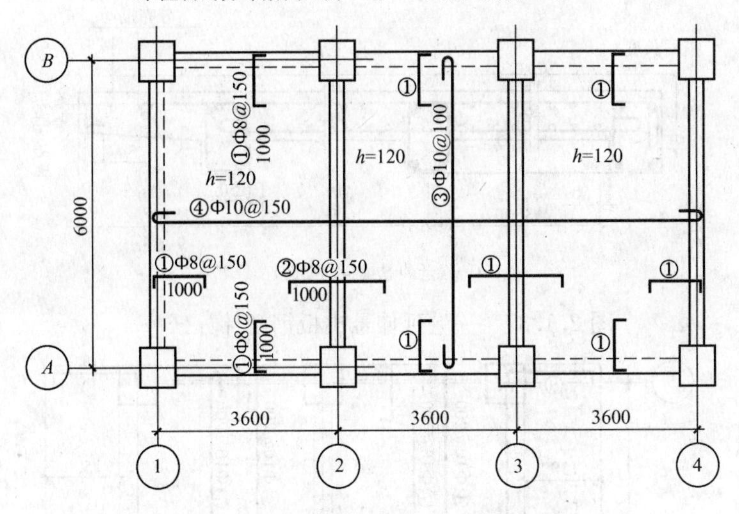

图 2.1.34　三跨板钢筋计算任务 3

（未注明的分布筋间距为 ϕ8@250，温度筋为 ϕ8@200）

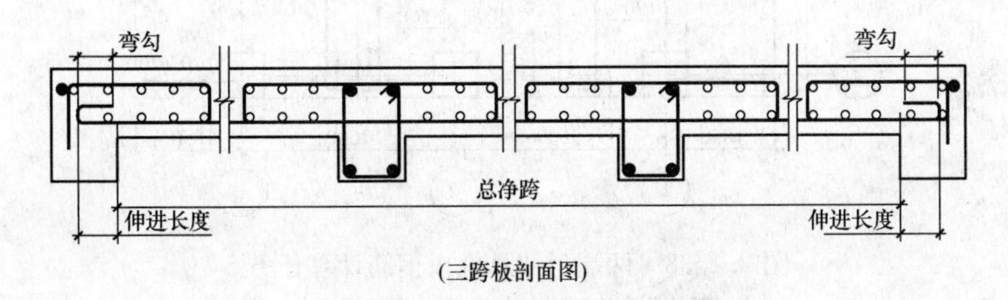

图 2.1.35　三跨板钢筋计算任务 3

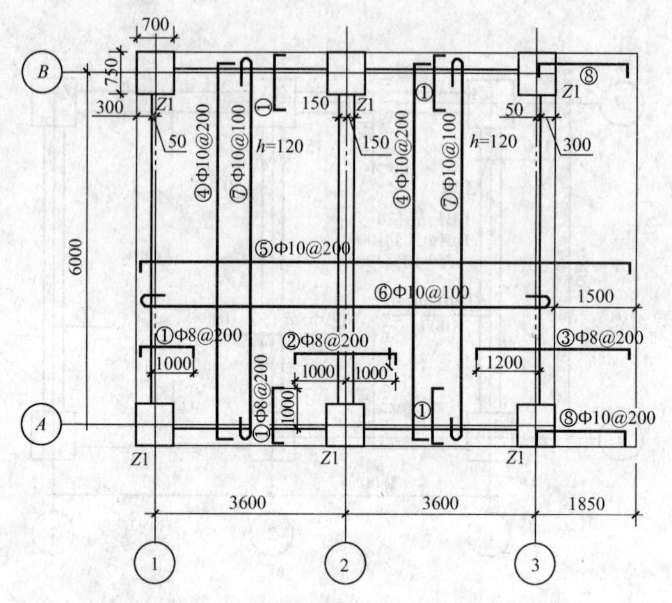

图 2.1.36　一端延伸悬挑板钢筋计算任务 4

（未注明的分布筋间距为 ϕ8@250）

分布筋
锚固长度
水平长度
板厚−保护层×2
5d
50
50
3600
3600
1850

（一端延伸悬挑板剖面图）

图 2.1.37　一端延伸悬挑板钢筋计算任务 4

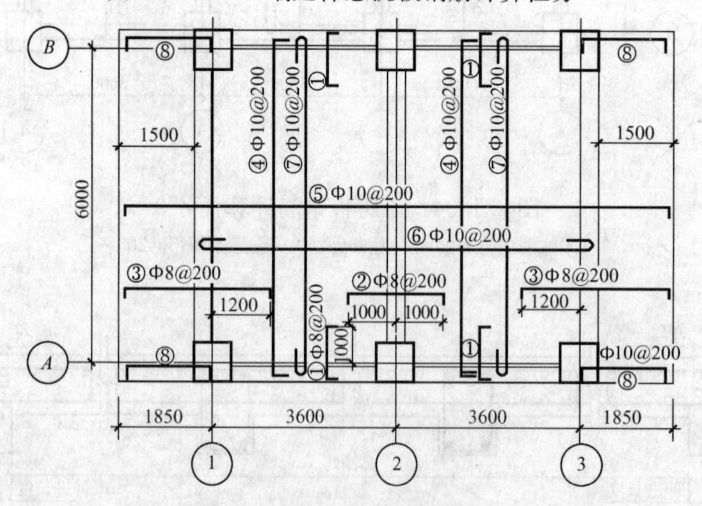

图 2.1.38　两端延伸悬挑板钢筋计算任务 5

（未注明的分布筋间距为 ϕ8@250，梁截面尺寸均为 300mm×700mm，板厚 120mm）

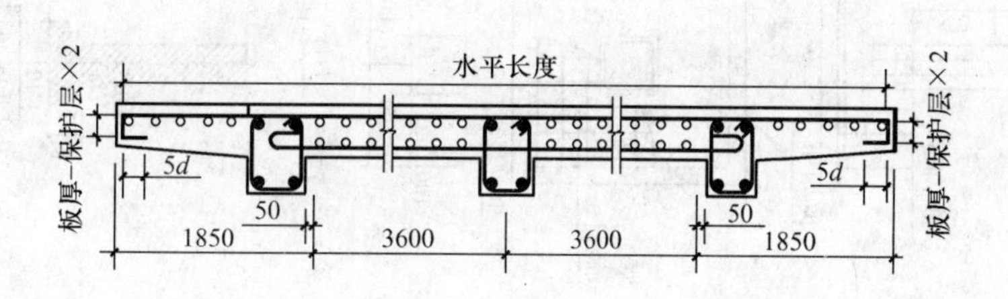

图 2.1.39　两端延伸悬挑板钢筋计算任务 4

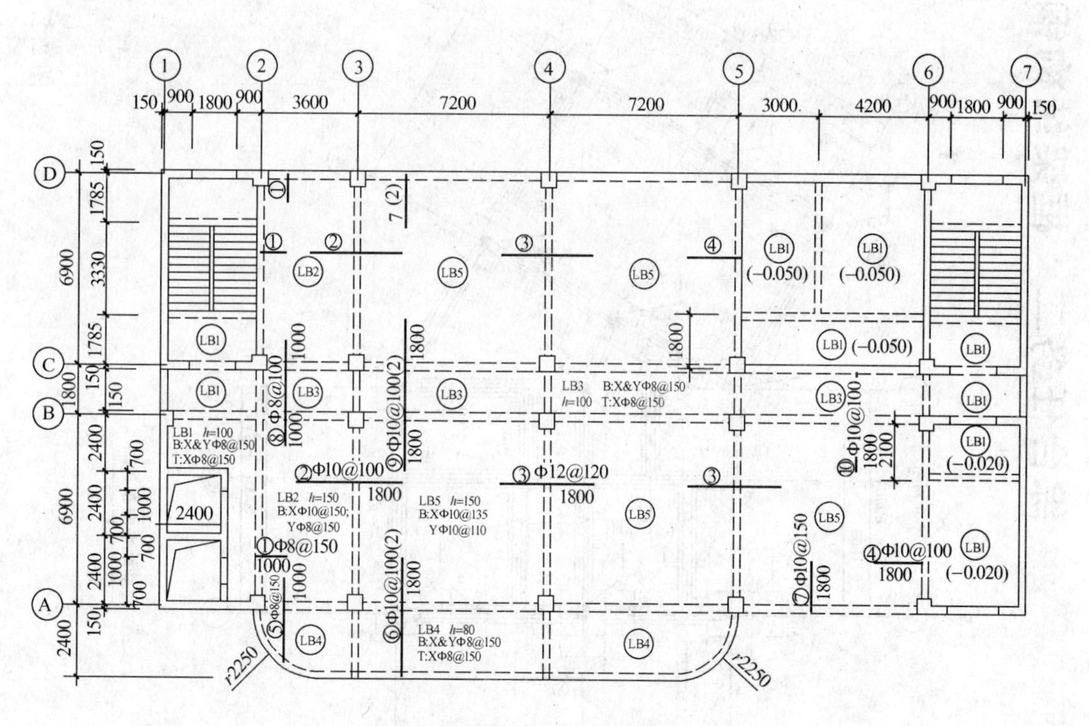

图 2.1.40　板平法施工图

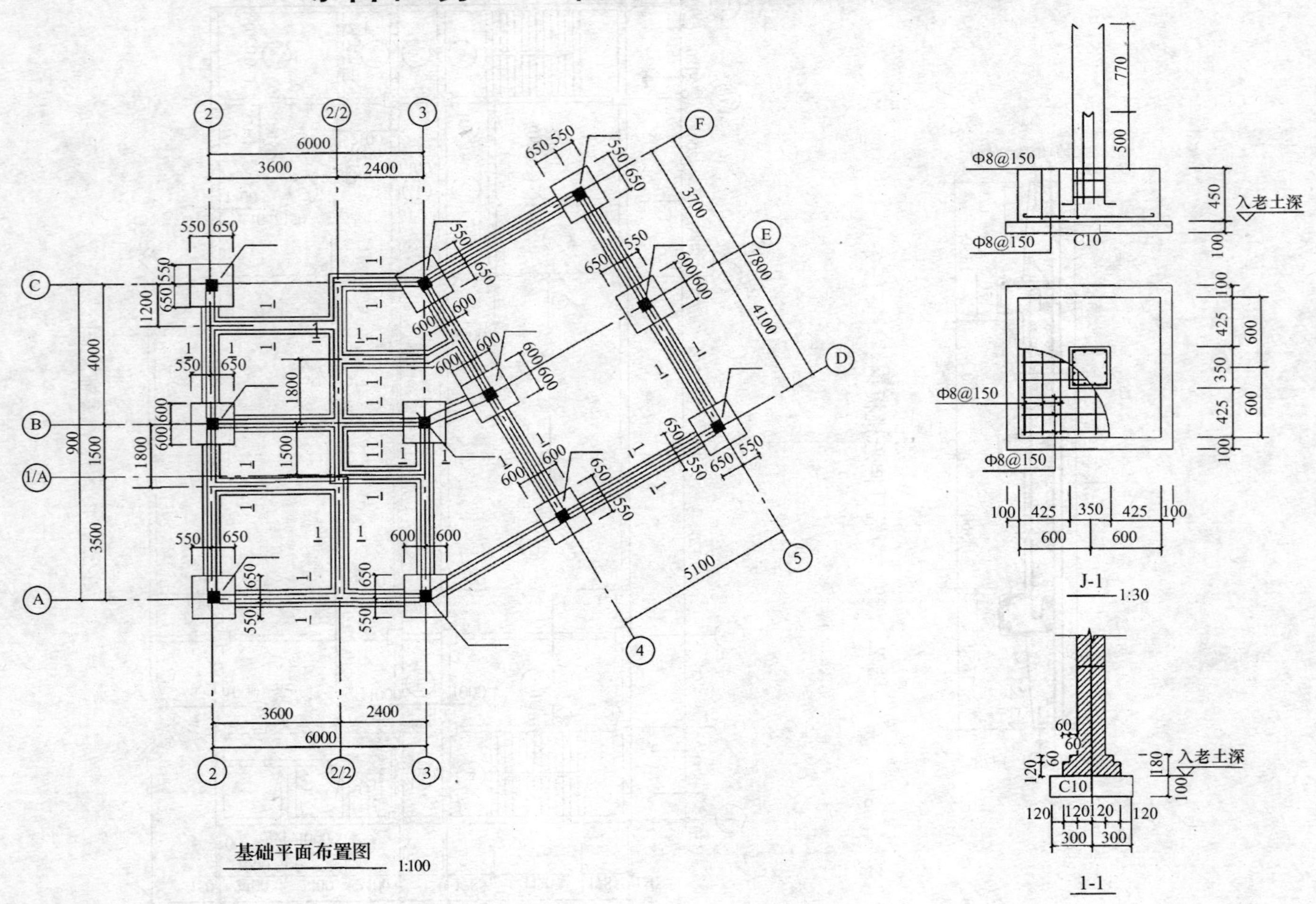
基础平面布置图 1:100
J-1 1:30
1-1
Φ8@150
C10
入老土深
3600
2400
6000
4000
1500
900
3500
1200
1800
3700
4100
7800
5100
770
500
450
100
425
350
600
550
650

图 2.2.1

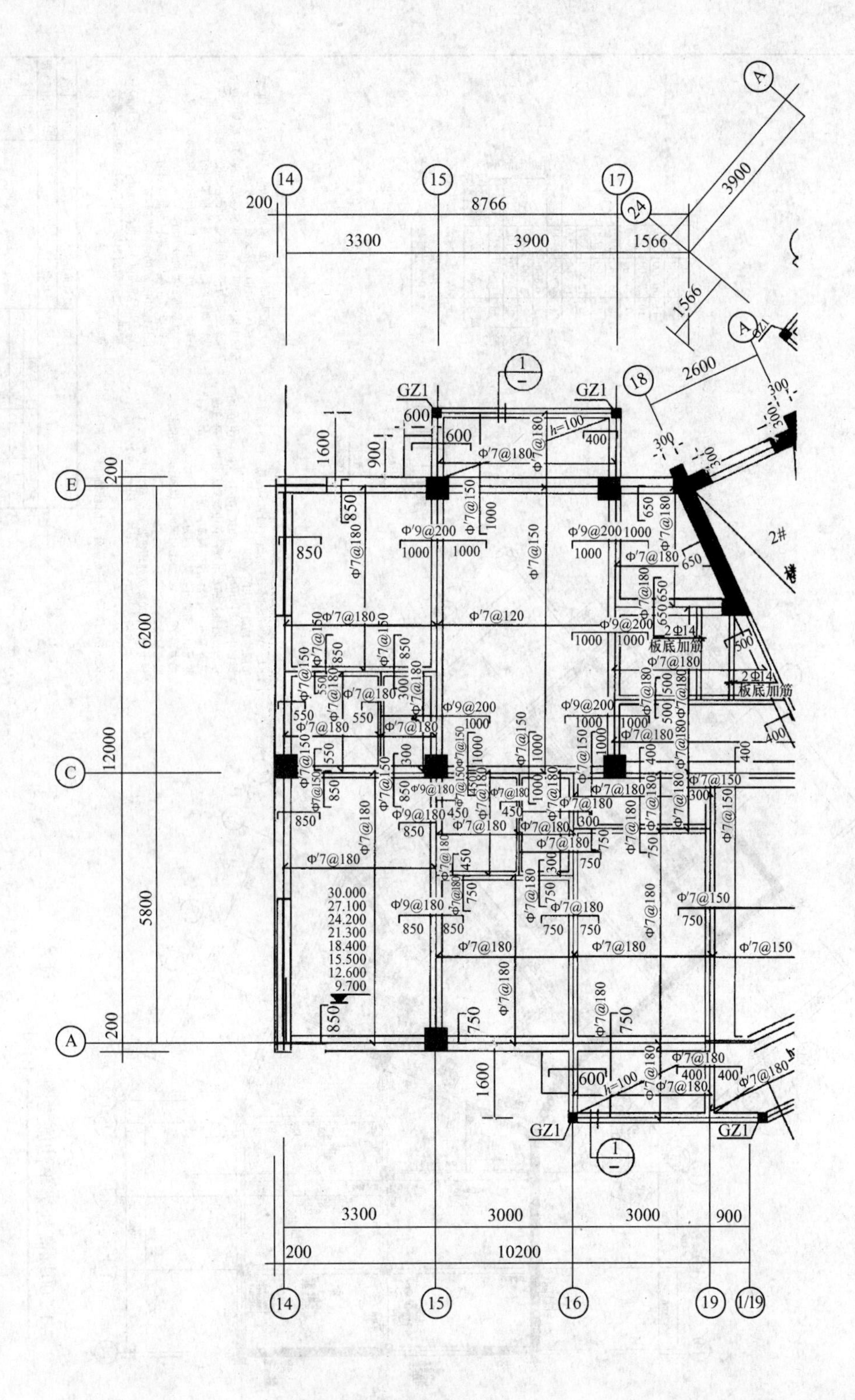

四~十一层板配筋图 1:100

图 2.2.2

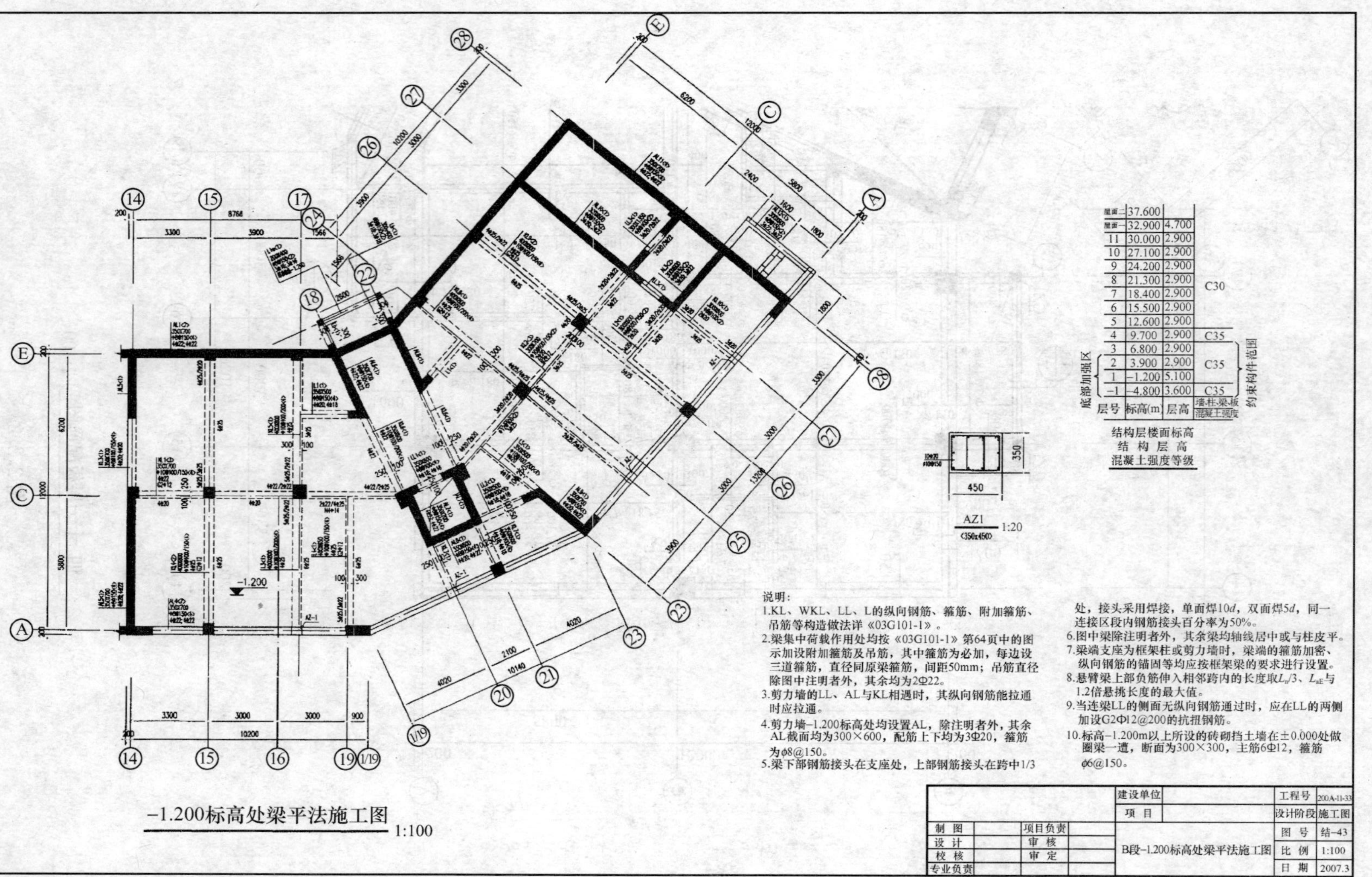
-1.200标高处梁平法施工图 1:100
AZ1 (350x450) 1:20
屋面二 37.600
屋面一 32.900 4.700
11 30.000 2.900
10 27.100 2.900
9 24.200 2.900
8 21.300 2.900 C30
7 18.400 2.900
6 15.500 2.900
5 12.600 2.900
4 9.700 2.900 C35
3 6.800 2.900
2 3.900 2.900 C35
1 -1.200 5.100
-1 -4.800 3.600 C35
层号 标高(m) 层高 墙柱梁板混凝土强度
底部加强区
约束构件范围
结构层楼面标高
结构层高
混凝土强度等级
说明：
1.KL、WKL、LL、L的纵向钢筋、箍筋、附加箍筋、吊筋等构造做法详《03G101-1》。
2.梁集中荷载作用处均按《03G101-1》第64页中的图示加设附加箍筋及吊筋，其中箍筋为必加，每边设三道箍筋，直径同原梁箍筋，间距50mm；吊筋直径除图中注明者外，其余均为2Φ22。
3.剪力墙的LL、AL与KL相遇时，其纵向钢筋能拉通时应拉通。
4.剪力墙-1.200标高处均设置AL，除注明者外，其余AL截面均为300×600，配筋上下均为3Φ20，箍筋为φ8@150。
5.梁下部钢筋接头在支座处，上部钢筋接头在跨中1/3处，接头采用焊接，单面焊10d，双面焊5d，同一连接区段内钢筋接头百分率为50%。
6.图中梁除注明者外，其余梁均轴线居中或与柱皮平。
7.梁端支座为框架柱或剪力墙时，梁端的箍筋加密、纵向钢筋的锚固等均应按框架梁的要求进行设置。
8.悬臂梁上部负筋伸入相邻跨内的长度取Ln/3、LaE与1.2倍悬挑长度的最大值。
9.当连梁LL的侧面无纵向钢筋通过时，应在LL的两侧加设G2Φ12@200的抗扭钢筋。
10.标高-1.200m以上所设的砖砌挡土墙在±0.000处做圈梁一道，断面为300×300，主筋6Φ12，箍筋φ6@150。
建设单位
项目
制图
设计
校核
专业负责
项目负责
审核
审定
B段-1.200标高处梁平法施工图
工程号 200A-11-33
设计阶段 施工图
图号 结-43
比例 1:100
日期 2007.3

图 2.2.3

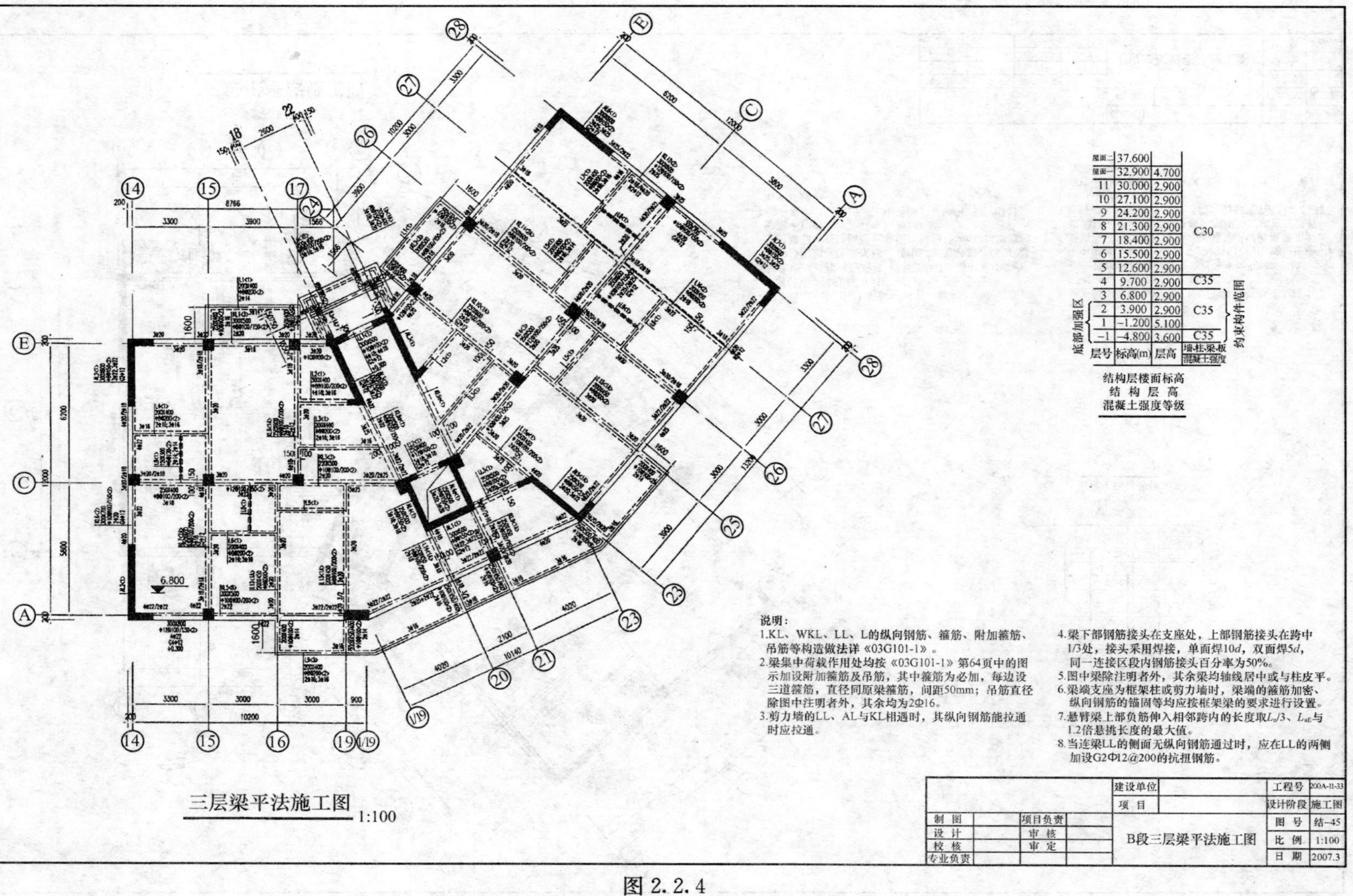

三层梁平法施工图 1:100

6.800

屋面二	37.600		
屋面一	32.900	4.700	
11	30.000	2.900	
10	27.100	2.900	
9	24.200	2.900	
8	21.300	2.900	C30
7	18.400	2.900	
6	15.500	2.900	
5	12.600	2.900	
4	9.700	2.900	C35
3	6.800	2.900	
2	3.900	2.900	C35
1	-1.200	5.100	
-1	-4.800	3.600	C35
层号	标高(m)	层高	墙柱梁板混凝土强度

底部加强区

约束构件范围

结构层楼面标高
结构层高
混凝土强度等级

说明：
1.KL、WKL、LL、L的纵向钢筋、箍筋、附加箍筋、吊筋等构造做法详《03G101-1》。
2.梁集中荷载作用处均按《03G101-1》第64页中的图示加设附加箍筋及吊筋，其中箍筋为必加，每边设三道箍筋，直径同原梁箍筋，间距50mm；吊筋直径除图中注明者外，其余均为2Φ16。
3.剪力墙的LL、AL与KL相遇时，其纵向钢筋能拉通时应拉通。
4.梁下部钢筋接头在支座处，上部钢筋接头在跨中1/3处，接头采用焊接，单面焊10d，双面焊5d，同一连接区段内钢筋接头百分率为50%。
5.图中梁除注明者外，其余梁均轴线居中或与柱皮平。
6.梁端支座为框架柱或剪力墙时，梁端的箍筋加密、纵向钢筋的锚固等均应按框架梁的要求进行设置。
7.悬臂梁上部负筋伸入相邻跨内的长度取$L_n/3$、L_{aE}与1.2倍悬挑长度的最大值。
8.当连梁LL的侧面无纵向钢筋通过时，应在LL的两侧加设G2Φ12@200的抗扭钢筋。

制图
设计
校核
专业负责
项目负责
审核
审定
建设单位
项目
B段三层梁平法施工图
工程号 200A-11-33
设计阶段 施工图
图号 结-45
比例 1:100
日期 2007.3

图 2.2.4

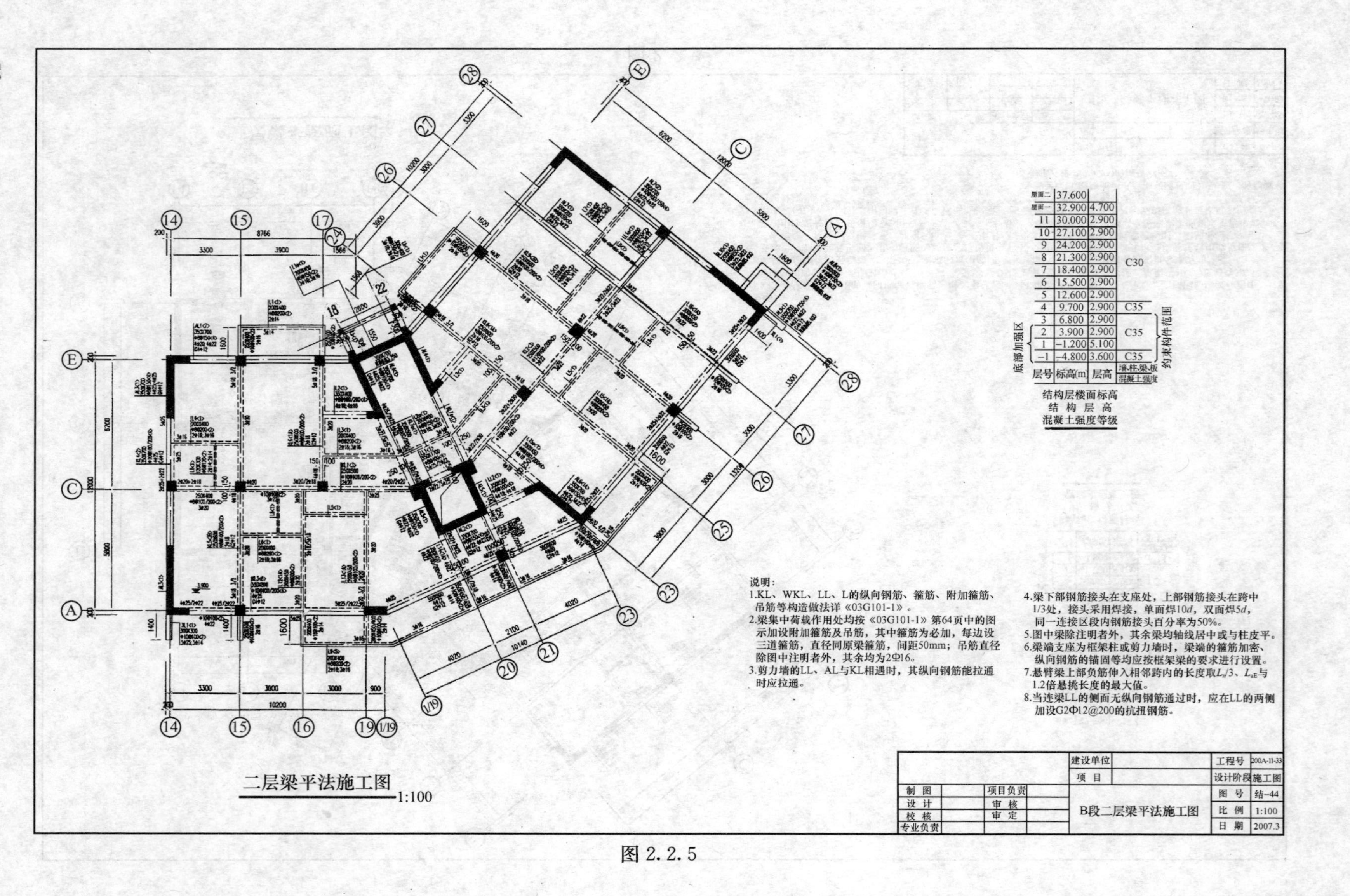
二层梁平法施工图 1:100
层面二 37.600
层面一 32.900 4.700
11 30.000 2.900
10 27.100 2.900
9 24.200 2.900
8 21.300 2.900
7 18.400 2.900
6 15.500 2.900
5 12.600 2.900 C30
4 9.700 2.900 C35
3 6.800 2.900
2 3.900 2.900 C35
1 −1.200 5.100
−1 −4.800 3.600 C35
层号 标高(m) 层高 墙柱梁板混凝土强度
底部加强区
约束构件范围
结构层楼面标高
结构层高
混凝土强度等级
说明：
1.KL、WKL、LL、L的纵向钢筋、箍筋、附加箍筋、吊筋等构造做法详《03G101-1》。
2.梁集中荷载作用处均按《03G101-1》第64页中的图示加设附加箍筋及吊筋，其中箍筋为必加，每边设三道箍筋，直径同原梁箍筋，间距50mm；吊筋直径除图中注明者外，其余均为2Φ16。
3.剪力墙的LL、AL与KL相遇时，其纵向钢筋能拉通时应拉通。
4.梁下部钢筋接头在支座处，上部钢筋接头在跨中1/3处，接头采用焊接，单面焊10d，双面焊5d，同一连接区段内钢筋接头百分率为50%。
5.图中梁除注明者外，其余梁均轴线居中或与柱皮平。
6.梁端支座为框架柱或剪力墙时，梁端的箍筋加密、纵向钢筋的锚固等均应按框架梁的要求进行设置。
7.悬臂梁上部负筋伸入相邻跨内的长度取Ln/3、LaE与1.2倍悬挑长度的最大值。
8.当连梁LL的侧面无纵向钢筋通过时，应在LL的两侧加设G2Φ12@200的抗扭钢筋。
建设单位
项目
工程号 200A-11-33
设计阶段 施工图
制图 项目负责
设计 审核
校核 审定
专业负责
B段二层梁平法施工图
图号 结-44
比例 1:100
日期 2007.3

图 2.2.5

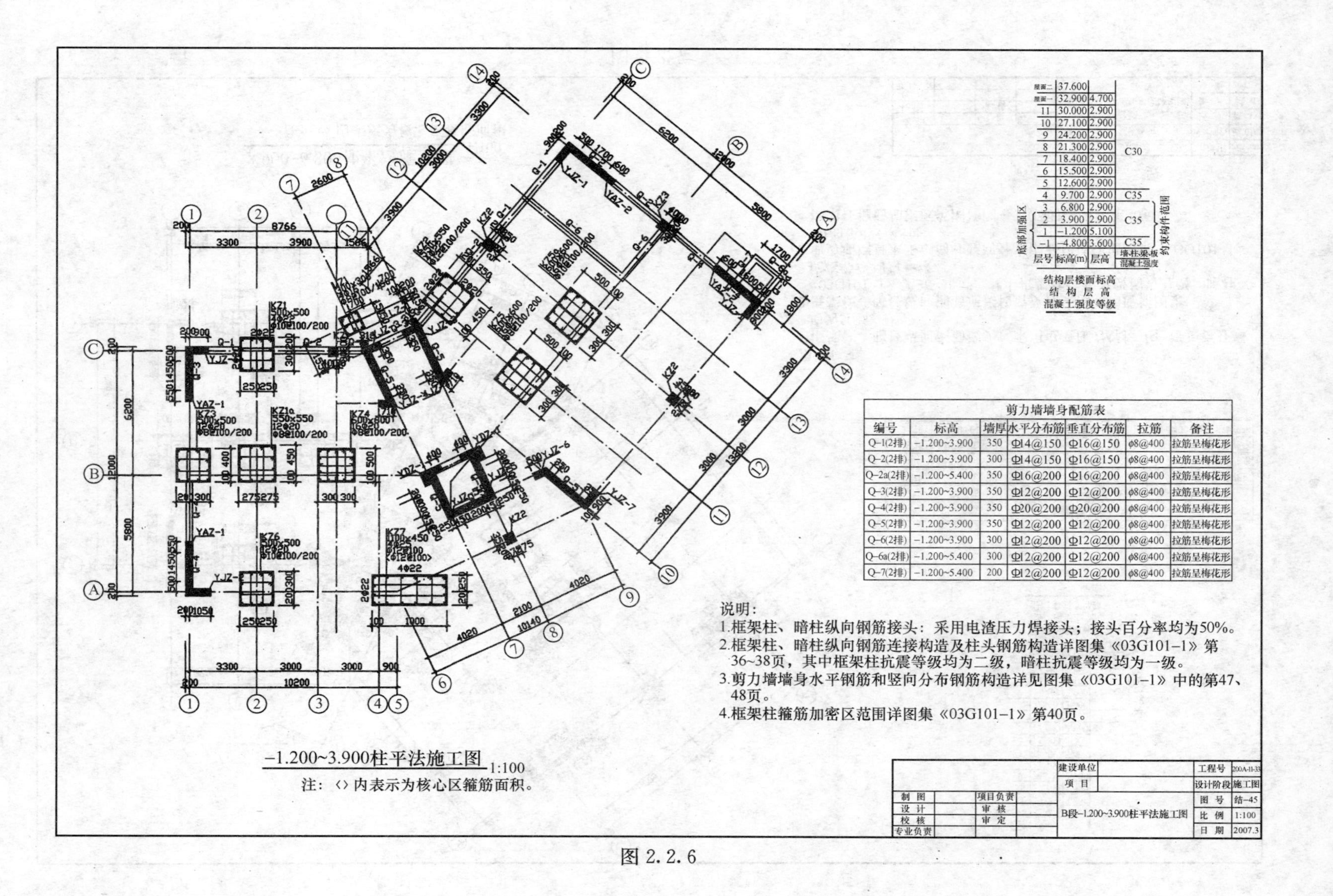

层号	标高(m)	层高	墙柱梁板混凝土强度
屋面二	37.600		
屋面一	32.900	4.700	
11	30.000	2.900	
10	27.100	2.900	
9	24.200	2.900	
8	21.300	2.900	C30
7	18.400	2.900	
6	15.500	2.900	
5	12.600	2.900	
4	9.700	2.900	C35
3	6.800	2.900	
2	3.900	2.900	C35
1	−1.200	5.100	
−1	−4.800	3.600	C35

底部加强区　约束构件范围

结构层楼面标高
结 构 层 高
混凝土强度等级

剪力墙墙身配筋表

编号	标高	墙厚	水平分布筋	垂直分布筋	拉筋	备注
Q–1(2排)	−1.200~3.900	350	Φ14@150	Φ16@150	φ8@400	拉筋呈梅花形
Q–2(2排)	−1.200~3.900	300	Φ14@150	Φ16@150	φ8@400	拉筋呈梅花形
Q–2a(2排)	−1.200~5.400	350	Φ16@200	Φ16@200	φ8@400	拉筋呈梅花形
Q–3(2排)	−1.200~3.900	350	Φ12@200	Φ12@200	φ8@400	拉筋呈梅花形
Q–4(2排)	−1.200~3.900	350	Φ20@200	Φ20@200	φ8@400	拉筋呈梅花形
Q–5(2排)	−1.200~3.900	350	Φ12@200	Φ12@200	φ8@400	拉筋呈梅花形
Q–6(2排)	−1.200~3.900	300	Φ12@200	Φ12@200	φ8@400	拉筋呈梅花形
Q–6a(2排)	−1.200~5.400	300	Φ12@200	Φ12@200	φ8@400	拉筋呈梅花形
Q–7(2排)	−1.200~5.400	200	Φ12@200	Φ12@200	φ8@400	拉筋呈梅花形

说明：

1.框架柱、暗柱纵向钢筋接头：采用电渣压力焊接头；接头百分率均为50%。

2.框架柱、暗柱纵向钢筋连接构造及柱头钢筋构造详图集《03G101–1》第36~38页，其中框架柱抗震等级均为二级，暗柱抗震等级均为一级。

3.剪力墙墙身水平钢筋和竖向分布钢筋构造详见图集《03G101–1》中的第47、48页。

4.框架柱箍筋加密区范围详图集《03G101–1》第40页。

制 图		项目负责		建设单位		工程号	200A-11-33
设 计		审 核		项 目		设计阶段	施工图
校 核		审 定		B段–1.200~3.900柱平法施工图		图 号	结–45
专业负责						比 例	1:100
						日 期	2007.3

图 2.2.6

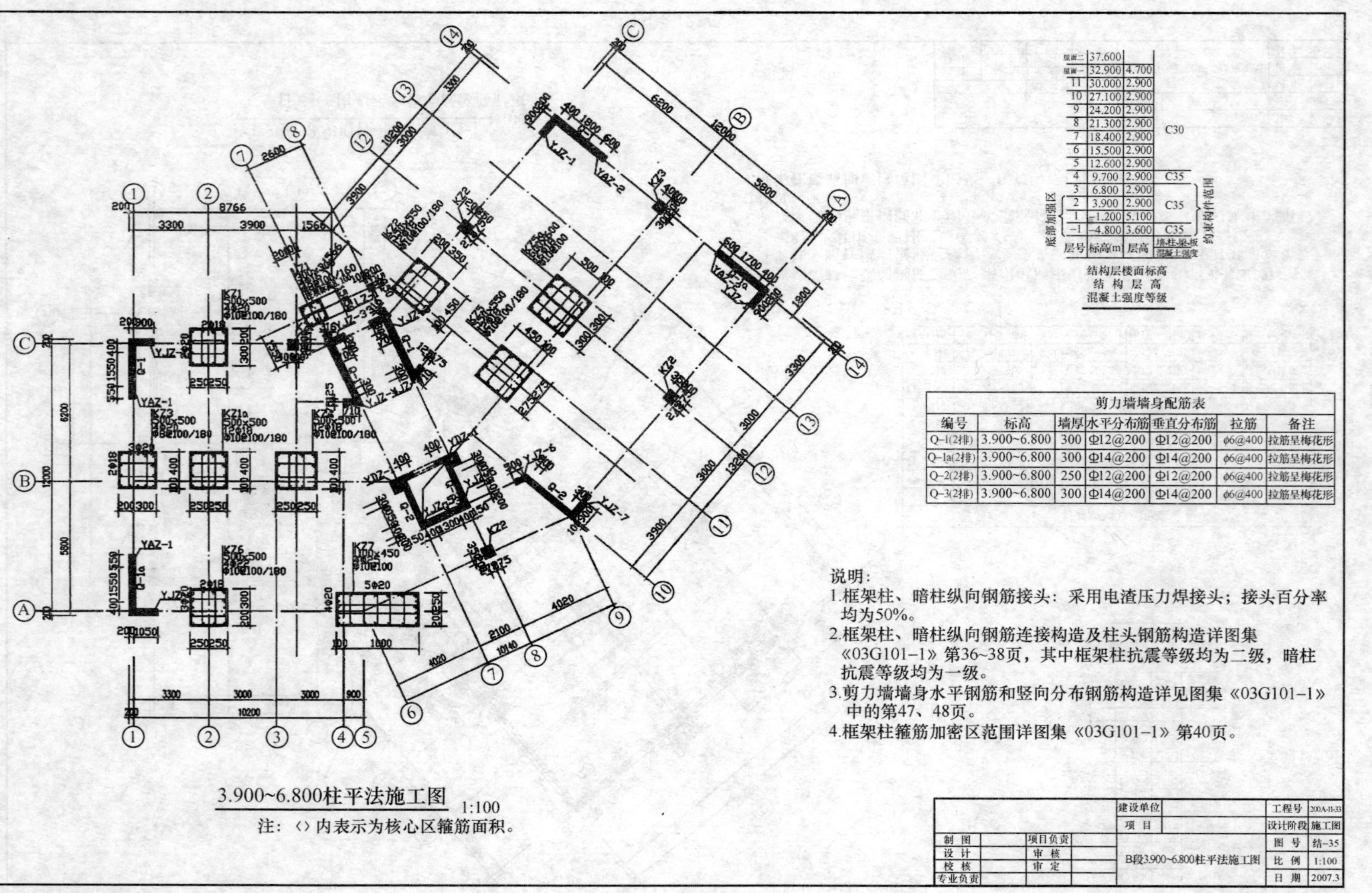

层号	标高(m)	层高	墙柱梁板混凝土强度
屋面二	37.600		
屋面一	32.900	4.700	
11	30.000	2.900	
10	27.100	2.900	
9	24.200	2.900	
8	21.300	2.900	C30
7	18.400	2.900	
6	15.500	2.900	
5	12.600	2.900	
4	9.700	2.900	C35
3	6.800	2.900	
2	3.900	2.900	C35
1	-1.200	5.100	
-1	-4.800	3.600	C35

底部加强区；约束构件范围

结构层楼面标高
结构层高
混凝土强度等级

剪力墙墙身配筋表

编号	标高	墙厚	水平分布筋	垂直分布筋	拉筋	备注
Q-1(2排)	3.900~6.800	300	Φ12@200	Φ12@200	φ6@400	拉筋呈梅花形
Q-1a(2排)	3.900~6.800	300	Φ14@200	Φ14@200	φ6@400	拉筋呈梅花形
Q-2(2排)	3.900~6.800	250	Φ12@200	Φ12@200	φ6@400	拉筋呈梅花形
Q-3(2排)	3.900~6.800	300	Φ14@200	Φ14@200	φ6@400	拉筋呈梅花形

说明：

1.框架柱、暗柱纵向钢筋接头：采用电渣压力焊接头；接头百分率均为50%。

2.框架柱、暗柱纵向钢筋连接构造及柱头钢筋构造详图集《03G101-1》第36~38页，其中框架柱抗震等级均为二级，暗柱抗震等级均为一级。

3.剪力墙墙身水平钢筋和竖向分布钢筋构造详见图集《03G101-1》中的第47、48页。

4.框架柱箍筋加密区范围详图集《03G101-1》第40页。

3.900~6.800柱平法施工图 1:100

注：‹› 内表示为核心区箍筋面积。

制图		项目负责		建设单位		工程号	200A-11-33
设计		审核		项目		设计阶段	施工图
校核		审定		B段3.900~6.800柱平法施工图		图号	结-35
专业负责						比例	1:100
						日期	2007.3

图 2.2.7

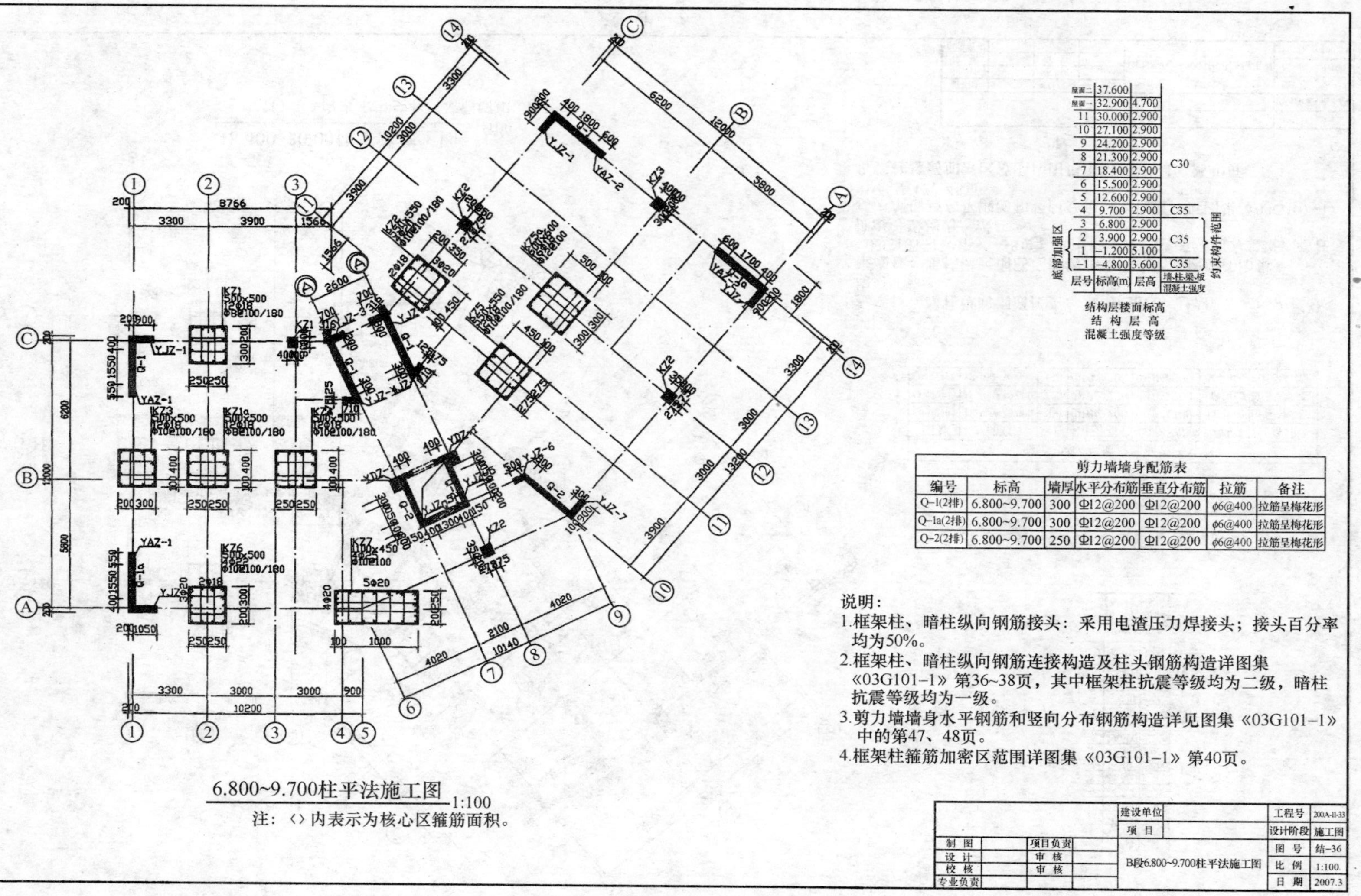

层号	标高(m)	层高	墙柱梁板混凝土强度
屋面二	37.600		
屋面一	32.900	4.700	
11	30.000	2.900	
10	27.100	2.900	
9	24.200	2.900	
8	21.300	2.900	C30
7	18.400	2.900	
6	15.500	2.900	
5	12.600	2.900	
4	9.700	2.900	C35
3	6.800	2.900	
2	3.900	2.900	C35
1	−1.200	5.100	
−1	−4.800	3.600	C35

底部加强区　约束构件范围

结构层楼面标高
结构层高
混凝土强度等级

剪力墙墙身配筋表

编号	标高	墙厚	水平分布筋	垂直分布筋	拉筋	备注
Q-1(2排)	6.800~9.700	300	Φ12@200	Φ12@200	φ6@400	拉筋呈梅花形
Q-1a(2排)	6.800~9.700	300	Φ12@200	Φ12@200	φ6@400	拉筋呈梅花形
Q-2(2排)	6.800~9.700	250	Φ12@200	Φ12@200	φ6@400	拉筋呈梅花形

说明：

1.框架柱、暗柱纵向钢筋接头：采用电渣压力焊接头；接头百分率均为50%。

2.框架柱、暗柱纵向钢筋连接构造及柱头钢筋构造详图集《03G101-1》第36~38页，其中框架柱抗震等级均为二级，暗柱抗震等级均为一级。

3.剪力墙墙身水平钢筋和竖向分布钢筋构造详见图集《03G101-1》中的第47、48页。

4.框架柱箍筋加密区范围详图集《03G101-1》第40页。

6.800~9.700柱平法施工图 1:100

注：〈〉内表示为核心区箍筋面积。

制图		项目负责		建设单位	工程号	200A-II-33
设计		审核		项目	设计阶段	施工图
校核		审核		B段6.800~9.700柱平法施工图	图号	结-36
专业负责					比例	1:100.
					日期	2007.3

图 2.2.8

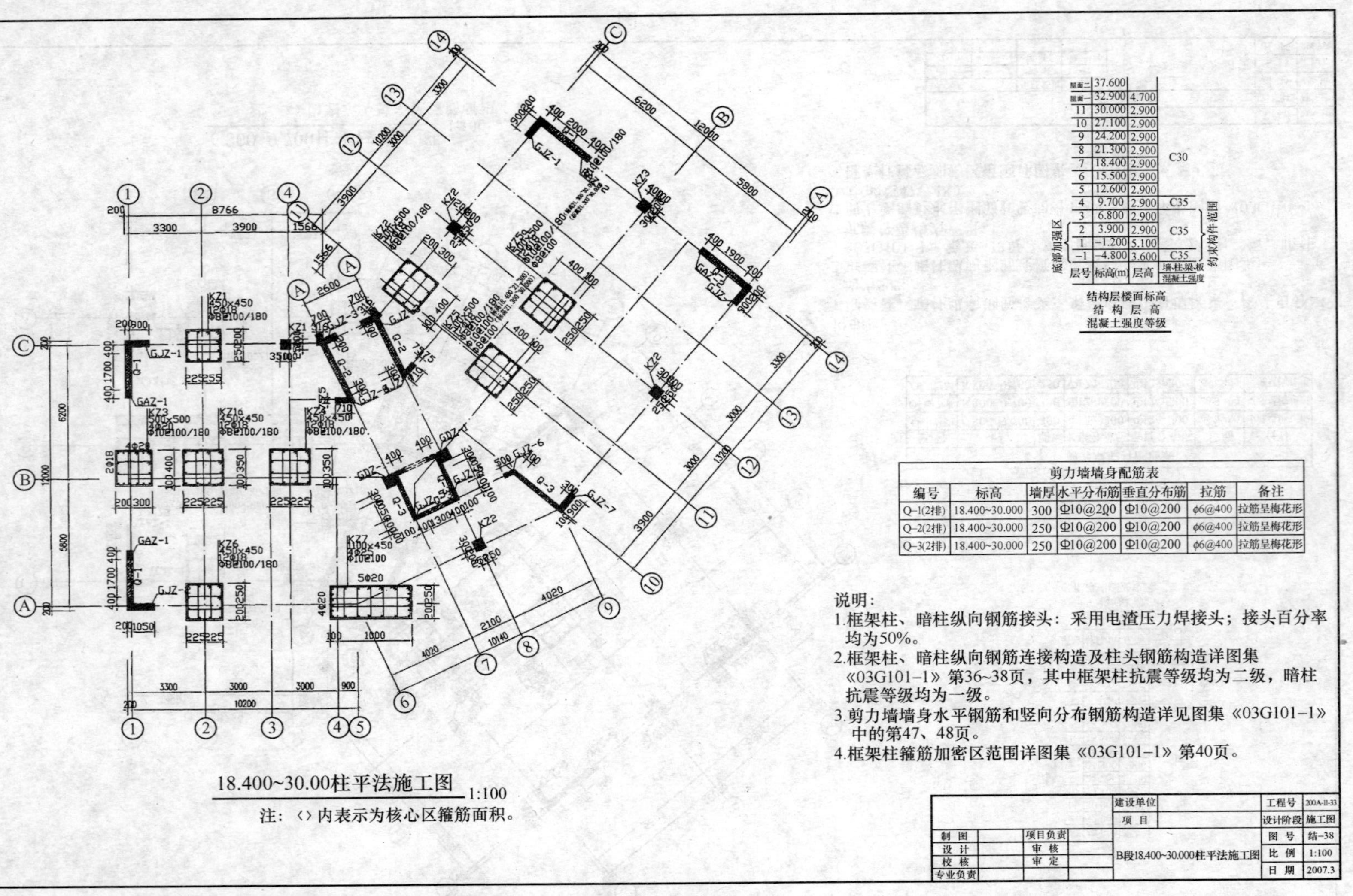

层号	标高(m)	层高	墙·柱·梁·板混凝土强度
屋面二	37.600		
屋面一	32.900	4.700	
11	30.000	2.900	
10	27.100	2.900	
9	24.200	2.900	
8	21.300	2.900	C30
7	18.400	2.900	
6	15.500	2.900	
5	12.600	2.900	
4	9.700	2.900	C35
3	6.800	2.900	
2	3.900	2.900	C35
1	-1.200	5.100	
-1	-4.800	3.600	C35

剪力墙墙身配筋表

编号	标高	墙厚	水平分布筋	垂直分布筋	拉筋	备注
Q-1(2排)	18.400~30.000	300	Φ10@200	Φ10@200	φ6@400	拉筋呈梅花形
Q-2(2排)	18.400~30.000	250	Φ10@200	Φ10@200	φ6@400	拉筋呈梅花形
Q-3(2排)	18.400~30.000	250	Φ10@200	Φ10@200	φ6@400	拉筋呈梅花形

图 2.2.9

综合任务三　剪力墙结构钢筋工程计量

任务安排：

剪力墙钢筋计量任务　　**表 2.3.1**

任　务	内　　容	图　示	梁情况
任务 1	剪力墙墙体钢筋计算	图 2.3.1～图 2.3.9	表 2.3.2
任务 2	剪力墙暗柱钢筋计算	图 2.3.1～图 2.3.9	表 2.3.2
任务 3	剪力墙墙梁钢筋计算	图 2.3.1～图 2.3.9	表 2.3.2
任务 4	整个剪力墙的钢筋计算	图 2.3.1～图 2.3.11	表 2.3.2

要求：

(1) 说明剪力墙钢筋计算内容，列表说明。

(2) 根据剪力墙的组成，图示一片剪力墙的立面钢筋配置图、平面钢筋配置图。

(3) 采取图上作业法，完成剪力墙的平面钢筋配置图。

(4) 计算剪力墙的钢筋，包括 1 墙、2 柱、3 墙梁。

(5) 对剪力墙的钢筋计算结果进行列表汇总。

(6) 总结交流计算内容。

剪力墙任务剪力墙基本情况说明　　**表 2.3.2**

<table>
<tr><th>剪力墙属性</th><th>抗震情况</th><th>混凝土等级</th><th>保护层厚度</th><th>接头形式</th><th>任务</th></tr>
<tr><td>墙体</td><td>2 级</td><td>C30</td><td>15</td><td rowspan="4">直径≤18mm 为绑扎连接，直径＞18mm 为焊接，考虑 8m 一个接头</td><td>任务 1～任务 4</td></tr>
<tr><td>柱</td><td>2 级</td><td>C30</td><td>25</td><td>任务 1～任务 4</td></tr>
<tr><td>梁</td><td>2 级</td><td>C30</td><td>25</td><td>任务 1～任务 4</td></tr>
<tr><td>板</td><td>非抗震</td><td>C30</td><td>15</td><td>任务 1～任务 4</td></tr>
</table>

梁钢筋计算内容列表　　**表 2.3.3**

<table>
<tr><th>剪力墙选取</th><th colspan="5">剪力墙钢筋计算内容</th></tr>
<tr><td rowspan="16">剪力墙构件</td><td rowspan="7">1 墙体</td><td rowspan="5">竖向钢筋</td><td>基础插筋</td><td></td><td></td></tr>
<tr><td>中间层纵筋</td><td></td><td></td></tr>
<tr><td>顶层纵筋</td><td></td><td></td></tr>
<tr><td rowspan="2">变截面纵筋</td><td>斜插向上</td><td></td></tr>
<tr><td>锚固当前层</td><td></td></tr>
<tr><td rowspan="2">水平钢筋</td><td>内测水平筋</td><td></td><td></td></tr>
<tr><td>外侧水平筋</td><td></td><td></td></tr>
<tr><td rowspan="7">2 柱</td><td rowspan="6">暗柱</td><td rowspan="4">纵筋</td><td>基础插筋</td><td></td></tr>
<tr><td>中间层纵筋</td><td></td></tr>
<tr><td>顶层纵筋</td><td></td></tr>
<tr><td>变截面纵筋</td><td></td></tr>
<tr><td>箍筋</td><td></td><td></td></tr>
<tr><td>拉筋</td><td></td><td></td></tr>
<tr><td>端柱</td><td></td><td></td><td></td></tr>
<tr><td rowspan="2">3 梁</td><td rowspan="2">连梁、暗梁、边框梁</td><td>纵筋</td><td></td><td></td></tr>
<tr><td>箍筋、拉筋</td><td></td><td></td></tr>
</table>

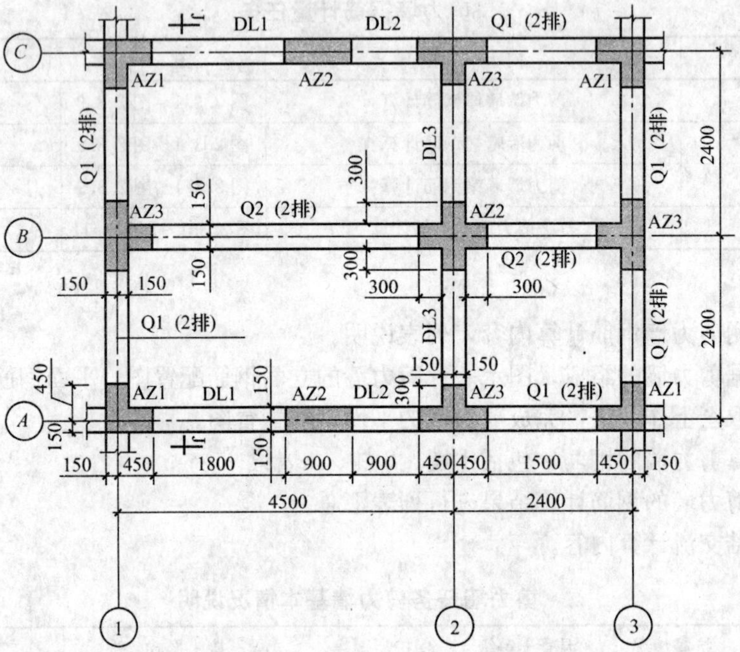

图 2.3.1　剪力墙基础平面图

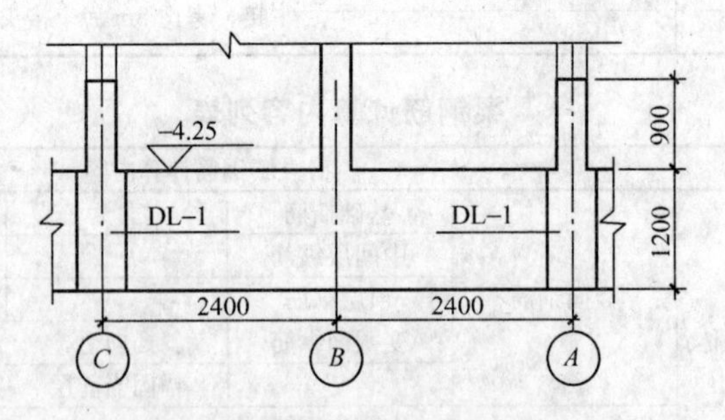

图 2.3.2　剪力墙基础剖面图

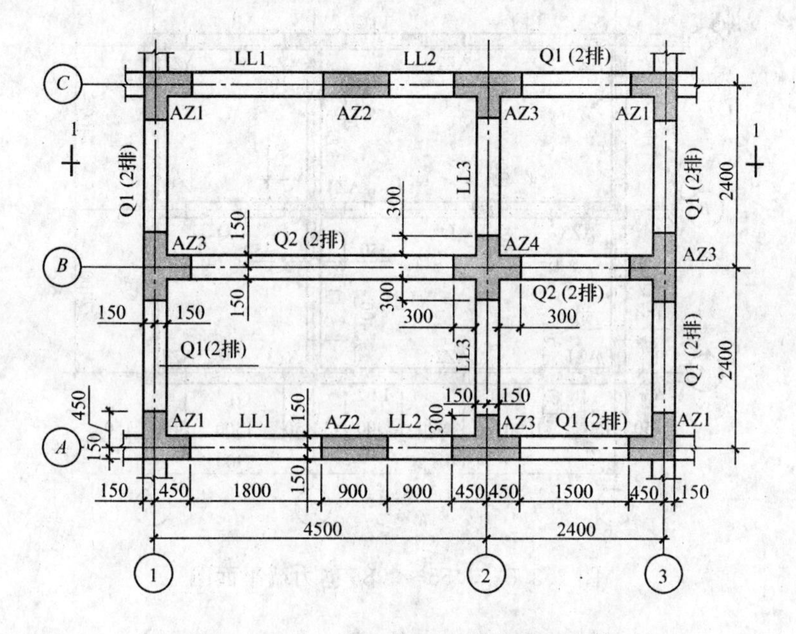

图 2.3.3 −4.25～3.55 剪力墙平面图

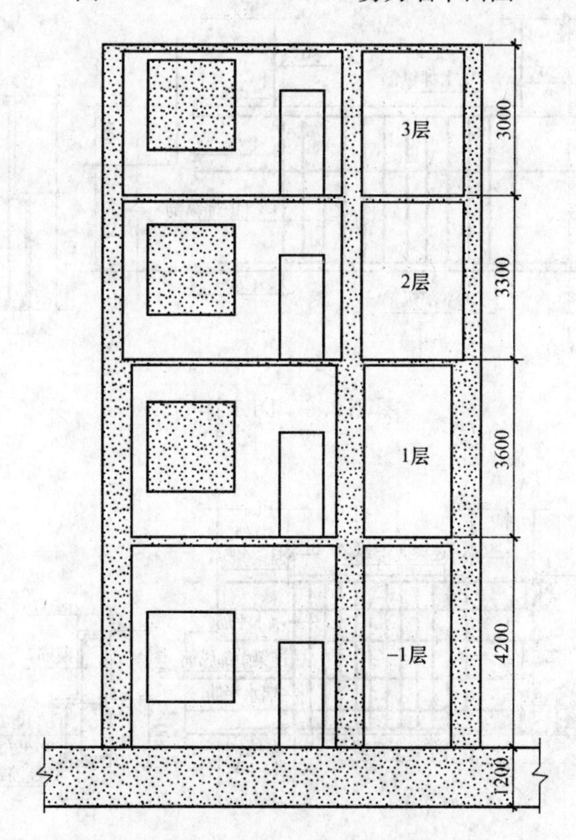

图 2.3.4 剪力墙剖面图

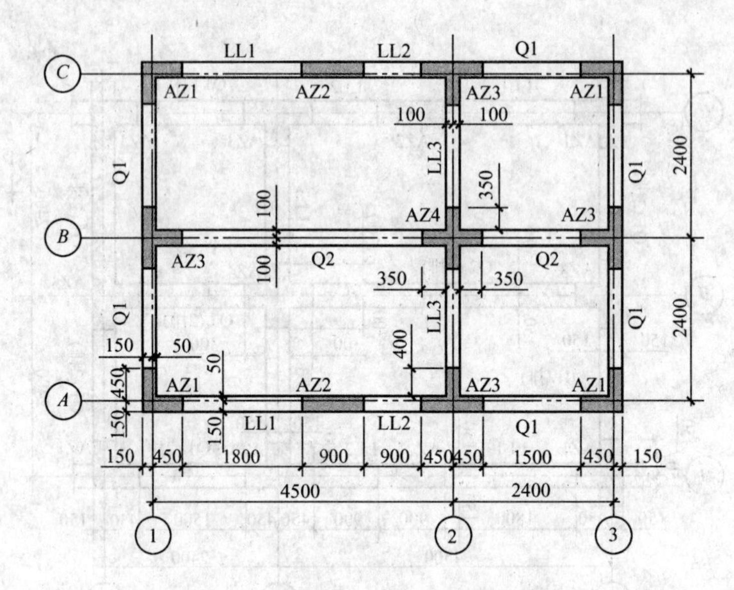

图 2.3.5　3.55～9.85 剪力墙平面图

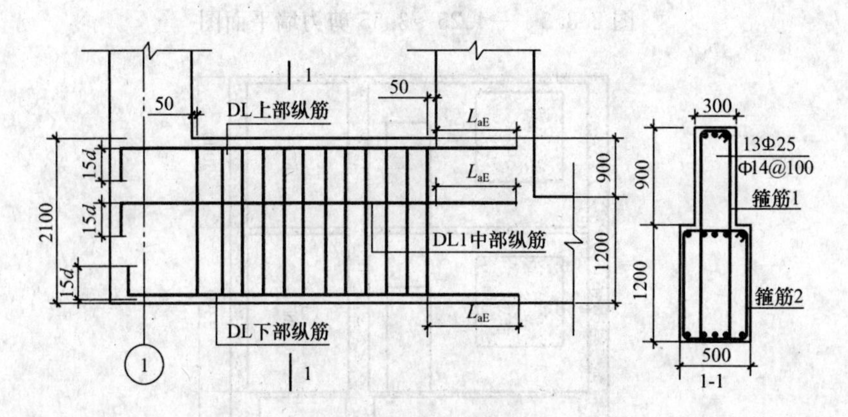

图 2.3.6　DL1 详图

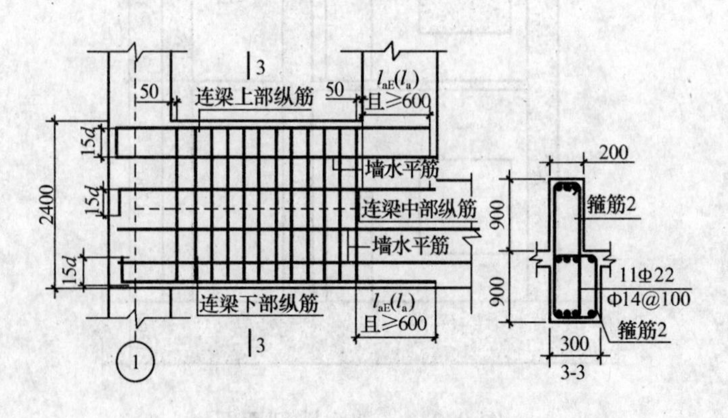

图 2.3.7　连梁 LL1 详图

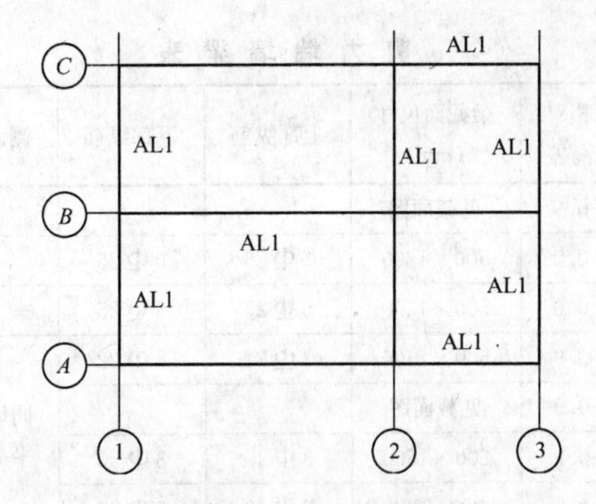

图 2.3.8　暗梁 AL1 详图

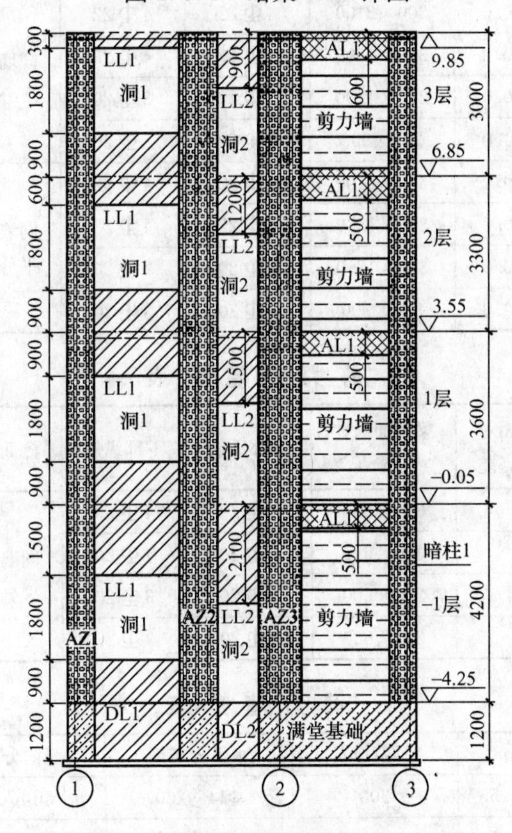

图 2.3.9　剪力墙立面图

剪力墙结构楼面标高表　　　　**表 2.3.4**

层　号	结构标高（m）	层高（m）
屋面	9.85	
3	6.85	3.00
2	3.55	3.30
1	−0.05	3.60
−1	−4.25	4.20

剪力墙墙梁表 表 2.3.5

编号	所在楼层号	梁顶相对标高高差	梁截面尺寸(mm)	上部纵筋	下部纵筋	侧面纵筋	箍筋
DL1	基础层	$H+0.9$	见截面图				
DL2	基础层	$H+0.0$	500×1200	5Φ25	5Φ25		Φ10@100(4)
DL3	基础层	$H+0.0$	500×1200	5Φ25	5Φ25		Φ10@100(4)
LL1	−1	$H+0.9$	500×2400	4Φ22	4Φ22	同墙1水平分布筋	Φ10@100(2)
	1	$H+0.9$	见截面图				Φ10@100(2)
	2	$H+0.9$	200×1500	3Φ20	3Φ20		Φ10@100(2)
	3	$H+0.9$	200×300	3Φ20	3Φ20		Φ10@100(2)
LL2	−1	$H+0.0$	300×2100	4Φ22	4Φ22	同墙1水平分布筋	Φ10@100(2)
	1	$H+0.0$	300×1500	4Φ22	4Φ22		Φ10@100(2)
	2	$H+0.0$	200×1200	3Φ20	3Φ20		Φ10@100(2)
	3	$H+0.0$	200×900	3Φ20	3Φ20		Φ10@100(2)
LL3	−1	$H+0.0$	300×2100	4Φ22	4Φ22	同墙2水平分布筋	Φ10@100(2)
	1	$H+0.0$	300×1500	4Φ22	4Φ22		Φ10@100(2)
	2	$H+0.0$	300×1200	3Φ20	3Φ20		Φ10@100(2)
	3	$H+0.0$	300×900	3Φ20	3Φ20		Φ10@100(2)

剪力墙暗梁表 表 2.3.6

编号	所在楼层号	梁顶相对标高高差	梁截面尺寸(mm)	上部纵筋	下部纵筋	侧面纵筋	箍筋
AL1	−1		300×500	4Φ20	4Φ20	同墙1水平分布筋	
	1		300×500	4Φ20	4Φ20		Φ10@150(2)
	2		200×500	3Φ20	3Φ20		Φ10@150(2)
	3		200×500	3Φ20	3Φ20		

剪力墙身表 表 2.3.7

编号	标高(m)	墙厚(mm)	水平分布筋	竖向分布筋	拉筋
Q1(2排)	−4.25～3.55	300	Φ14@200	Φ14@200	Φ6@400
	3.55～9.85	200	Φ12@200	Φ12@200	Φ6@400
Q2(2排)	−4.25～3.55	300	Φ14@200	Φ14@200	Φ6@400
	3.55～9.85	200	Φ12@200	Φ12@200	Φ6@400

剪力墙的条件 表 2.3.8

抗震等级	混凝土等级	梁柱保护层	墙体保护层	板厚	接头形式
2级	C30	25mm	15mm	120mm	直径≤18mm绑扎，直径>18mm为焊接

剪力墙柱表　　表 2.3.9

截面	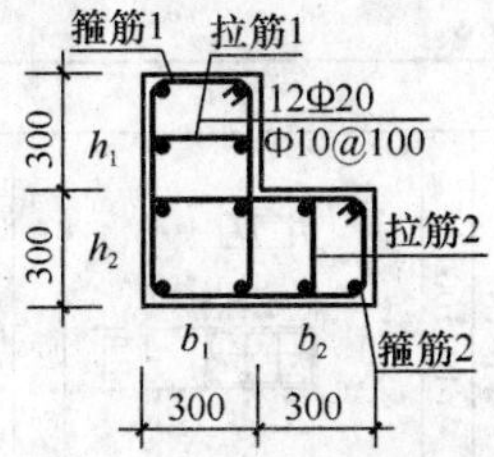 箍筋1　拉筋1 12Φ20 Φ10@100 拉筋2 箍筋2 300　h_1 300　h_2 b_1　b_2 300　300	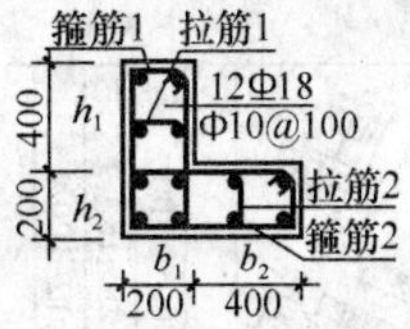 箍筋1　拉筋1 12Φ18 Φ10@100 拉筋2 箍筋2 400　h_1 200　h_2 b_1　b_2 200　400
编号	AZ1	AZ1
标高(m)	−4.25～3.55	3.55～9.85
纵筋	12Φ20	12Φ18
箍筋	Φ10@100	Φ10@100
截面	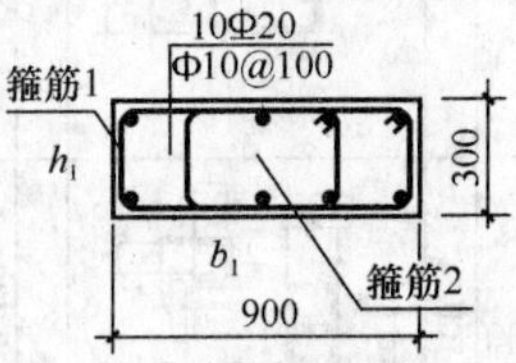 10Φ20 Φ10@100 箍筋1 h_1　300 b_1 箍筋2 900	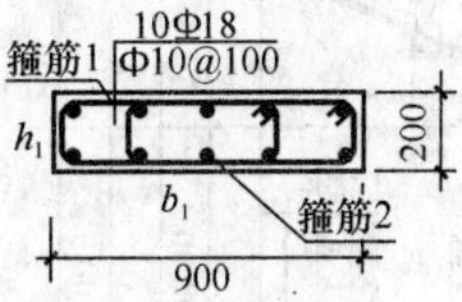 10Φ18 Φ10@100 箍筋1 h_1　200 b_1 箍筋2 900
编号	AZ2	AZ2
标高(m)	−4.25～3.55	3.55～9.85
纵筋	10Φ20	10Φ18
箍筋	Φ10@100	Φ10@100
截面	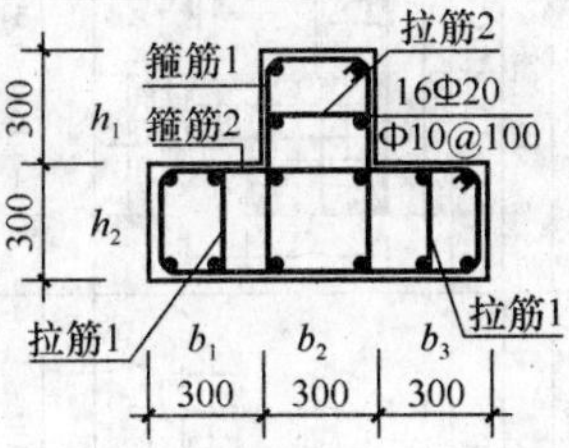 拉筋2 箍筋1 16Φ20 Φ10@100 箍筋2 300　h_1 300　h_2 拉筋1　拉筋1 b_1　b_2　b_3 300　300　300	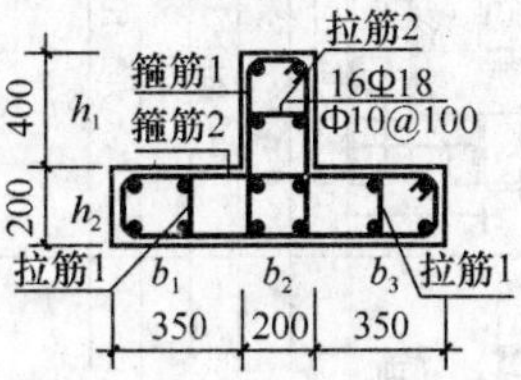 拉筋2 箍筋1 16Φ18 Φ10@100 箍筋2 400　h_1 200　h_2 拉筋1　拉筋1 b_1　b_2　b_3 350　200　350
编号	AZ3	AZ3
标高(m)	−4.25～3.55	3.55～9.85
纵筋	16Φ20	16Φ18
箍筋	Φ10@100	Φ10@100
截面	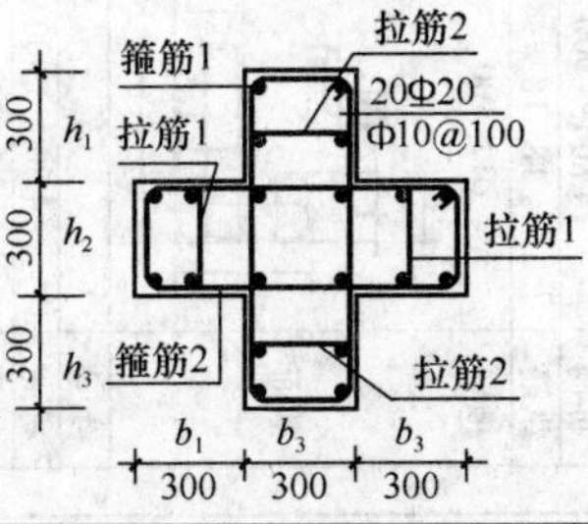 拉筋2 箍筋1 20Φ20 Φ10@100 拉筋1 拉筋1 箍筋2 拉筋2 300　h_1 300　h_2 300　h_3 b_1　b_3　b_3 300　300　300	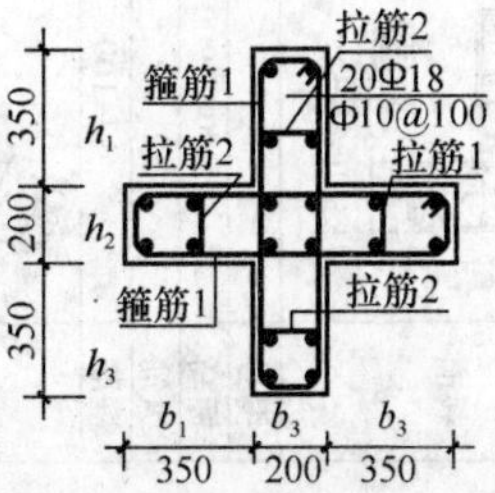 拉筋2 箍筋1 20Φ18 Φ10@100 拉筋2 拉筋1 箍筋1 拉筋2 350　h_1 200　h_2 350　h_3 b_1　b_3　b_3 350　200　350
编号	AZ4	AZ4
标高(m)	−4.25～3.55	3.55～9.85
纵筋	20Φ20	20Φ18

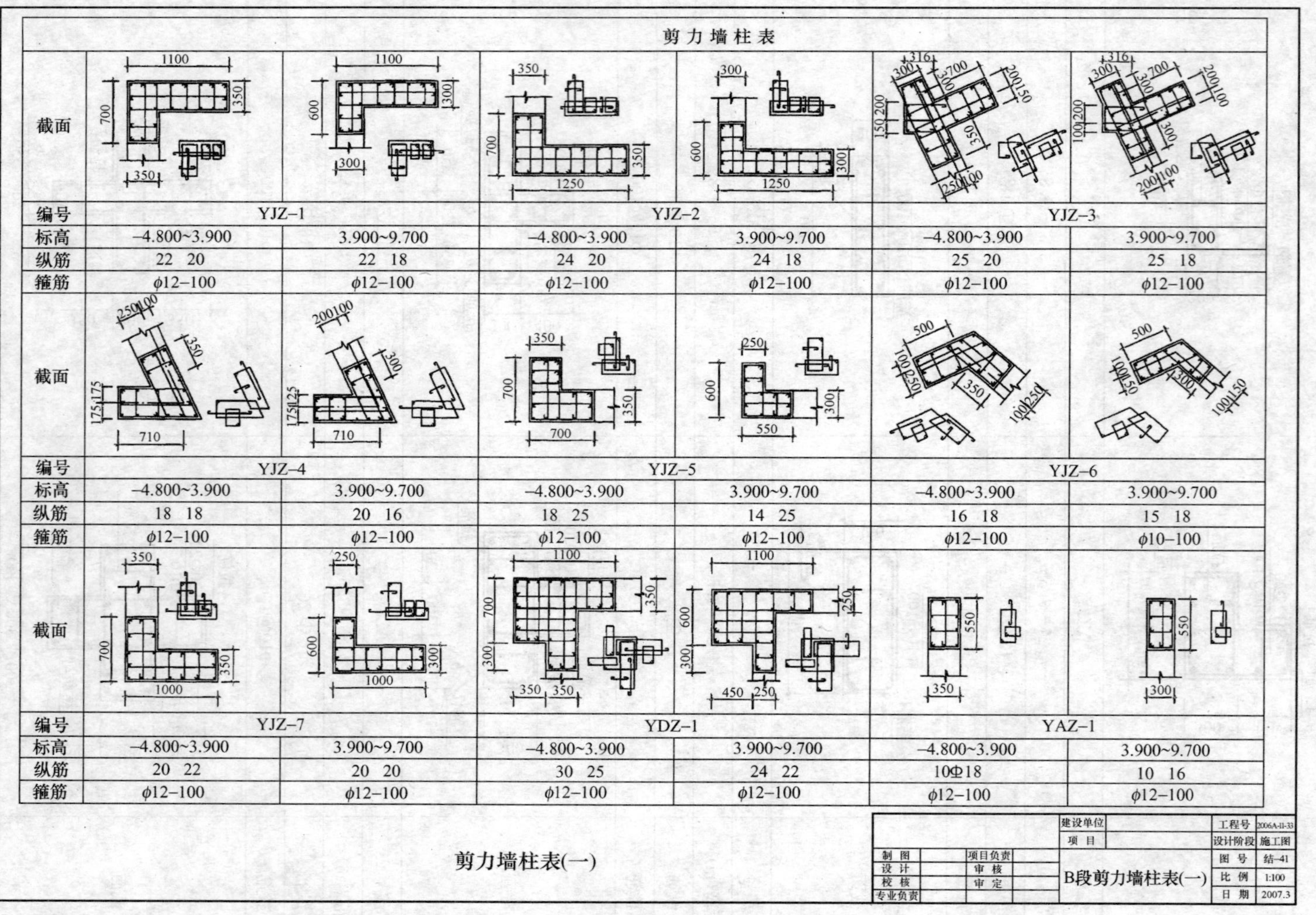

剪力墙柱表

截面						
编号	YJZ-1		YJZ-2		YJZ-3	
标高	-4.800~3.900	3.900~9.700	-4.800~3.900	3.900~9.700	-4.800~3.900	3.900~9.700
纵筋	22 20	22 18	24 20	24 18	25 20	25 18
箍筋	ϕ12-100	ϕ12-100	ϕ12-100	ϕ12-100	ϕ12-100	ϕ12-100
截面						
编号	YJZ-4		YJZ-5		YJZ-6	
标高	-4.800~3.900	3.900~9.700	-4.800~3.900	3.900~9.700	-4.800~3.900	3.900~9.700
纵筋	18 18	20 16	18 25	14 25	16 18	15 18
箍筋	ϕ12-100	ϕ12-100	ϕ12-100	ϕ12-100	ϕ12-100	ϕ10-100
截面						
编号	YJZ-7		YDZ-1		YAZ-1	
标高	-4.800~3.900	3.900~9.700	-4.800~3.900	3.900~9.700	-4.800~3.900	3.900~9.700
纵筋	20 22	20 20	30 25	24 22	10Φ18	10 16
箍筋	ϕ12-100	ϕ12-100	ϕ12-100	ϕ12-100	ϕ12-100	ϕ12-100

剪力墙柱表(一)

制图		项目负责		建设单位		工程号	2006A-II-33
设计		审核		项目		设计阶段	施工图
校核		审定		B段剪力墙柱表(一)		图号	结-41
专业负责						比例	1:100
						日期	2007.3

图 2.3.10 剪力墙柱表（一）

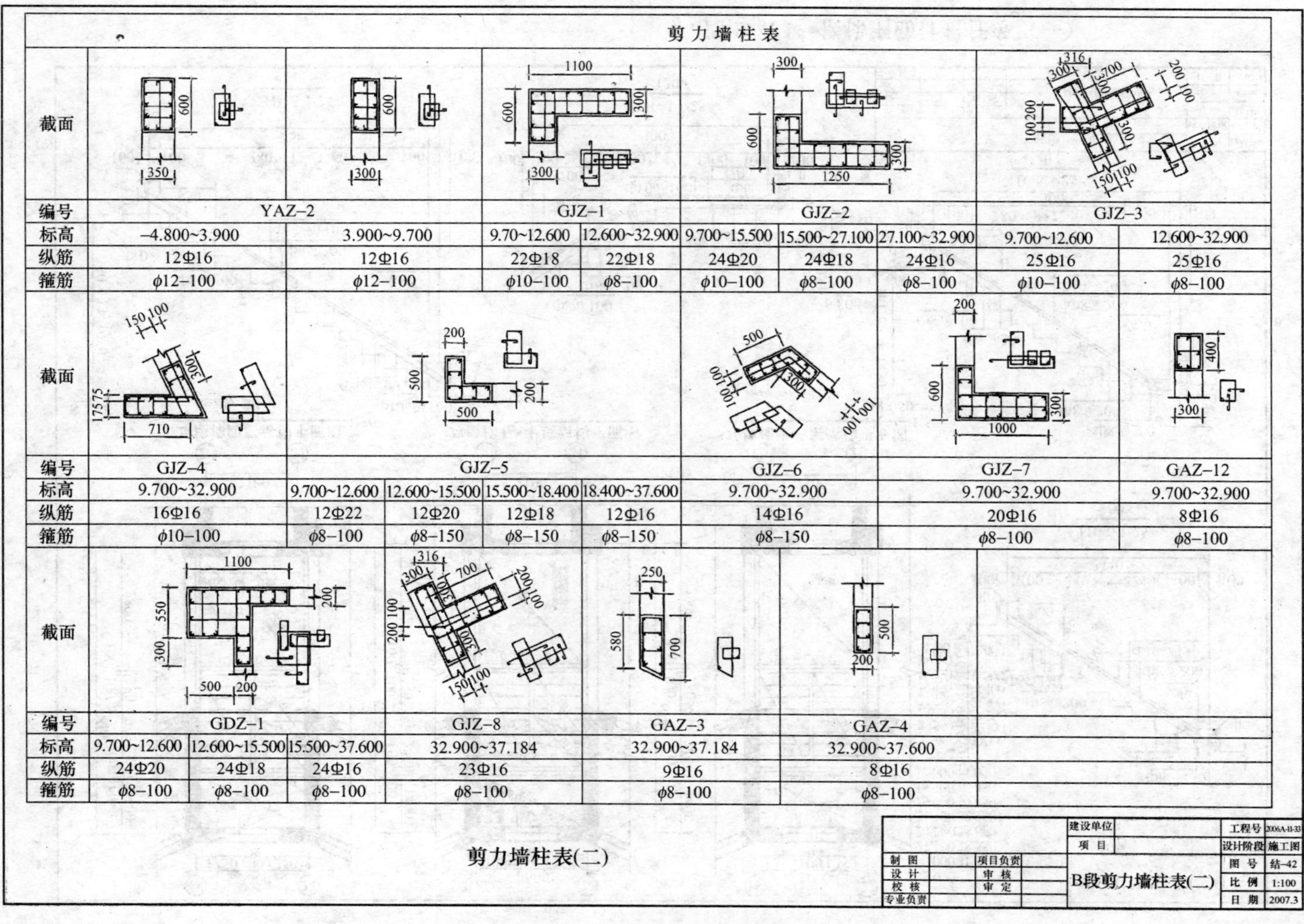

剪力墙柱表

编号	YAZ-2		GJZ-1		GJZ-2			GJZ-3	
标高	-4.800~3.900	3.900~9.700	9.70~12.600	12.600~32.900	9.700~15.500	15.500~27.100	27.100~32.900	9.700~12.600	12.600~32.900
纵筋	12Φ16	12Φ16	22Φ18	22Φ18	24Φ20	24Φ18	24Φ16	25Φ16	25Φ16
箍筋	ϕ12-100	ϕ12-100	ϕ10-100	ϕ8-100	ϕ10-100	ϕ8-100	ϕ8-100	ϕ10-100	ϕ8-100

编号	GJZ-4	GJZ-5				GJZ-6	GJZ-7	GAZ-12
标高	9.700~32.900	9.700~12.600	12.600~15.500	15.500~18.400	18.400~37.600	9.700~32.900	9.700~32.900	9.700~32.900
纵筋	16Φ16	12Φ22	12Φ20	12Φ18	12Φ16	14Φ16	20Φ16	8Φ16
箍筋	ϕ10-100	ϕ8-100	ϕ8-150	ϕ8-150	ϕ8-150	ϕ8-150	ϕ8-100	ϕ8-100

编号	GDZ-1			GJZ-8	GAZ-3	GAZ-4
标高	9.700~12.600	12.600~15.500	15.500~37.600	32.900~37.184	32.900~37.184	32.900~37.600
纵筋	24Φ20	24Φ18	24Φ16	23Φ16	9Φ16	8Φ16
箍筋	ϕ8-100	ϕ8-100	ϕ8-100	ϕ8-100	ϕ8-100	ϕ8-100

剪力墙柱表(二)

制图		项目负责		建设单位		工程号	2006A-11-33
设计		审核		项目		设计阶段	施工图
校核		审定		B段剪力墙柱表(二)		图号	结-42
专业负责						比例	1:100
						日期	2007.3

图 2.3.10 剪力墙柱表（二）

综合任务四　楼梯钢筋工程计量

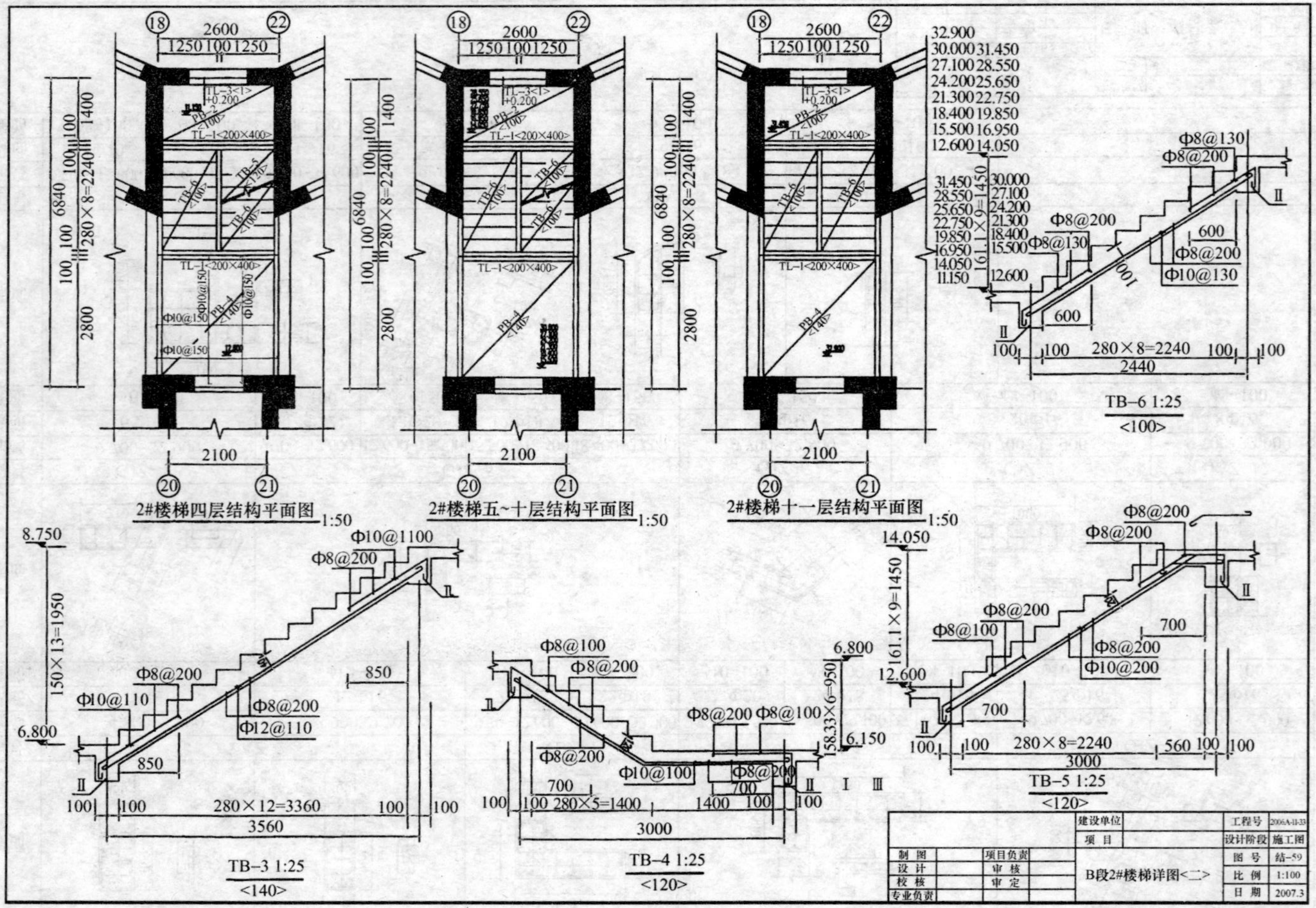
2#楼梯四层结构平面图 1:50
2#楼梯五~十层结构平面图 1:50
2#楼梯十一层结构平面图 1:50
TB-6 1:25
<100>
TB-3 1:25
<140>
TB-4 1:25
<120>
TB-5 1:25
<120>
Φ8@130
Φ8@200
Φ10@130
Φ10@110
Φ12@110
Φ10@1100
Φ8@100
Φ10@100
Φ10@200
280×8=2240
280×12=3360
280×5=1400
150×13=1950
161.1×9=1450
158.33×6=950
建设单位
项目
工程号 2006A-II-33
设计阶段 施工图
图号 结-59
比例 1:100
日期 2007.3
制图
设计
校核
专业负责
项目负责
审核
审定
B段2#楼梯详图<二>

图 2.4.1　楼梯钢筋计量任务（一）

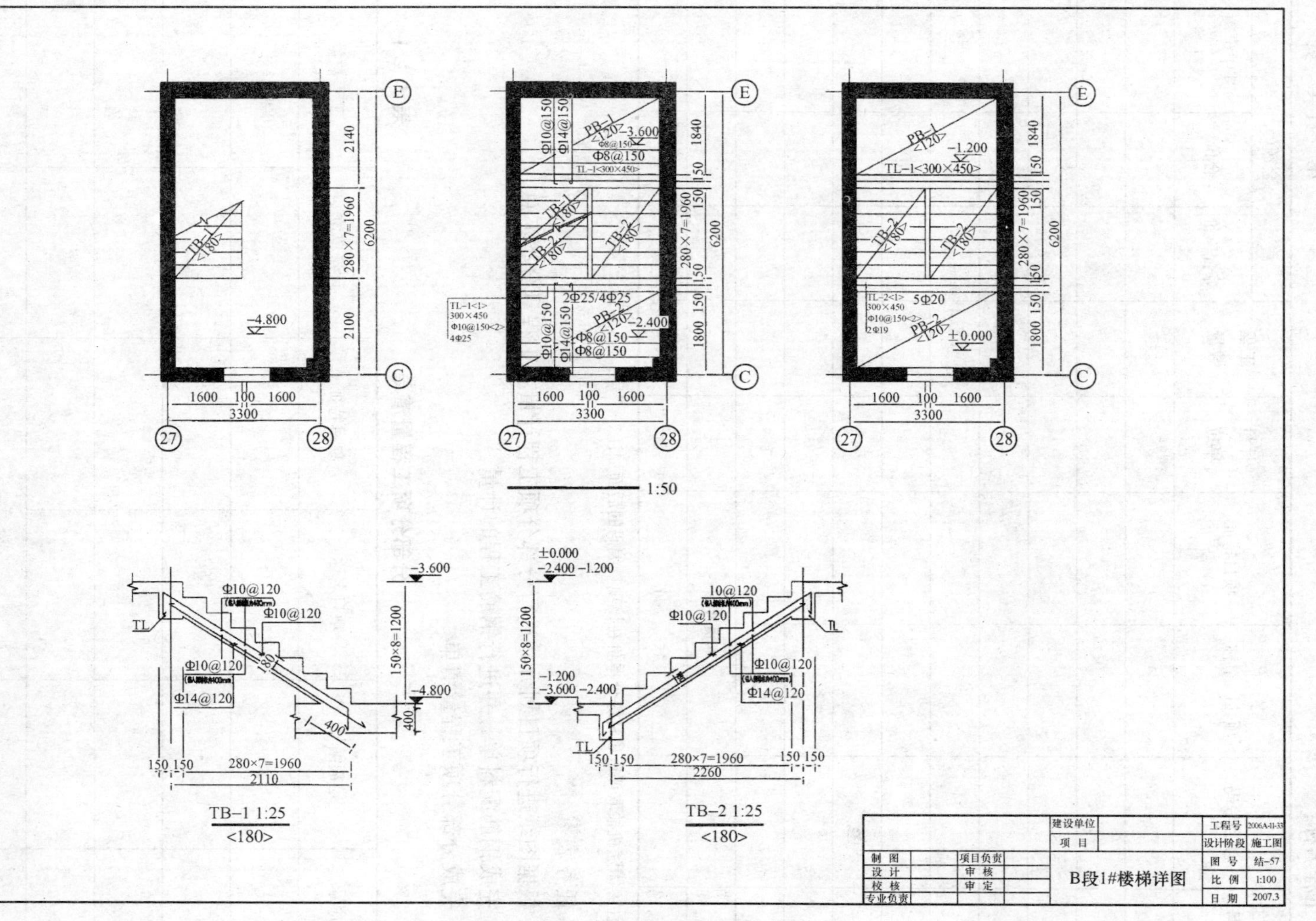

图 2.4.2 楼梯钢筋计量任务（二）

附录： 分部分项工程量清单及计价表

工程名称： 第 页共 页

序号	项目编码	项 目 名 称	项目特征	计量单位	工程数量	金额(元)		
						综合单价	合价	其中定额人工费
—	—	本页小计		—	—	—		
—	—	合 计		—	—	—		

注：需随机抽取评审项目综合单价在该项目编码的后面加注“*”号

任务表

根据图纸进行项目划分，进行分部分项工程计量与工程量分类汇总。

完成钢筋配料单，并进行钢筋工程的计量。

完成分部分项工程量清单

分部分项工程量清单 **表 3.1.1**

序号	定额编号	项目名称	项目特征	计量单位	工程数量
本页小计					
		合 计			

钢筋配料单

工程名称：　　　　　（　　　部分）　　　　　　　　　　　　　　　　共　页第　页

序号	部位	构件名称	钢筋规格	钢筋形式（简图）	断料长度	根数	单位重量 kg/m	构件数量	质量 kg	备注

现浇混凝土基础(编码：010401) 表 A.4.1

项目编码	项目名称	项目特征	计量单位	工程量计算规则	工程内容
010401001	带形基础	1. 垫层材料种类、厚度 2. 混凝土强度等级 3. 混凝土拌合料要求 4. 砂浆强度等级	m^3	按设计图示尺寸以体积计算。不扣除构件内钢筋、预埋铁件和伸入承台基础的桩头所占体积	1. 铺设垫层 2. 混凝土制作、运输、浇筑、振捣、养护 3. 地脚螺栓二次灌浆
010401002	独立基础				
010401003	满堂基础				
010401004	设备基础				
010401005	桩承台基础				

现浇混凝土柱(编码：010402) 表 A.4.2

项目编码	项目名称	项目特征	计量单位	工程量计算规则	工程内容
010402001	矩形柱	1. 柱高度 2. 柱截面尺寸 3. 混凝土强度等级 4. 混凝土拌合料要求	m^3	按设计图示尺寸以体积计算。不扣除构件内钢筋、预埋铁件所占体积 柱高： 1. 有梁板的柱高，应自柱基上表面(或楼板上表面)至上一层楼板上表面之间的高度计算 2. 无梁板的柱高，应自柱基上表面(或楼板上表面)至柱帽下表面之间的高度计算 3. 框架柱的柱高，应自柱基上表面至柱顶高度计算 4. 构造柱按全高计算，嵌接墙体部分并入柱身体积 5. 依附柱上的牛腿和升板的柱帽，并入柱身体积计算	混凝土制作、运输、浇筑、振捣、养护
010402002	异形柱				

现浇混凝土梁(编码：010403) 表 A.4.3

项目编码	项目名称	项目特征	计量单位	工程量计算规则	工程内容
010403001	基础梁	1. 梁底标高 2. 梁截面 3. 混凝土强度等级 4. 混凝土拌合料要求	m^3	按设计图示尺寸以体积计算。不扣除构件内钢筋、预埋铁件所占体积，伸入墙内的梁头、梁垫并入梁体积内梁长 1. 梁与柱连接时，梁长算至柱侧面 2. 主梁与次梁连接时，次梁长算至主梁侧面	混凝土制作、运输、浇筑、振捣、养护
01040002	矩形梁				
010403003	异形梁				
010403004	圈梁				
010403005	过梁				
010403006	弧形、拱形梁				

现浇混凝土墙(编码：010404) 表 A.4.4

项目编码	项目名称	项目特征	计量单位	工程量计算规则	工程内容
0104001	直形墙	1. 墙类型 2. 墙厚度 3. 混凝土强度等级 4. 混凝土拌合料要求	m^3	按设计图示尺寸以体积计算。不扣除构件内钢筋、预埋铁件所占体积，扣除门窗洞口及单个面积 0.3m^2 以外的孔洞所占体积，墙垛及突出墙面部分并入墙体体积计算	混凝土制作、运输、浇筑、振捣、养护
0104002	弧形墙				

现浇混凝土板(编码：010405) 表 A.4.5

项目编码	项目名称	项目特征	计量单位	工程量计算规则	工程内容
010405001	有梁板	1. 板底标高 2. 板厚度 3. 混凝土强度等级 4. 混凝土拌合料要求	m^3	按设计图示尺寸以体积计算，不扣除构件内钢筋、预埋铁件及单个面积在 0.30m^2 以内的孔洞所占体积。有梁板(包括主梁、次梁与板)按梁、板体积之和计算，无梁板按板和柱帽体积之和计算，各类板伸入墙内的板头并入板体积内计算，薄壳板的肋、基梁并入薄壳体积内计算	混凝上制作、运输、浇筑、振捣、养护
010405002	无梁板				
010405003	平板				
010405004	拱板				
010405005	薄壳板				
010405006	栏板				
010405007	天沟、挑檐板	1. 混凝土强度等级 2. 混凝土拌合料要求		按设计图示尺寸以体积计算	
010405008	雨篷、阳台板			按设计图示尺寸以墙外部分体积计算。包括伸出墙外的牛腿和雨篷反挑檐的体积	
010405009	其他板			按设计图示尺寸以体积计算	

现浇混凝土楼梯(编码：010406) 表 A.4.6

项目编码	项目名称	项目特征	计量单位	工程量计算规则	工程内容
010406001	直形楼梯	1. 混凝土强度等级 2. 混凝土拌合料要求	m^3	按设计图示尺寸以水平投影出积计算。不扣除宽度小于 300mm 的楼梯井，伸入墙内部分不计算	混凝土制作、运输、浇筑、振捣、养护
010406001	弧形楼梯				

现浇混凝土其他构件(编码：010407) 表 A.4.7

项目编码	项目名称	项目特征	计量单位	工程量计算规则	工程内容
010407001	其他构件	1. 构件的类型 2. 构件规格 3. 混凝土强度等级 4. 混凝土拌合料要求	m^3 (m^2、m)	按设计图示尺寸以体积计算。不扣除构件内钢筋、预埋铁件所占体积	混凝土制作、运输、浇筑、振捣、养护
010407002	散水、坡道	1. 垫层材料种类、厚度 2. 面层厚度 3. 混凝土强度等级 4. 混凝土拌合料要求 5. 填塞材料种类	m^2	按设计图示尺寸以面积计算。不扣除单个 0.3m^2 以内的孔洞所占体积	1. 地基夯实 2. 铺设垫层 3. 混凝土制作、运输、浇筑、振捣、养护 4. 变形缝填塞
010407003	电缆沟、地沟	1. 沟截面 2. 垫层材料种类、厚度 3. 混凝土强度等级 4. 混凝土拌合料要求 5. 防护材料种类	m	按设计图示以中心线长度计算	1. 挖运上石 2. 铺设垫层 3. 混凝土制作、运输、浇筑、振捣、养护 4. 刷防护材料

后浇带(编码：010408)　　表 A.4.8

项目编码	项目名称	项目特征	计量单位	工程量计算规则	工程内容
010408001	后浇带	1. 部位 2　混凝土强度等级 3. 混凝土拌合料要求	m^3	按设计图示尺寸以体积计算	混凝土制作、运输、浇筑、振捣、养护

钢筋工程(编码：010416)　　表 A.4.16

项目编码	项目名称	项目特征	计量单位	工程量计算规则	工程内容
010416001	现浇混凝土钢筋	钢筋种类、规格	t	按设计图示钢筋(网)长度(面积)乘以单位理论质量计算	1. 钢筋(网笼)制作、运输 2. 钢筋(网笼)安装
010416002	预制构件钢筋				
010416003	钢筋网片				
010416004	钢筋笼				
010416005	先张法预应力钢筋	1. 钢筋种类、规格 2. 锚具种类		按设计图示钢筋长度乘以单位理论质量计算	1. 钢筋制作、运输 2. 钢筋张拉
010416006	后张法预应力钢筋	1. 钢筋种类、规格 2. 钢丝束种类、规格 3. 钢绞线种类、规格 4. 锚具种类 5. 砂浆强度等级		1. 按设计图示钢筋(丝束、绞线)长度乘以单位理论质量计算 2 低合金钢筋的一端采用螺杆锚具的，钢筋长度按孔道长度减 0.35m 计算，螺杆另行计算 2. 低合金钢筋一端采用墩头插片、另 端采用螺杆锚具时，钢筋长度按孔道长度计算，螺杆另行计算 3. 低合金钢筋一端采用墩头插片、另一端采用帮条锚具时，钢筋增加 0.15m 计算；两端均采用帮条锚具时，钢筋长度按孔道长度增加 0.3m 计算 4. 低合金钢筋采用后张混凝土自锚时，钢筋长度按孔道长度增加 0.35m 计算 5. 低合金钢筋(钢绞线)采用 JM、XM、QM 型锚具，孔道长度在 20m 以内时，钢筋长度增加 1m 计算；孔道长度 20m 以外时，钢筋(例铰线)长度按孔道长度增加 1.8m 计算 6. 碳素钢丝采用锥形锚具，孔道长度在 20m 以内时，钢丝束长度按孔道长度增加 1m 计算；孔道长在 20m 以上时，钢丝束长度按孔道长度增加 1.8m 计算 7. 碳素钢丝束采用墩头锚具时，钢丝束长度按孔道长度增加 0.35m 计算	1. 钢筋、钢丝束、钢绞线制作、运输 2. 钢筋、钢丝束、钢绞线安装 3. 预埋管孔道铺设 4. 锚具安装 5. 砂浆制作、运输 6. 孔道压浆、养护
010416007	预应力钢丝				
010416008	预应力钢绞线				

螺栓、铁件(编码：010417)　　表 A.4.17

项目编码	项目名称	项目特征	计量单位	工程量计算规则	工程内容
010417001	螺栓	1. 钢材种类、规格 2. 螺栓长度 3. 铁件尺寸	t	按设计图示尺寸以质量计算	1. 螺栓(铁件)制作、运输 2. 螺栓(铁件)安装

学习情境3
混凝土结构模板分项工程

项 目 构 架

1 项目说明

以典型混凝土结构施工图作为项目载体，进行混凝土结构模板分项工程的实训。

1.1 目标设置（培养目标）

明确模板及其支架的要求，根据提出任务，进行模板荷载的分析与组合设计、进行模板设计计算，通过模板安装与拆除实训，对模板验收、质量控制、拆除条件有进一步的认识，通过训练模拟，学生能达到下列能力要求：

（1）能根据施工图纸和施工实际条件，进行模板配板设计。

（2）能根据施工图纸和施工实际条件，编写模板工程施工技术交底。

（3）根据建筑工程质量验收方法及验收规范进行模板工程的质量检验。

（4）能结合实际，进行外脚手架的设计、搭设、拆除，并进行验收和评定。

1.2 教学时间

理论教学时间：10学时；

实践教学时间：10学时。

2 项目

以局部框架作为任务，引出典型工作任务，采取四步和六步教学方法进行教学组织和教学实施。具体参见项目清单。

（1）结构施工图纸

（2）基础模板图

（3）梁模板图

（4）柱子模板图

（5）板模板图

（6）楼梯模板图

（7）脚手架平面布置图

3 工作单

3.1 模板工程实训

（1）根据独立柱基础模板图进行配料、操作实训。

（2）柱模板实训，包括模板计算、模板搭设实训。

（3）根据梁板模板施工图，进行模板设计、实训操作模拟。

（4）根据楼梯模板支设图，进行楼梯模板的模拟操作实训。

（5）根据板式楼梯结构施工图，进行楼梯的模板说明和计算。

（6）转换大梁支模，包括施工方案、大梁支撑系统选取与计算，然后进行计算和详图绘制。

（7）填写模板工程验收表、安全检查表、模板拆除工程检验批质量验收记录表。

根据以上对应项目，针对局部框架结构，完成模板施工的专项方案。

3.2 脚手架搭设与拆除实训

结合脚手架施工图，包括外脚手架设计、落地式扣件钢管脚手架的设计、悬挑外脚手架设计，进行双排外脚手架的搭设实训，填写技术交底表、脚手架基础验收表、评分表，并制定脚手架施工专项方案。

4 项目评价

分别对模板工程实训、脚手架搭设与拆除实训进行考核评价。注重学习和训练的过程评价，包括项目模拟学习、练习、实施过程、结果对比、反馈交流等。采取评价表实施项目全过程评价和考核。

项目评价

学习情境评价表（混凝土结构模板分项工程）

姓名：		学号：				照片
年级：		专业：				
自评标准						
项次		内容		分值	自评分	教师评分
1	脚手架	准备工作	材料工具准备	5		
2			安全防护准备	5		
3			工料分析计算	5		
4		识读、绘制脚手架施工图（扣件钢管脚手架）		5		
5		搭拆扣件式钢管脚手架	搭设脚手架	10		
6			拆除脚手架	10		
7			铺设脚手板	10		
8		搭拆模板支撑架	搭拆梁板模板支架	5		
9			搭拆墙模板支架	5		
10			搭拆柱模板支架	5		
11			搭拆楼梯模板支架	5		
12		脚手架搭拆问题处理		10		
13		编制脚手架施工方案		20		
1	模板	施工准备	材料工具准备	5		
2			模板配板设计	10		
3			工料分析计算	10		
4		模板安装与拆除	柱模板安装与拆除	5		
5			梁板模安装与拆除	10		
6			楼梯模板安装与拆除	20		
7		模板技术交底		20		
8		模板施工方案		20		
1		工效	是否按规定时间完成，在规定时间内提前10分钟加1分，最多加5分	5		
2		安全文明施工（工完场清）		5		
自评等级						
教师评定等级：						
工作时间：					提前0 准时0 超时0	
自评做得很好的地方						
自评做得不好的地方						
下次需要改进的地方						
自评：		非常满意0 满意 0 合格 0 不满意0				
教师交流记录：						

综合任务一 模板工程训练

任务1：对不同构件，根据模板施工图，说明模板的分类、组成、用途、使用范围。

任务2：根据给定的施工图，制定模板材料的采购、供应、使用、堆放、维修和保管的计划。

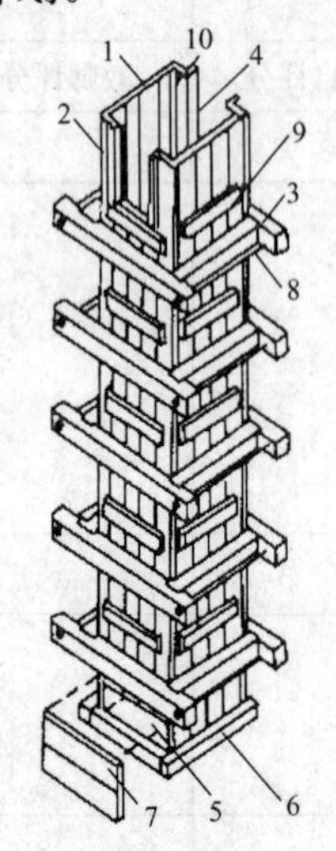

附图1

1—内拼板；2—外拼板；
3—柱箍；4—梁缺口；
5—清理孔；6—木框；
7—盖板；8—对拉螺栓；
9—拼条；10—三角木条

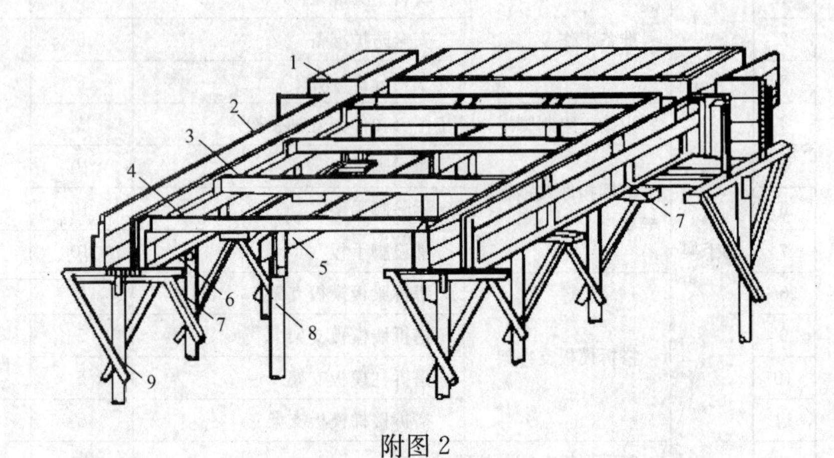

附图2

1—楼板模板；2—梁侧模板；3—楞木；
4—托木；5—杠木；6—夹木；
7—短撑木；8—杠木撑；
9—顶撑

任务3：模板工程施工概念设计：

（1）做出模板放线图：

绘制模板放线草图。模板放线图就是每层模板安装完毕后的平面图。图中应根据施工时模板放线的需要将各有关图纸中对模板施工有用的尺寸综合起来绘在同一个图中，对比较复杂的结构如楼梯，还需画出剖面图。在模板施工前，技术人员宜先画出模板放线图作为模板放线、安装及质量检查的依据。

（2）进行模板配板设计

木拼板模板一般无需再绘制模板配板图；组合钢模板（或定型木模板）需进行配板设计，并画出配板图。

1）模板体系设计。

2）模板配板设计。

3）画出模板配板展开图、画出各构件的模板展开图。

在选择钢模板规格及配板时，应尽量选用大尺寸钢模板，以减少安装工作量；配板时根据构件的特点可采用横排也可采用纵排；可采用错缝拼接，也可采用齐缝拼接；配板接头部分用木板镶拼，镶拼面积应最小；钢模板连接孔对齐，以便使用U形卡；配板图上注明预埋件、预留孔及对拉螺栓位置（图示）。

4）模板起拱设计。

5）根据模板配板图进行支撑工具布置。

根据结构形式、空间位置、荷载及施工条件（现有的材料、设备、技术力量）等确定支模方案。根据模板配板图布置支承件（柱箍间距、对拉螺栓布置、支模桁架间距、支柱或支架的布置等）。

6）列出模板和配件的规格和数量清单（列表表示）。

根据配板图和支承件布置图，计算所需模板和配件的规格、数量、列出清单，进行备料。

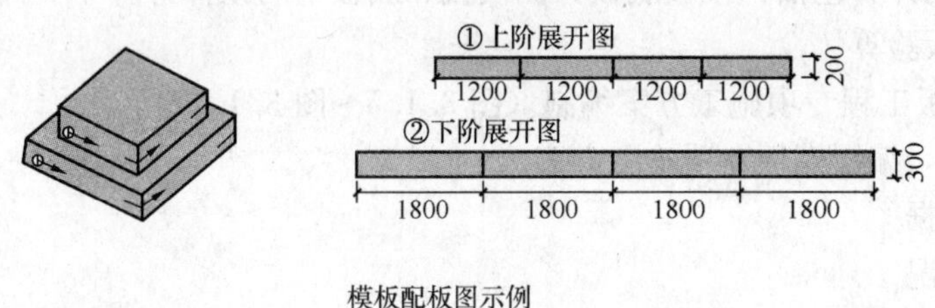

模板配板图示例

附图 3

补充说明：

模板施工图设计应包括以下内容：

(1) 模板体系设计：根据工程结构设计图纸的要求及模板加工的要求确定，并应包括模板位置、标高等信息。

(2) 模板板面设计：按照可能达到或要求达到的周转次数及投入条件确定。

(3) 模板拼缝设计：按照结构的功能要求及模板加工条件，确定采用的拼缝方式（硬拼缝、企口缝等）。

(4) 螺栓、龙骨、支撑设计：经计算确定其数量、位置、间距、直径、断面尺寸、连接方式等。

(5) 模板起拱设计：根据构件跨度和荷载，确定起拱高度和相关要求。

(6) 模板构造设计：应采取增强模板整体稳定性的构造措施，模板重要部位的构造措施应予以加强。

(7) 细部设计：在完成模板体系的设计后，为使模板施工安装有可操作性，还需要进行某些节点的细部设计。通常需要对下列部位进行节点细部设计：清水楼梯踏步、外门窗口滴水线、外墙企口式门窗口模板、装饰线条模板、拆装式门窗口钢模板、丁字墙门口处整体模板、墙体门窗口一体式大钢模板等。

(8) 编制模板施工图说明，以文字形式完善模板设计的各种具体要求，增加模板施工图的可读性，以便于施工操作。

任务 4：模板搭设实训

1）根据独立柱基础模板图进行配料、操作实训（图 3.1.1）。

2）柱模板实训，包括模板计算、模板搭设实训（图 3.1.2、图 3.1.12、图 3.1.13、图 3.1.16）。

3）根据梁板模板施工图，进行模板设计、实训操作模拟（图 3.1.3、图 3.1.4、图

3.1.6）。

4）根据楼梯模板支设图，进行楼梯模板的模拟操作实训（图 3.1.5）。

5）根据板式楼梯结构施工图，进行楼梯的模板说明和计算。

6）转换大梁支模，包括施工方案、大梁支撑系统选取与计算。然后进行计算和详图绘制（图 3.1.8）。

7）填写模板工程验收表、安全检查表、模板拆除工程检验批质量验收记录表。

任务 5：模板设计

1）楼板模板验算

2）梁模板的计算包括：模板底板、侧模板和底板下的顶撑计算

3）柱子模板验算

任务 6：模板工程专项施工方案编制（图 3.1.5～图 3.1.17）。

结合施工图，编制模板专项施工方案。

（1）编制依据

（2）工程概况

（3）模板方案选择

（4）材料选择

（5）模板安装

（6）模板拆除

（7）模板技术措施

（8）安全、环保文明施工措施

（9）模板计算

任务附图：

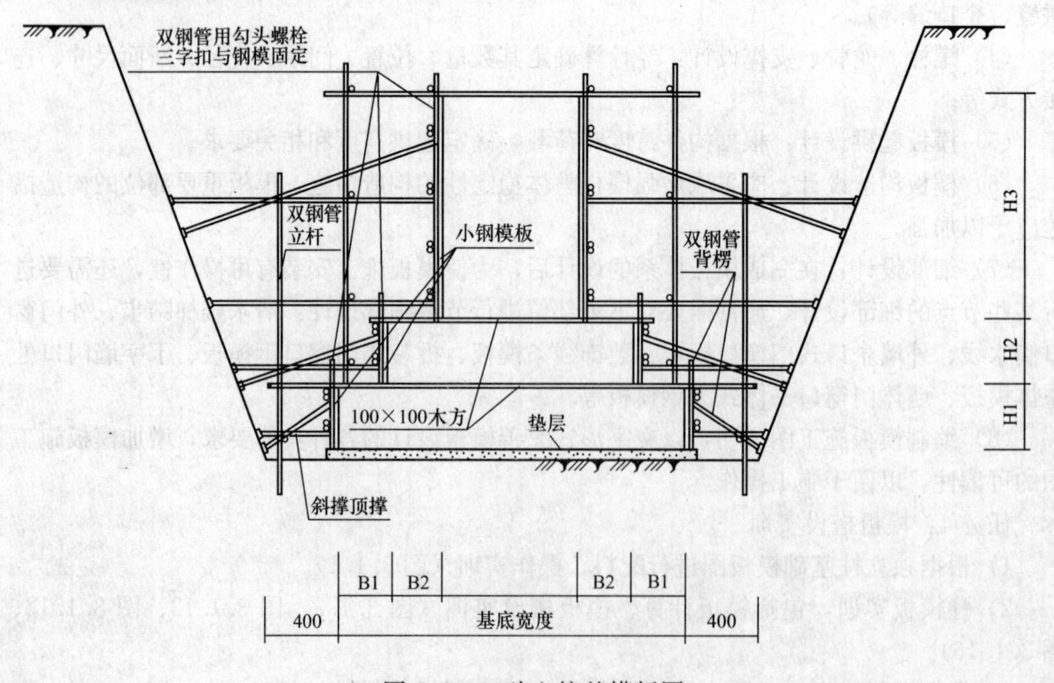

图 3.1.1　独立柱基模板图

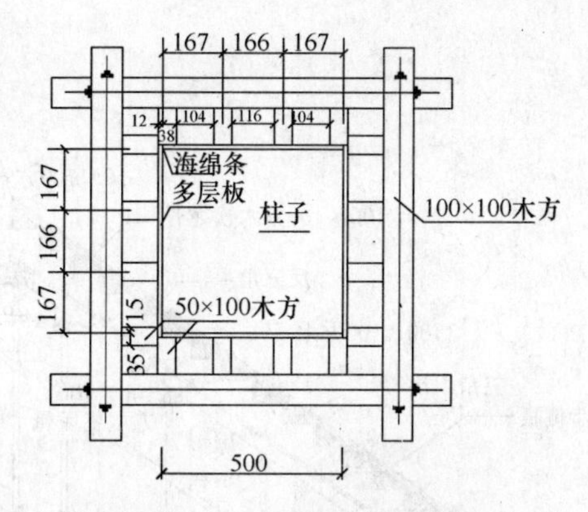

图 3.1.2　框架柱柱配模图

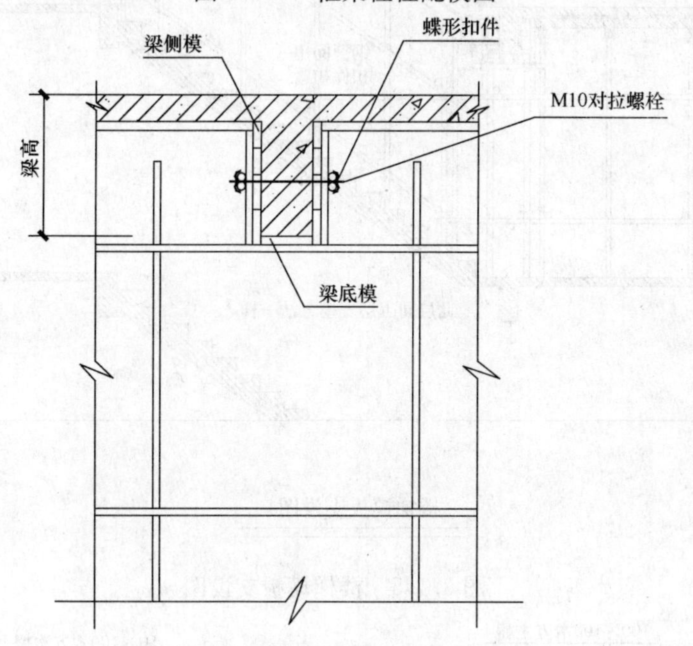

图 3.1.3　框架梁支模图

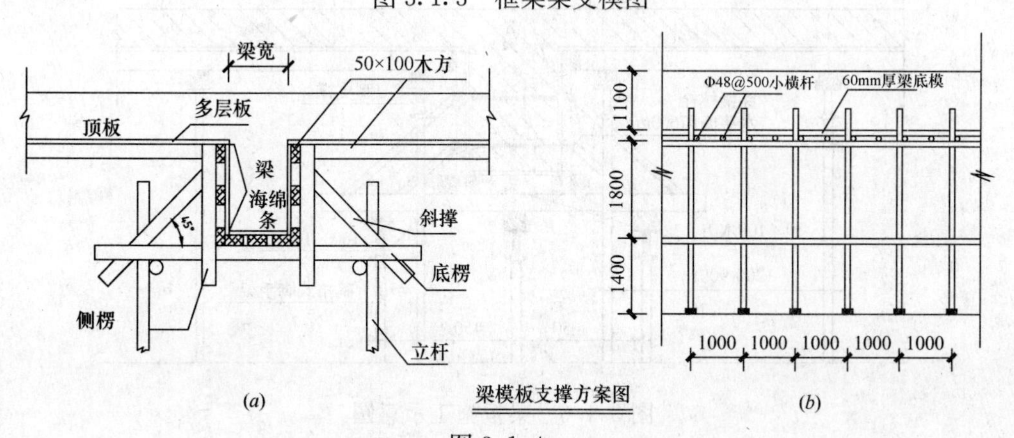

图 3.1.4

(a) 梁模板搭设图；(b) 梁模板搭设与支撑图

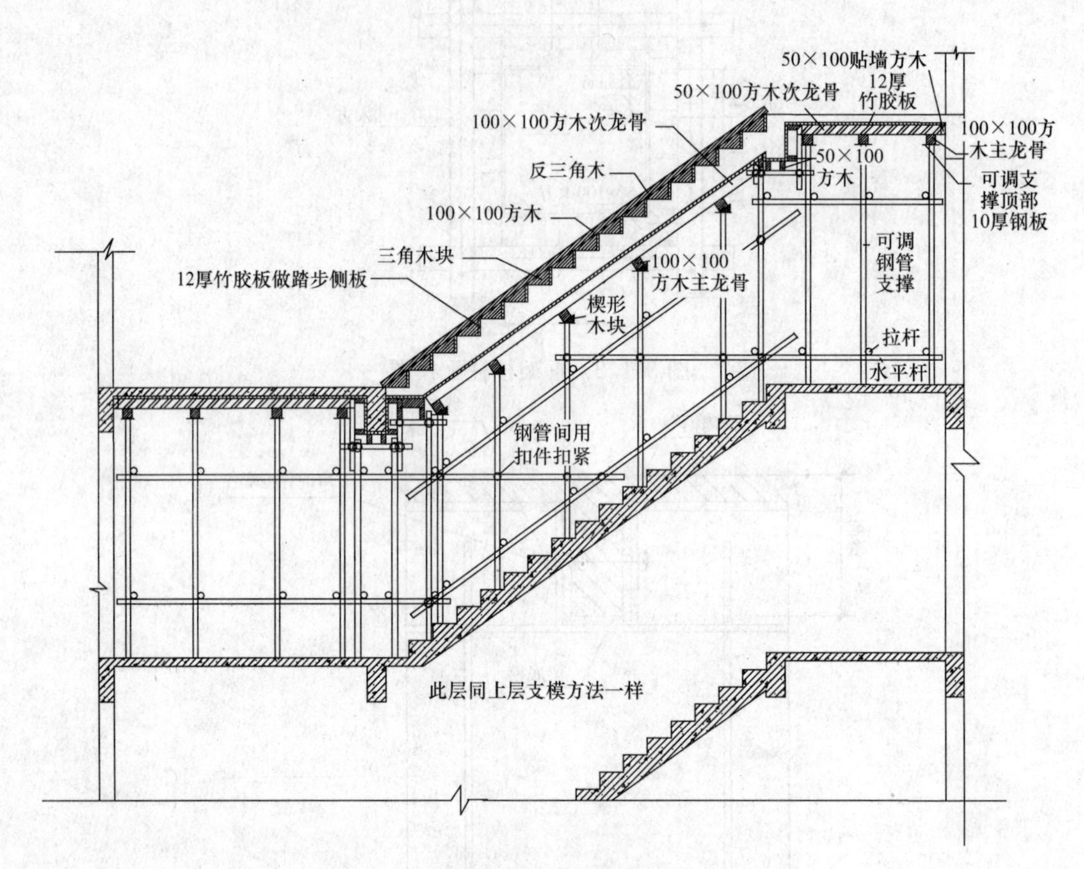

图 3.1.5　楼梯模板支设图

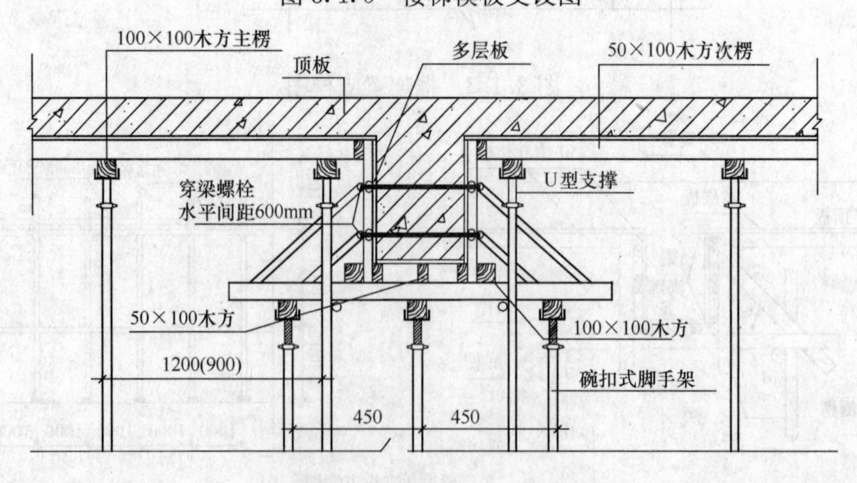

图 3.1.6　梁板施工示意图

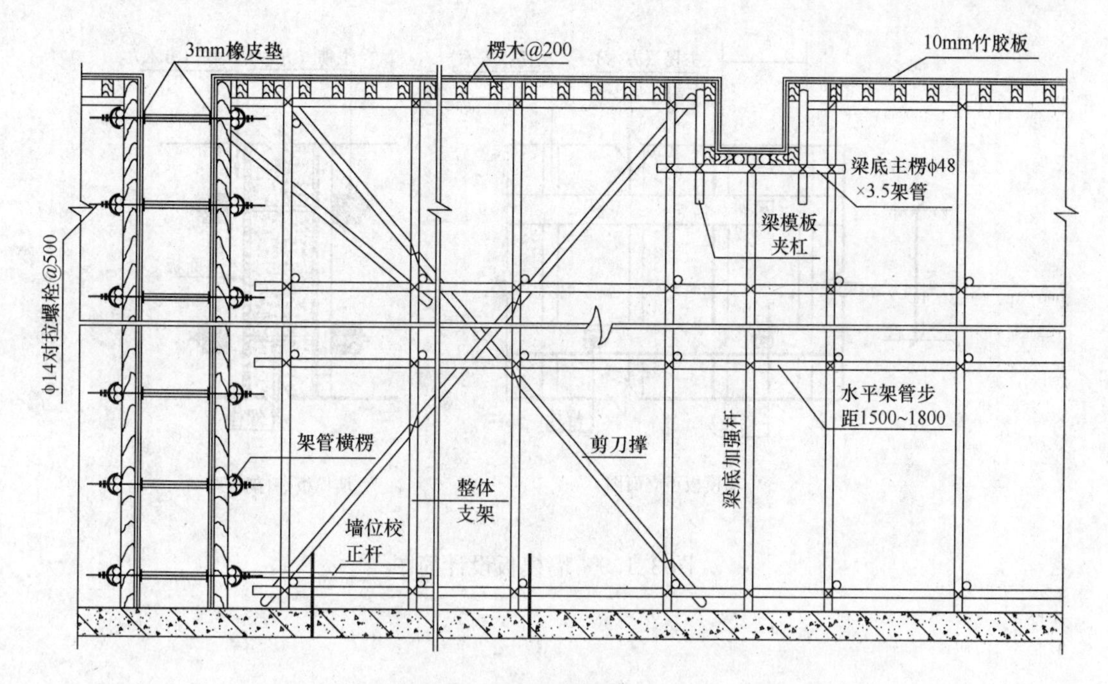

图 3.1.7 梁墙板施工示意图

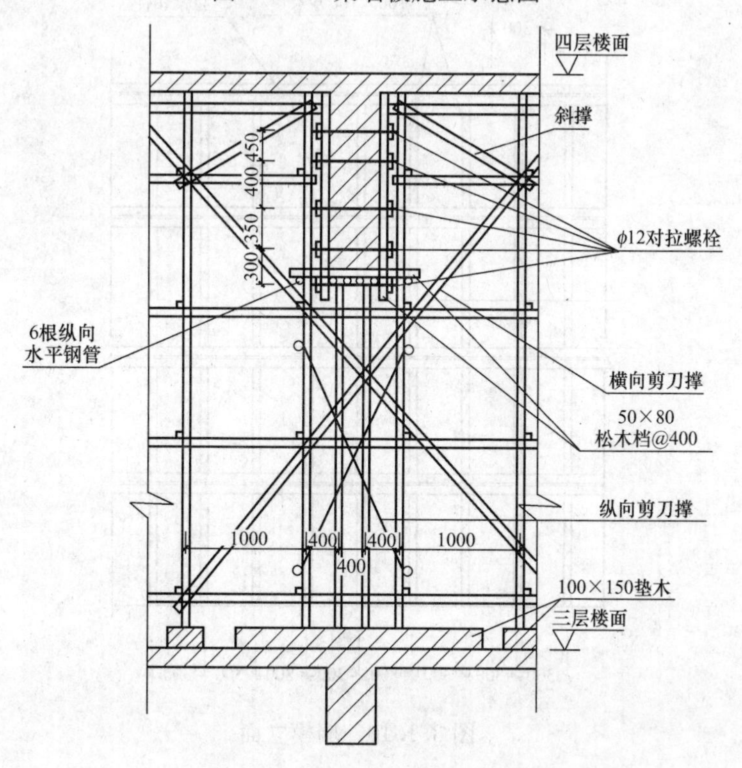

图 3.1.8 钢管模板支撑系统（转换层大梁支模系统）

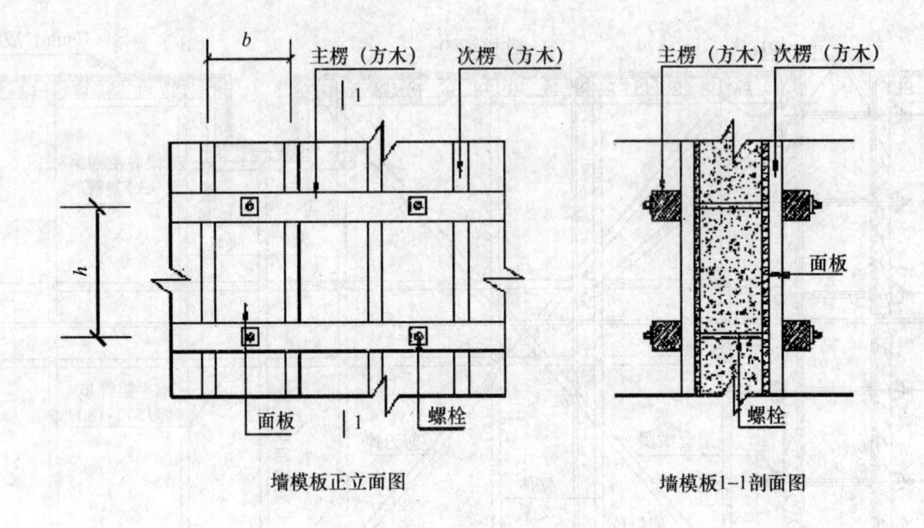

图 3.1.9　墙模板设计简图

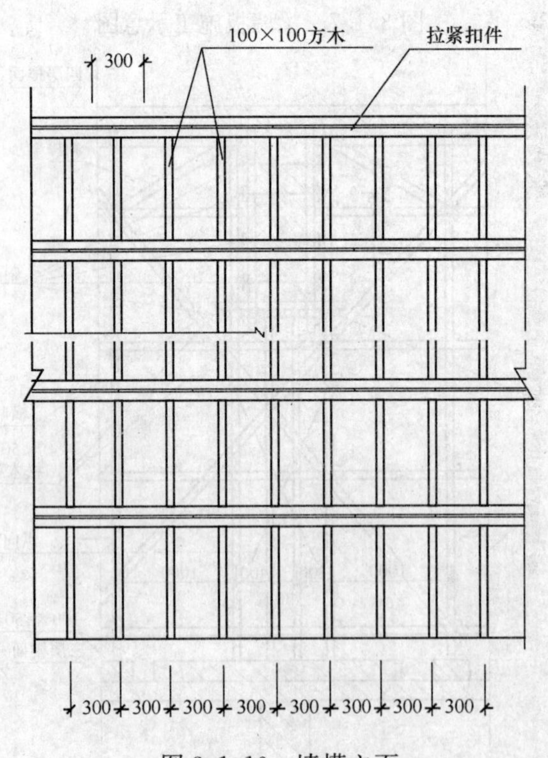

图 3.1.10　墙模立面

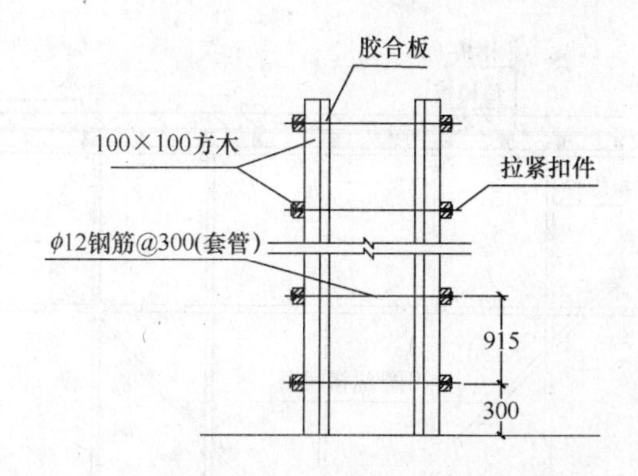

图 3.1.11　墙面剖面

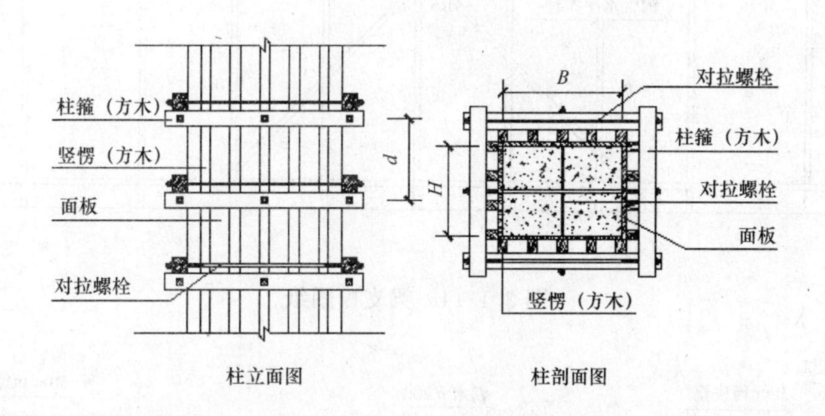

图 3.1.12　柱模板设计示意图

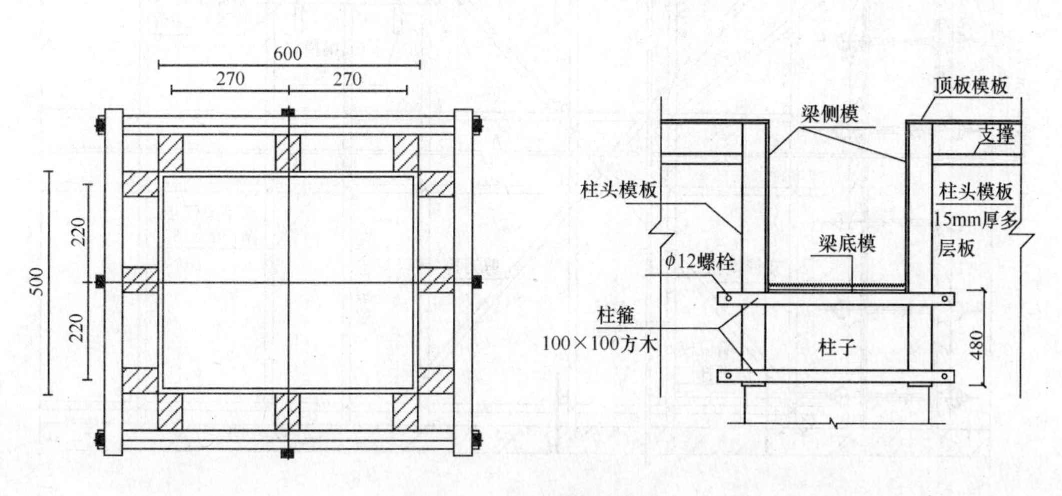

图 3.1.13　柱模板设计

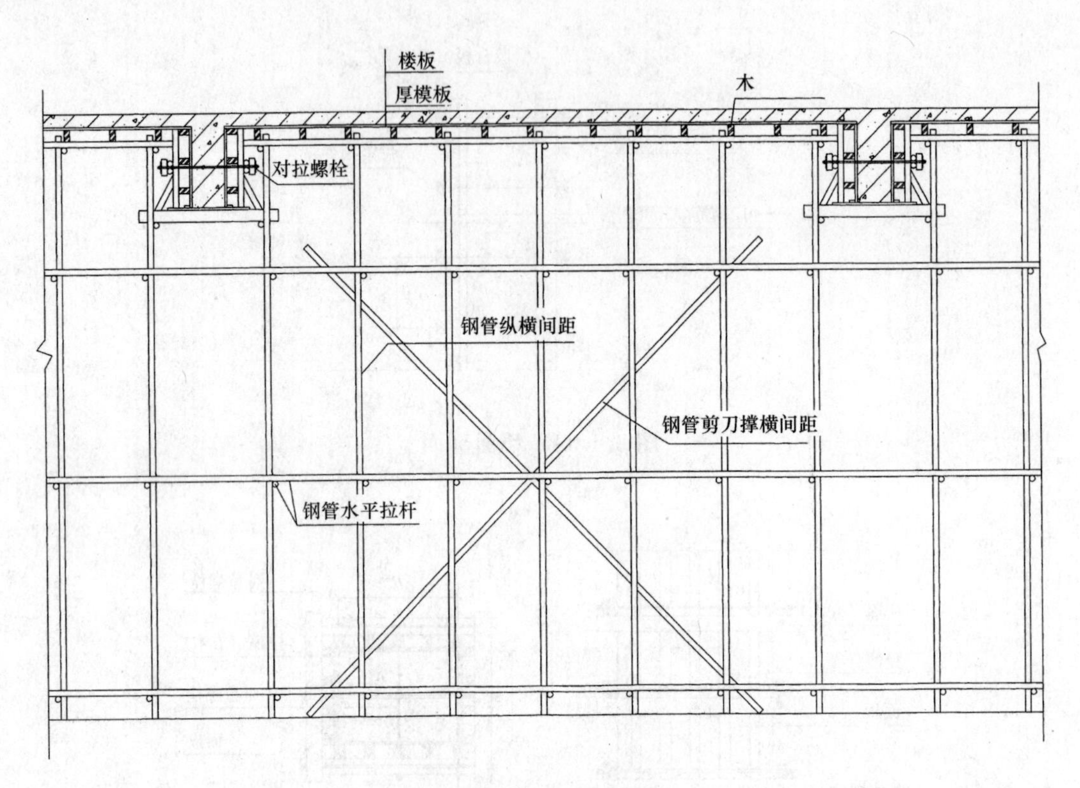

图 3.1.14　梁支模图纸

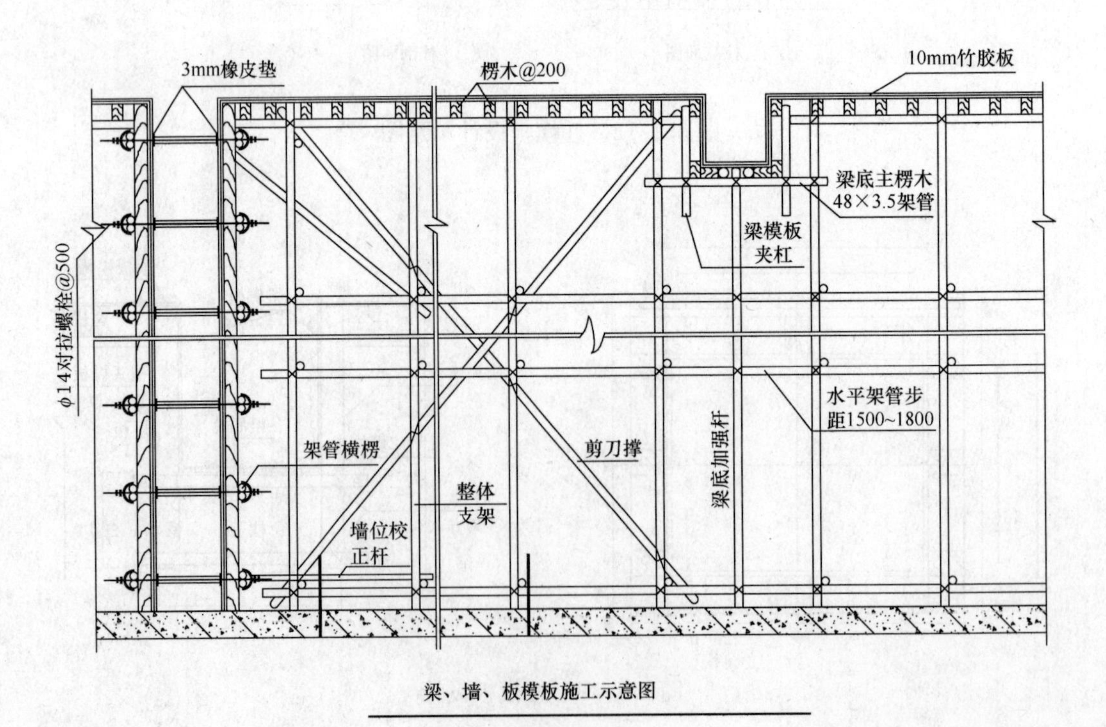

图 3.1.15

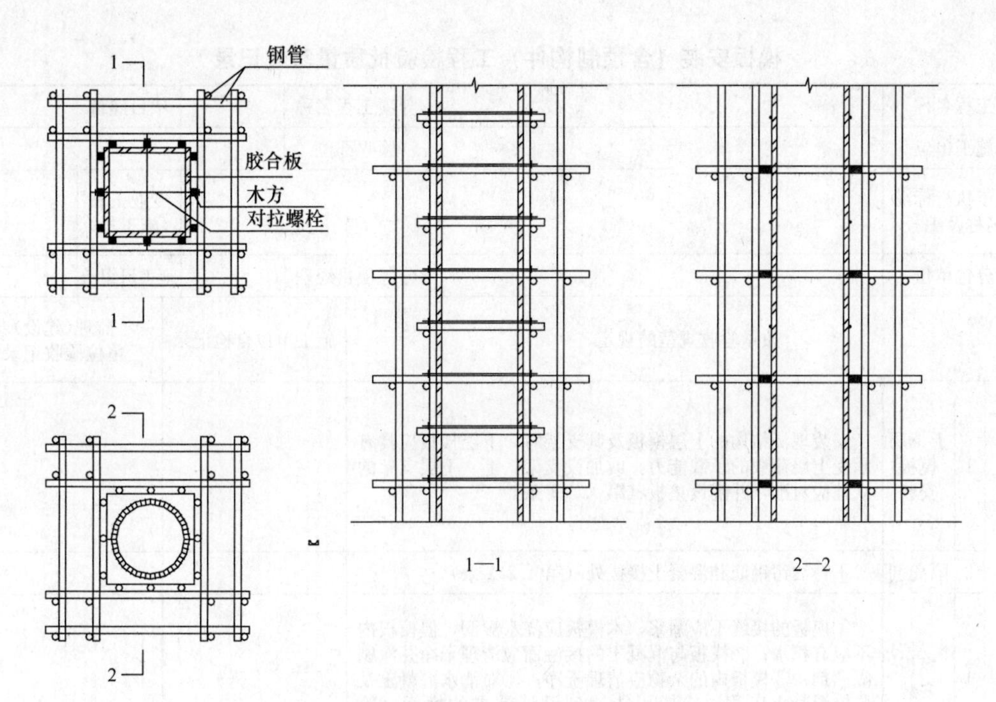

图 3.1.16　柱子支模图

钢管、木方、对拉螺栓、胶合板（或七夹板）、安全网

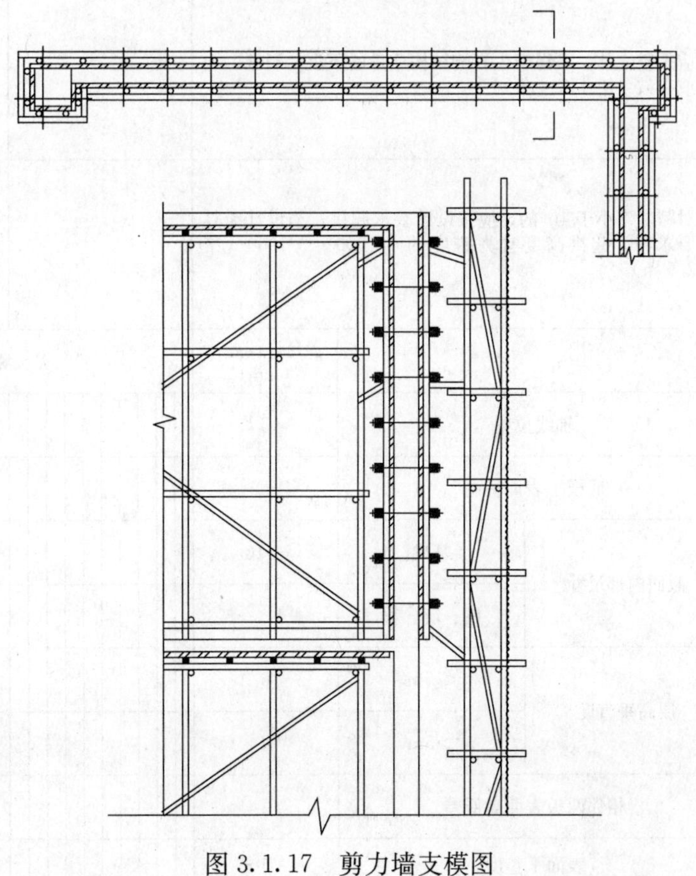

图 3.1.17　剪力墙支模图

模板安装（含预制构件）工程检验批质量验收记录

工程名称		分项工程名称		项目经理	
施工单位		验收部位			
施工执行标准名称及编号				专业工长（施工员）	
分包单位		分包项目经理		施工班组长	

		质量验收规范的规定		施工单位自检记录	监理（建设）单位验收记录
主控项目	1	上下层模板安装	安装现浇结构的上层模板及其支架时，下层楼板应具有承受上层荷载的承载能力，或加设支架；上、下层支架的立柱应对准，并铺设垫板（第4.2.1条）		
	2	隔离剂	不得沾污钢筋和混凝土接搓处（第4.2.2条）		
一般项目	1	模板安装	①模板的接缝不应漏浆，木模板应浇水湿润，但模板内不应有积水；②模板与混凝土的接触面应清理干净并涂刷隔离剂；③模板内的杂物应清理干净；④对清水混凝土及装饰混凝土工程，应使用能达到设计效果的模板（第4.2.3条）		
	2	地坪胎膜	应平整光洁，不得产生影响结构质量的下沉、裂缝、起砂或起鼓（第4.2.4条）		
	3	梁板起拱	对跨度不小于4m的，应按设计要求起拱；当设计无具体要求时，起拱高度宜为跨度的1/1000～3/1000（第4.2.5条）		

一般项目		项目		允许偏差（mm）	实测值																							
4	现浇结构模板偏差	轴线位置		5																								
		底模上表面标高		±5																								
		截面内部尺寸	基础	±10																								
			柱、墙、梁	+4，−5																								
		层高垂直度	≤5m	6																								
			>5m	8																								
		相邻两板表面高低差		2																								
		表面平整度		5																								

续表

			项　　目		允许偏差（mm）	施工单位自检记录	监理（建设）单位验收记录
一般项目	5	固定在模板上的预埋件、预留孔和预留洞的允许偏差	预埋钢板中心线位置		3		
			预埋管、预留孔中心线位置		3		
			插筋	中心线位置	5		
				外露长度	+10，0		
			预埋螺栓	中心线位置	2		
				外露长度	+10，0		
			预留洞	中心线位置	10		
				尺　寸	+10，0		
	6	预制构件模板安装的偏差	长度	板、梁	± 5		
				薄腹梁、桁架	± 10		
				柱	0，−10		
				墙板	0，−5		
			宽度	板、墙板	0，−5		
				梁、薄腹梁、桁架、柱	+2，−5		
			高(厚)度	板	+2，−3		
				墙板	0，−5		
				梁、薄腹梁、桁架、柱	+2，−5		
			侧向弯曲	梁、板、柱	$L/1000$ 且≤15		
				墙板、薄腹梁、桁架	$L/1500$ 且≤15		
			板的表面平整度		3		
			相邻两板表面高低差		1		
			对角线差	板	7		
				墙板	5		
			翘曲	板、墙板	$L/1500$		
			设计起拱	薄腹梁、桁架、梁	±3		
施工操作依据							
质量检查记录							

施工单位检查结果评定	项目专业质量检查员：	项目专业技术负责人：年　月　日
监理(建设)单位验收结论	专业监理工程师：（建设单位项目专业技术负责人）	年　月　日

注：L 为构件长度(mm)。

010601(1)/020101(1)020106(1)□□□说明

强制性条文

4.1.1 模板及其支架应根据工程结构形式、荷载大小、地基土类别、施工设备和材料供应等条件进行设计。模板及其支架应具有足够的承载能力、刚度和稳定性，能可靠地承受浇筑混凝土的重量、侧压力以及施工荷载。

主控项目

4.2.1 安装现浇结构的上层模板及其支架时，下层楼板应具有承受上层荷载的承载能力，或加设支架；上、下层支架的立柱应对准，并铺设垫板。

检查数量：全数检查。

检验方法：对照模板设计文件和施工技术方案观察。

4.2.2 在涂刷模板隔离剂时，不得沾污钢筋和混凝土接槎处。

检查数量：全数检查。

检验方法：观察。

一般项目

4.2.3 模板安装应满足下列要求：

1. 模板的接缝不应漏浆，在浇筑混凝土前，木模板应浇水湿润，但模板内不应有积水；

2. 模板与混凝土的接触面应清理干净并涂刷隔离剂，但不得采用影响结构性能或妨碍装饰工程施工的隔离剂；

3. 浇筑混凝土前，模板内的杂物应清理干净；

4. 对清水混凝土工程及装饰混凝土工程，应使用能达到设计效果的模板。

检查数量：全数检查。

检验方法：观察。

4.2.4 用作模板的地坪、胎模等应平整光洁，不得产生影响构件质量的下沉、裂缝、起砂或起鼓。

检查数量：全数检查。

检验方法：观察。

4.2.5 对跨度不小于4m的现浇钢筋混凝土梁、板，其模板应按设计要求起拱；当设计无具体要求时，起拱高度宜为跨度的1/1000～3/1000。

检查数量：在同一检验批内，对梁，应抽查构件数量的10%，且不少于3件；对板，应按有代表性的自然间抽查10%，且不少于3间；对大空间结构，板可按纵、横轴线划分检查面，抽查10%，且不少于3面。

检验方法：水准仪或拉线、钢尺检查。

4.2.6 固定在模板上的预埋件、预留孔和预留洞均不得遗漏，且应安装牢固，其偏差应符合表4.2.6（表略）的规定。

检查数量：在同一检验批内，对梁、柱和独立基础，应抽查构件数量的10%，且不少于 3 件；对墙和板，应按有代表性的自然间抽查 10%，且不少于 3 间；对大空间结构，墙可按相邻轴线间高度 5m 左右划分检查面，板可按纵横轴线划分检查面，抽查 10%，且均不少于 3 面。

检验方法：钢尺检查。

4.2.7 现浇结构模板安装的偏差应符合表 4.2.7（表略）的规定。

检查数量：在同一检验批内，对梁、柱和独立基础，应抽查构件数量的 10%，且不少于 3 件；对墙和板，应按有代表性的自然间抽查 10%，且不少于 3 间；对大空间结构，墙可按相邻轴线间高度 5m 左右划分检查面，板可按纵、横轴线划分检查面，抽查 10%，且均不少于 3 面。

4.2.8 预制构件模板安装的偏差应符合表 4.2.8（表略）的规定。

检查数量：首次使用及大修后的模板应全数检查；使用中的模板应定期检查，并根据使用情况不定期抽查。

注：本表由施工项目专业质量检查员填写，专业监理工程师（建设单位项目专业技术负责人）组织项目专业质量（技术）负责人等进行验收。

模板拆除工程检验批质量验收记录　　表 4.3

(GB 50204—2002)　　编号：010601（2）/020101（2）□□□□

工程名称		分项工程名称		项目经理	
施工单位		验收部位			
施工执行标准名称及编号				专业工长（施工员）	
分包单位		分包项目经理		施工班组长	

质量验收规范的规定						施工单位自检记录	监理（建设）单位验收记录
主控项目	1	底模及支架拆除时的混凝土强度应符合设计要求；当设计无具体要求时，混凝土强度应符合4.3.1条（第4.3.1条）	构件类型	构件跨度（m）	达到设计强度标准值的百分率（%）		
			板	≤2	≥50		
				>2，≤8	≥75		
				>8	≥100		
			梁、拱、壳	≤8	≥75		
				>8	≥100		
			悬臂构件	—	≥100		
	2	预应力构件	对后张法，侧模宜在预应力张拉前拆除；底模支架的拆除应按施工技术方案执行，当无具体要求时，不应在建立预应力前拆除（第4.3.2条）				
	3	后浇带模板	拆除和支顶按施工技术方案执行（第4.3.3条）				
一般项目	1	侧模拆除	混凝土强度应能保证其表面及棱角不受损伤（第4.3.4条）				
	2	模板拆除	模板拆除时，不应对楼层形成冲击荷载。拆除的模板和支架宜分散堆放并及时清运（第4.3.5条）				
施工操作依据							
质量检查记录							

施工单位检查结果评定	项目专业质量检查员：　　项目专业技术负责人：　　年　月　日
监理（建设）单位验收结论	专业监理工程师：（建设单位项目专业技术负责人）　　年　月　日

010601（2）/020101（2）□□□□说明

强制性条文

4.1.3 模板及其支架拆除的顺序及安全措施应按施工技术方案执行。

主控项目

4.3.1 底模及其支架拆除时的混凝土强度应符合设计要求；当设计无具体要求时，混凝土强度应符合表4.3.1的规定。

检查数量：全数检查。

检查方法：检查同条件养护试件强度试验报告。

底模拆除时的混凝土强度要求 **表4.3.1**

构件类型	构件跨度（m）	达到设计的混凝土立方体抗压强度标准值的百分率（%）
板	≤2	≥50
	>2，≤8	≥75
	>8	≥100
梁、拱、壳	≤8	≥75
	>8	≥100
悬臂构件	—	≥100

4.3.2 对后张法预应力混凝土结构构件，侧模宜在预应力张拉前拆除；底模支架的拆除应按施工技术方案执行，当无具体要求时，不应在结构构件建立预应力前拆除。

检查数量：全数检查。

检验方法：观察。

4.3.3 后浇带模板的拆除和支顶应按施工技术方案执行。

检查数量：全数检查。

检验方法：观察。

一般项目

4.3.4 侧模拆除时的混凝土强度应能保证其表面及棱角不受损伤。

检查数量：全数检查。

检验方法：观察。

4.3.5 模板拆除时，不应对楼层形成冲击荷载。拆除的模板和支架宜分散堆放并及时清运。

检查数量：全数检查。

检验方法：观察。

注：本表由施工项目专业质量检查员填写，专业监理工程师（建设单位项目技术负责人）组织项目专业质量（技术）负责人等进行验收。

模板工程验收表

AQ2. 10. 2. 2□

工程名称			
施工单位		项目负责人	
分包单位		分包负责人	
施工执行标准及编号			
验收部位：		安装日期：	
立柱材料和规格：			
模板材料和规格：		层高：m	

序号	检查项目	检查内容与要求	实测实量实查	验收结果
一	安全施工方案	模板工程专项安全施工技术方案（或设计）审批手续完备有效		
		修改安全施工方案（或设计）须原审批部门批准		
		高度大于或等于4.5m的高支模的安全施工技术方案应有模板及支架系统的设计（计算书）包括施工荷载、系统强度、刚度、稳定性、防倾覆及支承层地面或楼面的承载力的验算，支架构造和架设密度符合计算确定立柱或钢支柱间距		
		根据混凝土输送方法制定有针对性的安全技术措施		
二	立柱稳定	支架模板的立柱材料符方案要求		
		立柱基础必须坚固，满足立柱承载力要求		
		立柱底部应铺设木垫导块，钢管立柱应采用底座构件		
		立柱间距必须按安全施工技术方案（计算书）要求搭设，支架立杆应竖直设置2m高度的垂直允许偏差为15mm		
		上下层立柱接头应牢固可靠，接头宜采用穿心套接驳扣或臂扣锁紧。接头在水平位置宜错开不少于15cm		
		立柱与支承模板的木坊或钢坊要有可靠的连接		
三	水平拉杆与剪刀撑	立柱在4.5m以下部分宜设置不少于二道的横水平拉杆，其中下道拉杆其间距地面20cm作为扫地杆设置，然后沿竖向每隔不大于1.5m设一道		
		在立柱4.5m以上部分每增高1.5m相应增加一道水平拉杆，水平拉杆与立柱有可靠连接		
		剪刀撑与楼地面一般成45°角，由楼地面一直驳到顶部，与立杠连接牢固		
		支撑主梁的立柱必须按方案（设计书）中确定和加密间距搭设，并在立柱的两侧边设置剪刀撑，当结构跨度大于或等于10m时，剪刀撑设置间距不得超过5m		

续表

序号	检查项目	检查内容与要求	实测实量实查	验收结果
四	附着支承机构	模板上承受的荷载不得超过设计规定值。荷载的类型包括：模板及其支架自重、新浇混凝土自重、钢筋自重、泵送混凝土垂直和水平荷载、混凝土输送泵的振动力，施工人员及施工设备荷载，振动混凝土时产生的荷载，新浇筑混凝土对模板侧面的压力，倾倒混凝土时产生荷载等		
		模板上的物料必须均匀摆放		
五	作业环境	模板及其系统在安装过程中，必须设置防倾覆的临时固定设施		
		高支模施工现场应搭设工作梯、作业人员不得爬支模上下		
		高支模上高空临边有足够操作平台和安全防护		
		作业面临边防护及孔洞封严措施应到位		
		垂直交叉作业上应有隔离防护措施		
六	方案中其他要求			

验收结论：

年　月　日

验收人签名	总包单位	分包单位	

监理单位意见：

专业监理工程师：　　　年　月　日

模板工程安全检查评分表

AQ2.3.1.11□

JCJ59-99 表 3.0.6

序号	检查项目		扣分标准	应得分数	扣减分数	实得分数
1	保证项目	施工方案	模板工程无施工方案或施工方案未经审批的，扣10分 未根据混凝土输送方法制定有针对性安全措施的，扣8分	10		
2		支撑系统	现浇混凝土模板的支撑系统无设计计算的，扣6分 支撑系统不符合设计要求的，扣10	10		
3		立柱稳定	支撑模板的立柱材料不符合要求的，扣6分 立柱底部无垫板或用砖垫高的，扣6分 不按规定设置纵横向支撑的，扣4分 立柱间距不符合规定的，扣10分	10		
4		施工荷载	模板上施工荷载超过规定的，扣10分 模板上堆料不均匀的，扣5分	10		
5		模板存放	大模板存放无防倾倒措施的，扣5分 各种模板存放不整齐、过高等不符合安全要求的，扣5分	10		
6		支拆模板	2m以上高处作业无可靠立足点的，扣8分 拆除区域未设置警戒线且无监护人的，扣5分 留有未拆除的悬空模板的，扣4分	10		
		小计		60		
7	一般项目	模板验收	模板拆除前未经拆模申请批准的，扣5分 模板工程无验收手续的，扣6分 验收单无量化验收内容的，扣4分 支拆模板未进行安全技术交底的，扣5分	10		
8		混凝土强度	模板拆除前无混凝土强度报告的，扣5分 混凝土强度未达规定提前拆模的，扣8分	10		
9		运输道路	在模板上运输混凝土无走道垫板的，扣7分 走道垫板不稳不牢的，扣3分	10		
10		作业环境	作业面孔洞及临边无防护措施的，扣10分 垂直作业上下无隔离防护措施的，扣10分	10		
		小计		40		
检查项目合计				100		

检查人员： 年 月 日

模板工程　　分项工程质量技术交底

GD2301003

<table>
<tr><td>施工单位</td><td colspan="3"></td></tr>
<tr><td>工程名称</td><td></td><td>分部工程</td><td></td></tr>
<tr><td>交底部位</td><td></td><td>日　期</td><td>年　月　日</td></tr>
<tr><td>交
底
内
容</td><td colspan="3">
一、施工准备
（一）作业条件
（二）人员准备
（三）材料准备
（四）机具准备
（五）技术准备
二、质量要求
三、操作工艺
（一）模板堆放技术交底
模板安装工程施工准备：
1. 模板及支撑系统应按使用的不同层次部位和先后顺序进行编序堆放，在周转使用中均应做到配套编序使用；
2. 模板的配制、编号、施工顺序安排，应由专人负责组织设计并管理指导，以使用料合理，安装、拆卸、运输方便，综合利用率高，防止在实际操作中，产生乱拖乱用和浪费材料现象。
3. 应加强模板和支撑体系的通用性和模数化，以便编序简单、使用方便。
4. 模板的编号应用醒目的标记，标注在模板的背面，并注明规格尺寸、作用部位等。支撑体系的各部位也应分类放置，标注明确，以便按不同需要使用。
5. 对大模板、台模等特殊形式的模板体系，应专门分类编号，并按操作工艺要求顺序放置。
模板堆放
(1) 所有模板和支撑系统应按不同材质、品种、规格、型号、大小、形状分类堆放，应注意在堆放中留出空地或交通道路，以便取用。在多层和高层施工中还应考虑模板和支撑的竖向转运顺序合理化。
(2) 木质材料可按品种和规格堆放，钢质模板应按规格堆放，钢管应按不同长度堆放整齐。小型零配件应装袋或集中装箱转运。
(3) 模板的堆放一般以平卧为主，对桁架或大模板等部件，可采用立放形式，但必须采取抗倾覆措施，每堆材料不宜过多，以免影响部件本身的质量和转动方便。
(4) 堆放场地要求整平垫高，应注意通风排水，保持干燥；室内堆放应注意取用方便，堆放安全，露天堆放应加遮盖；钢质材料应防水、防锈，木质材料应防腐、防火、防雨、防曝晒。
（二）梁模板施工技术交底
1. 梁模板宜采用侧包底的支模法，便于拆除侧模以利周转，保留底模及支撑有待混凝土强度的增长，一般梁底模板准备数量应多于梁侧模板数量。
2. 支柱（琵琶撑）之间应设拉杆，互相拉撑成一整体，离地面 500mm 设一道，以上每隔 2m 设一道，支柱下均垫楔子（校正高低后钉牢）和垫板，以利拆模；当支承落在基土上时，应对基土夯实拍平并加通长垫木铺垫；采用可调工具式钢管支柱时，应扣接水平拉杆及斜拉杆。
3. 当梁底距地面高度过高时（一般为 5m）以上，宜采用脚手钢管扣件支模或桁架支模。
4. 当梁模板采用木模时，其底模厚度不小于 50mm，侧模可由木模或胶合板拼制而成，侧模背面应加钉竖向．水平向及斜向支撑，以承受施工时的侧压力要求。
当用组合钢模板时，其侧模板由钢管做横、竖支撑。若超过 60cm，应加钢管围擦，上口则用圆钢插入模板上端小孔内。
</td></tr>
</table>

续表

施工单位			
工程名称		分部工程	
交底部位		日　期	年　月　日

交底内容

5. 梁跨度在4m及大于4m时应起拱，如设计无规定时，起拱高度宜为全跨长度的1/1000～3/1000。

6. 梁较高时，可先安装梁的一面侧板，等钢筋绑扎好再安装另一面侧板。梁高大于700mm时，除梁侧板外面支撑外，还应采用对拉螺栓在梁高中间部分拉夹横楞加强紧固。

7. 当层间高度大于5m时，宜选用桁架支模或多层支架支模。

(1) 当采用多层支架支模时，支架的横垫板应平整，支柱应垂直，上下层支柱应在同一竖向中心线上；

(2) 上层支架的立柱应对准下层支架的立柱，并铺设垫板；

(3) 当采用悬吊模板、桁架支模方法时，其支撑结构的承载能力和刚度必须符合要求。

8. 现浇多层房屋和构筑物支模时，采用分段分层方法。下层混凝土须达到足够的强度以承受上层荷载传来的力，且上、下立柱应对齐，并铺设垫板。

9. 竖向模板和支架的支承部分必须坐落在坚实的基土上，并应加设垫板，使其有足够的支承面积。

10. 固定模板时预埋件和预留洞不得遗漏，安装必须牢固，位置准确。

11. 圈梁模板采用钢模时宜采用卡具法，卡具宜根据不同地区和习惯做法来选择。

12. 圈梁模板采用木模时宜采用挑扁担法，在圈梁底面下一皮砖中，沿墙身每隔900～2000mm留60mm×120mm砖洞，穿50mm×100mm方木或钢管作扁担，支立两侧模板用夹条用斜撑支牢。

13. 模板工程施工中，应随做随检，做好书面验收记录，混凝土浇捣过程中派专人看管，发现有变形、漏浆等情况及时修复。

(三) 有梁现浇楼面模板施工技术交底

成排独立柱模板施工技术交底

14. 成排独立柱子支模前应先在基层上按设计图弹出中心通线并依据柱截面外包尺寸将柱子位置兜方找中。

15. 柱子支模板前必须先校正钢筋位置。

16. 柱子底部应用钢筋角钢焊成柱断面外包框，保证底部位置准确。

17. 成排柱模支撑时，应先立两端柱模，校直与复核位置无误后，顶部拉通长线，再立中间各片柱模。柱距不大时，相互间应用剪刀撑及水平撑搭牢。柱距较大时，各柱单独位四面斜撑，保证柱子位置准确。

18. 柱模外面每隔80～120mm应加设牢固的柱箍，防止炸模。

19. 柱模板可采用整块式或拼装式，也可以预先制好柱模板整体吊装就位。柱脚应预留清扫口，柱子较高时应预留浇筑施工，一般由地面起每隔2m留一道，孔洞大小根据施工需要确定并注意对称设置，以便灌入混凝土及插入振捣器。

20. 圆柱或异形柱模，宜用长条窄木条沿圆弧外表面密拼，异形柱按曲面或折线形状拼箍，模板内可衬钉镀锌铁皮，也可采用薄钢板或玻璃钢模板、夹板等。圆柱模板应做到拼缝严密、围箍牢固、安拆方便。

21. 柱模顶端距梁底或板底50mm范围内，为确保柱与梁或板接头不变形及不漏浆，所有接头处模板按实际模数制作定型模板，拼缝严密，严禁用木条、材皮乱拼乱凑或用废纸、破布塞堵；当用组合钢模板时，接头处非模数段可用旧钢模改制或找零定型模拼缝严密、牢固。

22. 柱子边尺寸较大时（一般大于1000mm），应在柱中设置对拉螺栓来夹固模板，其布置方式根据计算要求确定。

23. 模板与混凝土的接触面应涂隔离剂。对油质类等影响结构或妨碍装饰工程施工的隔离剂不宜采用。严禁隔离剂沾污钢筋与混凝土接槎处。

24. 混凝土浇捣过程要派木工跟踪巡察，发现变形漏浆及时纠正、修复。

续表

施工单位			
工程名称		分部工程	
交底部位		日　期	年　月　日

交底内容：

无梁楼板模板施工技术交底

25. 无梁板模板由柱帽模板与楼板模板组成，柱帽为截锥体(方形或圆形)，柱帽模板的上品应与楼板镶平接牢，其下品应与柱模相接，无梁楼板的柱帽模板，紧靠水平模，并用U形卡连接，尚有小间隙，可采用橡皮条或木条嵌补。一般将柱帽做成非定型钢模，与柱模和楼面模板用螺栓连接。

26. 木模楼板模板铺设，搁栅找平后铺钉木模板只要在两端及接头处钉牢，中间尽量少钉或不钉以利拆模。采用定型木模板，需按其规格距离铺设搁栅，不够一块定型木模板的空隙，可用木板镶满，镶平，当空隙宽度不大于300mm时，可用2～3mm厚铁板盖住。当用胶合板作楼板底模时，搁栅间距不宜大于500mm。

27. 钢模板模板的支撑一般采用排架式或满堂脚手架式搭法，顶部用Φ48钢管作搁栅，间距按设计荷载布置，一般不得大于750mm，钢模板铺拼应平整、靠紧。

28. 现浇钢筋混凝土梁、板，当跨度大于或等于4m时，模板应起拱，当设计无要求时，起拱高度宜为全跨长的1/1000～3/1000。不准起拱过小而造成梁、板底下垂。

29. 现浇多层房屋和构筑物支模时，采用分段分层方法。下层混凝土须达到足够的强度以承受上层荷载传来的力，且上、下立柱应对齐，并铺设垫板。

30. 竖向模板和支架的支承部分必须坐落在坚实的基土上，并应加设垫板，使其有足够的支承面积。

31. 固定在模板的预埋件和预留洞不得遗漏，安装必须牢固，位置准确。

32. 模板应涂脱模剂，不得使用废机油，不宜使用油类等影响结构或妨碍装饰工程施工的隔离剂。

33. 挑檐板模板支模法，其支柱一般不落地，采用下部结构做基点，斜撑支承挑檐部分，也可采用三角架支模法，采用Φ48钢管支模时，一般采用排架及斜撑杆由下一层楼面架设，挑檐模板必须搭牢拉紧，防止向外倾覆。

(四) 剪力墙模板施工技术交底

34. 模板工程施工前应用技术制定实施工方案，高层建筑物垂直度用激光经纬仪向上投点，然后用经纬仪放出各主轴线。施工中的轴线、标高、几何尺寸必须测放正确，标注清楚，引用方便，标准线和记号必须显示在稳固不变的物体上。

35. 放样弹线时，除按施工图线弹出工程结构轴线外，还应弹出划出模板安装线。

36. 剪力墙板、暗柱下脚焊限位钢筋，控制混凝土保护层及构件断面。使墙板尺寸不变形、不胀模。

37. 剪力墙暗柱下脚离基层100mm左右位置，采用焊接限位钢筋控制墙板的位移，中间用穿墙螺栓固定，同时以弹模板控制线来进行校正和验收。

38. 模板安装时木工随时吊垂直线校正。当安装完再量尺寸、吊垂线复核作最后校正。

39. 通过计算可确定剪力墙模板横竖围楞间距。250、220、200mm厚墙板，层高2.9、3m，采用ϕ12螺栓，纵横间距为450mm双螺帽，横竖围楞间距与螺栓间距相同。

40. 根据木工翻样图，当梁柱节点处门洞口模板不符合时制作阴阳角定型模板，严禁采用木板做堵头。

41. 外墙剪力墙、电梯井、楼梯间上下接槎采用预埋ϕ12螺栓固定导端模板，外导墙模板在拆模时保留，起上下连接作用。

42. 模板周转次数多了难免产生变形，使用前对模板进行修整并采用在模板拼缝间垫一层1～2mm厚的马粪纸，当马粪纸遇水膨胀，将缝隙堵塞，起到防止漏浆的作用。

43. 应检查墙体中的预埋件和预留洞孔的垂直度、中心线和标高，并按设计要求在预埋件预留洞孔周边设置加强筋力，墙体中内衬的门窗洞孔等假口模板均应小于墙体厚度尺寸，墙模上所有拼缝和接头处均应封堵严密，防止漏浆。

44. 模板与混凝土的接触面应涂隔离剂，对油质类等影响结构或妨碍装饰工程施工的隔离剂不宜采用。严禁隔离剂沾污钢筋与混凝土接槎处。

45. 混凝土浇捣过程要派木工做好跟踪巡察工作，发现变形、漏浆及时修复。

四、成品保护

五、应注意的质量问题

专业技术负责人：　　　　交底人：　　　　接受人

综合任务二　脚手架工程训练

任务 1：

(1) 看图 3.2.1，说明脚手架的组成。

看图 3.2.2，说明铺竹笆脚手板时纵向水平杆的构造。

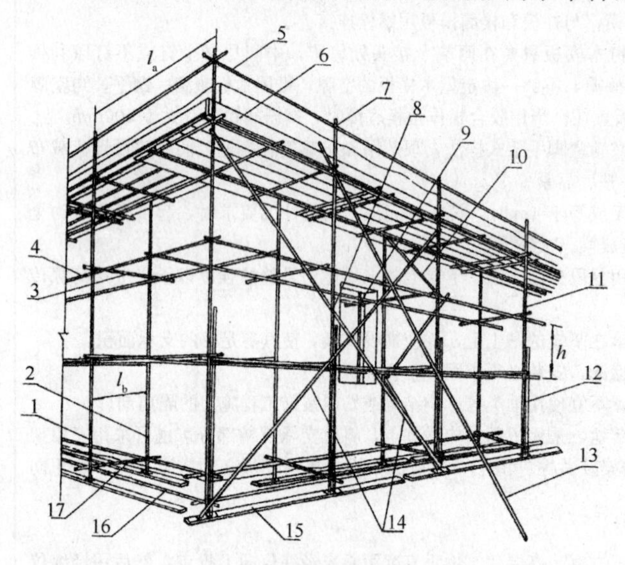

图 3.2.1　扣件式钢管脚手架

1—外立杆；2—内立杆；3—横向水平杆；4—纵向水平杆；5—栏杆；6—挡脚板；7—直角扣件；8—旋转扣件；9—连墙件；10—横向斜撑；11—主立杆；12—副立杆；13—抛撑；14—剪刀撑；15—垫板；16—纵向扫地杆；17—横向扫地杆

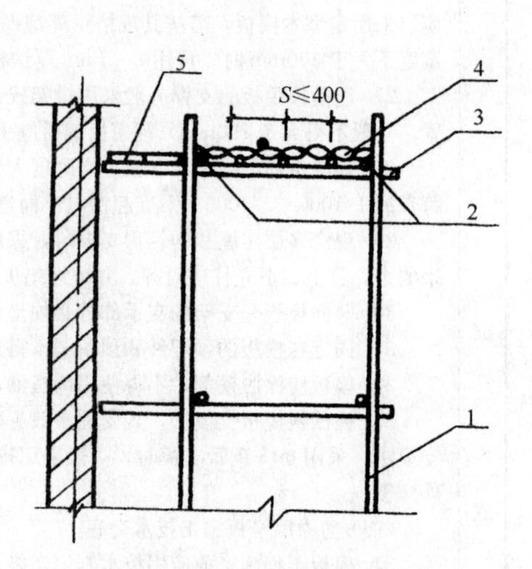

图 3.2.2　铺竹笆脚手板时纵向水平杆的构造

1—立杆；2—纵向水平杆；3—横向水平杆；4—竹笆脚手板；5—其他脚手板

(2) 看图 3.2.3，说明脚手架扣件的名称；

给出脚手架扣件分别用在什么部位，各有什么用途，扣件的性能参数怎么确定。

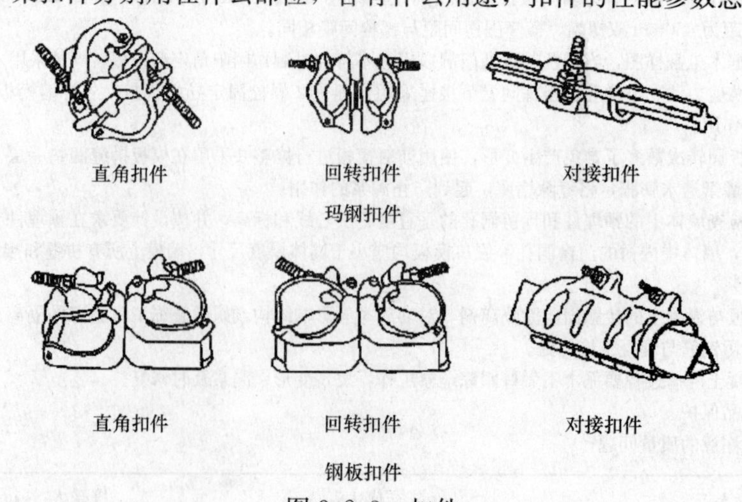

图 3.2.3　扣件

任务 2：双排脚手架的搭设和拆除与验收（操作）。

任务 3：槽钢悬挑外脚手架搭设、拆除与验收（操作演示，验收实操）。

任务 4：门型脚手架验收（操作演示，验收实操）。

验收时应具备下列文件：

（1）脚手架构配件的出厂合格证或质量分类合格标志；

（2）脚手架工程的施工记录及质量检查记录；

（3）脚手架搭设过程中出现的重要问题及处理记录；

（4）脚手架工程的施工验收报告。

脚手架工程的验收，除查验有关文件外，还应进行现场检查，检查应着重以下各项，并记入施工验收报告。

（1）构配件和加固件是否齐全，质量是否合格，连接和挂扣是否紧固可靠；

（2）安全网的张挂及扶手的设置是否齐全；

（3）基础是否平整坚实、支垫是否符合规定；

（4）连墙件的数量、位置和设置是否符合要求；

（5）垂直度及水平度是否合格。

任务 5：悬挑脚手架设计示例（参图 3.2.9～图 3.2.12、图 3.2.14～图 3.2.16）

根据悬挑脚手架图纸进行施工模拟，编写施工方案。

任务 6：模板支撑的搭设模拟（图 3.2.18～图 3.2.24）

梁、柱、楼板支撑的搭设与拆除

转换层大梁支撑的搭设与拆除

任务 7：结合工程类型，编写脚手架技术交底记录。

结合工程类型，进行脚手架的全过程验收。

悬挑脚手架设计示例：

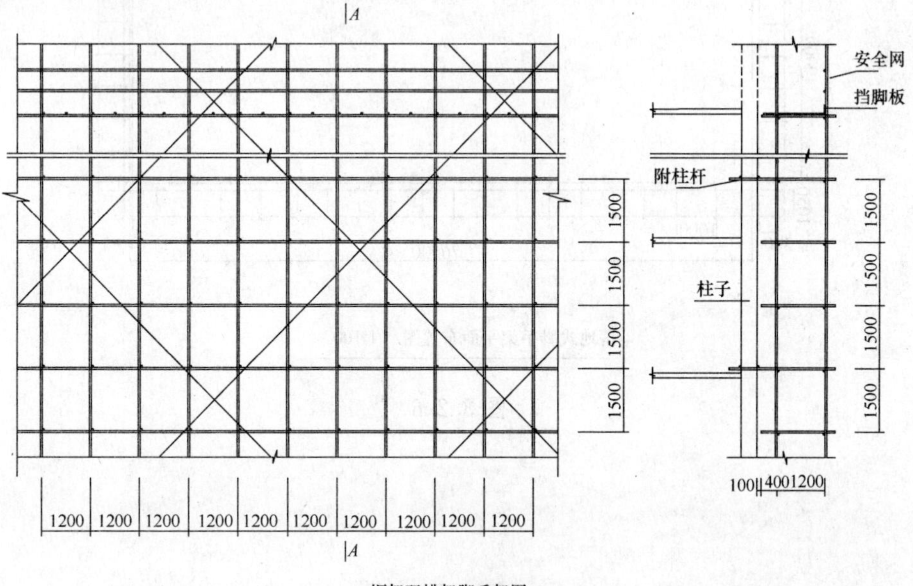

图 3.2.4

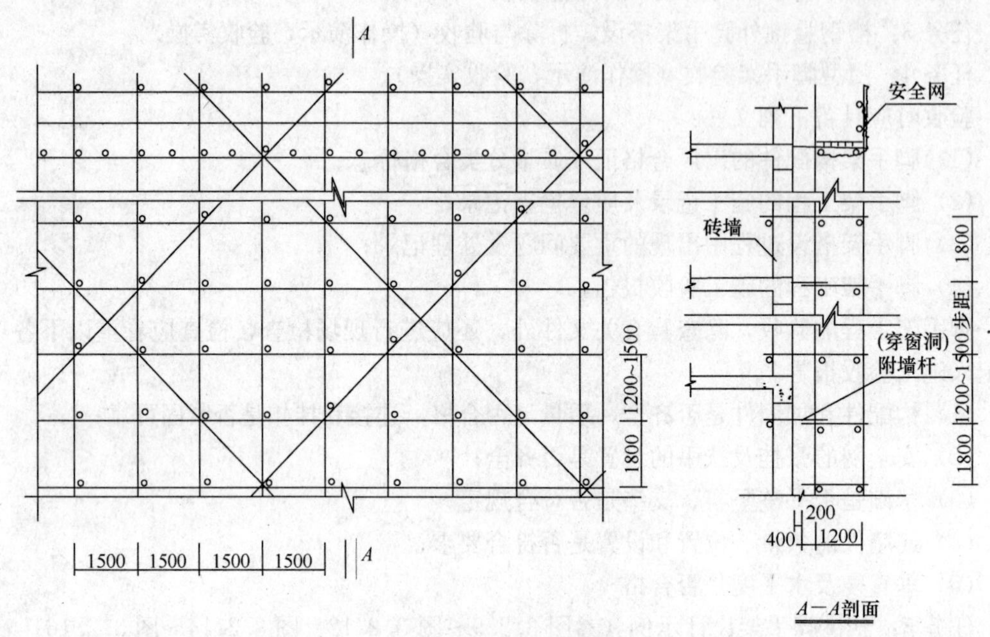
A
1500
1500
1500
1500
A
1200~1500
1800
安全网
砖墙
(穿窗洞)
附墙杆
1800
1200~1500 步距
1800
200
400
1200
A—A剖面
双排脚手架立面图(砖混)

图 3.2.5

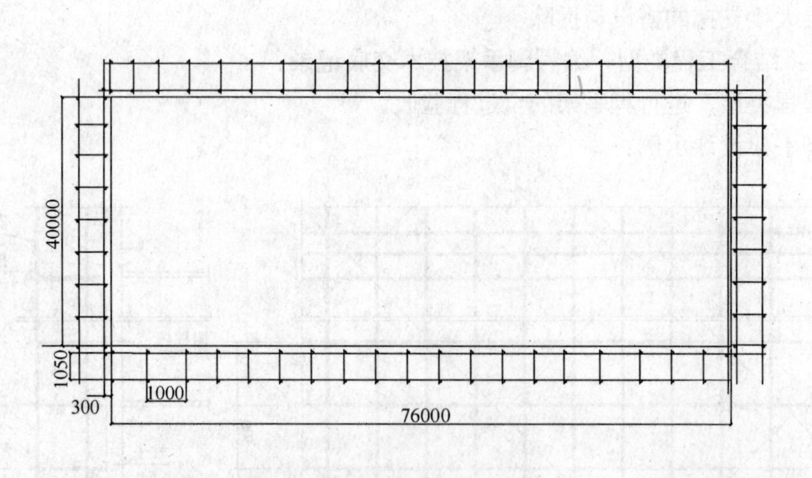
40000
1050
300
1000
76000
落地式脚手架平面布置图 1:100

图 3.2.6

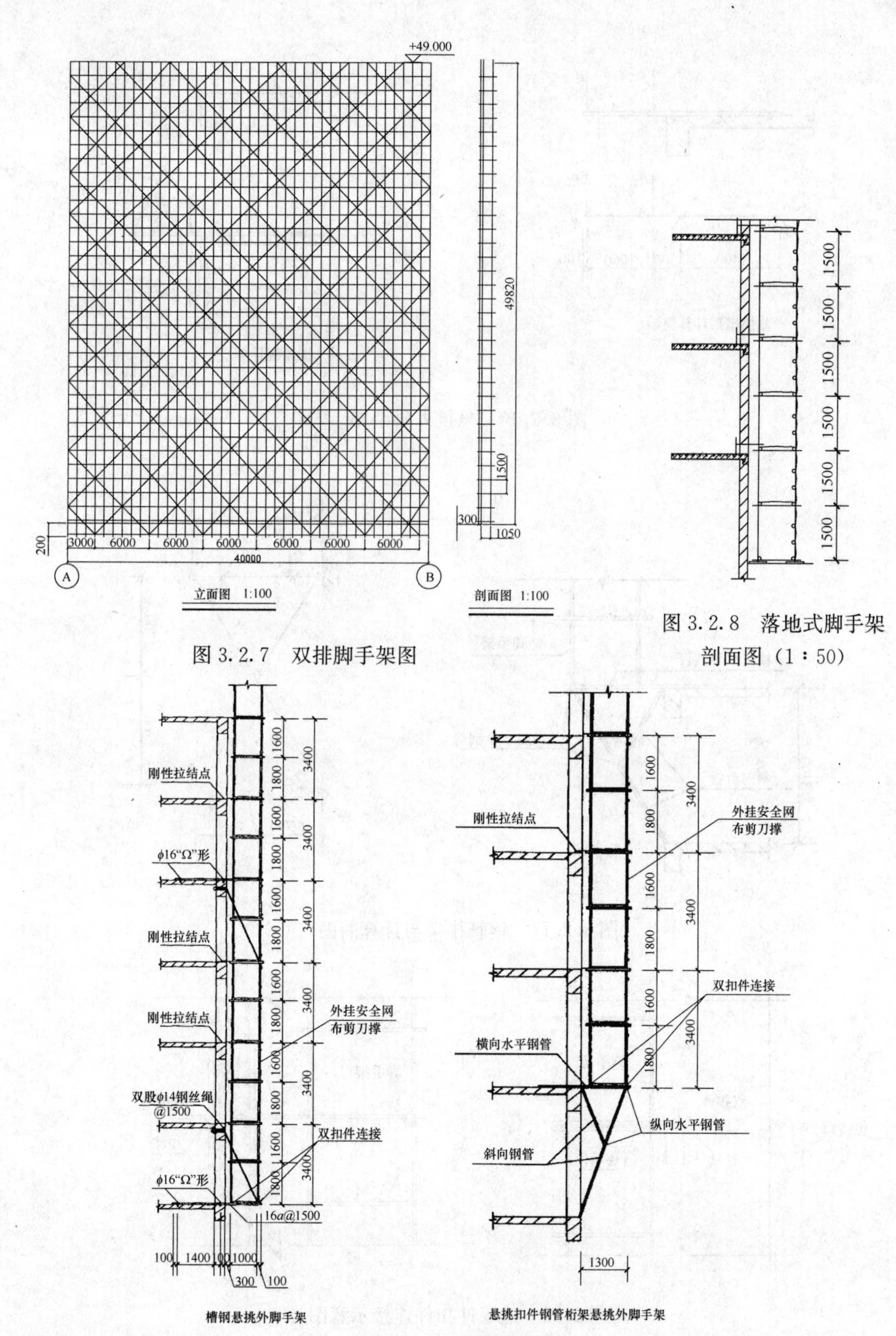

图 3.2.7　双排脚手架图

图 3.2.8　落地式脚手架剖面图（1∶50）

图 3.2.9　悬挑外脚手架

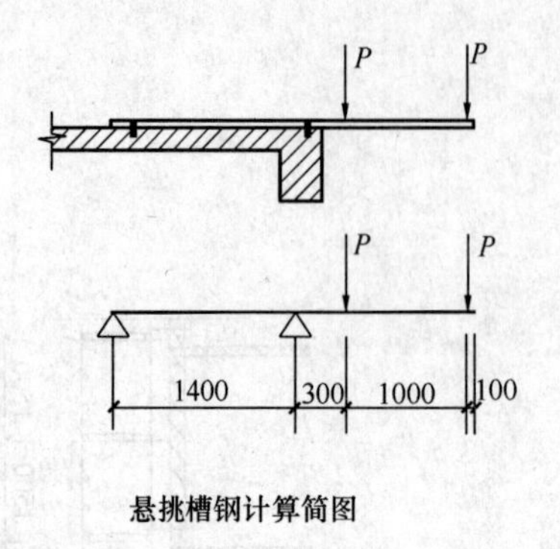

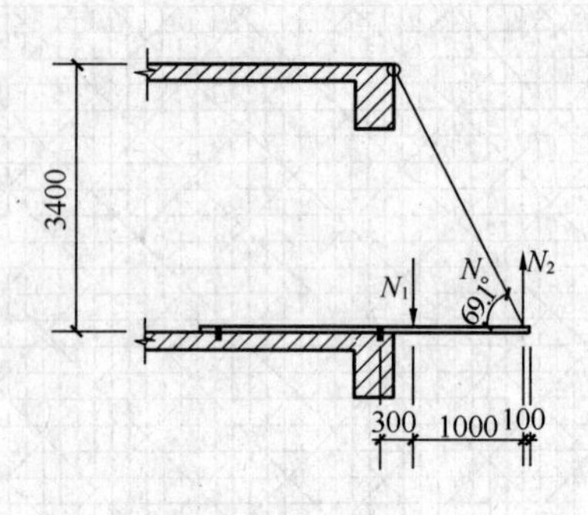

图 3.2.10　悬挑外脚手架

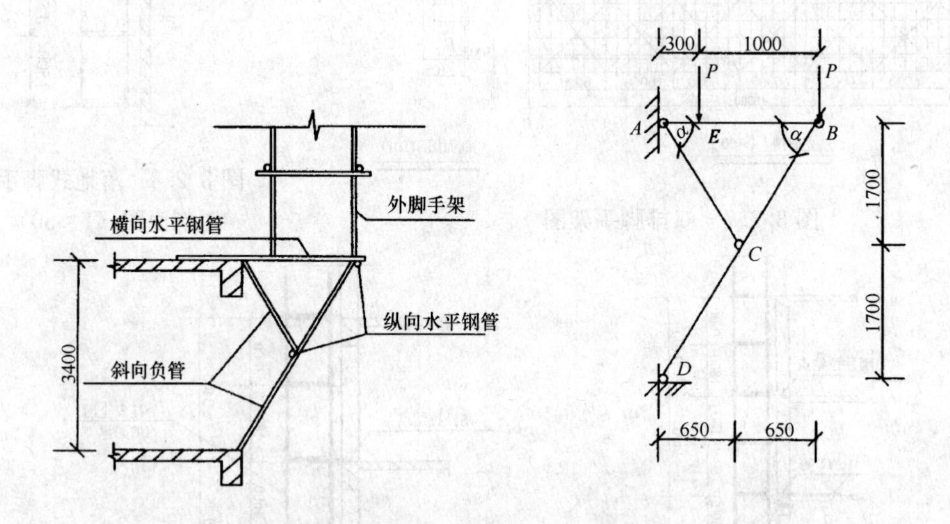

图 3.2.11　钢管排架与计算简图

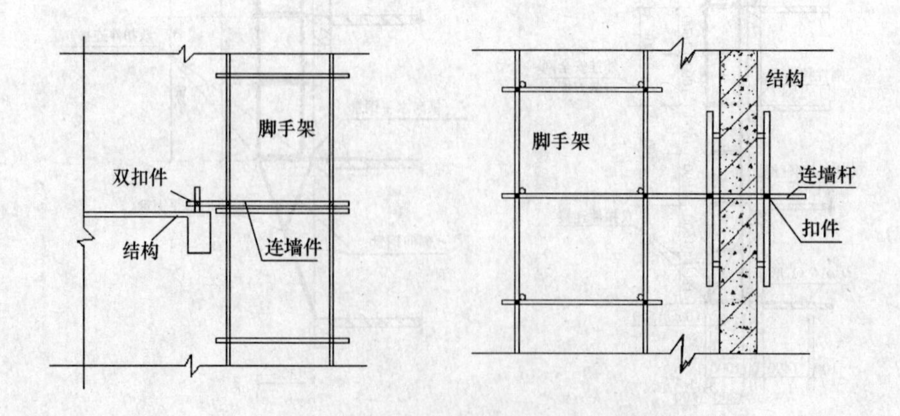

图 3.2.12　连墙件扣件连接示意图

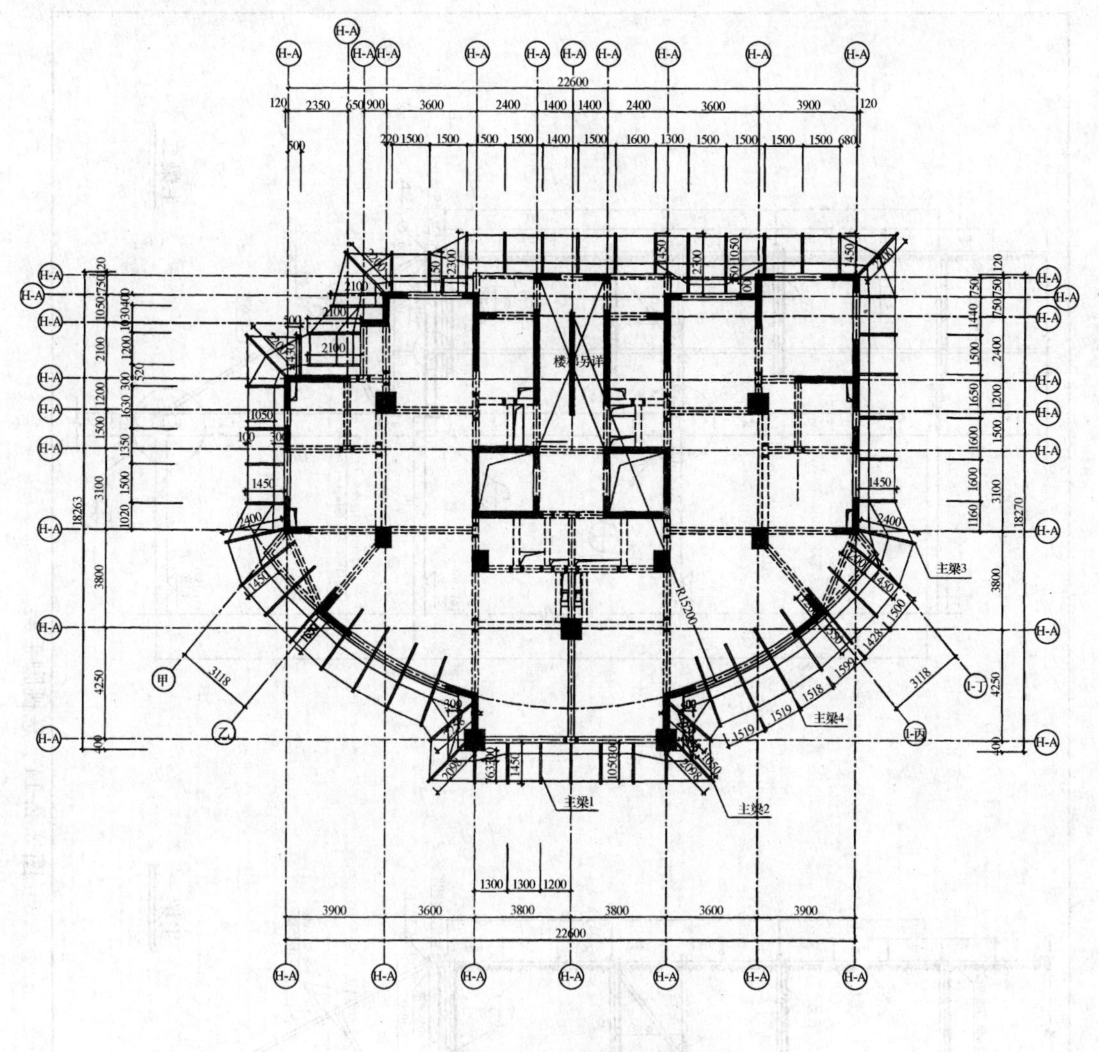

图 3.2.13　悬挑脚手架平面布置图

说明：

1. 住宅 1 号楼悬挑脚手架按 6 层一挑设计，层高为 2.8m，6 层总高度为 16.8m，每步高 1.8m，每挑约 9 步，整个楼层计划两挑。
2. 本图为住宅 1 号楼 9 层（15 层）悬挑脚手架平面布置图。
3. 主梁在立杆处与联系梁焊接连接，联系梁避让拉杆和斜撑。
4. 主梁穿过剪力墙或上翻梁处预留 100mm×150mm 预留洞，主梁与预留洞之间用木楔塞紧。
5. 方案中主要涉及四类主梁，详细做法见各自对应的侧面详图。
6. 钢平台及人货梯位置参照另外图纸，脚手架布置时应避开，并做好搭接措施。

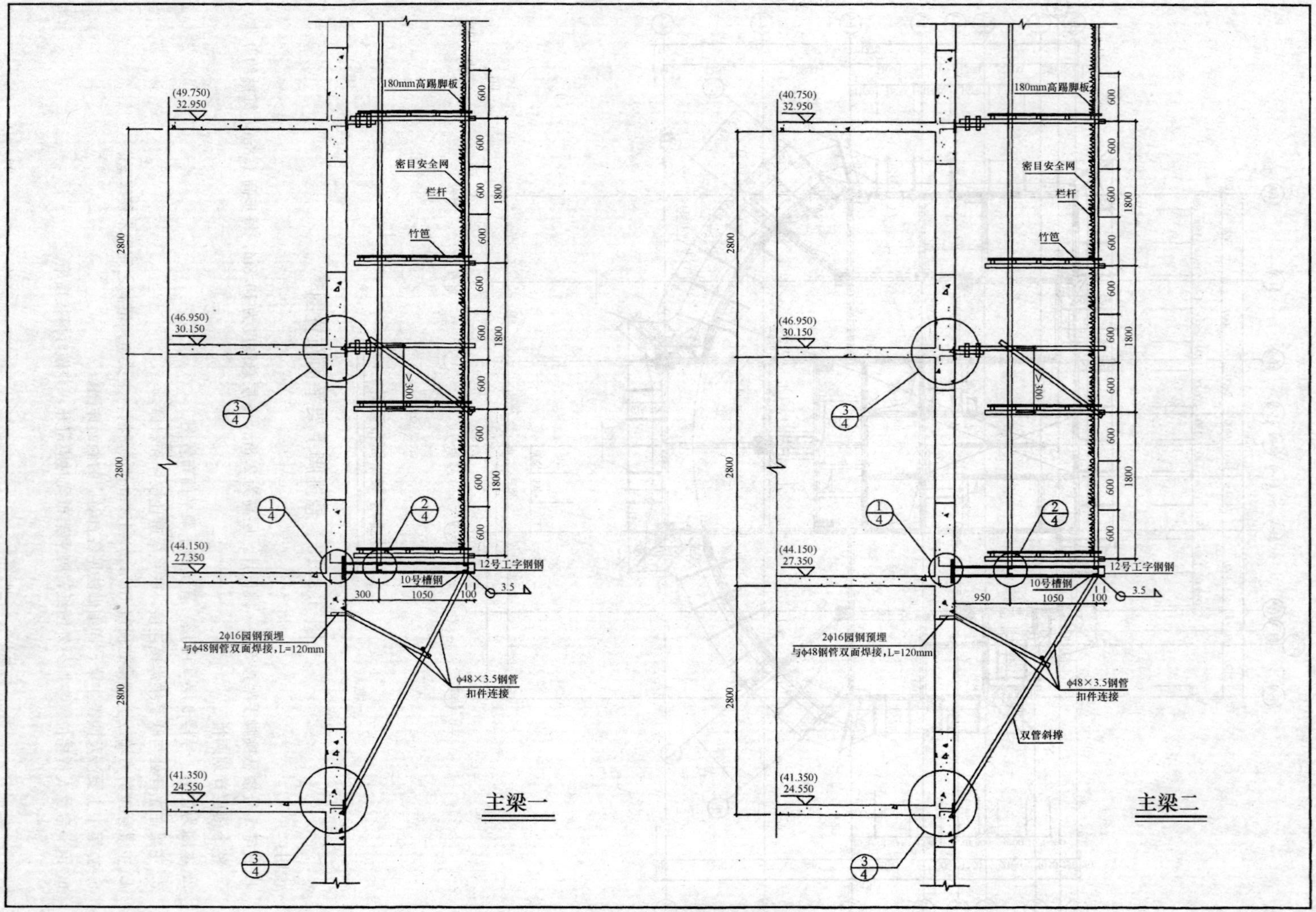
(49.750)
32.950
(46.950)
30.150
(44.150)
27.350
(41.350)
24.550
2800
2800
2800
180mm高踢脚板
密目安全网
栏杆
竹笆
600
1800
>300
12号工字钢钢
10号槽钢
300
1050
100
3.5
2φ16圆钢预埋
与φ48钢管双面焊接，L=120mm
φ48×3.5钢管
扣件连接
主梁一
(40.750)
32.950
(46.950)
30.150
(44.150)
27.350
(41.350)
24.550
950
双管斜撑
主梁二

图 3.2.14　悬挑脚手架

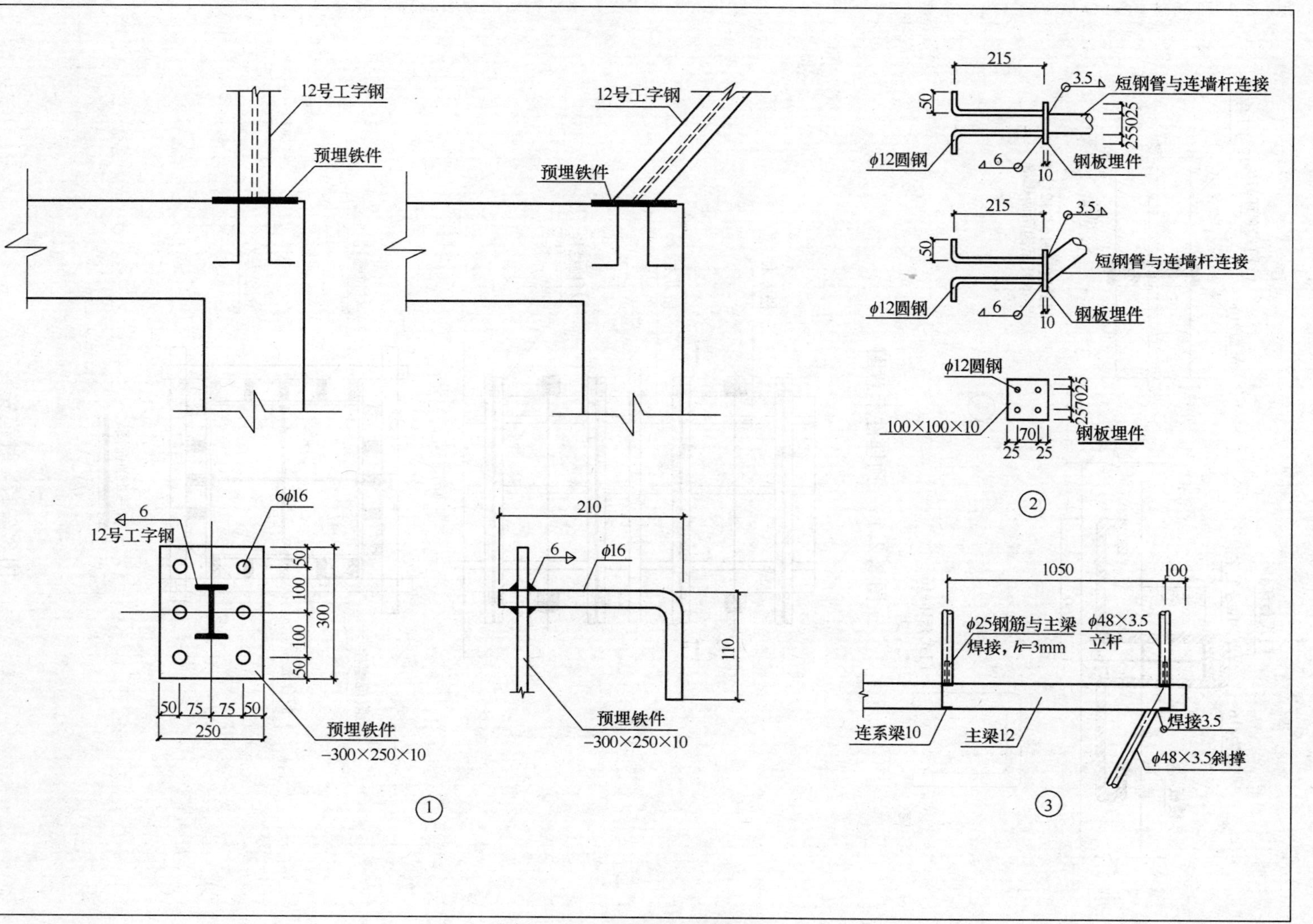

图 3.2.15　预埋件示意图

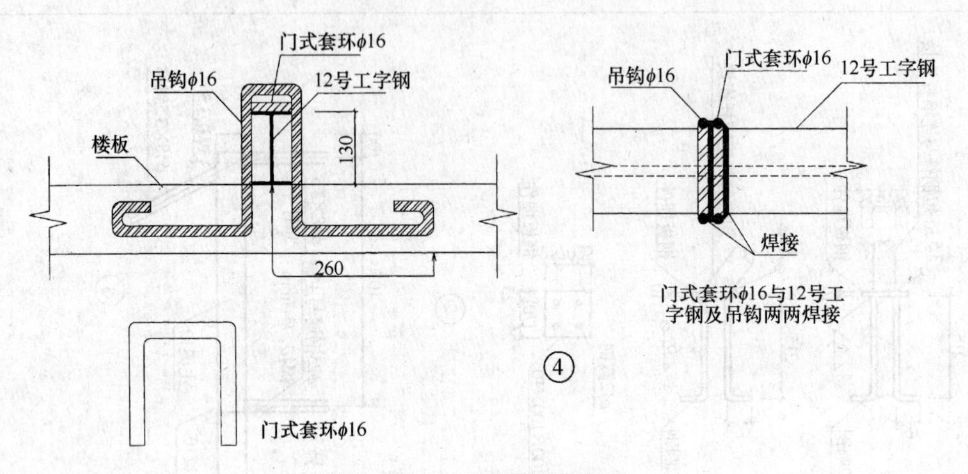

图 3.2.16　预埋件示意图

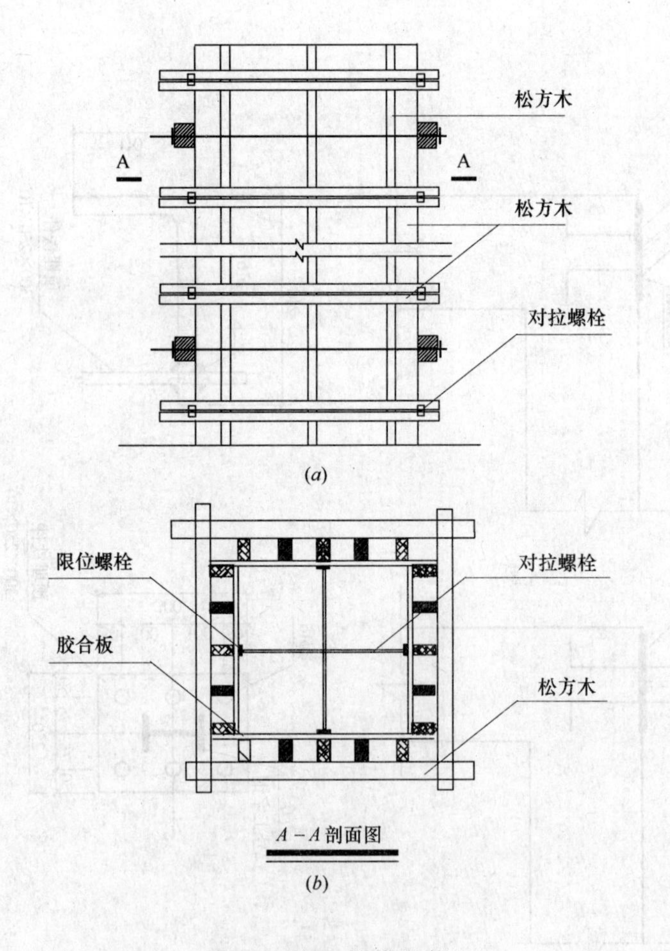

图 3.2.17　柱模安装

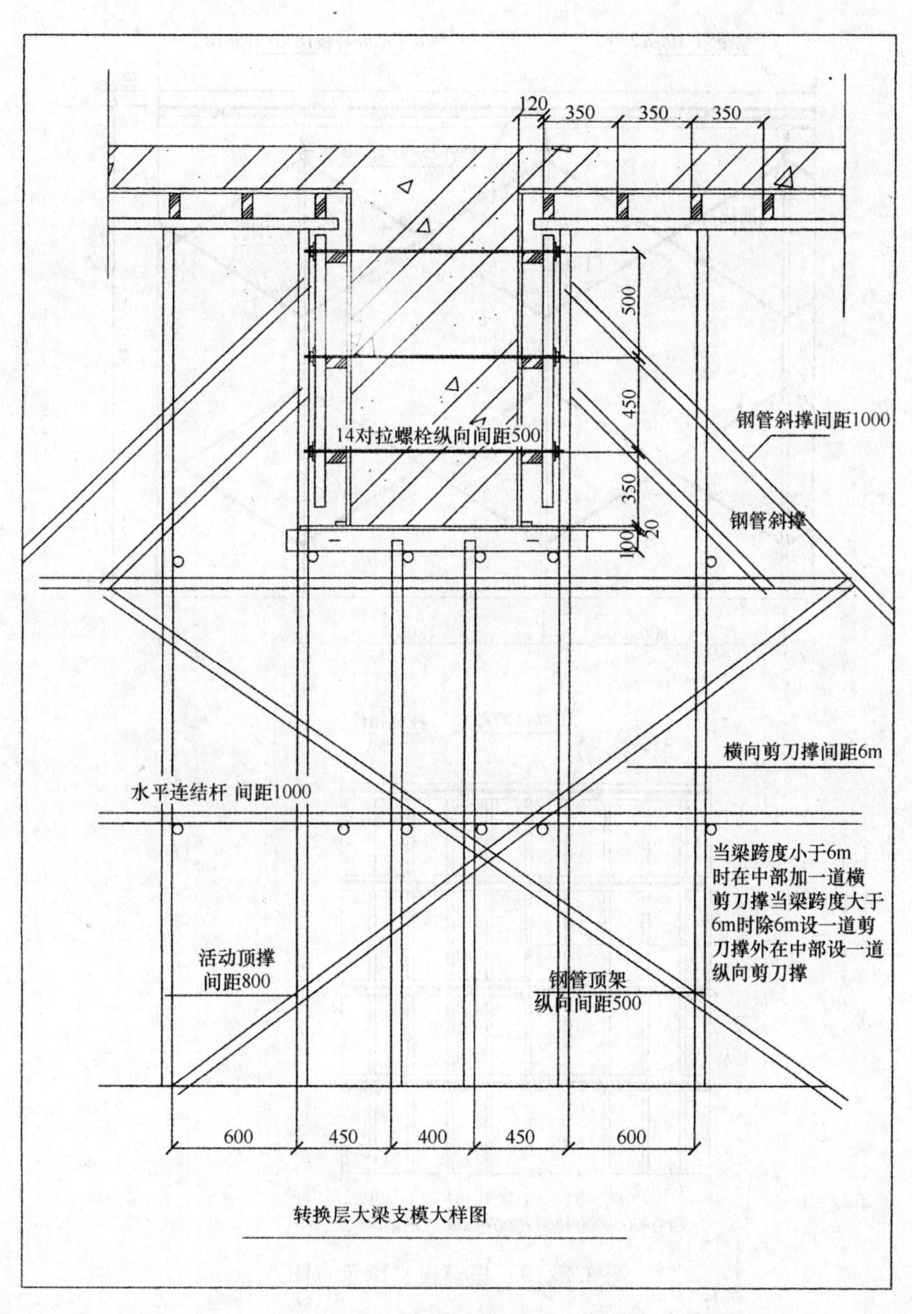

图 3.2.18 转换层大梁支模图

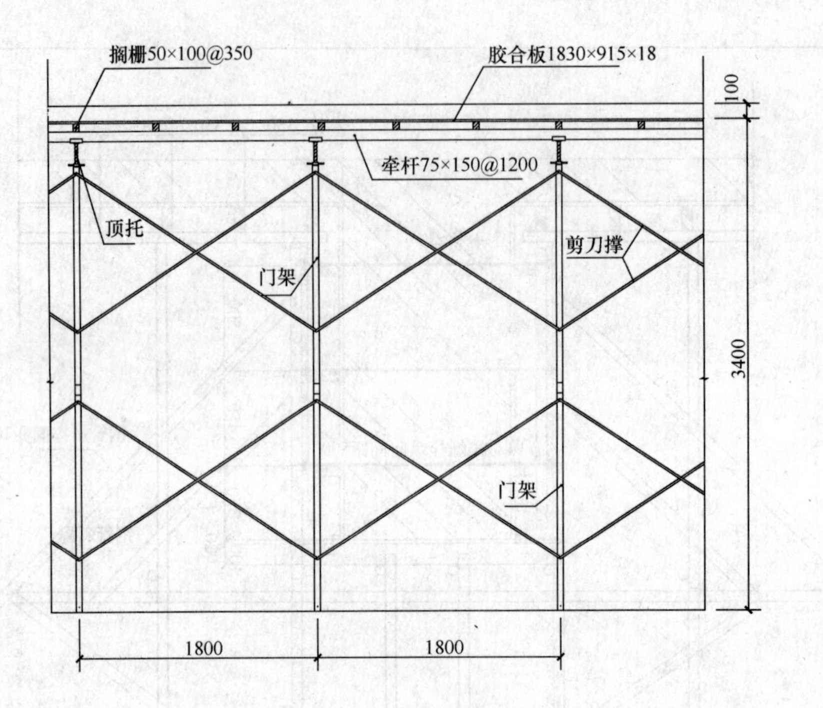

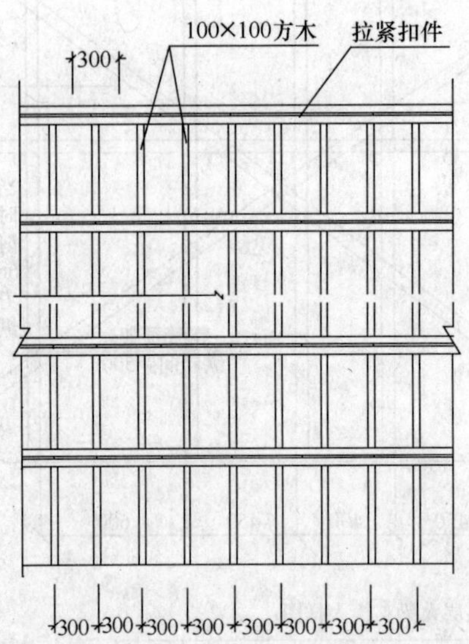

图 3.2.19　板模板支撑示意图

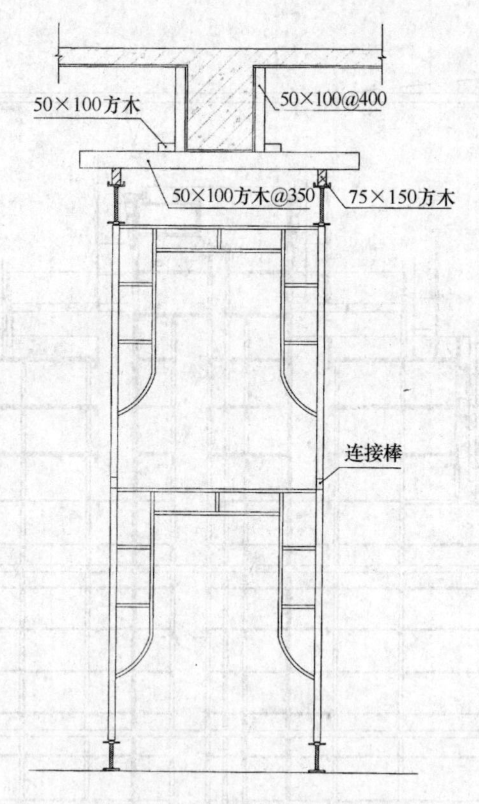

图 3.2.20　梁模板支撑示意图

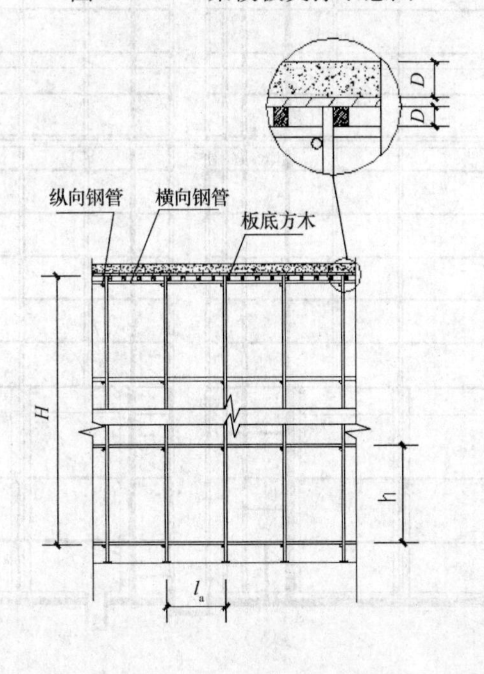

图 3.2.21　模板支架立面图

图 3.2.21 脚手架外立面图

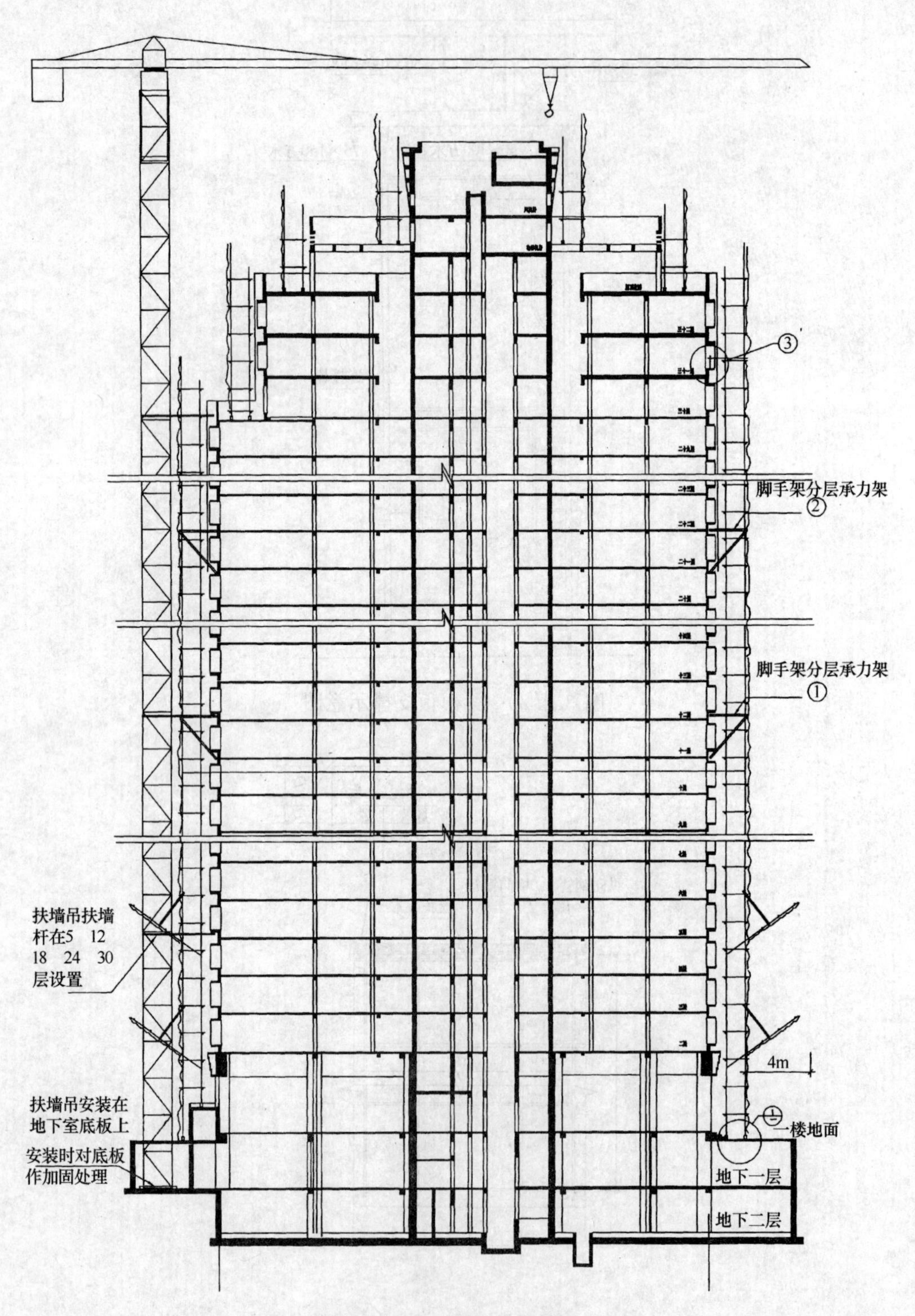

图 3.2.22 脚手架模板图

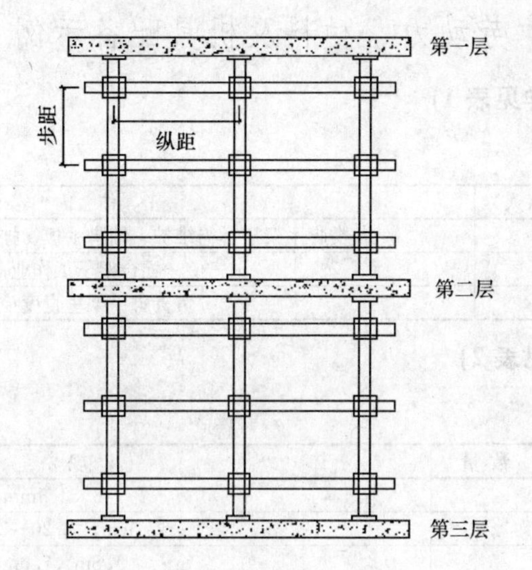

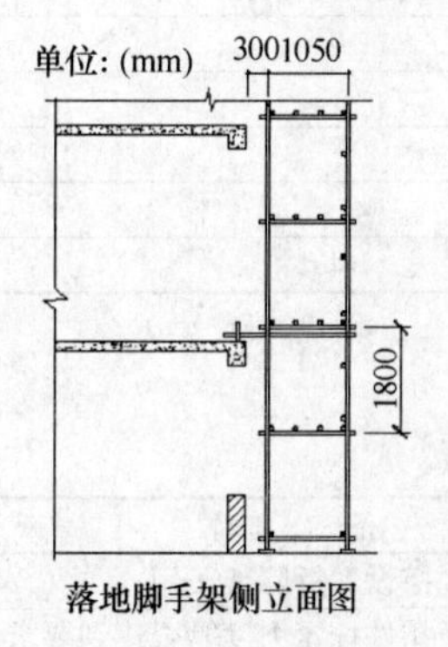

落地脚手架侧立面图

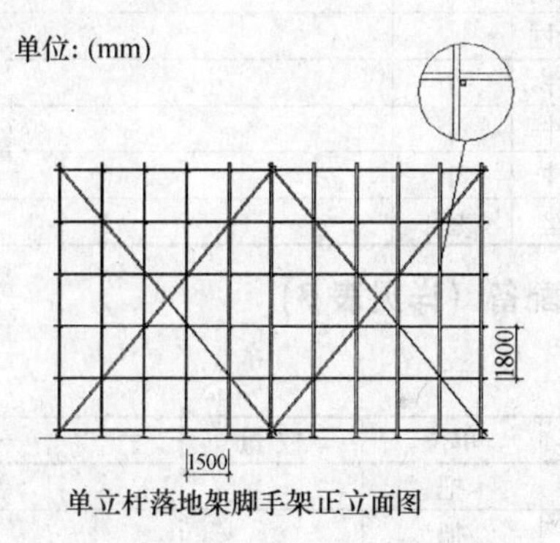

单立杆落地架脚手架正立面图

图 3.2.23　落地脚手架

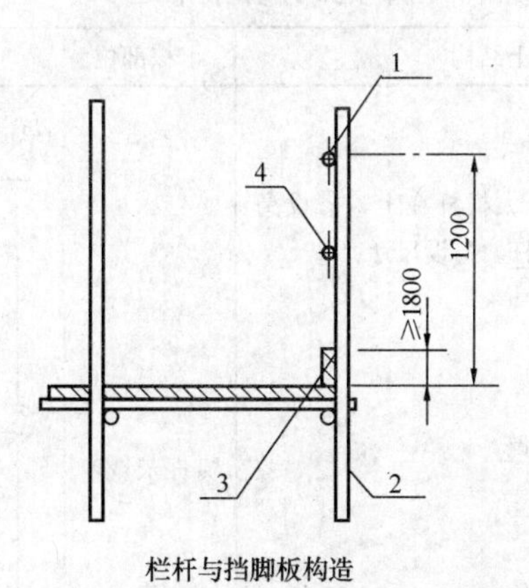

栏杆与挡脚板构造

图 3.2.24　脚手架附图

1—上栏杆；2—外立杆；3—挡脚板；4—中栏杆

附录：劳动力、材料及机具配备示例

1 劳动力配备（详见表1）

表1

序号	工种	数量（人）	工 作 内 容
1	架子工		各类脚手架搭拆与维护、铺脚手板、挂安全网、配合支模等
2	普工		配合架子工作业
3	测量放线工		负责脚手架垂直度控制

2 材料配备（详见表2）

表2

序号	名 称	单位	数 量	规 格
1	普通钢管	t		ϕ48×3.5mm
2	脚手板	m^2		厚5cm，宽20～30cm
3	密目安全网	m^2		1.8m×6.0m
4	水平安全网			
5	直角扣件	个		
6	旋转扣件	个		
7	对接扣件	个		
8	镀锌钢丝	kg		14#

3 机具配备（详见表3）

表3

名 称	单位	数 量	备 注
架子扳手	把		搭设和拆除架子用
力矩扳手	把		检查架子扣件拧紧力度是否达到要求
倒链葫芦	个		调整架子水平弯曲度

脚手架计算报审表

工程名称	混凝土结构	审核部位	脚手架
计算参数	计算双排脚手架，大横杆在上，搭设高度为34m，采用双立杆。搭设尺寸： 立杆纵距1.5m 立杆横距1.05m 立杆步距1.80m 连墙件采用两步三跨 竖向间距3.60m 水平间距4.50m 施工均布荷载2kN/m^2 同时施工2层 脚手板铺设18层 基本风压0.45kN/m^2	设计示意图	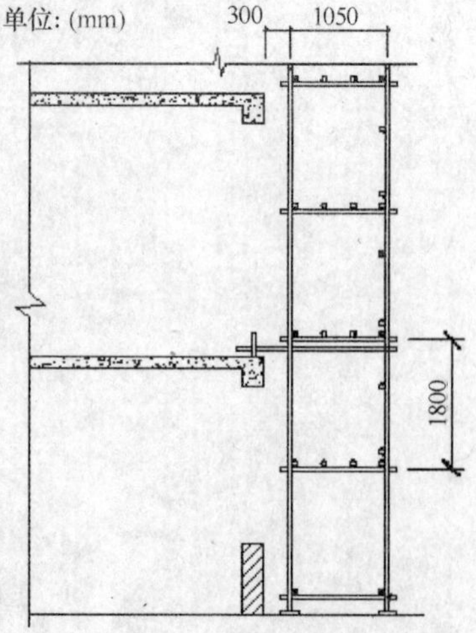 单位：(mm) 300 1050 1800 落地脚手架侧立面图

续表

工程名称	混凝土结构	审核部位	脚手架
搭设材料	脚手架采用Φ48×3.5钢管及可锻铸扣件搭设；连墙件采用两步三跨，竖向间距3.6m，水平间距4.5m，双扣件；脚手板类别竹笆片脚手板；栏杆挡板类别栏杆、竹笆片脚手板挡板；地基土为素填土其地基承载力标准值为90kN/m^2		
材料检测参数			
序　号	审核要点	计算过程	结　论
1	大横杆的计算	最大弯曲应力 $\sigma \leqslant f=205$MPa	
		最大挠度 $\nu \leqslant [\nu]$ ($l/150$, 10mm)	
2	小横杆的计算	最大弯曲应力 $\sigma \leqslant f=205$MPa	
		最大挠度 $\nu \leqslant [\nu]$ ($l/150$, 10mm)	
3	扣件抗滑力的计算	单扣件实际抗滑承载力为8	
4	立杆的稳定性计算	不考虑风荷载 $\sigma \leqslant f=205$MPa	
		考虑风荷载 $\sigma \leqslant f=205$MPa	
5	连墙件的稳定性计算	连墙件的设计 $N \leqslant N_f$	
		扣件抗滑力（双扣件16kN）	
6	立杆的地基承载力计算	脚手架地基承载力	
结论	（符合要求、不符合要求）		
审核人		总监理工程师	
编写人		审核时间	

备注：此表数据来源于计算书，详细计算过程查阅计算书。

板安装和预埋件、预留孔洞的允许偏差

项次	项　目		允许偏差（mm）	检查方法
1	轴线位移	柱、墙、梁	3	尺量
2	底模上表面标高		±3	水准仪或拉线尺量
3	截面模内尺寸	基础	±5	尺量
		柱、墙、梁	±3	
4	层高垂直度	层高不大于5m	3	经纬仪或吊线尺量
		层高大于5m	5	
5	相邻两块板表面高低差		2	尺量
6	表面平整度		2	靠尺、塞尺
7	阴阳角	方正	2	方尺、塞尺
8		顺直	2	线尺
9	预埋铁件中心线位移		2	拉线、尺量
10	预埋管、螺栓	中心线位移	2	拉线尺量
		螺栓外露长度	+5、−0	
11	预留孔洞	中心线位移	5	拉线尺量
		尺寸	+5、−0	
12	门窗洞口	中心线位移	3	拉线尺量
		宽、高	±5	
13		对角线	6	
14	插　筋	中心线位移	5	尺量
15		外露长度	+10、−0	

脚手架基础验收表

AQ2.10.2.1.1□

<table>
<tr><td>工程名称</td><td colspan="3"></td></tr>
<tr><td>施工单位</td><td></td><td>项目负责人</td><td></td></tr>
<tr><td>分包单位</td><td></td><td>分包负责人</td><td></td></tr>
<tr><td>施工执行标准及编号</td><td colspan="3"></td></tr>
<tr><td>搭设高度</td><td>验收内容和标准</td><td>实测实量实查</td><td>验收结果</td></tr>
<tr><td rowspan="4">在25m以下</td><td>1. 符合施工方案要求</td><td></td><td></td></tr>
<tr><td>2. 素土逐层夯实找平满足承载力要求，上面铺5cm厚木板</td><td></td><td></td></tr>
<tr><td>3. 底座标高应高于自然地坪50mm</td><td></td><td></td></tr>
<tr><td>4. 有排水措施</td><td></td><td></td></tr>
<tr><td rowspan="4">在25～50m</td><td>1. 符合施工方案设计要求</td><td></td><td></td></tr>
<tr><td>2. 回填土必须严格分层夯实平整，地基承载经过核算达到要求时，可用枕木支垫，或在地基上加铺20cm厚道渣，其上铺设混凝土板，再仰铺12～16号槽钢</td><td></td><td></td></tr>
<tr><td>3. 地基应里高外低，坡度不少于3%</td><td></td><td></td></tr>
<tr><td>4. 有排水措施</td><td></td><td></td></tr>
<tr><td rowspan="4">超过50m</td><td>1. 符合施工方案要求</td><td></td><td></td></tr>
<tr><td>2. 铲除厚地基土，分层夯实深1m左右的3：7灰土，或浇筑50cm厚混凝土基础，采用枕木支垫</td><td></td><td></td></tr>
<tr><td>3. 地基应高于自然地坪50mm</td><td></td><td></td></tr>
<tr><td>4. 有排水措施</td><td></td><td></td></tr>
<tr><td colspan="4">验收结论：

年 月 日</td></tr>
<tr><td rowspan="2">验收
人签名</td><td>总包单位</td><td>分包单位</td><td></td></tr>
<tr><td></td><td></td><td></td></tr>
<tr><td colspan="4">监理单位意见：

专业监理工程师： 年 月 日</td></tr>
</table>

落地式外脚手架检查评分表　　JCJ 59—99　表 3.0.4-1

序号	检查项目		扣 分 标 准	应得分数	扣减分数	实得分数
1	保证项目	施工方案	脚手架无施工方案的，扣 10 分 脚手架高度超过规范规定无设计计算书或未经审批的，扣 10 分 施工方案，不能指导施工的，扣 5～8 分			
2		立杆基础	每 10 延长米立杆基础不平，不实，不符合方案设计要求的，扣 2 分 每 10 延长米立杆缺少底座、垫木的，扣 5 分 每 10 延长米无扫地杆的，扣 5 分 每 10 延长米木脚手架立杆不埋地或无扫地杆的，扣 5 分 每 10 延长米无排水措施的，扣 3 分			
3		架体与建筑结构拉结	脚手架高度在 7m 以上，架体与建筑结构拉结，按规定要求每少一处的，扣 2 分 拉结不坚固的每一处扣 1 分			
4		杆件间距与剪刀撑	每 10 延长立杆、纵向水平杆、横向水平杆间距超过规定要求的每一处，扣 2 分 不按规定设置剪刀撑的每一处，扣 5 分 剪刀撑未沿脚手架高度连续设置或角度不符合要求的，扣 5 分			
5		脚手板与防护栏杆	脚手板不满铺，扣 7～10 分 脚手板材质不符合要求，扣 7～10 分 每有一处探头板，扣 2 分 脚手架外侧未设置密目式安全网的，或网间不严密，扣 7～10 分 施工层不设 1.2m 高防护栏杆和挡脚板，扣 5 分			
6		交底与验收	脚手架搭设前无交底，扣 5 分 脚手架搭设完毕未办理验收手续，扣 10 分 无量化的验收内容，扣 5 分			
		小计				
7	一般项目	小横杆设置	不按立杆与纵向水平杆交点处设置横向水平杆的每有一处，扣 2 分 横向水平杆只固定一端的每有一处，扣 1 分 单排架子横向水平杆插入墙内小于 24cm 的每有一处，扣 2 分			
8		杆件搭接	立杆、纵向水平杆每一处搭接小于 1m，扣 1 分 钢管立杆采用搭接的每一处的，扣 2 分			
9		架体内封闭	施工层以下每隔 10m 未用平网或其他措施封闭的，扣 5 分 施工层脚手架内立杆与建筑物之间未进行封闭的，扣 5 分			
10		脚手架材质	钢管直径、材质不合要求的，扣 4～5 分 钢管弯曲、锈蚀严重的，扣 4～5 分			
11		通道	架体不设上下通道的，扣 5 分 通道设置不符合要求的，扣 1～3 分			
12		卸料平台	卸料平台未经设计计算，扣 10 分 卸料台搭设不符合设计要求，扣 10 分 卸料平台支撑系统与脚手架连结的，扣 8 分 卸料平台无限定荷载标牌的，扣 3 分			
		小计				
检查项目合计						
检查人员：　　　　　　　　年　月　日						

门型脚手架验收表

AQ2. 10. 2. 1. 3□

工程名称					
施工单位				项目负责人	
分包单位				分包负责人	
施工执行标准及编号					
验收部位:		搭设高度：m	验收日期	年　月　日	
序号	检查项目	检查内容与要求		实测实量实查	验收结果
一	资料部分	搭设单位应取得脚手架搭设资质，架子工持证上岗			
		脚手架搭设前必须编制施工组织设计，审批手续完备			
		脚手架高度超过60m时，有设计计算并经上级审批			
		有安全操作规程及安全技术交底记录			
		脚手架构件有出厂合格证书或质量合格标志			
二	架体基础	搭设高度在25m以下时，夯实、垫5cm厚板			
		搭设高度在25～45cm时，夯实、铺上15cm厚道碴夯实，再铺木板或槽钢			
		搭设高度超过45m时，应对基础进行设计计算确定			
		底步门架下端纵横设置扫地杆，调整门架不均匀沉降			
三	架体稳定	门架内外侧均应设高叉支撑、并与门架立杆锁牢			
		采用刚性连墙件：架高＜45m时，垂直≤6m，每两层设一处，水平≤8m；架高45～60m时，垂直≤4m，水平≤6m			
		水平架的设置：架高＜45m时，每二步门架设一道，架高45～60m时，每步门架设一道			
		剪刀撑：架高＞20m，外侧每隔4步设置一道，并形成水平闭合圈，宽度为4～8m，与地面夹角45°～60°；接长采用搭接≥50cm			
四	杆件锁件	不同产品的门架与零配件不得混用			
		上下门架的组装必须设置连接棒及锁臂			
		各部件的锁臂、搭钩等必须处于锁紧状态			
五	脚手板	作业层应连接满铺挂扣式脚手板，其搭钩应与门架横梁扣紧，用滑动挡板锁牢			
		采用一般脚手板时，应与门架横杆绑牢，严禁出现探头板，并沿高度每步设置一道水平加固杆或水平架			

续表

序号	检查项目		检查内容与要求	实测实量实查	验收结果
六	架体		作业层外侧设置两道防护栏杆和挡脚板，应符合规范要求		
			架体外侧用密目式安全网封闭		
			供作业人员上下使用的钢梯应锁扣牢固		
七	架体安全防护		门架及其配件的规格，质量应符合《门式脚手架》JGJ 76 的规定		
			主要受力杆件变形较严重，锈蚀面积达 50％以上，有片状剥落花流水，不能修复和经性能试验不能满足要求的，应报废处理		
八	荷载		均布施工荷载		
			结构架 3kN/m^2，装饰架 2kN/m^2		
			同时有两个以上作业层时，在一个架距内各作业层的施工均布荷载总和不得超过 5kN/m^2		
九	垂直度与水平度	垂直度	每步架允许偏差（mm）h/1000 及±2.0		
			脚手架整体允许偏差（mm）h/600 及±5.0		
		水平度	一跨距内水平架两端高差允许偏差（mm）±1/600 及±3.0		
			脚手架整体差允许偏差（mm）±1/600 及±5.0		

验收结论： 年　月　日		
验收人签名	总包单位	分包单位
监理单位意见： 专业监理工程师：　　　　年　月　日		

注：1. 在 20m 及 20m 以下，由项目负责人组织技术人员进行验收；

2. 高度大于 20m 脚手架应由上一级技术人员进行检查验收。

外脚手架搭设技术交底记录

技术交底记录		编　号	
工程名称		施工单位	

交底提要：外脚手架　　交底内容：　　　外脚手架搭设

一、施工依据

(1) 采用双排扣件式钢管脚手架，钢管为 $\phi48\times3.5$，Q235 钢，柱距 $l=1.5m$，排距 $l_b=1.2$，步距 $h=1.8m$。

(2) 共铺设 3 层，每层脚手板取均布荷 0.4kN/m²。

(3) 栏杆采用 $\phi48\times3.5$ 钢管两道，木脚手板挡板，取均布荷载 0.18kN/m²。

二、搭设说明

(1) 脚手架里侧立柱距墙 300mm，纵向扫地杆距底座下皮 200mm。

(2) 扣件螺栓拧紧扭力矩应在 40～60N・m之间。

(3) 木脚手板厚 50mm，宽度≥200mm，脚手板两端应采用直径为 4mm 镀锌钢丝各设两道箍。

(4) 立柱要求：

● 单管立柱上的对接扣件应交错布置，两个相邻立柱接头不应设在同步同跨内，并在高度方向错开不小于 500mm，各接头中心距主节点的距离不应大于步距的 1/3。搭接长度≥1m，不小于两个旋转扣件固定端部扣件盖板的边缘至杆端距离不应小于 100mm。

● 立柱严禁将 ϕ48mm 及 ϕ51mm 的钢管混用。

(5) 纵向水平杆相邻对接接头水平距离不应小于 500mm，且不应设在纵中，搭接长度≥1m，并应等距设置 3 个旋转扣件固定，端部扣件盖板边缘至杆端的距离≥100mm。

(6) 横向水平杆：每一主节点应设一根，杆轴线与主节点距离≤150mm。

(7) 连墙件宜梅花型布置，连墙件应水平设置与主节点距离≤300mm，连墙件必须从底部第一根纵向水平杆处开始设置。

(8) 为确保脚手架搭设、使用及拆卸时的施工安全，应注意以下几点：

● 搭设脚手架应分段分区搭设。

● 使用时严禁任意拆卸或松动脚手架构件，如需要局部拆卸，需通知技术人员处理。

● 拆卸脚手架时应分段、分区、分层拆卸。

(9) 到顶层悬挑处，脚手架局部由双排变单排，不够宽度处．向外挑单排架。

三、安全防护

(1) 把好材料加工和产品质量关。

(2) 确保脚手架的搭设质量，如：架子底基要平整夯实并加设垫木，严格按规定的构造尺寸搭设，控制立杆的垂直偏差和横杆的水平偏差，脚手板要铺满铺平，不得有探头板。

(3) 严格控制使用荷载，确保较大的安全储备。

(4) 要有可靠的安全防护措施：

● 作业层的外侧面应设挡板、围栏或安全网。

● 脚手架上多层作业时，各层间设可靠的防护棚档。

● 必须有良好的防电、避雷装置。

(5) 架子搭设完毕后，需经验收合格后，施工人员方可施工。

(6) 作业人员应进行必要的培训。

本表由施工单位填写，交底单位和接受交底单位各一份。

技术负责人		交底人		接收交底人

脚手架安全技术交底

安全技术交底		编　号	
工程名称		施工单位	

交底提要：外脚手架　　交底内容：脚手架安全技术交底

1. 脚手架搭设或拆除人员必须由符合劳动部颁发的《特种作业人员安全技术培训考核管理规定》经考核合格，领取《特种作业人员操作证》的专业架子工进行。

2. 操作人员应持证上岗。操作时必须配戴安全帽、安全带，穿防滑鞋。

3. 大雾及雨、雪天气和6级以上大风时，不得进行脚手架上的高处作业。雨、雪天后作业，必须采取安全防滑措施。

4. 脚手架搭设作业时，应按形成基本构架单元的要求逐排、逐跨和逐步地进行搭设，矩形周边脚手架宜从其中的一个角部开始向两个方向延伸搭设。确保已搭部分稳定。门式脚手架以及其他纵向竖立面刚度较差的脚手架，在连墙点设置层宜加设纵向水平长横杆与连接件联接。

5. 搭设作业，应按以下要求作好自我保护和保护好作业现场人员的安全：

(1) 在架上作业人员应穿防滑鞋和佩挂好安全带。保证作业的安全，脚下应铺设必要数量的脚手板，并应铺设平稳，且不得有探头板。当暂时无法铺设落脚板时，用于落脚或抓握、把(夹)持的杆件均应为稳定的构架部分，着力点与构架节点的水平距离应不大于0.8m，垂直距离应不大于1.5m。位于立杆接头之上的自由立杆(尚未与水平杆联接者)不得用作把持杆。

(2) 架上作业人员应作好分工和配合，传递杆件应掌握好重心，平稳传递。不要用力过猛，以免引起人身或杆件失衡。对每完成的一道工序，要相互询问并确认后才能进行下一道工序。

(3) 作业人员应佩戴工具袋，工具用后装于袋中，不要放在架子上，以免掉落伤人。

(4) 架设材料要随上随用，以免放置不当时掉落。

(5) 每次收工以前，所有上架材料应全部搭设上，不要存留在架子上，而且一定要形成稳定的构架，不能形成稳定构架的部分应采取临时撑拉措施予以加固。

(6) 在搭设作业进行中，地面上的配合人员应避开可能落物的区域。

6. 架上作业时的安全注意事项：

(1) 作业前应注意检查作业环境是否可靠，安全防护设施是否齐全有效，确认无误后方可作业。

(2) 作业时应注意随时清理落在架面上的材料，保持架面上规整清洁，不要乱放材料、工具，以免影响作业的安全和发生掉物伤人。

(3) 在进行撬、拉、推等操作时，要注意采取正确的姿势，站稳脚跟，或一手把持在稳固的结构或支持物上，以免用力过猛身体失去平衡或把东西甩出。在脚手架上拆除模板时，应采取必要的支托措施，以防拆下的模板材料掉落架外。

(4) 当架面高度不够、需要垫高时，一定要采用稳定可靠的垫高办法，且垫高不要超过50cm；超过50cm时，应按搭设规定升高铺板层。在升高作业面时，应相应加高防护设施。

(5) 在架面上运送材料经过正在作业中的人员时，要及时发出"请注意"、"请让一让"的信号。材料要轻搁稳放，不许采用倾倒、猛磕或其他匆忙卸料方式。

(6) 严禁在架面上打闹戏要、退着行走和跨坐在外防护横杆上休息。不要在架面上抢行、跑跳，相互避让时应注意身体不要失衡。

7. 在脚手架上进行电气焊作业时，要铺铁皮接着火星或移去易燃物，以防火星点着易燃物。并应有防火措施。一旦着火时，及时予以扑灭。

8. 其他安全注意事项：

(1) 运送杆配件应尽量利用垂直运输设施或悬挂滑轮提升，并绑扎牢固。尽量避免或减少用人工层层传递。

续表

(2) 除搭设过程中必要的1～2步架的上下外，作业人员不得攀缘脚手架上下，应走房屋楼梯或另设安全人梯。

(3) 在搭设脚手架时，不得使用不合格的架设材料。

(4) 作业人员要服从统一指挥，不得自行其是。

9. 钢管脚手架的高度超过周围建筑物或在雷暴较多的地区施工时，应安设防雷装置，接地电阻应不大于4Ω。

10. 架上作业应按规范或设计规定的荷载使用，严禁超载。并应遵守如下要求：

(1) 作业面上的荷载，包括脚手板、人员、工具和材料，当施工组织设计无规定时，应按规范的规定值控制，即结构脚手架不超过$3kN/m^2$；装修脚手架不超过$2kN/m^2$；维护脚手架不超过$1kN/m^2$。

(2) 脚手架的铺脚手板层和同时作业层的数量不得超过规定。

(3) 垂直运输设施(如物料提升架等)与脚手架之间的转运平台的铺板层数和荷载控制应按施工组织设计的规定执行，不得任意增加铺板层的数量和在转运平台上超载堆放材料。

(4) 架面荷载应力求均匀分布，避免荷载集中于一侧。

(5) 过梁等墙体构件要随运随装，不得存放在脚手架上。

(6) 较重的施工设备(如电焊机等)不得放置在脚手架上。严禁将模板支撑、缆风绳泵送混凝土及砂浆的输送管等固定在脚手架上及任意悬挂起重设备。

11. 架上作业时，不要随意拆除基本结构杆件和连墙件，因作业的需要必须拆除某些杆件和连墙点时，必须取得施工主管和技术人员的同意，并采取可靠的加固措施后方可拆除。

12. 架上作业时，不要随意拆除安全防护设施，未有设置或设置不符合要求时，必须补设或改善后，才能上架进行作业。

13. 脚手架拆除作业前，应制订详细的拆除施工方案和安全技术措施。并对参加作业全体人员进行技术安全交底，在统一指挥下，按照确定的方案进行拆除作业，注意事项如下：

(1) 一定要按照先上后下、先外后里、先架面材料后构架材料、先辅件后结构件和先结构件后附墙件的顺序，一件一件地松开联结，取出并随即吊下(或集中到毗邻的未拆的架面上，扎捆后吊下)。

(2) 拆卸脚手板、杆件、门架及其他较长、较重、有两端联结的部件时，必须要两人或多人一组进行。禁止单人进行拆卸作业，防止把持杆件不稳、失衡而发生事故。拆除水平杆件时，松联结后，水平托持取下。拆除立杆时，在把稳上端后，再松开下端联结取下。

(3) 多人或多组进行拆卸作业时，应加强指挥，并相互询问和协调作业步骤，严禁不按程序进行的任意拆卸。

(4) 因拆除上部或一侧的附墙拉结而使架子不稳时，应加设临时撑拉措施，以防因架子振动影响作业安全。

(5) 拆卸现场应有可靠的安全围护，并设专人看管，严禁非作业人员进人拆卸作业区内。

(6) 严禁将拆卸下的杆部件和材料向地面抛掷。已吊至地面的架设材料应随时运出拆卸区域，保持现场文明。

14. 脚手架立杆的基础(地)应平整夯实，具有足够的承载力和稳定性。设于坑边或台上时，立杆距坑、台的上边缘不得小于1m，且边坡的坡度不得大于土的自然安息角，否则，应作边坡的保护和加固处理。脚手架立杆之下必须设置垫座和垫板。

15. 搭设和拆除作业中的安全防护：

(1) 作业现场应设安全围护和警示标志，禁止无关人员进入危险区域。

(2) 对尚未形成或已失支稳定结构的脚手架部位加设临时支撑或拉结。

(3) 在无可靠的安全带扣挂物时，应拉设安全网。

(4) 设置材料提上或吊下的设施，禁止投掷。

16. 作业面的安全防护：

(1) 脚手架的作业面的脚手板必须满铺，不得留有空隙和探头板。脚手板与墙面之间的距离一般不应大于20cm。脚手板应与脚手架可靠拴结。

(2) 作业面的外侧立面的防护设施视具体情况可采用：

1) 挡脚板加二道防护栏杆。

2) 二道防护栏杆绑挂高度不小于1m的竹笆。

3) 二道防护横杆满挂安全立网。

4) 其他可靠的围护办法。

17. 临街防护视具体情况可采用：

(1) 采用安全立网、竹笆板或蓬布将脚手架的临街面完全封闭。

(2) 视临街情况设安全通道。通道的顶盖应满铺脚手板或其他能可靠承接落物的板篷材料。篷顶临街一侧应设高于篷顶不小于1m的墙，以免落物又反弹到街上。

18. 人行和运输通道的防护：

(1) 贴近或穿过脚手架的人行和运输通道必须设置板篷。

(2) 上下脚手架有高度差的人口应设坡度或踏步，并设栏杆防护。

19. 吊挂架子的防护。当吊、挂脚手架在移动至作业位置后，应采取撑、拉措施将其固定或减少其晃动。

技术负责人		交底人		接收交底人

某工程钢管落地脚手架计算书—案例

一、参数信息

1. 脚手架参数

双排脚手架搭设高度为 12m，立杆采用单立管；

搭设尺寸为：立杆的横距为 1.05m，立杆的纵距为 1.5m，大小横杆的步距为 1.8m；

内排架距离墙长度为 0.30m；

大横杆在上，搭接在小横杆上的大横杆根数为 2 根；

采用的钢管类型为 $\phi48\times3.5$，脚手架材质选用 $\phi48\times3.5$ 钢管，截面面积＝489mm^2，截面模量 $W=5.08\times103$mm^3，回转半径 $i=15.8$mm，抗压、抗弯强度设计值 $f=205$N/mm^2，基本风压值 $\omega_0=0.7$kN/m^2，计算时忽略雪荷载等。

横杆与立杆连接方式为单扣件；取扣件抗滑承载力系数为 1.00；

连墙件采用两步三跨，竖向间距 3.6m，水平间距 4.5m，采用扣件连接；

连墙件连接方式为双扣件。

2. 活荷载参数

施工均布活荷载标准值：2.00kN/m^2；

脚手架用途：装修脚手架；

同时施工层数：2 层。

3. 风荷载参数

本工程地处浙江杭州市，基本风压 0.45kN/m^2；

风荷载高度变化系数 μ_z 为 1.00，风荷载体型系数 μ_s 为 1.13；

脚手架计算中考虑风荷载作用。

4. 静荷载参数

每米立杆承受的结构自重标准值（kN/m）：0.1248；

脚手板自重标准值（kN/m^2）：0.300；

栏杆挡脚板自重标准值（kN/m）：0.150；

安全设施与安全网（kN/m^2）：0.005；

脚手板类别：竹笆片脚手板；

栏杆挡板类别：栏杆、竹笆片脚手板挡板；

每米脚手架钢管自重标准值（kN/m）：0.035；

脚手板铺设总层数：4。

5. 地基参数

地基土类型：素填土；地基承载力标准值（kPa）：120.00；

立杆基础底面面积（m^2）：0.20；地基承载力调整系数：1.00。

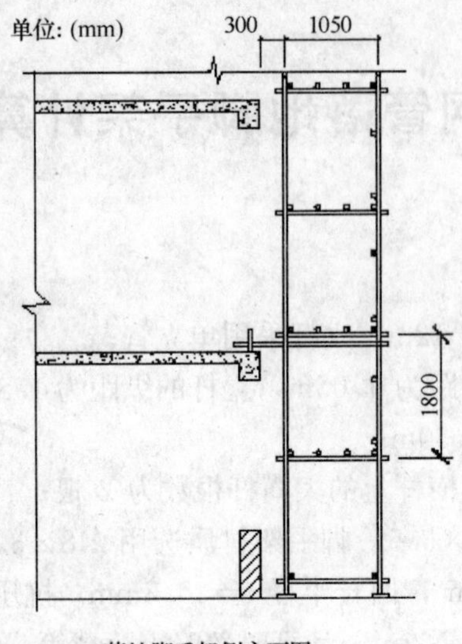

落地脚手架侧立面图

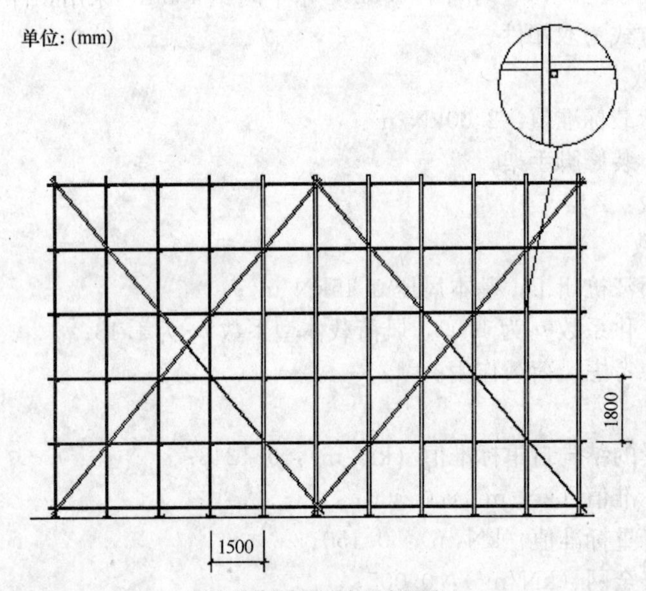

单立杆落地架脚手架正立面图

二、大横杆的计算

按照《扣件式钢管脚手架安全技术规范》JGJ 130—2001（后简称《扣件式规范》）第5.2.4条规定，大横杆按照三跨连续梁进行强度和挠度计算，大横杆在小横杆的上面。将大横杆上面的脚手板自重和施工活荷载作为均布荷载计算大横杆的最大弯矩和变形。

1. 均布荷载值计算

大横杆的自重标准值：P_1＝0.035kN/m

脚手板的自重标准值：P_2＝0.3×1.05/（2＋1）＝0.105kN/m

活荷载标准值：Q＝2×1.05/（2＋1）＝0.7kN/m

静荷载的设计值：q_1＝1.2×0.035＋1.2×0.105＝0.168kN/m

活荷载的设计值：q_2＝1.4×0.7＝0.98kN/m

2. 强度验算

跨中和支座最大弯距分别按图 1、图 2 组合。

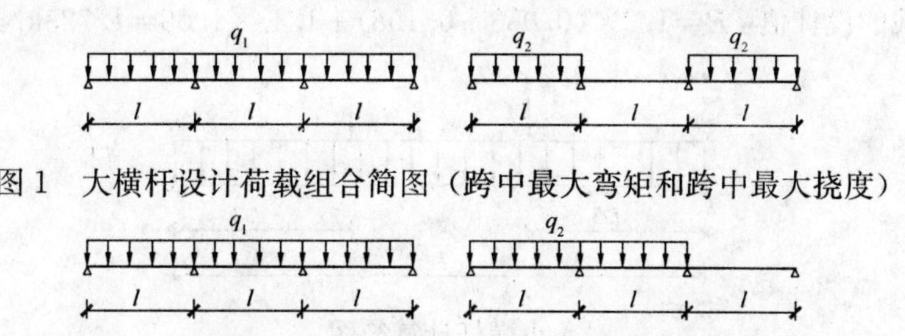

图 1　大横杆设计荷载组合简图（跨中最大弯矩和跨中最大挠度）

图 2　大横杆设计荷载组合简图（支座最大弯矩）

跨中最大弯距计算公式如下：

$$M_{1\max}=0.08q_1l^2+0.10q_2l^2$$

跨中最大弯距为 $M_{1\max}=0.08\times0.168\times1.5^2+0.10\times0.98\times1.5^2=0.251$kNm；

支座最大弯距计算公式如下：

$$M_{2\max}=-0.10q_1l^2-0.117q_2l^2$$

支座最大弯距为 $M_{2\max}=-0.10\times0.168\times1.5^2-0.117\times0.98\times1.5^2=-0.296$kN·m；

选择支座弯矩和跨中弯矩的最大值进行强度验算：

$$\sigma=\max(0.251\times10^6,0.296\times10^6)/4730=62.579\text{N/mm}^2;$$

大横杆的最大弯曲应力为 $\sigma=62.579\text{N/mm}^2$ 小于大横杆的抗压强度设计值 $[f]=205\text{N/mm}^2$，满足要求。

3. 挠度验算：

最大挠度考虑为三跨连续梁均布荷载作用下的挠度。

计算公式如下：

$$v_{\max}=0.677\frac{q_1l^4}{100EI}+0.990\frac{q_2l^4}{100EI}$$

其中：静荷载标准值：$q_1=P_1+P_2=0.035+0.105=0.14$kN/m

活荷载标准值：$q_2=Q=0.7$kN/m

最大挠度计算值为：

$$\begin{aligned}v&=0.677\times0.14\times1500^4/(100\times2.06\times10^5\times113600)\\&\quad+0.990\times0.7\times1500^4/(100\times2.06\times10^5\times113600)\\&=1.705\text{mm}\end{aligned}$$

大横杆的最大挠度 1.705mm 小于大横杆的最大容许挠度 1500/150mm 与 10mm，满足要求。

三、小横杆的计算

根据《建筑施工扣件式钢管脚手架安全技术规范》JGJ 130—2001 第 5.2.4 条规定，小横杆按照简支梁进行强度和挠度计算，大横杆在小横杆的上面。用大横杆支座的最大反力计算值作为小横杆集中荷载，在最不利荷载布置下计算小横杆的最大弯矩和变形。

1. 荷载值计算

大横杆的自重标准值：$p_1=0.035\times1.5=0.053$kN

脚手板的自重标准值：$P_2=0.3\times1.05\times1.5/(2+1)=0.158\text{kN}$

活荷载标准值：$Q=2\times1.05\times1.5/(2+1)=1.050\text{kN}$

集中荷载的设计值：$P=1.2\times(0.053+0.158)+1.4\times1.05=1.723\text{kN}$

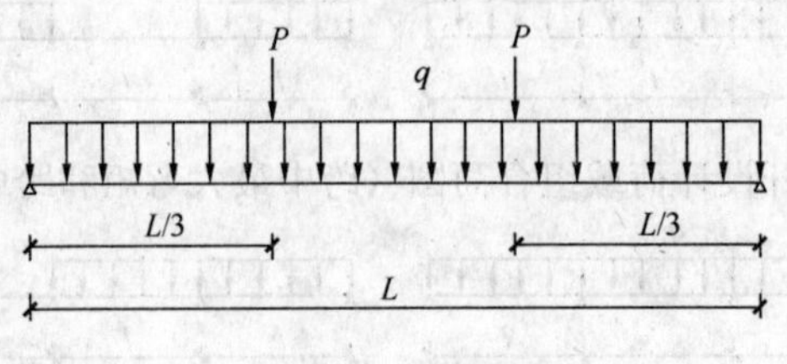

小横杆计算简图

2. 强度验算

最大弯矩考虑为小横杆自重均布荷载与大横杆传递荷载的标准值最不利分配的弯矩和。

均布荷载最大弯矩计算公式如下：

$$M_{\text{qmax}}=\frac{ql^2}{8}$$

$$M_{\text{qmax}}=1.2\times0.035\times1.05^2/8=0.006\text{kN}\cdot\text{m}$$

集中荷载最大弯矩计算公式如下：

$$M_{\text{Pmax}}=\frac{Pl}{3}$$

$$M_{\text{pmax}}=1.723\times1.05/3=0.603\text{kN}\cdot\text{m}$$

最大弯矩 $M=M_{\text{qmax}}+M_{\text{pmax}}=0.609\text{kN}\cdot\text{m}$

最大应力计算值 $\sigma=M/W=0.609\times10^6/4730=128.712\text{N/mm}^2$

小横杆的最大弯曲应力 $\sigma=128.712\text{N/mm}^2$ 小于小横杆的抗压强度设计值 205N/mm^2，满足要求。

3. 挠度验算

最大挠度考虑为小横杆自重均布荷载与大横杆传递荷载的设计值最不利分配的挠度和。

小横杆自重均布荷载引起的最大挠度计算公式如下：

$$w_{\text{qmax}}=\frac{5ql^4}{384EI}$$

$$w_{\text{qmax}}=5\times0.035\times1050^4/(384\times2.06\times10^5\times113600)=0.024\text{mm}$$

大横杆传递荷载 $P=p_1+p_2+Q=0.053+0.158+1.05=1.261\text{kN}$

集中荷载标准值最不利分配引起的最大挠度计算公式如下：

$$w_{\text{pmax}}=\frac{pl(3l^2-4l^2/9)}{72EI}$$

$$w_{\text{pmax}}=1260.6\times1050\times(3\times1050^2-4\times1050^2/9)/(72\times2.06\times10^5\times113600)=2.213\text{mm}$$

最大挠度和 $w=w_{\text{qmax}}+w_{\text{pmax}}=0.024+2.213=2.237\text{mm}$

小横杆的最大挠度为 2.237mm 小于小横杆的最大容许挠度 1050/150＝7 与 10mm，满足要求。

四、扣件抗滑力的计算

按规范表 5.1.7，直角、旋转单扣件承载力取值为 8.00kN，按照扣件抗滑承载力系数 1.00，该工程实际的旋转单扣件承载力取值为 8.00kN。

纵向或横向水平杆与立杆连接时，扣件的抗滑承载力按照下式计算（规范 5.2.5）：

$$R \leqslant R_c$$

其中 R_c——扣件抗滑承载力设计值，取 8.00kN；

R——纵向或横向水平杆传给立杆的竖向作用力设计值；

大横杆的自重标准值：$P_1=0.035\times1.5\times2/2=0.053$kN；

小横杆的自重标准值：$P_2=0.035\times1.05/2=0.019$kN；

脚手板的自重标准值：$P_3=0.3\times1.05\times1.5/2=0.236$kN；

活荷载标准值：$Q=2\times1.05\times1.5/2=1.575$kN；

荷载的设计值：$R=1.2\times(0.053+0.019+0.236)+1.4\times1.575=2.575$kN；

$R<8.00$kN，单扣件抗滑承载力的设计计算满足要求。

五、脚手架立杆荷载计算

作用于脚手架的荷载包括静荷载、活荷载和风荷载。静荷载标准值包括以下内容：

（1）每米立杆承受的结构自重标准值，为 0.1248kN/m

$$N_{G1}=[0.1248+(1.50\times2/2)\times0.035/1.80]\times12.00=1.852\text{kN};$$

（2）脚手板的自重标准值；采用竹笆片脚手板，标准值为 0.3kN/m²，铺设 4 层

$$N_{G2}=0.3\times4\times1.5\times(1.05+0.3)/2=1.215\text{kN};$$

（3）栏杆与挡脚手板自重标准值；采用栏杆、竹笆片脚手板挡板，标准值为 0.15kN/m

$$N_{G3}=0.15\times4\times1.5/2=0.45\text{kN};$$

（4）吊挂的安全设施荷载，包括安全网；0.005kN/m²

$$N_{G4}=0.005\times1.5\times12=0.09\text{kN};$$

经计算得到，静荷载标准值

$$N_G=N_{G1}+N_{G2}+N_{G3}+N_{G4}=3.607\text{kN};$$

活荷载为施工荷载标准值产生的轴向力总和，立杆按一纵距内施工荷载总和的 1/2 取值。

经计算得到，活荷载标准值

$$N_Q=2\times1.05\times1.5\times2/2=3.15\text{kN};$$

风荷载标准值按照以下公式计算

$$w_k=0.7\mu_z\cdot\mu_s\cdot w_0$$

其中 w_0——基本风压（kN/m²），按照《建筑结构荷载规范》GB 50009—2001）的规定采用：

$$w_0=0.45\text{kN/m}^2$$

μ_z——风压高度变化系数，按照《建筑结构荷载规范》GB 50009—2001 的规定采用：

$$\mu_z=1$$

μ_s——脚手架风荷载体型系数，全封闭式为 1.2，取值为 1.13；

经计算得到，风荷载标准值

$$w_k=0.7\times0.45\times1\times1.13=0.356\text{kN/m}^2$$

不考虑风荷载时，立杆的轴向压力设计值计算公式

$$N=1.2N_G+1.4N_Q=1.2\times3.607+1.4\times3.15=8.738\text{kN}$$

考虑风荷载时，立杆的轴向压力设计值为

$$N=1.2N_G+0.85\times1.4N_Q=1.2\times3.607+0.85\times1.4\times3.15=8.076\text{kN}$$

风荷载设计值产生的立杆段弯矩 M_W 为

$$M_w=0.85\times1.4w_kL_ah^2/10=0.850\times1.4\times0.356\times1.5\times1.8^2/10=0.206\text{kN}\cdot\text{m}$$

六、立杆的稳定性计算

不考虑风荷载时，立杆的稳定性计算公式为：

$$\sigma=\frac{N}{\phi A}\leqslant[f]$$

立杆的轴向压力设计值：$N=8.738$kN；

计算立杆的截面回转半径：$i=1.59$cm；

计算长度附加系数参照《扣件式规范》表 5.3.3 得：$k=1.155$；当验算杆件长细比时，取块 1.0；

计算长度系数参照《扣件式规范》表 5.3.3 得：$\mu=1.5$；

计算长度，由公式 $l_0=k\times\mu\times h$ 确定：$l_0=3.118$m；

长细比 $L_0/i=196$；

轴心受压立杆的稳定系数 φ，由长细比 l_0/i 的计算结果查表得到：$\varphi=0.188$；

立杆净截面面积：$A=4.5\text{cm}^2$；

立杆净截面模量（抵抗矩）：$W=4.73\text{cm}^3$；

钢管立杆抗压强度设计值：$[f]=205\text{N/mm}^2$；

$$\sigma=8738/(0.188\times450)=103.285\text{N/mm}^2；$$

立杆稳定性计算 $\sigma=103.285\text{N/mm}^2$ 小于立杆的抗压强度设计值 $[f]=205\text{N/mm}^2$，满足要求！

考虑风荷载时，立杆的稳定性计算公式

$$\frac{N}{\varphi A}+\frac{M_w}{W}\leqslant[f]$$

立杆的轴心压力设计值：$N=8.076$kN；

计算立杆的截面回转半径：$i=1.59$cm；

计算长度附加系数参照《建筑施工扣件式钢管脚手架安全技术规范》（JGJ 730—2001）表 5.3.3 得：$k=1.155$；

计算长度系数参照《建筑施工扣件式钢管脚手架安全技术规范》(JGJ 730—2001) 表 5.3.3 得：$\mu=1.5$；

计算长度，由公式 $l_0=\text{kuh}$ 确定：$l_0=3.118$m；

长细比：$L_0/i=196$；

轴心受压立杆的稳定系数 φ，由长细比 l_0/i 的结果查表得到：$\varphi=0.188$；

立杆净截面面积：$A=4.5\text{cm}^2$；

立杆净截面模量（抵抗矩）：$W=4.73\text{cm}^3$；

钢管立杆抗压强度设计值：$[f]=205\text{N/mm}^2$；

$\sigma = 8076.42/(0.188 \times 450) + 205860.123/4730 = 138.988\text{N/mm}^2$；

立杆稳定性计算 $\sigma=138.988\text{N/mm}^2$ 小于立杆的抗压强度设计值 $[f]=205\text{N/mm}^2$，满足要求。

七、最大搭设高度的计算

按《扣件式规范》5.3.6 条不考虑风荷载时，采用单立管的敞开式、全封闭和半封闭的脚手架可搭设高度按照下式计算：

$$H_s = \frac{\varphi A f - (1.2 N_{G2k} + 1.4 \Sigma N_{Qk})}{1.2 g_k}$$

构配件自重标准值产生的轴向力 N_{G2K}（kN）计算公式为：

$$N_{G2K} = N_{G2} + N_{G3} + N_{G4} = 1.755\text{kN};$$

活荷载标准值：$N_Q=3.15\text{kN}$；

每米立杆承受的结构自重标准值：$g_k=0.125\text{kN/m}$；

$$H_s = [0.188 \times 4.5 \times 10^{-4} \times 205 \times 10^3 - (1.2 \times 1.755 + 1.4 \times 3.15)]/(1.2 \times 0.125) = 72.296\text{m};$$

按《扣件式规范》5.3.6 条脚手架搭设高度 H_s 等于或大于 26m，按照下式调整且不超过 50m：

$$[H] = \frac{H_s}{1+0.001H_s}$$

$$[H] = 72.296/(1+0.001 \times 72.296) = 67.421\text{m};$$

$[H]=67.421$ 和 50 比较取较小值。经计算得到，脚手架搭设高度限值 $[H]=50\text{m}$。

脚手架单立杆搭设高度为 12m，小于 $[H]$，满足要求。

按《扣件式规范》5.3.6 条考虑风荷载时，采用单立管的敞开式、全封闭和半封闭的脚手架可搭设高度按照下式计算：

$$H_s = \frac{\varphi A f - \left(1.2 N_{G2k} + 0.85 \times 1.4 \left(\Sigma N_{Qk} + \frac{M_{wk}}{W}\varphi A\right)\right)}{1.2 g_k}$$

构配件自重标准值产生的轴向力 N_{G2K}（kN）计算公式为：

$$N_{G2K} = N_{G2} + N_{G3} + N_{G4} = 1.755\text{kN};$$

活荷载标准值：$N_Q=3.15\text{kN}$；

每米立杆承受的结构自重标准值：$g_k=0.125\text{kN/m}$；

计算立杆段由风荷载标准值产生的弯矩：

$$M_{wk}=M_w/(1.4\times0.85)=0.206/(1.4\times0.85)=0.173\text{kN}\cdot\text{m};$$

$$H_s=(0.188\times4.5\times10^{-4}\times205\times10^3-(1.2\times1.755+0.85\times1.4\times(3.15+0.188\times4.5\times100\times0.173/4.73)))/(1.2\times0.125)=52.127\text{m};$$

按《扣件式规范》5.3.6 条脚手架搭设高度 H_s 等于或大于 26m，按照下式调整且不超过 50m：

$$[H] = \frac{H_s}{1+0.001H_s}$$

$$[H] = 52.127/(1+0.001 \times 52.127) = 49.544\text{m};$$

$[H]=49.544$ 和 50 比较取较小值。经计算得到，脚手架搭设高度限值 $[H]=49.544\text{m}$。

脚手架单立杆搭设高度为 12m，小于 $[H]$，满足要求。

八、连墙件的稳定性计算

连墙件的轴向力设计值应按照下式计算：

$$N_l = N_{lw} + N_0$$

风荷载标准值 $W_k=0.356\text{kN/m}^2$；

每个连墙件的覆盖面积内脚手架外侧的迎风面积 $A_w=16.2\text{m}^2$；

按《扣件式规范》5.4.1 条连墙件约束脚手架平面外变形所产生的轴向力（kN），$N_0=5.000\text{kN}$；

风荷载产生的连墙件轴向力设计值（kN），按照下式计算：

$$N_{lw} = 1.4 \times W_k \times A_w = 8.073\text{kN};$$

连墙件的轴向力设计值 $N_l=N_{lw}+N_0=13.073\text{kN}$；

连墙件承载力设计值按下式计算：

$$N_f = \varphi \cdot A \cdot [f]$$

其中 φ——轴心受压立杆的稳定系数；

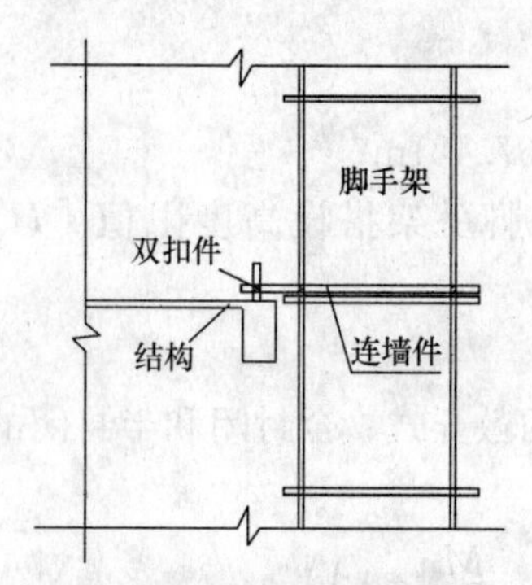

连墙件扣件连接示意图

由长细比 $l/i=300/15.9$ 的结果查表得到 $\varphi=0.949$，l 为内排架距离墙的长度；

又：$A=4.5\text{cm}^2$；$[f]=205\text{N/mm}^2$；

连墙件轴向承载力设计值为 $N_f=0.949\times4.5\times10^{-4}\times205\times10^3=87.545\text{kN}$；

$N_l=13.073<N_f=87.545$，连墙件的设计计算满足要求。

连墙件采用双扣件与墙体连接。

由以上计算得到 $N_l=13.073$ 小于双扣件的抗滑力 16kN，满足要求。

九、立杆的地基承载力计算

立杆基础底面的平均压力应满足下式的要求

$$p \leqslant f_g$$

地基承载力设计值：

$$f_g = f_{gk} \times k_c = 120\text{kPa};$$

其中，地基承载力标准值：$f_{gk}=120\text{kPa}$；

脚手架地基承载力调整系数：$k_c=1$；

立杆基础底面的平均压力：$p=N/A=43.69\text{kPa}$；

其中，上部结构传至基础顶面的轴向力设计值：$N=8.738\text{kN}$；

基础底面面积：$A=0.2\text{m}^2$。

$p=43.69\leqslant f_g=120\text{kPa}$。地基承载力满足要求。

学习情境4
混凝土结构钢筋分项工程

项 目 构 架

1 项目说明

以典型混凝土结构施工图作为工程对象，以钢筋工程作为项目载体，进行混凝土结构钢筋分项工程的实训。

1.1 目标设置（培养目标）

明确钢筋质量管理与验收的要求，根据提出任务，进行钢筋的加工实训，针对梁、板、柱、墙，进行钢筋连接、安装实训操作，能掌握工艺流程、质量要求、技术交底、缺陷评定的基本要领，能对框架结构工程、剪力墙结构工程，提出钢筋分项工程的专项施工方案。

（1）能根据施工图纸和施工实际条件，进行钢筋配料与模拟进场验收。

（2）能根据施工图纸和施工实际条件，编写钢筋连接的技术交底记录。

（3）根据验收记录，进行钢筋的加工、连接、安装验收。

（4）能结合实际，编写现浇框架结构钢筋绑扎技术交底记录。

（5）根据图纸，编写框架结构钢筋专项施工方案。

1.2 教学时间

理论教学时间：10学时。

实践教学时间：10学时。

2 项目

以局部框架作为任务，引出典型工作任务，采取四步和六步教学方法进行教学组织和教学实施。具体参见项目清单：

（1）结构施工图纸；

（2）梁平法施工图纸；

（3）柱子结构施工图；

（4）板结构施工图；

（5）剪力墙结构施工图。

3 工作单

钢筋工程实训

（1）根据结构施工图进行配料、进行钢筋外观质量检验、力学性能测试，进行钢筋的模拟验收。

（2）选取典型构件（如梁柱），进行钢筋的调直、切断与加工实训。

（3）以梁、柱为任务载体，进行钢筋的连接实训。主要对绑扎连接、焊接连接、机械连接进行分类操作，能学会工艺过程，能进行验收评定，能对缺陷进行识别和纠正处理，能对焊接接头、机械接头进行验收和评定。

（4）主要选取梁、板、墙进行钢筋绑扎实训，主要对绑扎要求与质量验收进行操作。

（5）针对结构施工图，进行钢筋工程的技术交底，包括钢筋电渣压力焊、钢筋气压焊、带肋钢筋径向挤压连接、锥螺纹钢筋接头等内容。

根据以上对应项目，针对局部框架结构，编写钢筋工程施工的专项施工方案。

4 项目评价

对钢筋工程实训进行考核评价。注重学习和训练的过程评价，包括项目模拟学习、练习、实施过程、结果对比、反馈交流等。采取评价表实施项目全过程评价和考核。

项 目 评 价

学习情境评价表（混凝土结构钢筋分项工程）

<table>
<tr><td colspan="3">姓名：　　　　学号：</td><td colspan="2" rowspan="3">照片</td></tr>
<tr><td colspan="3">年级：　　　　专业：</td></tr>
<tr><td colspan="3">自评标准</td></tr>
<tr><td>项 次</td><td>内　　容</td><td>分值</td><td>自评分</td><td>教师评分</td></tr>
<tr><td>1</td><td>施工准备
（1）熟悉图纸，编制钢筋表；
（2）编制领料单；
（3）工具准备；
（4）安排施工程序；
（5）施工现场准备。</td><td>5</td><td></td><td></td></tr>
<tr><td rowspan="8">2</td><td>钢筋下料：</td><td>20</td><td></td><td></td></tr>
<tr><td>钢筋的直径</td><td>2</td><td></td><td></td></tr>
<tr><td>钢筋的钢号</td><td>2</td><td></td><td></td></tr>
<tr><td>钢筋的规格</td><td>3</td><td></td><td></td></tr>
<tr><td>钢筋的形状</td><td>3</td><td></td><td></td></tr>
<tr><td>钢筋的下料长度</td><td>4</td><td></td><td></td></tr>
<tr><td>每种钢筋的数量</td><td>3</td><td></td><td></td></tr>
<tr><td>各部位尺寸</td><td>3</td><td></td><td></td></tr>
<tr><td rowspan="8">3</td><td>钢筋加工
包括下列内容</td><td>25</td><td></td><td></td></tr>
<tr><td>钢筋各部位尺寸</td><td>4</td><td></td><td></td></tr>
<tr><td>钢筋顺长度方向全长的净尺寸</td><td>4</td><td></td><td></td></tr>
<tr><td>钢筋弯折的弯折位置</td><td>4</td><td></td><td></td></tr>
<tr><td>箍筋内净尺寸</td><td>3</td><td></td><td></td></tr>
<tr><td>钢筋的弯心直径</td><td>4</td><td></td><td></td></tr>
<tr><td>弯钩端部的平直长度</td><td>3</td><td></td><td></td></tr>
<tr><td>弯钩角度</td><td>3</td><td></td><td></td></tr>
</table>

续表

项次	内容		分值	自评分	教师评分
4	钢筋绑扎	1	**40**		
	钢筋的排距	±5mm	4		
	钢筋的间距	±10mm	5		
	箍筋间距	±20mm	6		
	箍筋位置	±10mm	2		
	箍筋加密	按规范规定	2		
	骨架长、宽、高偏差	长±10mm 宽高±5mm	3		
	绑扎松紧、漏扎程度		3		
	弯钩的朝向	按规定	2		
	箍筋闭合的位置（常识）		3		
	搭接长度	不小于规定长度	2		
	锚固长度	不小于规定长度	2		
	箍筋与主筋的垂直度与平整度	±3°	3		
	核心区的箍筋（数量、加密）	按要求	3		
5	工效	是否按规定时间完成，在规定时间内提前10分钟加1分，最多加5分	**5**		
6	安全文明施工（工完场清）		**5**		
自评等级					
教师评定等级：					
工作时间：					提前O 准时O 超时O
自评做得很好的地方					
自评做得不好的地方					
下次需要改进的地方					
自评：	非常满意O 满意　O 合格　O 不满意　O				
教师交流记录：					

综合任务一　钢筋进场验收与管理

根据结构施工图，确定下列内容：

任务1：构件的钢筋保护层厚度（根据给定图纸，确定各部位各构件的保护层，并分类汇总）

构件名称（根据图纸分类汇总）	钢筋保护层厚度（mm）
地下室底板底部、地下室外墙外侧受力钢筋	40
柱主筋	30 且不小于钢筋直径
地下室框架梁、次梁主筋	30
其他层框架梁、次梁主筋	25 且不小于钢筋直径
地下室外墙内侧、内墙、剪力墙、楼板、屋面板、楼梯踏步板的受力钢筋	20 且不小于钢筋直径
其他层外墙内侧、内墙、剪力墙、楼板、屋面板、楼梯踏步板的受力钢筋	15 且不小于钢筋直径

任务2：钢筋锚固与搭接长度确定（根据给定图纸，确定钢筋锚固与搭接长度，并分类汇总）所有钢筋接头均错开50%，确定相邻钢筋错开距离以及钢筋的绑扎及锚固要求

钢筋规格	搭接长度（mm）			钢筋接头错开距离（mm）		锚固长度（mm）	
				机械连接或焊接	绑扎连接		
$\phi8$	立筋	45d	360		500	280	
	水平筋	l_{aE}					
$\phi10$	立筋	45d	450		500	35d	350
	水平筋	l_{aE}					
$\phi12$	立筋	45d	540		500	35d	420
	水平筋	l_{aE}					
$\phi14$	立筋	45d	630				
	水平筋	l_{aE}					
$\phi16$							
$\phi18$							
$\phi20$							
$\phi22$							
$\phi25$							

任务3：钢筋的进场检验（根据给定图纸，确定钢筋进场检验内容）

（1）钢筋实物的品种、规格、外观、数量等的检查核对。

（2）对于钢筋力学性能的复验，包括：屈服强度、极限强度实测值（抗震用钢筋强度实测值）、延伸率和冷弯性能。

（3）钢筋质量合格文件的检查验收，主要是检查产品合格证和出厂检验报告。

任务4：根据结构施工图和给定施工场地条件，做施工准备方案。

施工准备：技术准备、场地准备、材料准备、人员准备、机具准备

资料：4.1　技术准备

4.1.1　施工图纸下发后，应及时组织技术、钢筋工长等有关人员进行审图。发现问题提前解决，并办理好洽商变更手续。

4.1.2　技术员将洽商变更内容及时通知施工管理人员及作业班组，以便正确指导施工。

4.1.3　根据图纸和洽商变更，预先提出钢筋加工料单及直螺纹的加工计划。

4.1.4　技术人员安排好钢筋原材试验计划，并根据各个部位的接头数量做好钢筋施工试验计划。

<table>
<tr><th>序号</th><th>部 位</th><th>钢筋规格</th><th>接头数量（每层）</th><th>验收批</th><th>取样次数</th><th>见证取样次数</th><th>试验内容</th><th>备 注</th></tr>
<tr><td>1</td><td rowspan="2">底板</td><td>Φ20</td><td>2254</td><td>500</td><td>5</td><td>2</td><td rowspan="10">外观检验
力学性能
试验</td><td rowspan="10">1. 见证取样试验不少于试验数的30%
2. 根据现场进货和取样标准进行取样试验</td></tr>
<tr><td>2</td><td>Φ16</td><td>98</td><td>500</td><td>1</td><td>1</td></tr>
<tr><td>3</td><td rowspan="4">地下二层、
地下一层
竖向</td><td>Φ25</td><td>82</td><td>500</td><td>1</td><td>1</td></tr>
<tr><td>4</td><td>Φ20</td><td>1012</td><td>500</td><td>3</td><td>1</td></tr>
<tr><td>5</td><td>Φ18</td><td>2192</td><td>500</td><td>5</td><td>2</td></tr>
<tr><td>6</td><td>Φ16</td><td>2085</td><td>500</td><td>5</td><td>2</td></tr>
<tr><td>7</td><td rowspan="4">首层至
十六层
竖向</td><td>Φ25</td><td>672</td><td>500</td><td>2</td><td>1</td></tr>
<tr><td>8</td><td>Φ22</td><td>86</td><td>500</td><td>1</td><td>1</td></tr>
<tr><td>9</td><td>Φ18</td><td>6382</td><td>500</td><td>13</td><td>4</td></tr>
<tr><td>10</td><td>Φ16</td><td>8859</td><td>500</td><td>16</td><td>5</td></tr>
</table>

4.2　场地准备

4.2.1　钢筋加工和堆放均在料场；钢筋料堆下设垫木或用钢管架子堆料，防止遇水锈蚀。

4.2.2　按场地布置提前搭设钢筋加工棚。

4.3　材料准备

4.3.1　材料部门按采购计划订购钢筋，根据施工进度分批进料，做好验收工作。

4.3.2　现场材料员根据检验情况及时对现场钢筋进行标识，绿色标识牌代表检验合格，红色表示不合格，黄色表示检验待结果，白色为待检。

4.4　人员准备

4.4.1　现场设置专项工长，由钢筋工长负责，对钢筋从进场验收到绑扎成型进行全过程管理控制。

4.4.2　电焊工、直螺纹加工等特殊工艺的操作人员经培训考核合格后持证上岗。

4.4.3　施工人员：现场工长 2 人，钢筋工 150 人。

4.5　机具准备

机具准备示例

设备名称	用　途	数量	型　号	计划进场时间	计划出场时间
钢筋切断机	钢筋普通切断	2	GQ40		
钢筋弯曲机	钢筋成型	2	WJ40-1		
直螺纹套丝机	机械连接	2	SZ-50A		
砂轮切割机	钢筋端部精加工	2			
力矩扳手					
量规	量规包括牙形规、卡规和锥形螺纹塞规				
钢筋调直机	钢筋调直	1	Y160M2-8		
钢卷尺			3m		
断线钳			1000mm		
绑扎架					
水平尺					
吊线垂球					

提供资料：

资料 1：钢筋力学性能检验报告

资料 2：钢筋化学成分检验报告

资料 3：钢筋电弧焊、电渣压力焊检验报告

资料 4：钢筋机械连接检验报告

资料 5：钢筋及预埋件隐蔽验收记录

资料 6：钢筋闪光对焊、气压焊检验报告

资料 1：钢筋力学性能检验报告

质控（建）表 4.1.3-1

工程名称	锦江花园 1 号楼											报告编号	材 J×××
委托单位	福建××建筑工程有限公司									委托编号	材×××	委托日期	2007/04/08
施工单位	福建××建筑工程有限公司									钢材种类	Ⅱ级	检测日期	2007/04/09
结构部位	主体									牌号	HRB335	报告日期	2002/04/11
见证单位	福建××建筑工程有限公司					见证人	孙××		证书编号	07×××	检验性质	见证检验	
样品编号	公称直径（mm）	屈服强度 Rel（MPa）	抗拉强度 Rm（MPa）	伸长（%）	冷弯			实测强度比值		生产厂别	代表数量（t）	出厂合格证编号	
					弯心直径（mm）	弯曲角度（°）	结果	Rm/Rel	Rel/σ_{sk}				
J07002	18	420	560	27.5	54	180	合格	1.33	1.25	三钢	601	SG××××	
		420	565	29.5	54	180	合格	1.35	1.25				
			（以下空白）										
检验依据	《钢筋混凝土用热轧带肋钢筋》GB 1499—1998										检验仪器	仪器名称： WE-1000A 液压万能验机 检字编号： （MLY）-S1/07-×××	
结　论	编号 J070002 试探所检项目符合 HRB335 钢筋的指标要求												
备　注													

批准：×××　　审核：×××　　校核：×××　　检验：×××

资料2：钢筋化学成分检验报告

质控（建）表4.1.3-2

工程名称	锦江花园1号楼							报告编号	材J×××
委托单位	福建××建筑工程有限公司					委托编号	材×××	委托日期	2007/04/08
施工单位	福建××建筑工程有限公司					钢材种类	Ⅱ级	检测日期	2007/04/09
结构部位	主体					牌号	HRB335	报告日期	2002/04/11
见证单位	××建筑工程有限公司			见证人	孙××	证书编号	07×××	检验性质	见证检验
样品编号	公称直径（mm）	化学成分（%）						备注	
		碳C	锰Mn	硅Si	硫S	磷P	CH=（C+Mn/6）		
J07002	18	0.20～0.31	1.38～1.53	0.62～0.73	0.02～0.039	0.01～0.025			
标准值		≤0.25	≤1.60	≤0.80	≤0.045	≤0.045			
检验依据	《钢筋混凝土用热轧带肋钢筋》GB 1499—1998							检验仪器	仪器名称： 碳硫联测分析仪 磷锰硅三元素联测分析仪 检字编号： （MLY）-S1/07-×××
结论	所检项目符合HRB335钢筋的指标要求								
备注									

批准：×××　　审核：×××　　校核：×××　　检验：×××

资料 3：钢筋电弧焊、电渣压力焊检验报告

质控（建）表 4.1.3-3

工程名称	锦江花园 1 号楼					报告编号材	J×××××
委托单位	福建××建筑工程有限公司	焊接种类	电渣压力焊	检验性质	见证检验	委托日期	2007/01/02
施工单位	福建××建筑工程有限公司	操作人		操作证号	HJ××××	检验日期	2007/01/02
结构部位	三层柱	钢筋级别	HRB335	委托编号	材××××	报告日期	2007/01/03
见证单位	福建××建设监理有限公司公司	见证人	卢××	证书编号	07××××		
样品编号	公称直径（mm）	拉伸试验				母材试验报告编号	焊点代表数量
		抗拉强度（MPa）	破坏部位	破坏状态			
J××××	18	570	焊缝外 45mm	延性断裂		材 J××××	50
		570	焊缝外 40mm	延性断裂			
		575	焊缝外 55mm	延性断裂			
检验依据	检验依据《钢筋焊接及验收规范》JGJ/18—2003					检测仪器	仪器名称：WE-1000A 液压万能试验 检定证书编号：（MLY） S1/07-×××
检验结论	编号：J××××试样：所检项目符合闪光对焊焊接接头的指标要求。 编号：——试样：——						
备注							

批准：×××　　审核：×××　　校核：×××　　检验：×××

资料 4：钢筋机械连接检验报告

质控（建）表 4.1.3-4

<table>
<tr><td>委托单位</td><td>福建××建筑工程有限公司</td><td>钢筋种类级别</td><td>HRB335</td><td>委托编号</td><td>材××××</td><td>委托日期</td><td>2007/01/11</td></tr>
<tr><td>施工单位</td><td>福建××建筑工程有限公司</td><td>操作人</td><td>×××</td><td>检验性质</td><td>见证检验</td><td>检验日期</td><td>2007/01/11</td></tr>
<tr><td>结构部位</td><td>主体</td><td>操作证号</td><td>HJ××××</td><td>接头类型</td><td>直螺纹套筒连接</td><td>报告日期</td><td>2007/01/12</td></tr>
<tr><td>连接件厂别</td><td colspan="2">福建省××机械厂</td><td colspan="3">连接件合格证或检验报告编号</td><td colspan="2">LJ××××</td></tr>
<tr><td>见证单位</td><td colspan="2">福建××建设监理有限公司公司</td><td colspan="2">见证人</td><td>卢××</td><td>证书编号</td><td>07××××</td></tr>
<tr><td rowspan="2">样品编号</td><td rowspan="2" colspan="2">公称直径（mm）</td><td colspan="3">拉 伸 试 验</td><td rowspan="2">钢筋母材检验报告编号</td><td rowspan="2">接头数量（个）</td></tr>
<tr><td>抗拉强度（MPa）</td><td>破坏部位</td><td>破坏状态</td></tr>
<tr><td rowspan="5">J××××</td><td rowspan="5" colspan="2">25</td><td>535</td><td>套筒外</td><td>母材拉断</td><td>材 J××××</td><td rowspan="3">300</td></tr>
<tr><td>535</td><td>套筒外</td><td>母材拉断</td><td>材 J××××</td></tr>
<tr><td>535</td><td>套筒外</td><td>母材拉断</td><td>材 J××××</td></tr>
<tr><td></td><td></td><td></td><td></td><td></td></tr>
<tr><td></td><td></td><td></td><td></td><td></td></tr>
<tr><td>检验依据</td><td colspan="4">《钢筋机械连接通用技术规程》JGJ 107—2003</td><td rowspan="2">检验仪器</td><td rowspan="2" colspan="2">仪器名称：WE-1000A 液压万能试验机
检定证书编号：(MLY) S1/07－×××</td></tr>
<tr><td>检验结论</td><td colspan="4">编号：J××××试样：所检项目均符合机械连接（I）级接头的指标要求
编号：—— 试样：——</td></tr>
<tr><td>备注</td><td colspan="7"></td></tr>
</table>

批准：××× 审核：××× 校核：××× 检验：×××

资料5：钢筋及预埋件隐蔽验收记录

质控（建）表4.1.3-5

<table>
<tr><td colspan="2">工程名称</td><td colspan="4">锦江花园1号楼</td><td colspan="2">施工单位</td><td colspan="4">福建××建筑工程有限公司</td></tr>
<tr><td colspan="2">部分(子部分)工程名称</td><td colspan="4">主体部分(混凝土)</td><td colspan="2">隐蔽部分</td><td colspan="4">××层柱、墙</td></tr>
<tr><td colspan="2">依据名称</td><td colspan="10">主体会审、设计变更××施工图结施</td></tr>
<tr><td colspan="2" rowspan="7">钢筋合格证编号</td><td colspan="4">ϕ8 ×××××</td><td colspan="2" rowspan="7">钢筋试验报告编号</td><td colspan="4">材J04×××××</td></tr>
<tr><td colspan="4">ϕ10 ×××××</td><td colspan="4">材J04×××××</td></tr>
<tr><td colspan="4">ϕ14 ×××××</td><td colspan="4">材J04×××××</td></tr>
<tr><td colspan="4">ϕ18 ×××××</td><td colspan="4">材J04×××××</td></tr>
<tr><td colspan="4">ϕ20 ×××××</td><td colspan="4">材J04×××××</td></tr>
<tr><td colspan="4">ϕ22 ×××××</td><td colspan="4">材J04×××××</td></tr>
<tr><td colspan="4">ϕ25×××××</td><td colspan="4">材J04×××××</td></tr>
<tr><td rowspan="2">纵向受力钢筋</td><td>品种规格</td><td>12</td><td>14</td><td>18</td><td>20</td><td>22</td><td>25</td><td></td><td></td><td></td><td></td></tr>
<tr><td>数量(t)</td><td>1.01</td><td>1.53</td><td>0.34</td><td>1.12</td><td>1.65</td><td>2.02</td><td></td><td></td><td></td><td></td></tr>
<tr><td rowspan="3">钢筋连接</td><td>方式</td><td colspan="4">电渣压力焊；直螺纹套筒</td><td colspan="4">试验报告编号</td><td colspan="2">材J×××××
材J×××××</td></tr>
<tr><td>接头位置</td><td colspan="4">接头位置</td><td colspan="4">符合要求</td><td colspan="2">接头面积百分率50%</td></tr>
<tr><td>数量(t)</td><td colspan="10">符合要求，接头面积百分率50%</td></tr>
<tr><td rowspan="2">箍筋、横向钢筋</td><td>规格</td><td colspan="2">8</td><td colspan="2">10</td><td colspan="6"></td></tr>
<tr><td>数量(t)</td><td colspan="2">0.57</td><td colspan="2">6.74</td><td colspan="6"></td></tr>
<tr><td colspan="2">预埋件的规格、数量、位置</td><td colspan="10">预埋件规格、数量、位置均符合要求</td></tr>
<tr><td colspan="2">钢筋的形状、位置、间距</td><td colspan="10">图例：见结施××
（位置不够另加图例）</td></tr>
<tr><td colspan="2">施工单位检查结果</td><td colspan="10">钢筋制安工程符合施工图纸及规范要求
2007年03月12日</td></tr>
<tr><td colspan="2">隐蔽验收结论</td><td colspan="10">同意隐蔽！2007年03月12日</td></tr>
<tr><td colspan="2">施工单位</td><td colspan="2">质检员：
陈××</td><td colspan="2">施工员：
王××</td><td colspan="2">监理(建设)单位</td><td colspan="4">监理工程师(建设单位项目专业技术负责人)：
游××</td></tr>
</table>

资料6：钢筋闪光对焊、气压焊检验报告

质控（建）表4.1.3-6

工程名称	锦江花园1号楼								报告编号材	J××××
委托单位	福建××建筑工程有限公司				焊接种类	闪光对焊	检验性质	见证检验	委托日期	2007/01/02
施工单位	福建××建筑工程有限公司				焊工	张××	操作证号	HJ××××	检验日期	2007/01/02
结构部位	主体				钢筋级别	HRB335	委托编号	材××××	报告日期	2007/01/03
见证单位	福建××建设监理有限公司公司				见证人	卢××	证书编号	07××××		
样品编号	公称直径（mm）	拉伸试验			弯曲试验				母材试验报告编号	焊点代表数量
		抗拉强度（MPa）	破坏部位	破坏状态	弯心直径（mm）	弯曲角度（°）	是否断裂	结果		
J××××	18	575	焊缝外120mm	延性断裂	72	90	否	合格	材J××××	50
		570	焊缝外105mm	延性断裂	72	90	否	合格		
		570	焊缝外125mm	延性断裂	72	90	否	合格		
检验依据	《钢筋焊接及验收规范》JGJ/18—2003									
检验结论	编号：J××××试样：所检项目符合闪光对焊焊接接头的指标要求								检测仪器	仪器名称：WE-1000A液压万能试验 检定证书编号：（MLY）S1/07－×××
	编号：——试样：——									

批准：×××　　审核：×××　　校核：×××　　检验：×××

综合任务二　钢筋下料、加工、绑扎安装实训

选取任务：基础钢筋、梁钢筋、柱钢筋、板钢筋分类实训操作。

训练内容：分别进行给定基础、梁、板、柱子构件的钢筋制作与安装。

（一）施工准备

1. 熟悉图纸，编制钢筋表；
2. 编制领料单；
3. 工具准备；
4. 安排施工程序；
5. 施工现场准备。

（二）实际操作

1. 计算各编号钢筋的下料长度；
2. 放大样、制作样板；
3. 钢筋调直、除锈；
4. 按计算长度下料（小直径钢筋可用手工下料）；
5. 各编号钢筋加工成型并进行检验评定；
6. 绑扎安装构件并检查评定。

（三）质量检查

1. 按质量标准检验评定构件质量；
2. 纠正和改进不足之处；
3. 收尾整理、退料；
4. 清理场地，申报完成作品；
5. 安全文明操作。

（四）完成对应质量验收记录

1. 钢筋原材料检验批质量验收记录；
2. 钢筋加工检验批质量验收记录；
3. 钢筋连接检验批质量验收记录；
4. 钢筋安装检验批质量验收记录。

参考图：

图 4.1 基础钢筋

图 4.2 梁钢筋

图 4.3 现浇板钢筋

图 4.4 平法框架梁

图 4.5 剪力墙柱表

图 4.6 局部板施工图

图 4.7 局部梁平法施工图

图 4.8 某框架-剪力墙结构柱子施工图

图 4.9（a）某框架-剪力墙结构梁平法施工图（标高 3.55、7.55）
图 4.9（b）某框架-剪力墙结构梁平法施工图（标高 3.55、7.55）
图 4.10 某框架-剪力墙结构梁平法施工图（标高 10.75）

综合任务三　编制混凝土框架结构钢筋绑扎技术交底记录

选取任务：以框架结构施工图为任务载体，选取局部框架组织实施技术交底。
训练内容：

1. 施工准备：

（1）技术准备；
（2）材料准备；
（3）人员准备；
（4）机具准备；
（5）作业条件。

2. 操作工艺

制定工艺流程，编写操作工艺。
（1）柱子钢筋绑扎；
（2）梁钢筋绑扎；
（3）板钢筋帮扎；
（4）楼梯钢筋帮扎。

3. 质量标准

（1）主控项目；
（2）一般项目。

4. 成品保护

5. 质量记录

6. 安全环境保护措施

参考图：
图 4.1　基础钢筋
图 4.2　梁钢筋
图 4.3　现浇板钢筋
图 4.4　平法框架梁
图 4.5　剪力墙柱表
图 4.6　局部板施工图
图 4.7　局部梁平法施工图
图 4.8　某框架-剪力墙结构柱子施工图
图 4.9（*a*）　某框架-剪力墙结构梁平法施工图（标高 3.55、7.55）
图 4.9（*b*）　某框架-剪力墙结构梁平法施工图（标高 3.55、7.55）

图 4.10　某框架-剪力墙结构梁平法施工图（标高 10.75）

综合任务四　编制混凝土结构钢筋专项施工方案

选取任务：以框架结构施工图为任务载体，选取局部框架进行钢筋专项施工方案的编制。

训练内容：根据提供图纸、任务单，能收集资料，合理选用施工方案，制定具体的施工方法，并能正确组织人力、材料、机械，能进行钢筋验收资料的编写。

1. 编制依据（收集规程、规范、图集等）

钢 筋 工 程 概 况　　　表 4.4.1

工程特点	单层施工面积较大，钢筋用量也比较大，约 21000t，尤其是地下部分钢筋用量巨大约 10000t，公寓部分三、四层之间为结构转换层，钢筋分布较密，控制钢筋施工的质量，也为控制结构工程施工质量的重点	
主要钢筋型号	32、28、25、22、20、18、16、14、12、10、8	
主要钢筋类型	Ⅰ、Ⅱ、Ⅲ级钢，Ⅲ级钢主要应用与梁、柱	
连接形式	直径≥18 采用滚压直螺纹连接，其他采用绑扎搭接	
施工难点	基础底板	钢筋直径较大，量较大
	基础梁	梁截面较大，钢筋用量大，绑扎工序较多
	框支梁	梁截面较大，钢筋分布较密

2. 施工部署

（1）施工组织管理结构；

（2）施工部位以及施工时间；

（3）劳动力组织；

（4）施工流水段的划分。

3. 施工准备

（1）技术准备；

（2）材料准备；

（3）人员准备；

（4）机具准备；

（5）作业条件。

4. 钢筋施工主要技术措施

5. 钢筋加工

（1）箍筋加工；

（2）纵向钢筋加工；

（3）附加钢筋加工；

（4）其他钢筋加工。

6. 钢筋的连接

7. 钢筋绑扎与安装

8. 质量验收

9. 质量控制措施

（1）钢筋的进场、加工、存放；

（2）钢筋连接；

（3）钢筋绑扎；

（4）钢筋样板制作。

10. 成品保护

11. 安全文明环保措施

（1）安全文明施工措施；

（2）环保措施。

附图：

图 4.1　基础钢筋

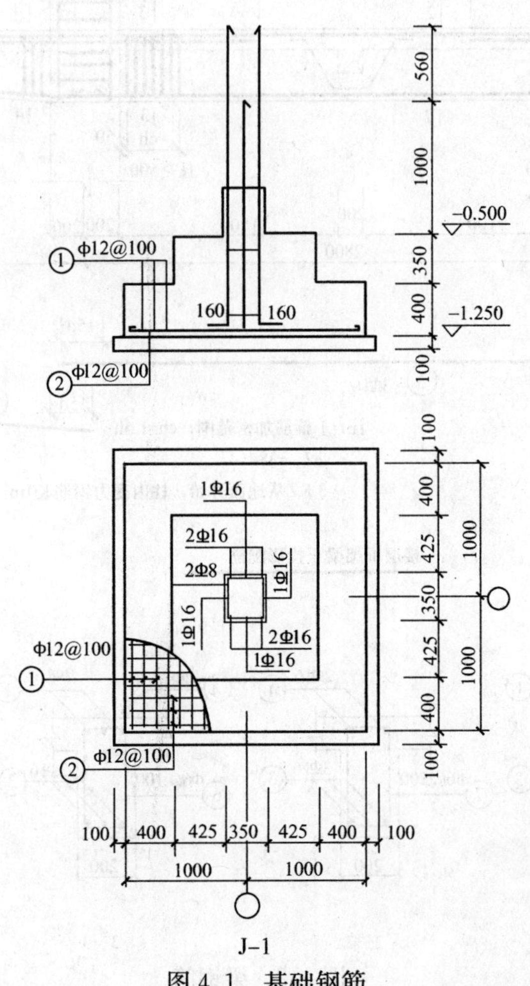

图 4.1　基础钢筋

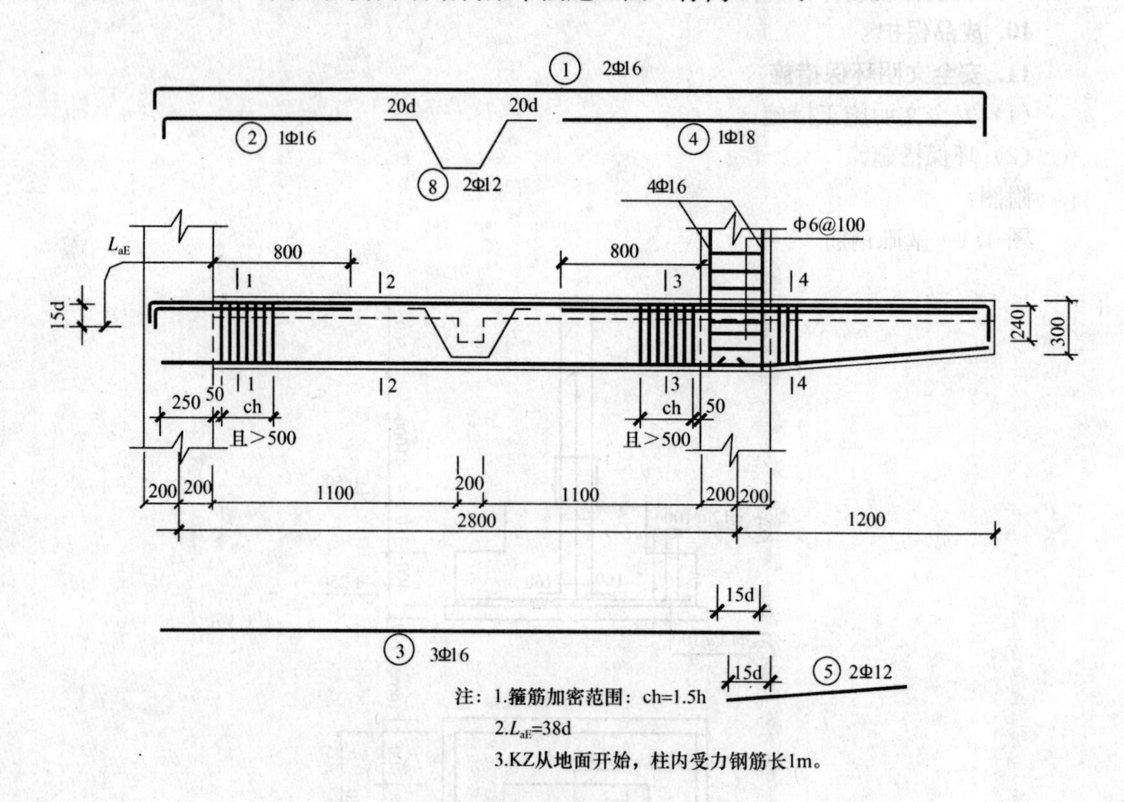
① 2Φ16
② 1Φ16
20d
20d
④ 1Φ18
⑧ 2Φ12
4Φ16
Φ6@100
L_{aE}
800
800
15d
240
300
250
50
ch
且＞500
ch
50
且＞500
200
200
1100
200
1100
200
200
2800
1200
15d
③ 3Φ16
15d
⑤ 2Φ12
注：1.箍筋加密范围：ch=1.5h
2.L_{aE}=38d
3.KZ从地面开始，柱内受力钢筋长1m。
楼层框架梁正投影配筋

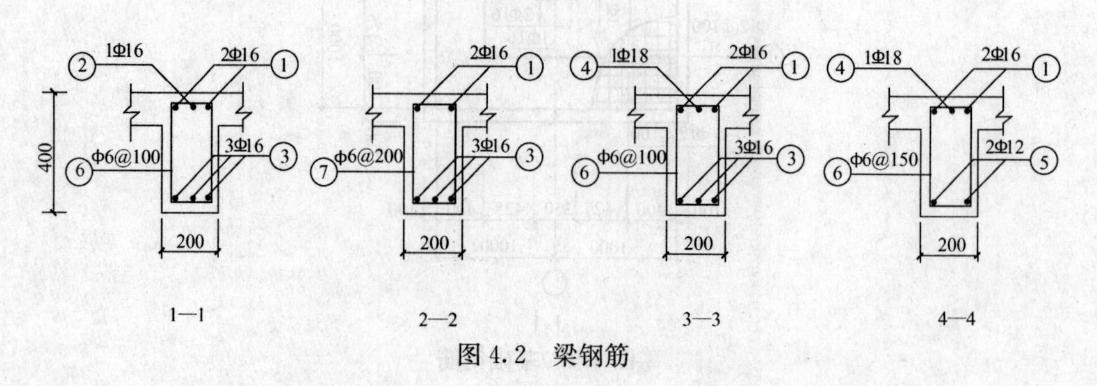
② 1Φ16
2Φ16 ①
400
⑥ Φ6@100
3Φ16 ③
200
1—1
2Φ16 ①
⑦ Φ6@200
3Φ16 ③
200
2—2
④ 1Φ18
2Φ16 ①
⑥ Φ6@100
3Φ16 ③
200
3—3
④ 1Φ18
2Φ16 ①
⑥ Φ6@150
2Φ12 ⑤
200
4—4

图 4.2　梁钢筋

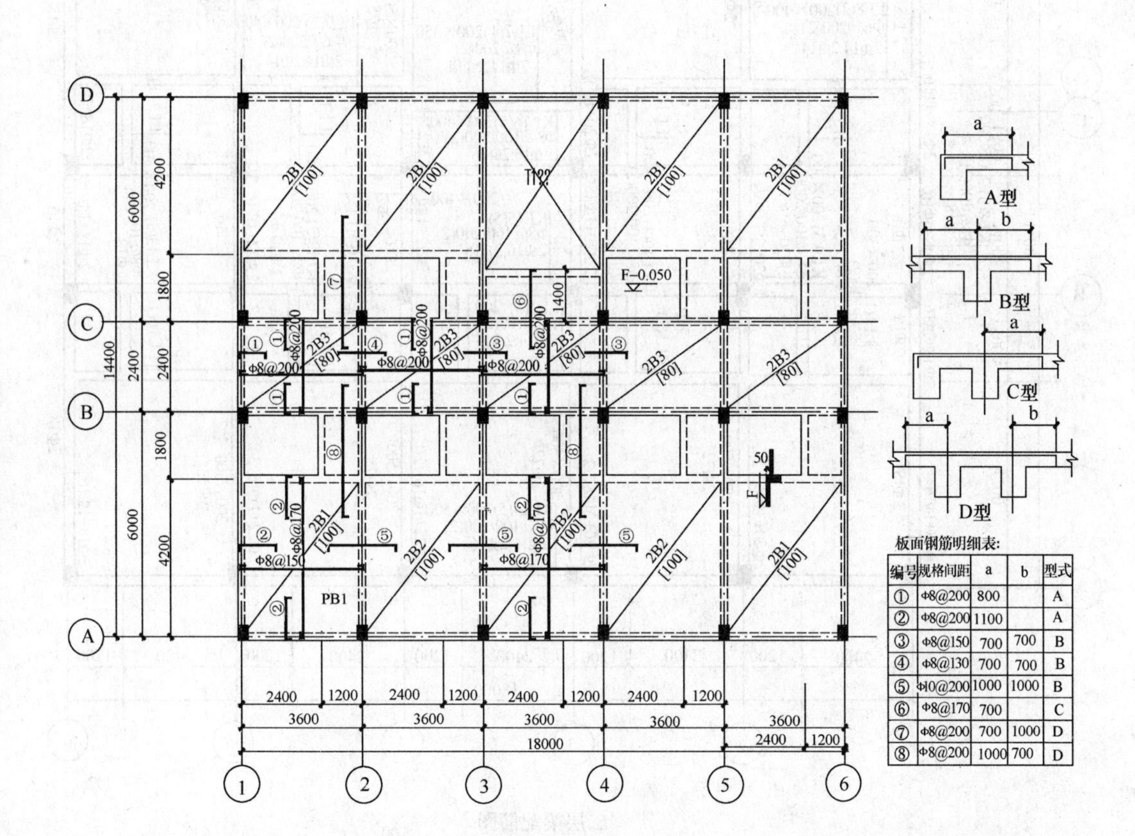

板面钢筋明细表:

编号	规格间距	a	b	型式
①	Φ8@200	800		A
②	Φ8@200	1100		A
③	Φ8@150	700	700	B
④	Φ8@130	700	700	B
⑤	Φ10@200	1000	1000	B
⑥	Φ8@170	700		C
⑦	Φ8@200	700	1000	D
⑧	Φ8@200	1000	700	D

二层结构布置平面图

说明：1.未注明板厚为80,未注明板钢筋为Φ8@200；
未示出之板分布筋为Φ6@200；
2.图中板短跨LΦ2200mm的板，板筋除图中特别注明者外，其余均按大样ⓐ和ⓑ配筋。

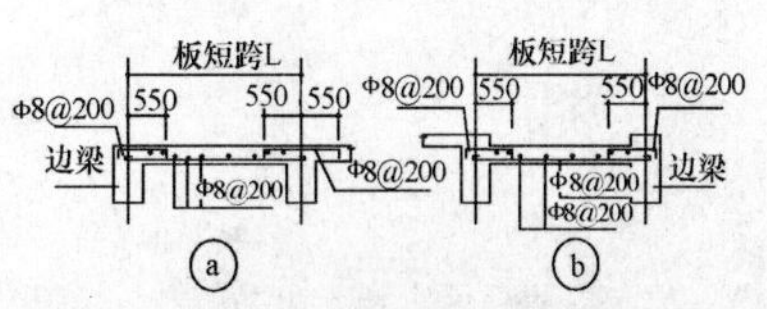

注：1.长跨方向板面筋同短跨，板分布筋为Φ6@200；
2.板跨L1500时板面筋拉通。

图 4.3　现浇板钢筋

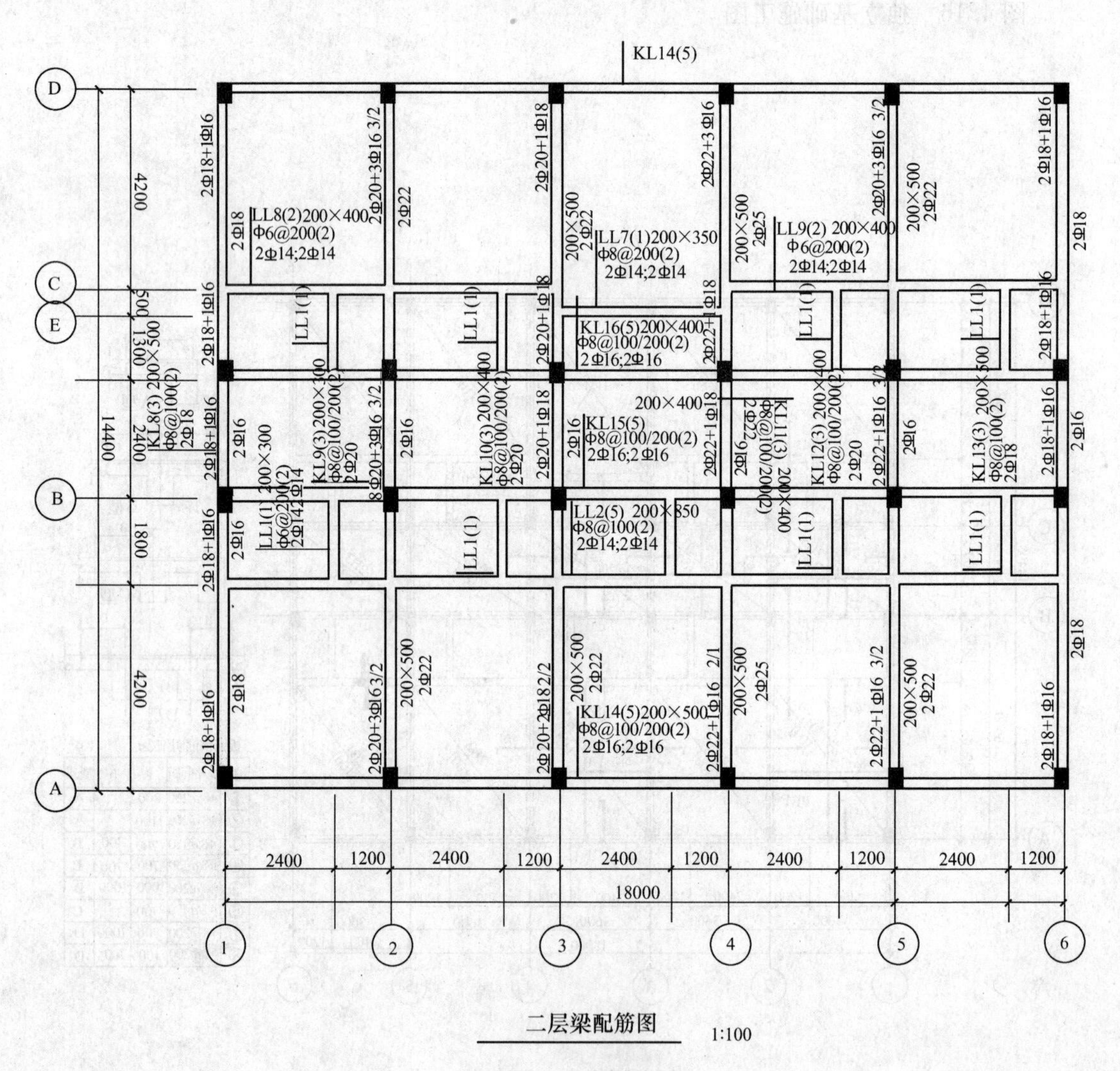
KL14(5)
D
C
E
B
A
4200
500
1300
2400
1800
14400
LL8(2)200×400
Φ6@200(2)
2Φ14;2Φ14
LL7(1)200×350
Φ8@200(2)
2Φ14;2Φ14
LL9(2) 200×400
Φ6@200(2)
2Φ14;2Φ14
KL16(5)200×400
Φ8@100/200(2)
2Φ16;2Φ16
KL15(5)
Φ8@100/200(2)
2Φ16;2Φ16
LL2(5) 200×850
Φ8@100(2)
2Φ14;2Φ14
KL14(5)200×500
Φ8@100/200(2)
2Φ16;2Φ16
KL8(3) 200×500
Φ8@100(2)
2Φ18
KL9(3) 200×300
Φ8@100/200(2)
2Φ20
KL10(3) 200×400
Φ8@100/200(2)
2Φ20
KL11(3) 200×400
Φ8@100/200(2)
KL12(3) 200×400
Φ8@100/200(2)
2Φ20
KL13(3) 200×500
Φ8@100(2)
2Φ18
LL1(1)
200×500
200×400
2400
1200
18000
1
2
3
4
5
6
二层梁配筋图
1:100

图 4.4　平法框架梁

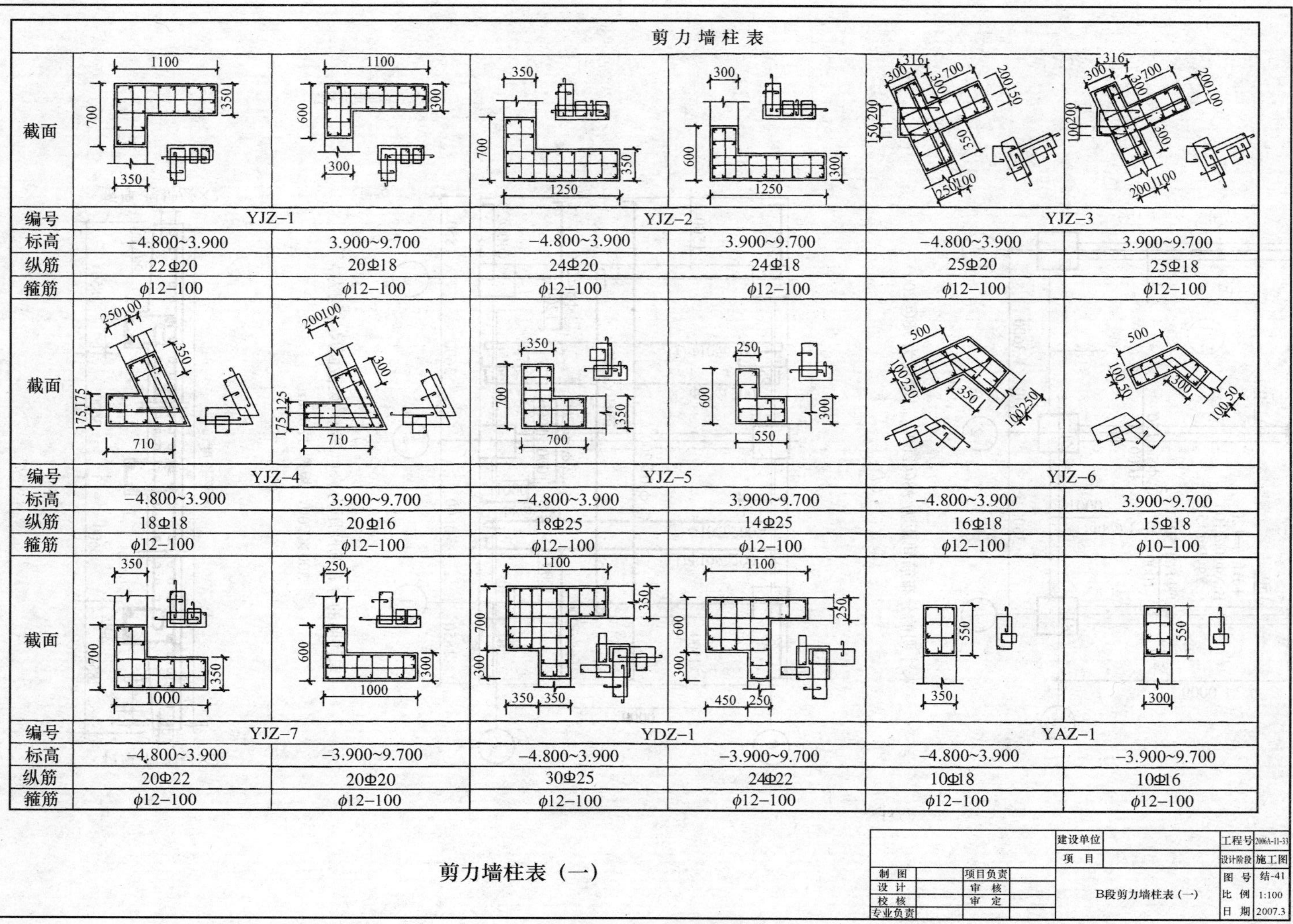

剪力墙柱表

截面						
编号	YJZ-1		YJZ-2		YJZ-3	
标高	-4.800~3.900	3.900~9.700	-4.800~3.900	3.900~9.700	-4.800~3.900	3.900~9.700
纵筋	22Φ20	20Φ18	24Φ20	24Φ18	25Φ20	25Φ18
箍筋	ϕ12-100	ϕ12-100	ϕ12-100	ϕ12-100	ϕ12-100	ϕ12-100
截面						
编号	YJZ-4		YJZ-5		YJZ-6	
标高	-4.800~3.900	3.900~9.700	-4.800~3.900	3.900~9.700	-4.800~3.900	3.900~9.700
纵筋	18Φ18	20Φ16	18Φ25	14Φ25	16Φ18	15Φ18
箍筋	ϕ12-100	ϕ12-100	ϕ12-100	ϕ12-100	ϕ12-100	ϕ10-100
截面						
编号	YJZ-7		YDZ-1		YAZ-1	
标高	-4.800~3.900	-3.900~9.700	-4.800~3.900	-3.900~9.700	-4.800~3.900	-3.900~9.700
纵筋	20Φ22	20Φ20	30Φ25	24Φ22	10Φ18	10Φ16
箍筋	ϕ12-100	ϕ12-100	ϕ12-100	ϕ12-100	ϕ12-100	ϕ12-100

剪力墙柱表（一）

				建设单位	工程号	2006A-11-33
				项　目	设计阶段	施工图
制　图		项目负责		B段剪力墙柱表（一）	图　号	结-41
设　计		审　核			比　例	1:100
校　核		审　定			日　期	2007.3
专业负责						

图 4.5　剪力墙柱表

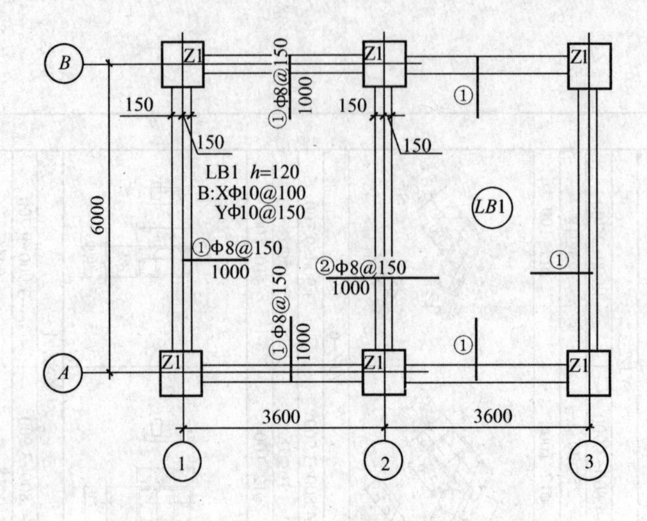

（未注明的分布筋间距为 ϕ8@250，温度筋为 ϕ8@200）

(*a*)

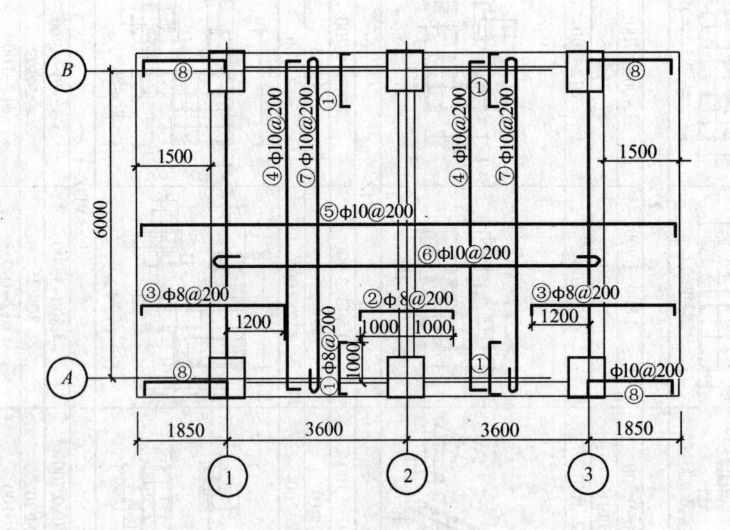

（未注明的分布筋间距为 ϕ8@250，梁截面尺寸均为

300×700，板厚 120mm）

(*b*)

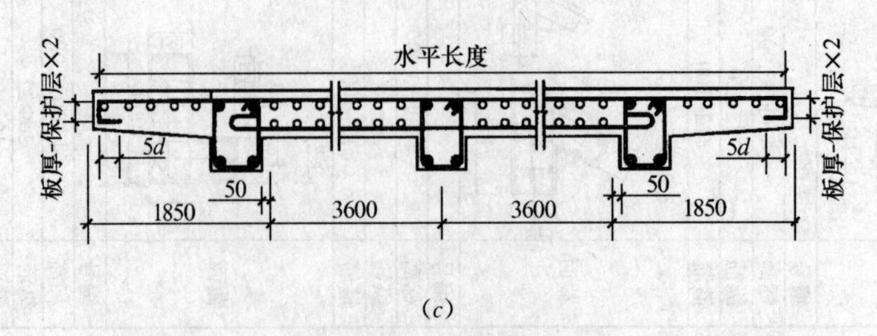

(*c*)

图 4.6 局部板施工图

(*a*) 两跨板钢筋；(*b*) 两端延伸悬挑板施工图；(*c*) 两端延伸悬挑板剖面图

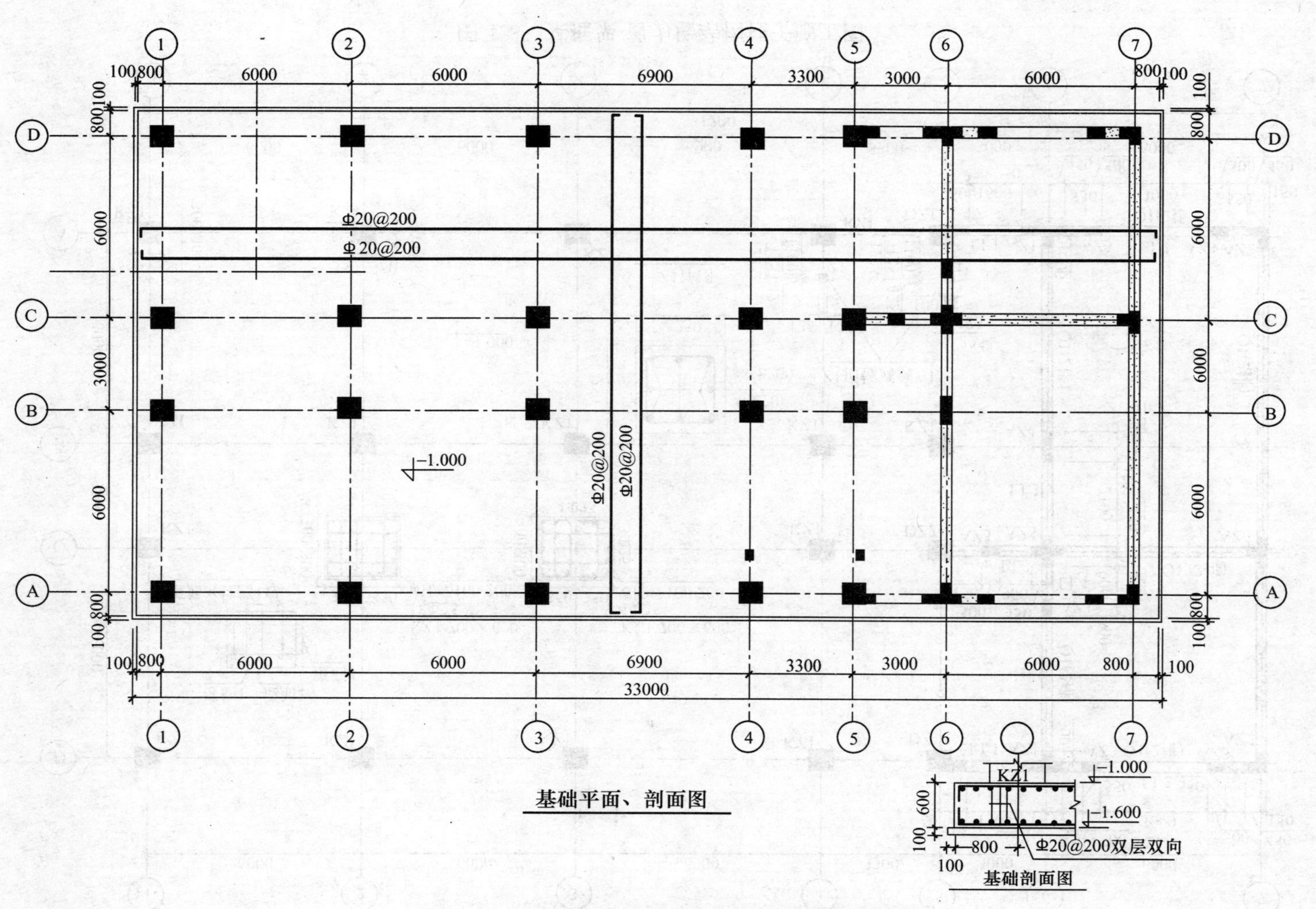

图 4.7　某框架-剪力墙结构基础平面、剖面图

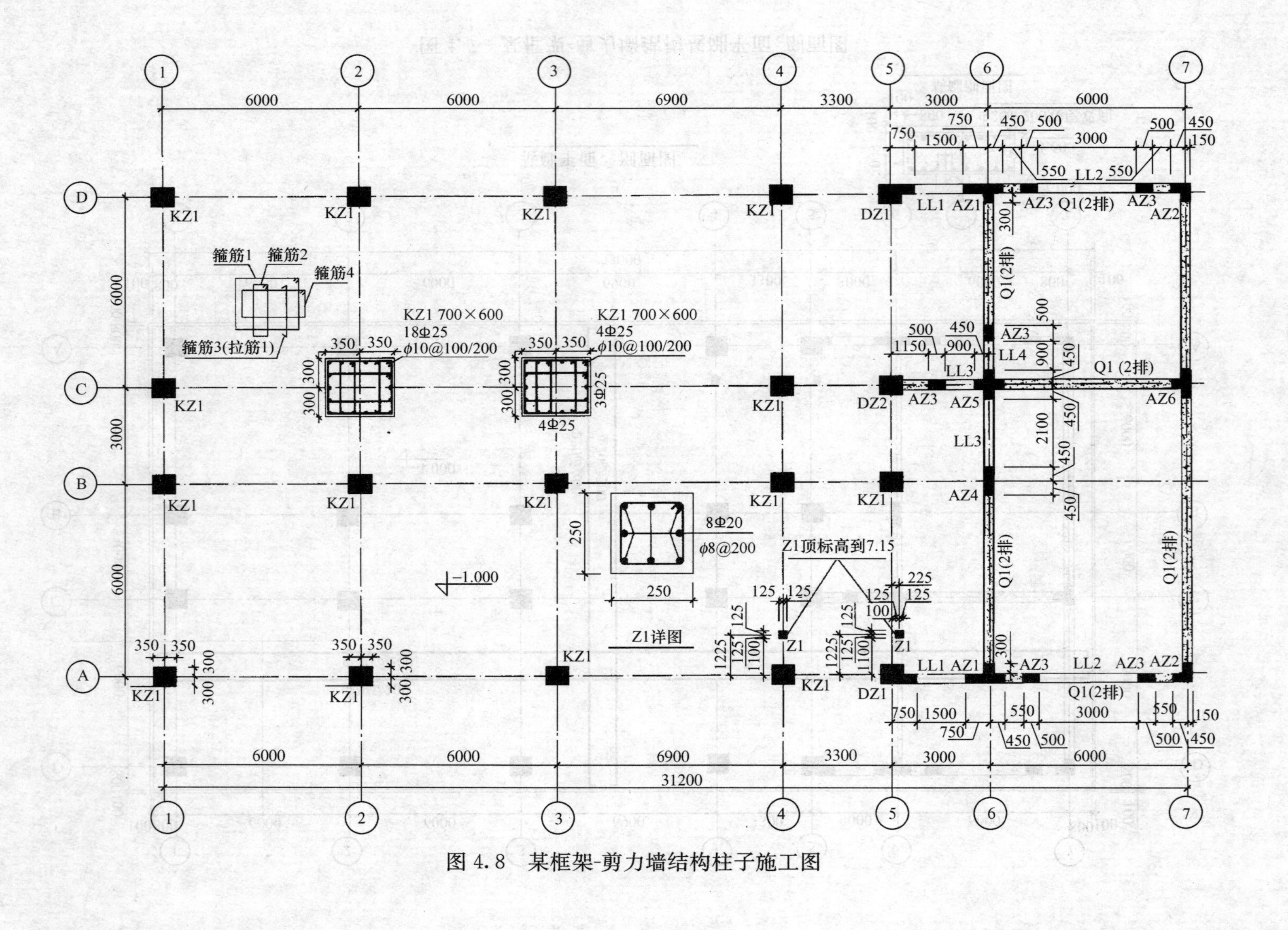

图 4.8　某框架-剪力墙结构柱子施工图

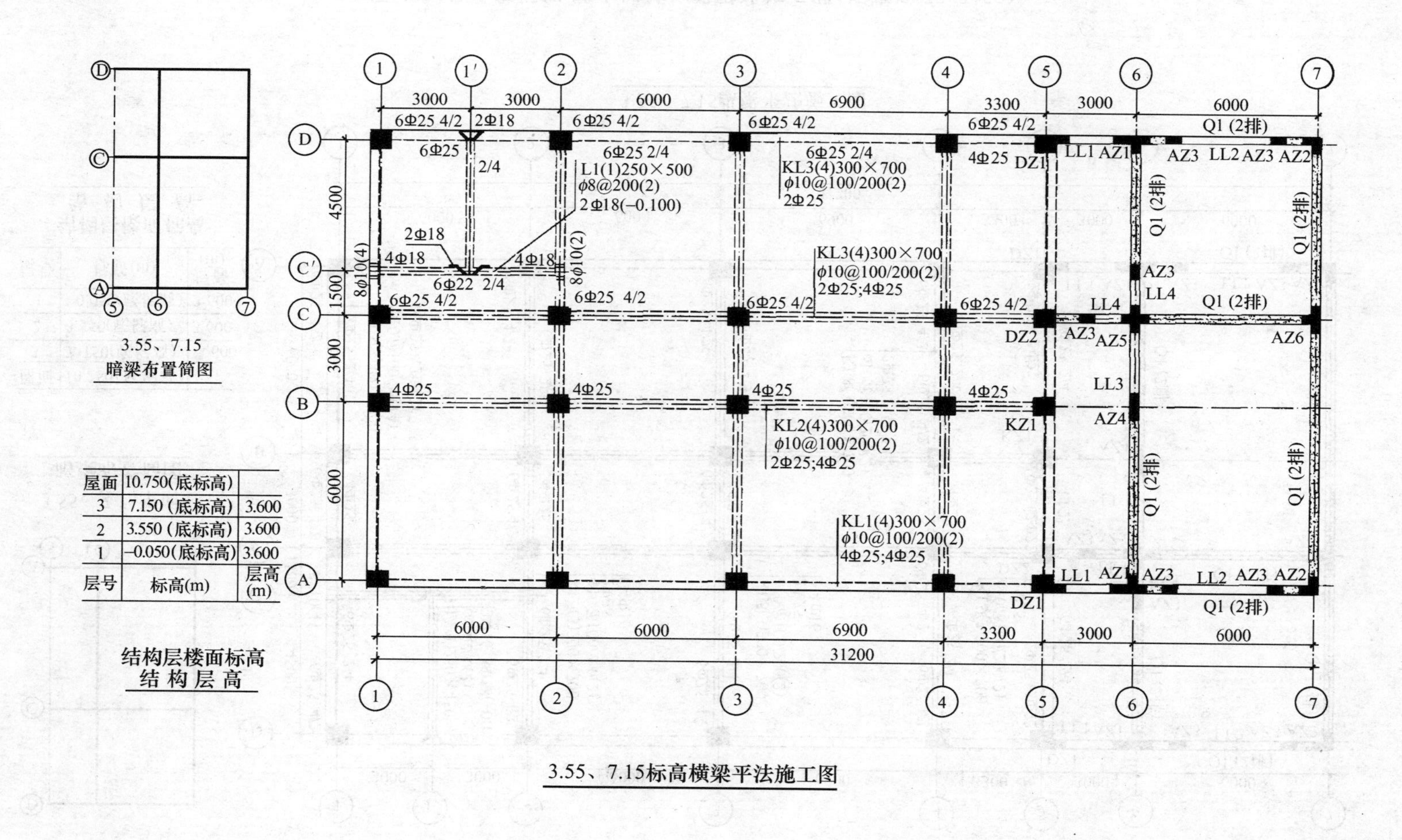

层号	标高(m)	层高(m)
屋面	10.750(底标高)	
3	7.150(底标高)	3.600
2	3.550(底标高)	3.600
1	-0.050(底标高)	3.600

图 4.9(*a*) 某框架-剪力墙结构梁平法施工图(标高 3.55、7.55)

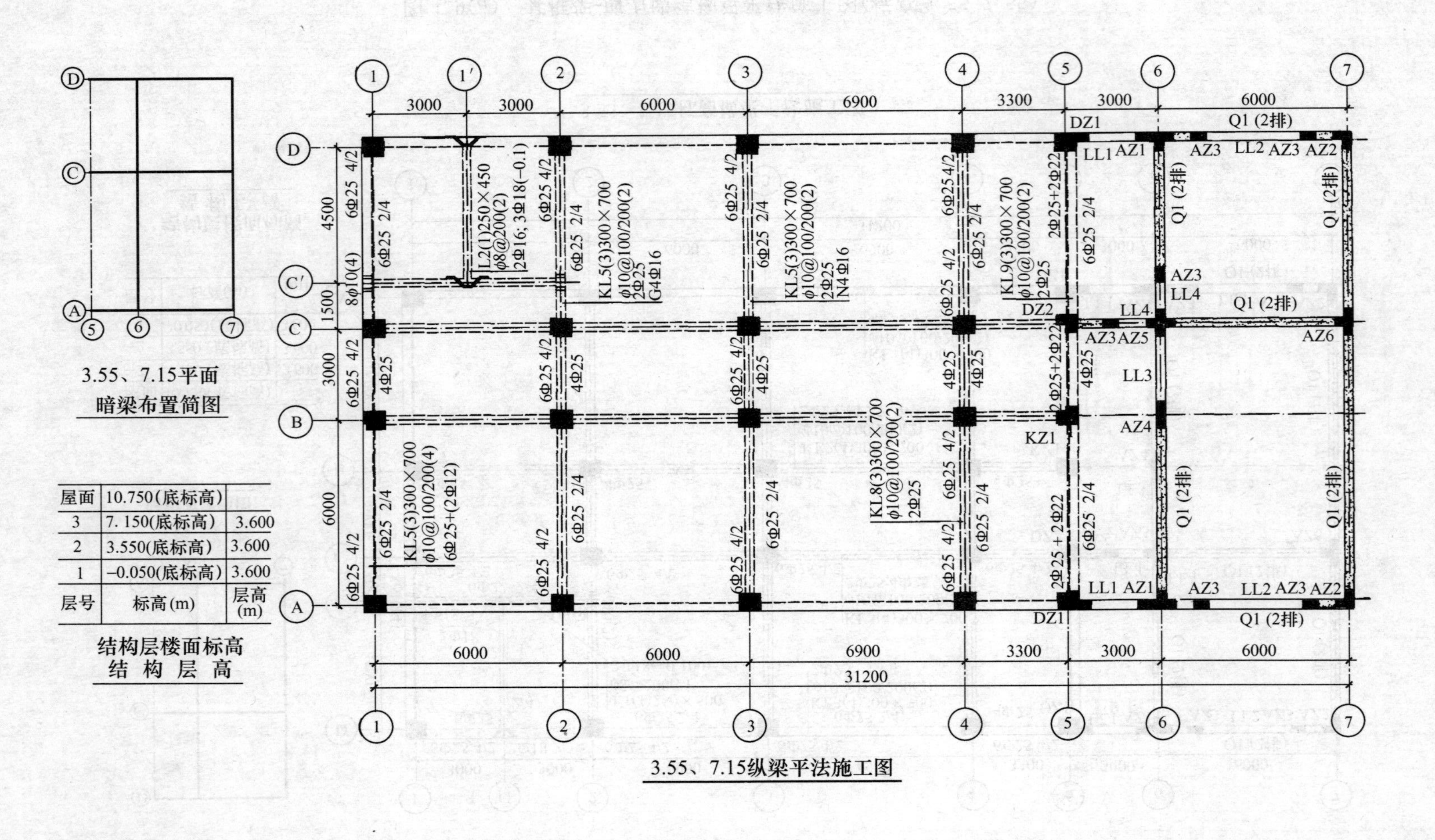

层号	标高(m)	层高(m)
屋面	10.750(底标高)	
3	7.150(底标高)	3.600
2	3.550(底标高)	3.600
1	−0.050(底标高)	3.600

结构层楼面标高
结构层高

图 4.9(*b*) 某框架-剪力墙结构梁平法施工图(标高 3.55、7.55)

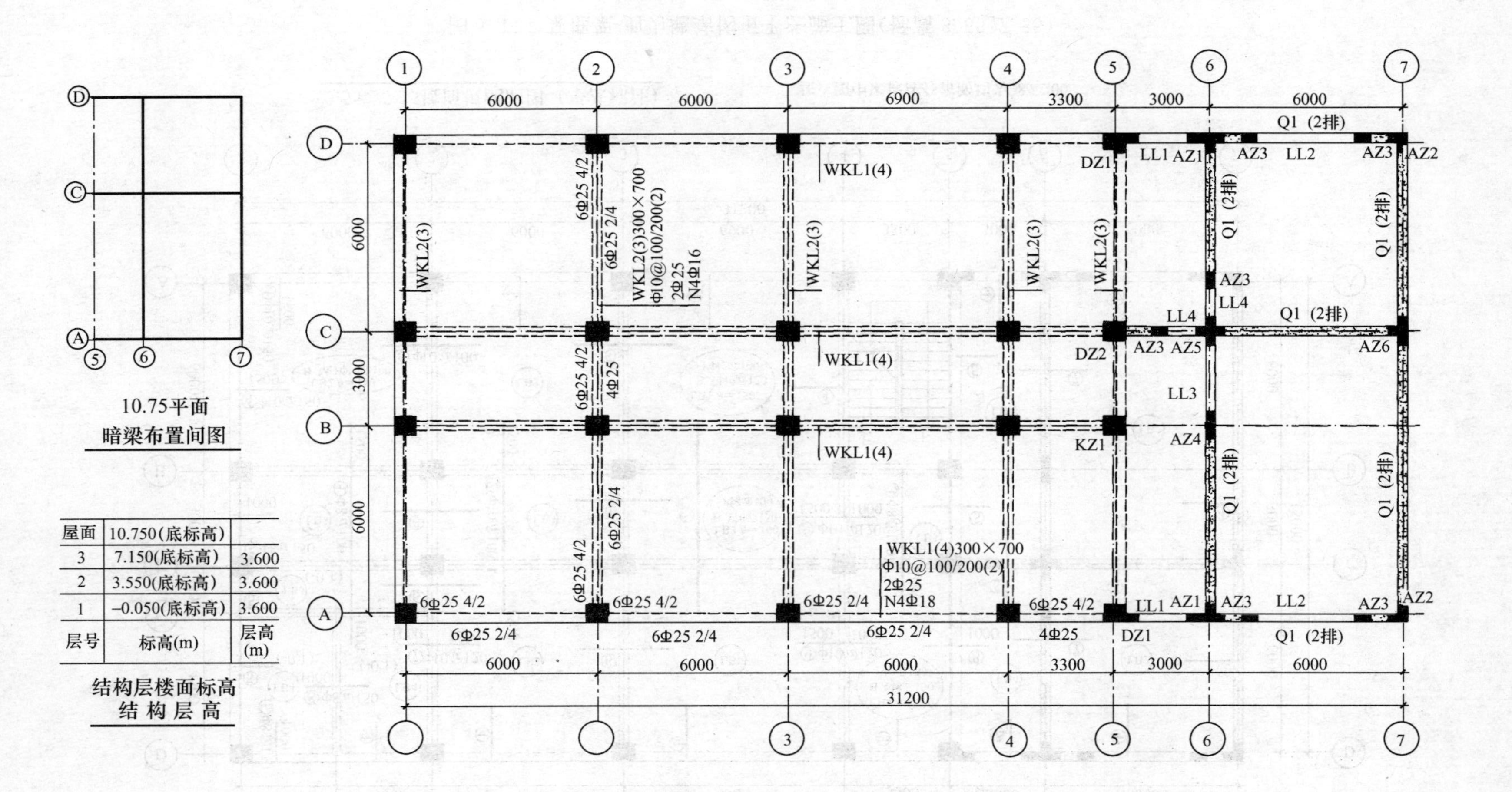

屋面	10.750(底标高)	
3	7.150(底标高)	3.600
2	3.550(底标高)	3.600
1	−0.050(底标高)	3.600
层号	标高(m)	层高(m)

结构层楼面标高
结构层高

图 4.10 某框架-剪力墙结构梁平法施工图(标高 10.75)

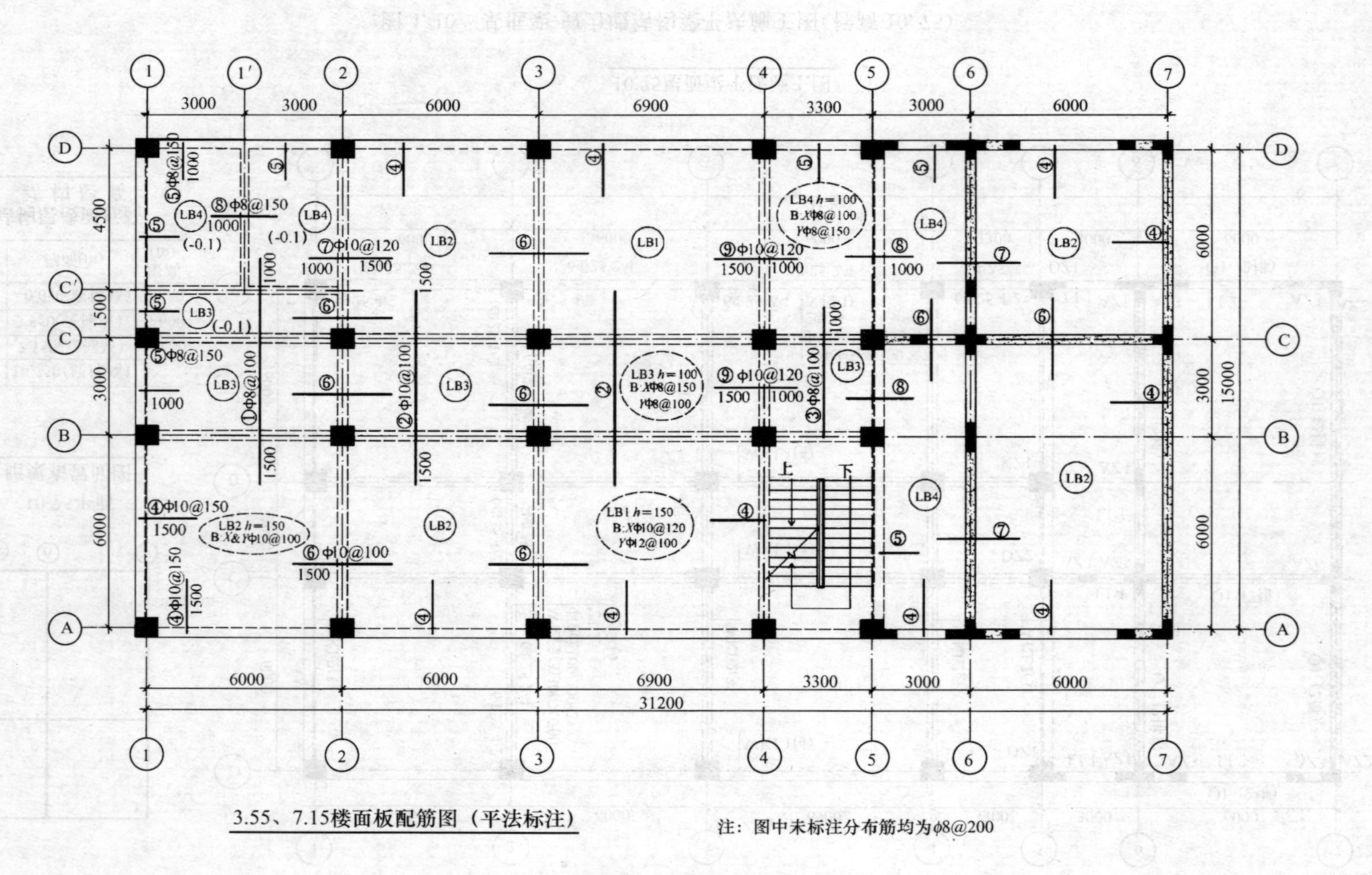

图 4.11　某框架-剪力墙结构板平法施工图(标高 3.55、7.55)

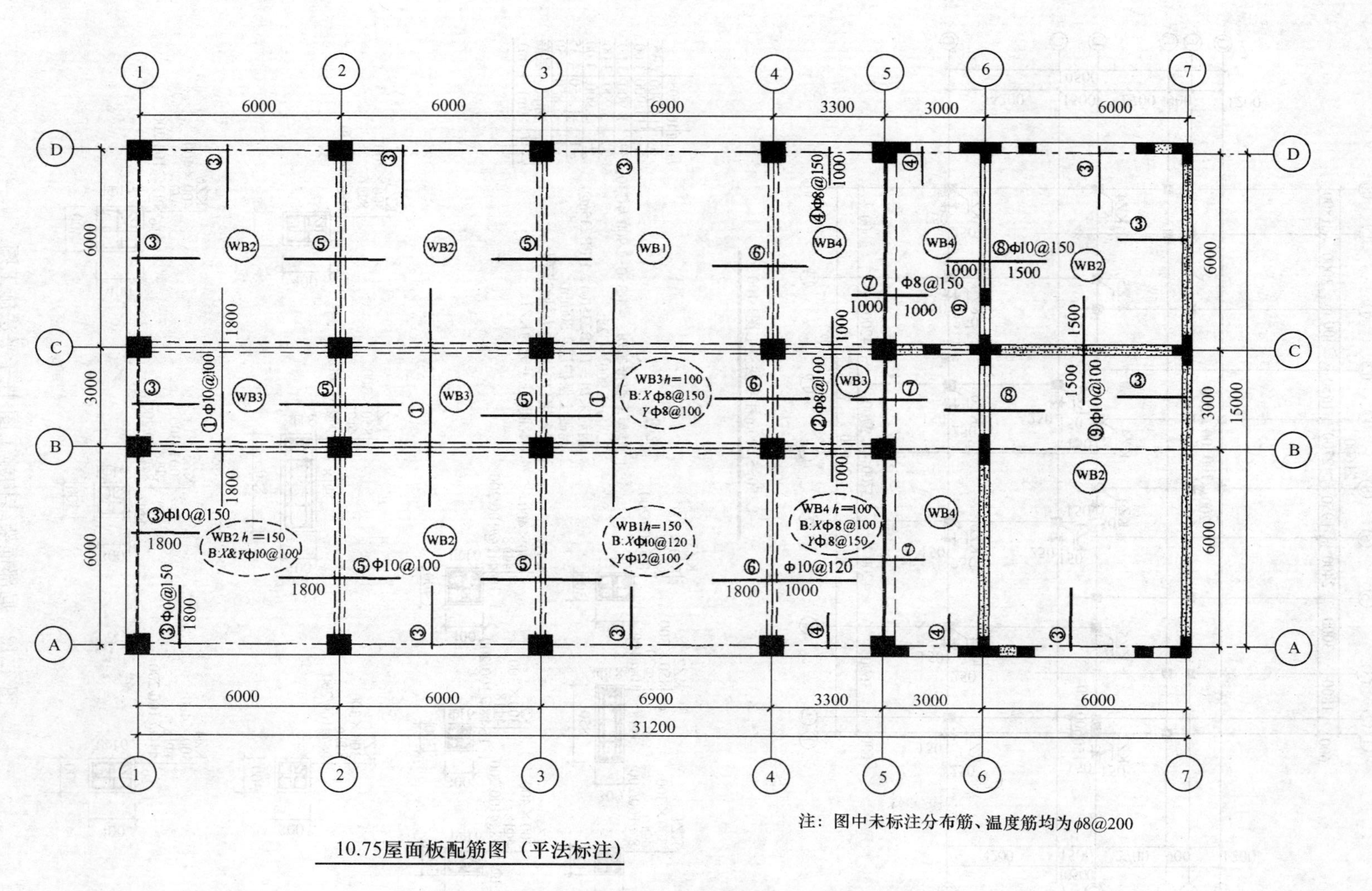

图 4.12　某框架-剪力墙结构板平法施工图(标高 10.75)

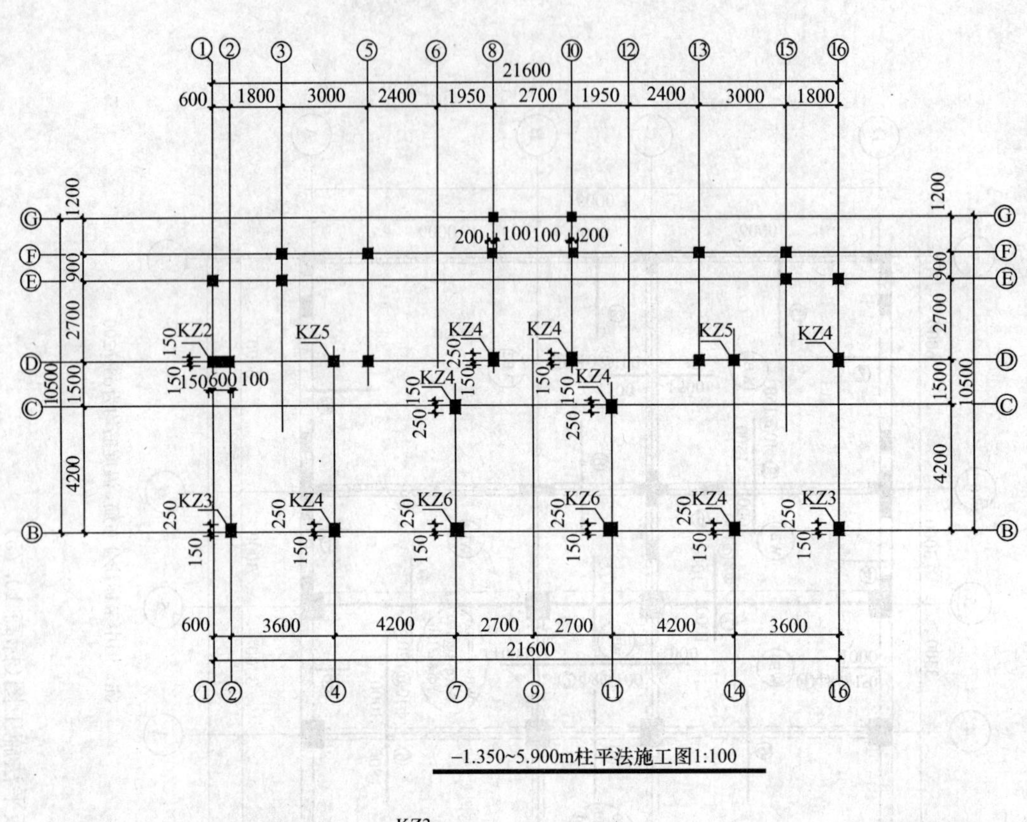

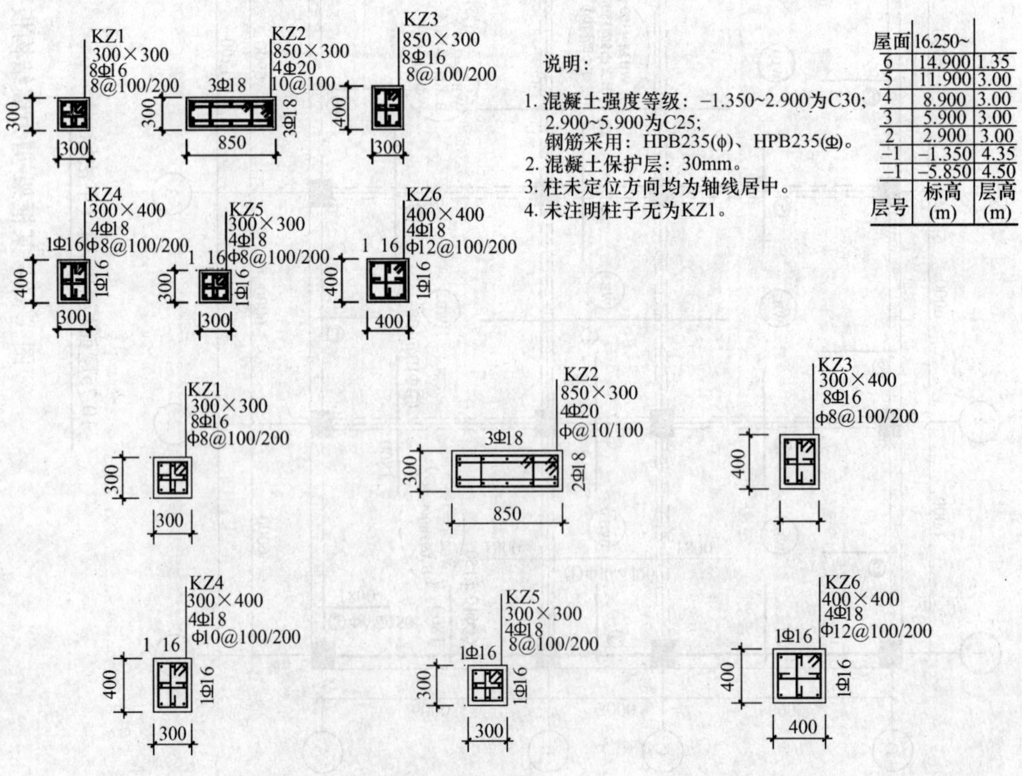

层号	标高(m)	层高(m)
屋面	16.250~	
6	14.900	1.35
5	11.900	3.00
4	8.900	3.00
3	5.900	3.00
2	2.900	3.00
-1	-1.350	4.35
-1	-5.850	4.50

图 4.13　局部框架结构施工图-柱子平法施工图

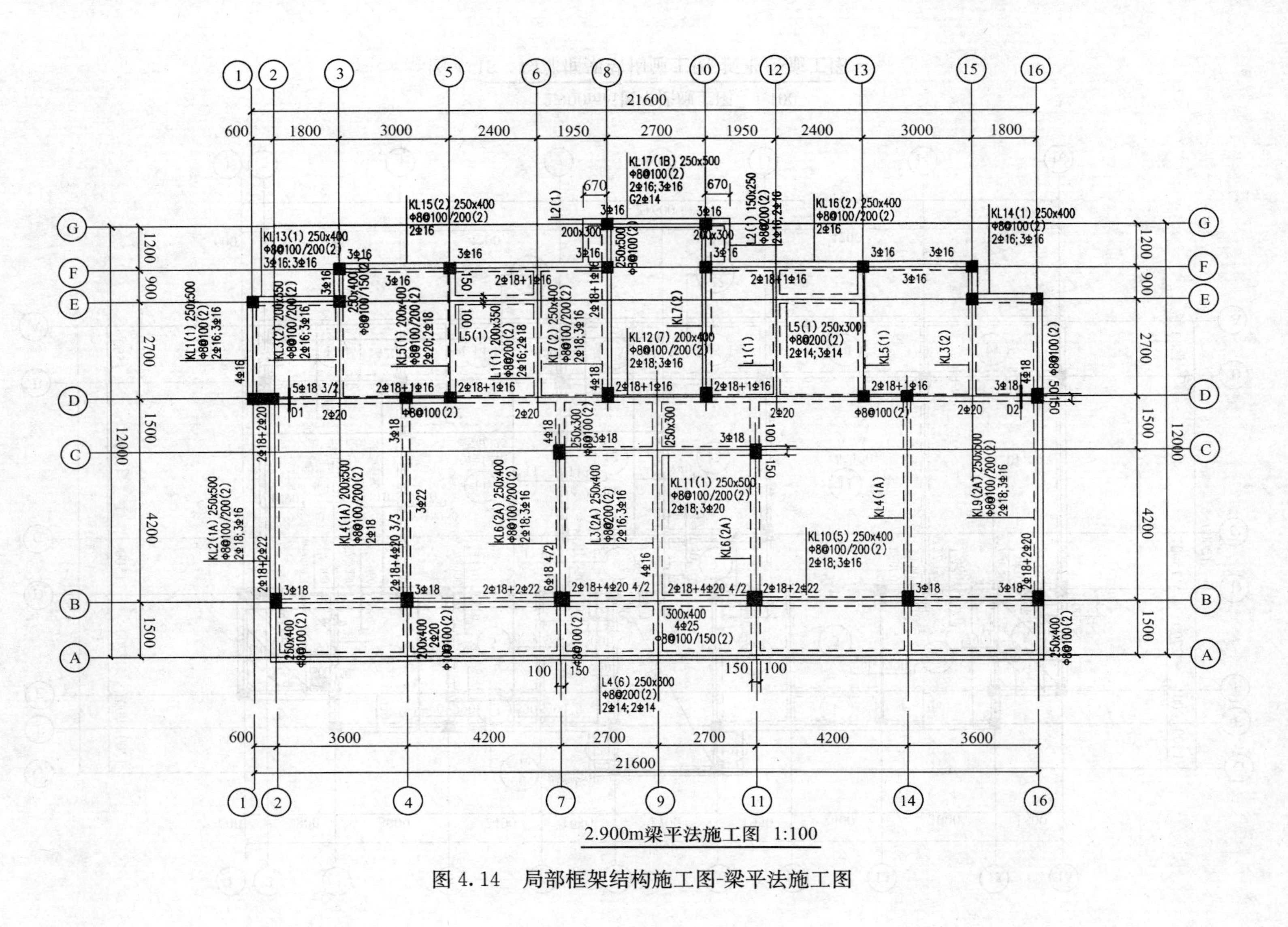

2.900m梁平法施工图 1:100

图 4.14 局部框架结构施工图-梁平法施工图

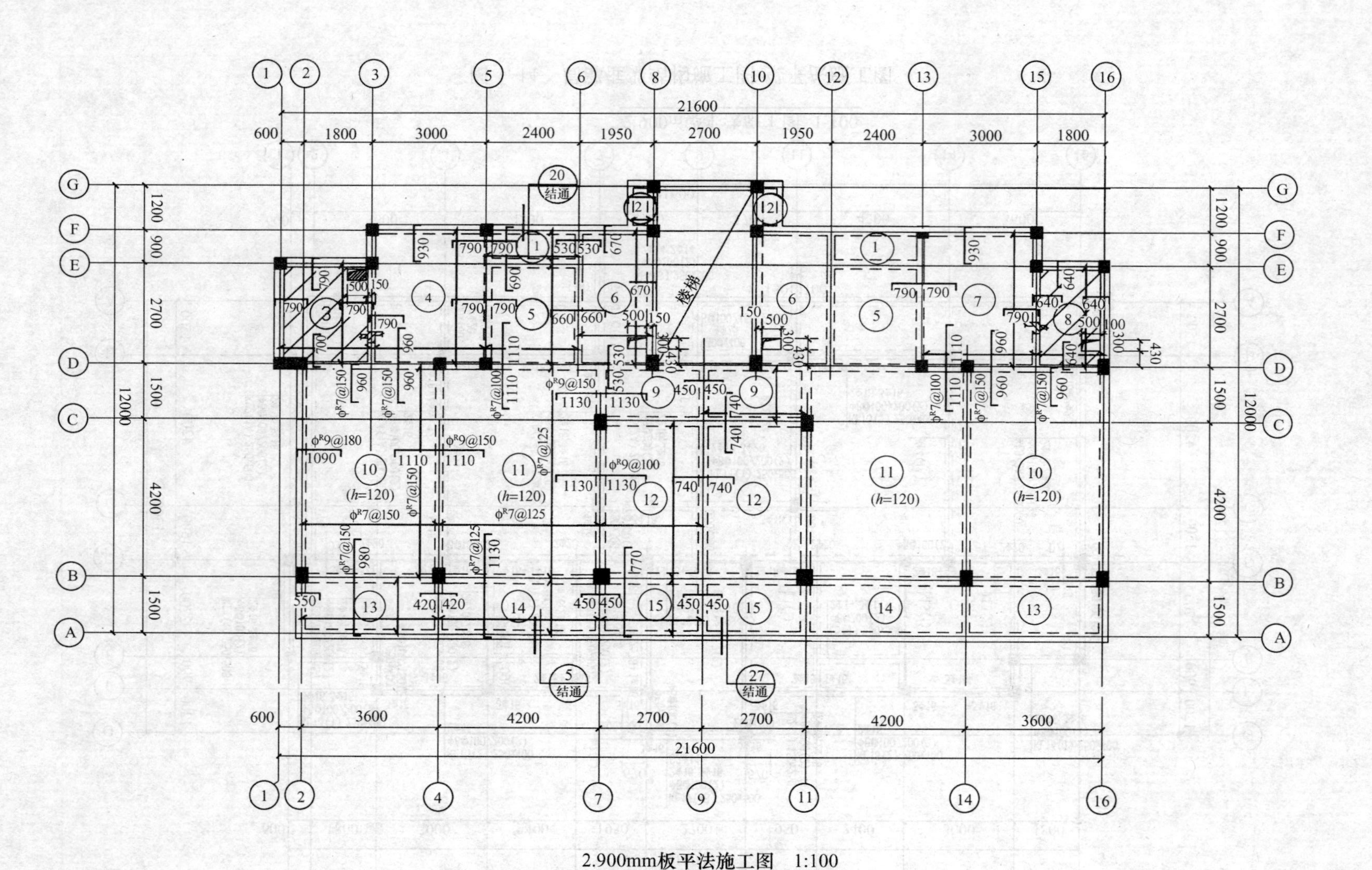

2.900mm板平法施工图 1:100

图 4.15 局部框架结构施工图-板平法施工图

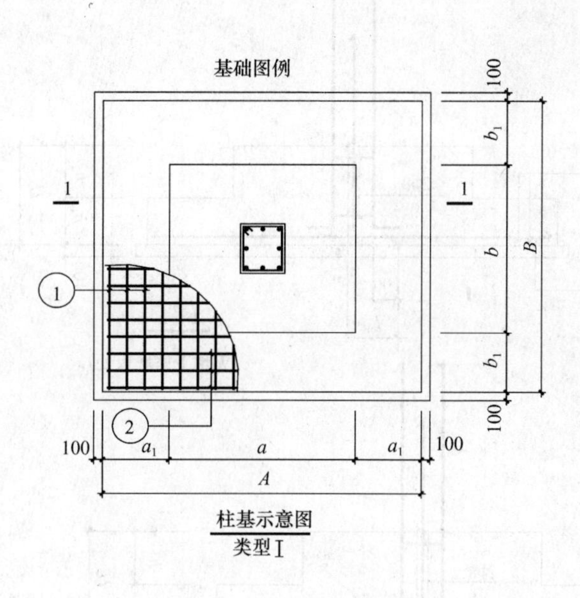

柱基示意图
类型Ⅰ

基础大样表

基础编号	类型	基础平面尺寸						基础高度			基础底板配筋	
		A	a_1	a	B	B_1	b	H	h_1	h_2	①	②
J-1	Ⅰ	1700	350	1000	1500	300	900	600	300	300	Φ12@180	Φ12@180
J-2	Ⅰ	1600	350	900	1600	350	900	600	300	300	Φ12@180	Φ12@180
J-3	Ⅱ	1750	400	950	2900	400	2100	—	300	—	Φ12@200	Φ12@200
J-4	Ⅰ	2100	300	1500	2100	300	1500	—	300	—	Φ12@200	Φ12@200
J-5	Ⅱ	1700	350	1000	2600	350	1900	—	300	—	Φ12@200	Φ12@200
J-6	Ⅰ	1600	350	900	2000	350	1300	600	300	300	Φ12@130	Φ12@130
J-7	Ⅱ	1700	300	1100	2600	300	2000	—	300	—	Φ12@200	Φ12@200
J-8	Ⅰ	1900	400	1100	1900	400	1100	600	300	300	Φ12@130	Φ12@130
J-9	Ⅰ	1400	250	900	1700	300	1100	—	300	—	Φ12@200	Φ12@200
J-10	Ⅰ	1600	350	900	1600	350	900	—	300	—	Φ12@200	Φ12@200

备注：①号钢筋为沿基础长边向，A为基础短边尺寸，B为基础长边尺寸。

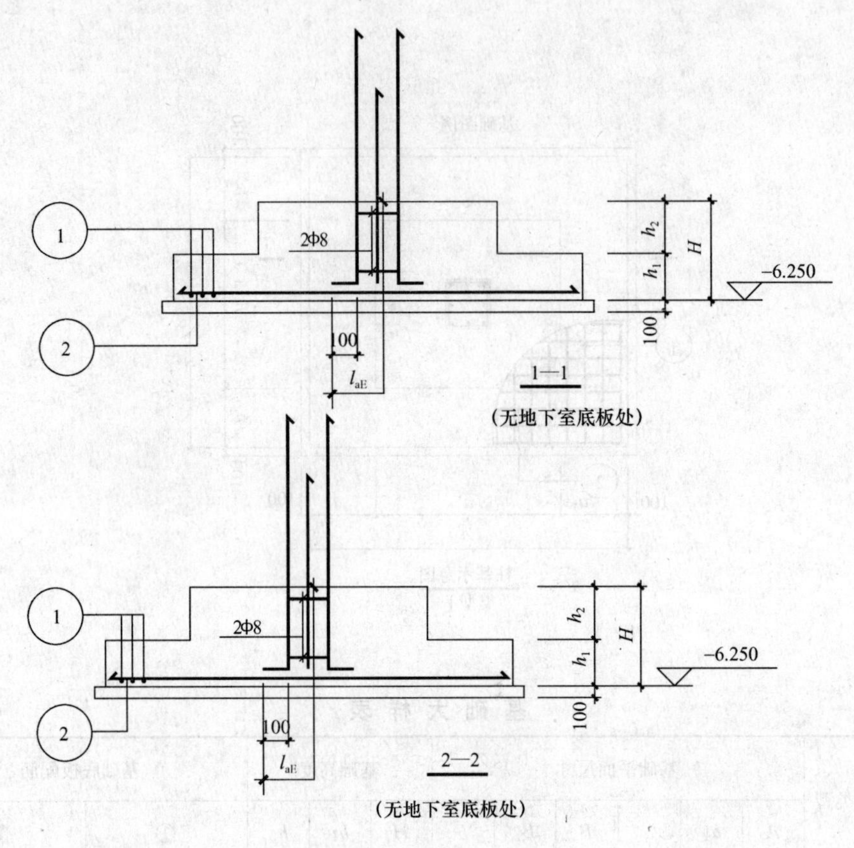

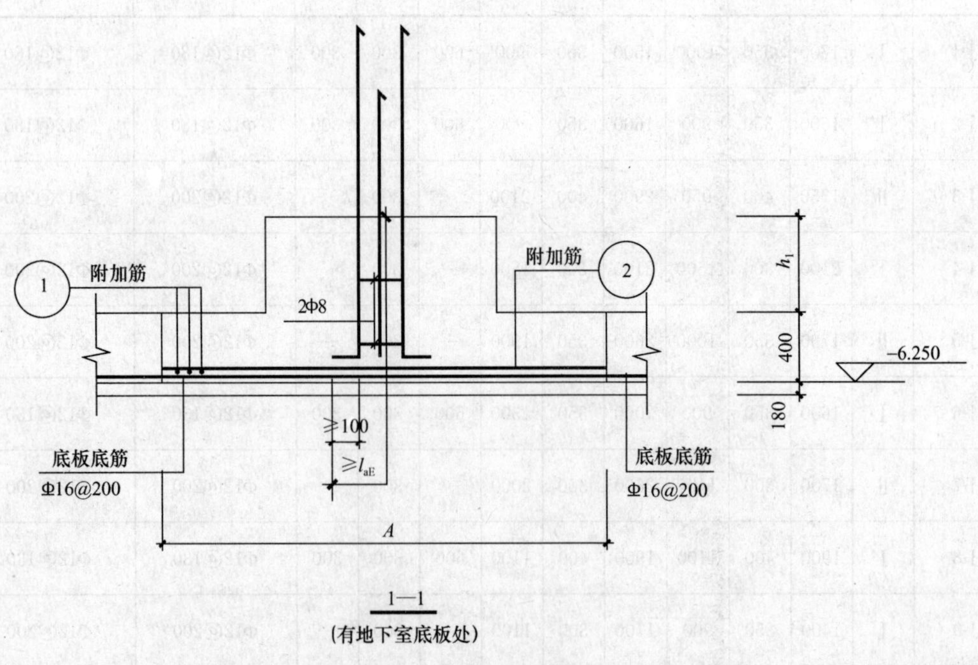

图 4.16　独立基础施工图

钢筋原材料检验批质量验收记录

编号：010602（1）/020102（1）□□□　　（GB 50204—2002）

<table>
<tr><td colspan="3">工程名称</td><td colspan="2"></td><td>分项工程名称</td><td></td><td>项目经理</td><td></td></tr>
<tr><td colspan="3">施工单位</td><td colspan="2"></td><td>验收部位</td><td colspan="3"></td></tr>
<tr><td colspan="3">施工执行标准
名称及编号</td><td colspan="4"></td><td>专业工长
（施工员）</td><td></td></tr>
<tr><td colspan="3">分包单位</td><td colspan="2"></td><td>分包项目经理</td><td></td><td>施工班组长</td><td></td></tr>
<tr><td colspan="5">质量验收规范的规定</td><td colspan="2">施工单位自检记录</td><td colspan="2">监理（建设）单位
验收记录</td></tr>
<tr><td rowspan="3">主控项目</td><td>1</td><td>原材料
抽　检</td><td colspan="2">钢筋进场时应按规定抽取试件作力学性能试验，其质量必须符合有关标准的规定（第5.2.1条）</td><td colspan="2"></td><td colspan="2"></td></tr>
<tr><td>2</td><td>有抗震要求框架结构</td><td colspan="2">纵向受力钢筋的强度应满足设计要求
对一、二级抗震等级，检验所得的强度实测值应符合下列规定：①钢筋的抗拉强度实测值与屈服强度实测值的比值不应小于1.25；②钢筋的屈服强度实测值与强度标准值的比值不应大于1.3（第5.2.2条）</td><td colspan="2"></td><td colspan="2"></td></tr>
<tr><td>3</td><td colspan="3">当发现钢筋脆断、焊接性能不良或力学性能显著不正常等现象时，应对该批钢筋进行化学成分检验或其他专项检验（第5.2.3条）</td><td colspan="2"></td><td colspan="2"></td></tr>
<tr><td>一般项目</td><td>1</td><td>钢筋表观质量</td><td colspan="2">钢筋应平直、无损伤，表面不得有裂纹、油污、颗粒状或片状老锈（第5.2.4条）</td><td colspan="2"></td><td colspan="2"></td></tr>
<tr><td colspan="5">施 工 操 作 依 据</td><td colspan="4"></td></tr>
<tr><td colspan="5">质 量 检 查 记 录</td><td colspan="4"></td></tr>
<tr><td colspan="3">施工单位检查
结 果 评 定</td><td colspan="6">项目专业
质量检查员：　　　　　　　　项目专业
　　　　　　　　　　　　　　技术负责人：
　　　　　　　　　　　　　　　　　　年　月　日</td></tr>
<tr><td colspan="3">监理（建设）
单位验收结论</td><td colspan="6">专业监理工程师：
（建设单位项目专业技术负责人）
　　　　　　　　　　　　　　　　　　年　月　日</td></tr>
</table>

强制性条文

5.1.1 当钢筋的品种、级别或规格需作变更时，应办理设计变更文件。

主控项目

5.2.1 钢筋进场时，应按现行国家标准《钢筋混凝土用热轧带肋钢筋》GB1499等的规定抽取试件作力学性能检验，其质量必须符合有关标准的规定。

检查数量：按进场的批次和产品的抽样检验方案确定。

检验方法：检查产品合格证、出厂检验报告和进场复验报告。

5.2.2 对有抗震设防要求的框架结构，其纵向受力钢筋的强度应满足设计要求；当设计无具体要求时，对一、二级抗震等级，检验所得的强度实测值应符合下列规定：

1. 钢筋的抗拉强度实测值与屈服强度实测值的比值不应小于1.25；

2. 钢筋的屈服强度实测值与强度标准值的比值不应大于1.3。

检查数量：按进场的批次和产品的抽样检验方案确定。

检验方法：检查进场复验报告。

5.2.3 当发现钢筋脆断、焊接性能不良或力学性能显著不正常等现象时，应对该批钢筋进行化学成分检验或其他专项检验。

检验方法：检查化学成分等专项检验报告。

一般项目

5.2.4 钢筋应平直、无损伤，表面不得有裂纹、油污、颗粒状或片状老锈。

检查数量：进场时和使用前全数检查。

检验方法：观察。

注：本表由施工项目专业质量检查员填写，专业监理工程师（建设单位项目技术负责人）组织项目专业质量（技术）负责人等进行验收。

钢筋加工工程检验批质量验收记录表
GB50204—2002
（Ⅰ）

010602□□
020102□□

<table>
<tr><td colspan="4">单位（子单位）工程名称</td><td colspan="3"></td></tr>
<tr><td colspan="4">分部（子分部）工程名称</td><td></td><td>验收部位</td><td></td></tr>
<tr><td colspan="2">施工单位</td><td colspan="3"></td><td>项目经理</td><td></td></tr>
<tr><td colspan="2">分包单位</td><td colspan="3"></td><td>分包项目经理</td><td></td></tr>
<tr><td colspan="4">施工执行标准名称及编号</td><td colspan="3"></td></tr>
<tr><td colspan="5">施工质量验收规范的规定</td><td>施工单位检查评定记录</td><td>监理（建设）
单位验收记录</td></tr>
<tr><td rowspan="5">主控项目</td><td>1</td><td colspan="2">力学性能检验</td><td>第 5.2.1 条</td><td></td><td rowspan="5"></td></tr>
<tr><td>2</td><td colspan="2">抗震用钢筋强度实测值</td><td>第 5.2.2 条</td><td></td></tr>
<tr><td>3</td><td colspan="2">化学成分等专项检验</td><td>第 5.2.3 条</td><td></td></tr>
<tr><td>4</td><td colspan="2">受力钢筋的弯钩和弯折</td><td>第 5.3.1 条</td><td></td></tr>
<tr><td>5</td><td colspan="2">箍筋弯钩形式</td><td>第 5.3.2 条</td><td></td></tr>
<tr><td rowspan="5">一般项目</td><td>1</td><td colspan="2">外观质量</td><td>第 5.2.4 条</td><td></td><td rowspan="5"></td></tr>
<tr><td>2</td><td colspan="2">钢筋调直</td><td>第 5.3.3 条</td><td></td></tr>
<tr><td rowspan="3">3</td><td rowspan="3">钢筋加工的形状、尺寸</td><td>受力钢筋顺长度方向全长的净尺寸</td><td>±10mm</td><td></td></tr>
<tr><td>弯起钢筋的弯折位置</td><td>±20mm</td><td></td></tr>
<tr><td>箍筋内净尺寸</td><td>±5mm</td><td></td></tr>
<tr><td colspan="3" rowspan="2">施工单位检查评定结果</td><td colspan="2">专业工长（施工员）</td><td colspan="2">施工班组长</td></tr>
<tr><td colspan="4">项目专业质量检查员：　　　　年　月　日</td></tr>
<tr><td colspan="3">监理（建设）单位验收结论</td><td colspan="4">专业监理工程师：
（建设单位项目专业技术负责人）　　　　年　月　日</td></tr>
</table>

说　明

（Ⅰ）
010602
020102

主 控 项 目

1. 按现行国家标准《钢筋混凝土用热轧带肋钢筋》GB 1499 等规定，抽取试件作力学性能检验；检查产品合格证和复验报告。

2. 有抗震要求的框架结构，纵向受力钢筋的强度，当设计无要求时，对一、二级抗震等级应符合下列要求：

（1）钢筋抗拉强度实测值与屈服强度实测值的比值不小于 1.25；

（2）钢筋屈服强度实测值与强度标准的比值不大于 1.3，检查钢筋复验报告。

3. 当钢筋发生脆断，焊接性能不良或力学性能显著不正常时，应对该批钢筋进行化学成分检验或其他专项检验。检查化学成分等专项检验报告。

4. 受力钢筋弯钩和弯折应符合下列规定：

（1）HPB235 级钢筋末端应作 180°弯钩，其弯钩弧内直径不小于钢筋直径的 2.5 倍，弯后平直部分不小于钢筋直径的 3 倍；

（2）135°弯钩，HRB335 级、400 级钢筋的弯钩内直径不小于钢筋直径的 4 倍，弯后平直长度符合设计要求；

（3）不大于 90°的弯折时，弯弧内直径不小于钢筋直径的 5 倍，尺量检查。

5. 除焊接封闭环式箍筋外，箍筋末端均应弯钩，形式符合设计要求，设计无要求时，应符合下列规定：

（1）弯弧内直径应满足第 5.3.1 条项的要求，尚应不小于受力钢筋直径；

（2）弯折角度：一般结构不小于 90°，有抗震要求结构应为 135°；

（3）弯后平直部分长度：一般结构不小于箍筋直径的 5 倍，有抗震要求的结构，不小于箍筋直径的 10 倍。

一 般 项 目

1. 钢筋应平直、无损伤、表面不得有裂纹、油污、颗粒状或片状老锈。观察检查。

2. 钢筋调直采用冷拉法时，HPB235 级钢筋的冷拉率不大于 4%；HRB335、400 级，RRB400 级钢筋的冷拉率不大于 1%，观察及尺量检查。

3. 钢筋加工的形状尺寸应符合设计要求，偏差率应符合下表要求。尺量检查。

项　　目	允许偏差（mm）
受力钢筋顺长方向全长的净尺寸	±10
弯起钢筋的弯折位置	±20
箍筋内净尺寸	±5

钢筋连接检验批质量验收记录

编号：010602（3）/020102（3）□□□　　（GB 50204—2002）

工程名称			分项工程名称		项目经理
施工单位			验收部位		
施工执行标准名称及编号				专业工长（施工员）	
分包单位			分包项目经理		施工班组长
质量验收规范的规定				施工单位自检记录	监理（建设）单位验收记录
主控项目	1	纵向受力钢筋的连接方式	应符合设计要求（第5.4.1条）		
	2	接头试件	应作力学性能检验，其质量应符合有关规程的规定（第5.4.2条）		
一般项目	1	接头位置	宜设在受力较小处。① 同一纵向受力钢筋不宜设置两个或两个以上接头；② 接头末端至钢筋弯起点距离不应小于钢筋直径的10倍（第5.4.3条）		
	2	接头外观质量检查	应符合有关规程规定（第5.4.4条）		
	3	受力钢筋机械连接或焊接接头设置	宜相互错开。在连接区段长度为35倍d且不小于500mm范围内，接头面积百分率应符合下列规定：① 受拉区不宜大于50%；② 不宜设置在有抗震设防要求的框架梁端、柱端的箍筋加密区；当无法避开时，机械连接接头不应大于50%；③ 直接承受动力荷载的结构构件中，不宜采用焊接接头。当采用机械连接时不应大于50%（第5.4.5条）		
	4	绑扎搭接接头	按规范要求相互错开。接头中钢筋的横向净距不应小于钢筋直径，且不应小于25mm。搭接长度应符合规范规定；连接区段$1.3L_l$长度内，接头面积百分率：① 对梁类、板类及墙类构件，不宜大于25%；②对柱类构件，不宜大于50%。③确有必要时对梁内构件不宜大于50%（第5.4.6条）		
	5	箍筋配置	在梁、柱类构件的纵向受力钢筋搭接长度范围内，应按设计要求配置箍筋。 当设计无具体要求时：① 箍筋直径不应小于搭接钢筋较大直径的0.25倍；② 受拉搭接区段的箍筋间距不应大于搭接钢筋较小直径的5倍，且不应大于100mm；③ 受压搭接区段的箍筋间距不应大于搭接钢筋较小直径的10倍，且不应大于200mm；④当柱中纵向受力钢筋直径大于25mm时，应在搭接接头两个端面外100mm范围内各设置两个箍筋，其间距宜为50mm（第5.4.7条）		
施工操作依据					
质量检查记录					
施工单位检查结果评定	项目专业质量检查员：			项目专业技术　　年　　月　　日	
监理（建设）单位验收结论	专业监理工程师： （建设单位项目专业技术负责人） 年　月　日				

010602(3)/020102(3)□□□说明

主 控 项 目

5.4.1 纵向受力钢筋的连接方式应符合设计要求。

检查数量：全数检查。

检验方法：观察。

5.4.2 在施工现场，应按国家现行标准《钢筋机械连接通用技术规程》JGJ 107、《钢筋焊接及验收规程》JGJ 18 的规定抽取钢筋机械连接接头、焊接接头试件作力学性能检验，其质量应符合有关规程的规定。

检查数量：按有关规程确定。

检查方法：检查产品合格证、接头力学性能试验报告。

一 般 项 目

5.4.3 钢筋的接头宜设置在受力较小处。同一纵向受力钢筋不宜设置两个或两个以上接头。接头末端至钢筋弯起点的距离不应小于钢筋直径的10倍。

检查数量：全数检查。

检验方法：观察，钢尺检查。

5.4.4 在施工现场，应按国家现行标准《钢筋机械连接通用技术规程》JGJ 107、《钢筋焊接及验收规程》JGJ 18 的规定对钢筋机械连接接头、焊接接头的外观进行检查，其质量应符合有关规程的规定。

检查数量：全数检查。

检验方法：观察。

5.4.5 当受力钢筋采用机械连接或焊接接头时，设置在同一构件内的接头宜相互错开。

纵向受力钢筋机械连接接头及焊接接头连接区段的长度为 35 倍 d（d 为纵向受力钢筋的较大直径）且不小于 500mm，凡接头中点位于该连接区段长度内的接头均属于同一连接区段。

同一连接区段内，纵向受力钢筋的接头面积百分率应符合设计要求；当设计无具体要求时，应符合下列规定：

1. 在受拉区不宜大于 50%；

2. 接头不宜设置在有抗震设防要求的框架梁端、柱端的箍筋加密区；当无法避开时，对等强度高质量机械连接接头，不应大于 50%；

3. 直接承受动力荷载的结构构件中，不宜采用焊接接头；当采用机械连接接头时，不应大于 50%。

检查数量：在同一检验批内，对梁、柱和独立基础，应抽查构件数量的 10%，且不少于 3 件；对墙和板，应按有代表性的自然间抽查 10%，且不少于 3 间；对大空间结构，墙可按相邻轴线间高度 5m 左右划分检查面，板可按纵横轴线划分检查面，抽查 10%，且均不少于 3 面。

检验方法：观察，钢尺检查。

5.4.6 同一构件中相邻纵向受力钢筋的绑扎搭接接头宜相互错开。绑扎搭接接头中钢筋的横向净距不应小于钢筋直径，且不应小于25mm。

钢筋绑扎搭接接头连接区段的长度为1.3l_l（l_l为搭接长度），凡搭接接头中点位于该连接区段长度内的搭接接头均属于同一连接区段。

同一连接区段内，纵向受拉钢筋搭接接头面积百分率应符合设计要求；当设计无具体要求时，应符合下列规定：

1. 对梁类、板类及墙类构件，不宜大于25%；

2. 对柱类构件，不宜大于50%；

3. 当工程中确有必要增大接头面积百分率时，对梁类构件，不应大于50%，对其他构件，可根据实际情况放宽。

纵向受力钢筋绑扎搭接接头的最小搭接长度应符合本规范附录B的规定。

检查数量：在同一检验批内，对梁、柱和独立基础，应抽查构件数量的10%，且不少于3件；对墙和板，应按有代表性的自然间抽查10%，且不少于3间；对大空间结构，墙可按相邻轴线间高度5m左右划分检查面，板可按纵、横轴线划分检查面，抽查10%，且均不少于3面。

检验方法：观察，钢尺检查。

5.4.7 在梁、柱类构件的纵向受力钢筋搭接长度范围内，应按设计要求配置箍筋。当设计无具体要求时，应符合下列规定：

1. 箍筋直径不应小于搭接钢筋较大直径的0.25倍；

2. 受拉搭接区段的箍筋间距不应大于搭接钢筋较小直径的5倍，且不应大于100mm；

3. 受压搭接区段的箍筋间距不应大于搭接钢筋较小直径的10倍，且不应大于200mm；

4. 当柱中纵向受力钢筋直径大于25mm时，应在搭接接头两个端面外100mm范围内各设置两个箍筋，其间距宜为50mm。

检查数量：在同一检验批内，对梁、柱和独立基础，应抽查构件数量的10%，且不少于3件；对墙和板，应按有代表性的自然间抽查10%，且不少于3间；对大空间结构，墙可按相邻轴线间高度5m左右划分检查面，板可按纵、横轴线划分检查面，抽查10%，且均不少于3面。

检验方法：钢尺检查。

注：本表由施工项目专业质量检查员填写，专业监理工程师（建设单位项目技术负责人）组织项目专业质量（技术）负责人等进行验收。

钢筋安装检验批质量验收记录

(GB 50204—2002)　　　　　　　　编号：010602(4)/020102(4)□□□

工程名称		分项工程名称		项目经理	
施工单位		验收部位			
施工执行标准名称及编号				专业工长（施工员）	
分包单位		分包项目经理		施工班组长	

质量验收规范的规定					施工单位自检记录	监理（建设）单位验收记录
主控项目	钢筋安装时，受力钢筋的品种、级别、规格和数量必须符合设计要求。					
一般项目	钢筋安装位置的偏差	项目		允许偏差（mm）		
		绑扎钢筋网	长、宽	±10		
			网眼尺寸	±20		
		绑扎钢筋骨架	长	±10		
			宽、高	±5		
		受力钢筋	间距	±10		
			排距	±5		
			保护层厚度 基础	±10		
			保护层厚度 柱、梁	±5		
			保护层厚度 板、墙、壳	±3		
		绑扎钢筋、横向钢筋间距		±20		
		钢筋弯起点位置		20		
		预埋件	中心线位置	5		
			水平高差	+3，0		
	施工操作依据					
	质量检查记录					

施工单位检查结果评定	项目专业质量检查员：　　项目专业技术负责人：　　年　月　日
监理（建设）单位验收结论	专业监理工程师：（建设单位项目专业技术负责人）　　年　月　日

010602(4)/020102(4)□□□说明

主 控 项 目

5.5.1 钢筋安装时，受力钢筋的品种、级别、规格和数量必须符合设计要求。

检查数量：全数检查。

检验方法：观察，钢尺检查。

一 般 项 目

5.5.2 钢筋安装位置的偏差应符合表5.5.2的规定。

检查数量：在同一检验批内，对梁、柱和独立基础，应抽查构件数量的10%，且不少于3件；对墙和板，应按有代表性的自然间抽查10%，且不少于3间；对大空间结构，墙可按相邻轴线间高度5m左右划分检查面，板可按纵、横线划分检查面，抽查10%，且均不少于3面。

钢筋安装位置的允许偏差和检验方法

项目			允许偏差（mm）	检验方法
绑扎钢筋网	长、宽		±10	钢尺检查
	网眼尺寸		±20	钢尺量连续三档，取最大值
绑扎钢筋骨架	长		±10	钢尺检查
	宽、高		±5	钢尺检查
受力钢筋	间距		±10	钢尺量两端、中间各一点，取最大值
	排距		±5	
	保护层厚度	基础	±10	钢尺检查
		柱、梁	±5	钢尺检查
		板、墙、壳	±3	钢尺检查
绑扎箍筋、横向钢筋间距			±20	钢尺量连续三档，取最大值
钢筋弯起点位置			20	钢尺检查
预埋件	中心线位置		5	钢尺检查
	水平高差		+3，0	钢尺和塞尺检查

注：1. 检查预埋件中心线位置时，应沿纵、横两个方向量测，并取其中的较大值；

2. 表中梁类、板类构件上部纵向受力钢筋保护层厚度的合格点率应达到90%及以上，且不得有超过表中数值1.5倍的尺寸偏差。

注：本表由施工项目专业质量检查员填写，专业监理工程师（建设单位项目专业技术负责人）组织项目专业质量（技术）负责人等进行验收。

钢筋分项工程（钢筋连接、钢筋安装）检验批质量验收记录　TJ4.1.25

<table>
<tr><td>工程名称</td><td>三星电子
第三生产线</td><td>检验批部位</td><td>13#建筑西侧
塔吊基础</td><td>施工执行标准
名称及编号</td><td>现浇框架结构钢筋
绑扎工艺标准
SEJ/BZ-0407-2002</td></tr>
<tr><td>施工单位</td><td></td><td>项目经理</td><td></td><td>专业工长</td><td></td></tr>
<tr><td>分包单位</td><td></td><td>分包项目经理</td><td></td><td>施工班组长</td><td></td></tr>
</table>

<table>
<tr><td colspan="3">序号</td><td>《混凝土结构工程施工质量验收规范》GB 50204—2002 的规定</td><td>施工单位
检查评定记录</td><td>监理（建设）
单位验收记录</td></tr>
<tr><td rowspan="3">主控项目</td><td rowspan="2">钢筋连接</td><td>1</td><td>纵向受力钢筋的连接方式应符合设计要求。</td><td>采用绑扎连接</td><td rowspan="3"></td></tr>
<tr><td>2</td><td>在施工现场、应按国家现行标准《钢筋机构连接通用技术规程》JGJ 107、《钢筋焊接及验收规程》JGJ 18 的规定抽取钢筋机械连接接头、焊接接头试件作力学性能检验，其质量应符合有关规程的规定</td><td>已按规定抽样检验，质量符合施工验收规范规定</td></tr>
<tr><td>钢筋安装</td><td>3</td><td>钢筋安装时，受力钢筋的品种、级别、规格和数量必须符合设计要求</td><td>HRB335、Q235 钢筋，规格、数量符合设计要求</td></tr>
<tr><td rowspan="6">一般项目</td><td rowspan="5">钢筋连接</td><td>1</td><td>钢筋的接头宜设置在受力较小处。同一纵向受力钢筋不宜设置两个或两个以上接头。接头末端至钢筋弯起点的距离不应小于钢筋直径的10倍</td><td>接头设置符合施工规范规定</td><td rowspan="5"></td></tr>
<tr><td>2</td><td>在施工现场，应按国家现行标准《钢筋机械连接通用技术规程》JGJ 107、《钢筋焊接及验收规程》JGJ 18 的规定对钢筋机械连接接头、焊接接头的外观进行检查，其质量应符合有关规程的规定</td><td>接头质量符合施工验收规范规定</td></tr>
<tr><td>3</td><td>当受力钢筋采用机械连接接头或焊接接头时，设置在同一构件内的接头宜相互错开</td><td>同一构件内的接头已相互错开</td></tr>
<tr><td>4</td><td>同一构件中相邻纵向受力钢筋的绑扎搭接接头宜相互错开，绑扎搭接接头中钢筋的横向净距不应小于钢筋直径，且不应小于25mm</td><td>绑扎搭接接头，受力钢筋的横向净距大于钢筋直径，且大于35mm</td></tr>
<tr><td>5</td><td>梁、柱类构件的纵向受力钢筋搭接长度范围内的箍筋配置</td><td>箍筋配置符合设计要求</td></tr>
<tr><td>钢筋安装</td><td>6</td><td colspan="3">（见下表）</td></tr>
</table>

项次	项目（钢筋安装位置）			允许偏差（mm）											监理（建设）单位验收记录
1	绑扎钢筋网	长、宽		±10											
		网眼尺寸		±20											
2	绑扎钢筋骨架	长		±10											
		宽、高		±5											
3	受力钢筋	间距		±10											
		排距		±5											
		保护层厚度	基础	±10											
			柱、梁	±5											
			板、墙、壳	±3											
4	绑扎箍筋、横向钢筋间距			±20											
5	钢筋弯起点位置			20											
6	预埋件	中心线位置		5											
		水平高度		+3，0											

施工单位检查评定结果	专业质量检查员：　　年　月　日
监理（建设）单位验收结论	监理工程师（建设单位项目专业技术负责人）：　　年　月　日

锥螺纹钢筋接头机械连接技术交底

工程名称		交底部位	
工程编号		日　期	

1　交底内容

锥螺纹钢筋接头

本工艺标准适用于工业与民用建筑现浇钢筋混凝土结构中直径16～40mm的热轧Ⅱ、Ⅲ级同级钢筋的同径或异径钢筋的连接。所连接钢筋直径之差不直超过9mm。

采用锥螺纹钢筋接头应经设计人员同意。

2　施工准备

2.1　材料及主要机具：

2.1.1　钢筋：钢筋的级别、直径必须符合设计要求，有出厂证明书及复试报告单。

2.1.2　连接套应符合以下要求：

2.1.2.1　有明显的规格标记。

2.1.2.2　锥孔用塑料密封盖封住。

2.1.2.3　同径或异径连接套尺寸在表2.1的规定范围。

连接套规格尺寸表　　**表2.1**

连接套规格标记	外径不小于（mm）	长度不小于（mm）
16、16	$25^{-0.5}$	$65^{-0.5}$
18、18	$28^{-0.5}$	$75^{-0.5}$
20、20	$30^{-0.5}$	$85^{-0.5}$
22、22	$32^{-0.5}$	$95^{-0.5}$
25、25	$35^{-0.5}$	$95^{-0.5}$
28、28	$39^{-0.5}$	$105^{-0.5}$
32、32	$44^{-0.5}$	$115^{-0.5}$
36、36	$48^{-0.5}$	$125^{-0.5}$
40、40	$52^{-0.5}$	$135^{-0.5}$

2.1.2.4　锥螺纹塞规拧入连接套后，连接套的大端边缘应在锥螺纹塞规大端的缺口范围内。

2.1.2.5　有产品合格证。

2.1.2.6　连接套应分类包装存放，不得混淆和锈蚀。

2.1.3　主要机具：

2.1.3.1　钢筋套丝机：型号为SZ-50A，或其他可套制直径16mm及以上的Ⅱ、Ⅲ级钢筋的套丝机。

2.1.3.2　量规：量规包括牙形规、卡规和锥形螺纹塞规。

牙形规是用来检查钢筋连接端的锥螺纹牙形加工质量的量规。

卡规是用来检查钢筋连接端的锥螺纹小端直径的量规。

锥螺纹塞规是用来检查锥螺纹连接套的加工质量的量规。

2.1.3.3　力矩扳手：力矩扳手必须经计量管理部门批准，有制造计量器具许可证的生产厂生产的产品。力矩扳手需定期经计量管理部门批准生产的扭力仪检定，检定合格后方准使用。检定期限每半年一次，且新开工工程必须先进行检定方可使用。

2.2　作业条件：

2.2.1　操作工人（包括套丝的工人）必须经专门培训，并经考试合格后方可上岗。

2.2.2　接头位置应符合规定。

2.2.3　熟悉图纸，做好技术交底。

续表

工程名称		交底部位	
工程编号		日　期	

3　操作工艺

3.1　工艺流程：

钢筋下料 → 钢筋套丝 → 接头单体试件试验 → 钢筋连接 → 质量检查

3.2　钢筋下料可用钢筋切断机或砂轮锯，不得用气割下料。钢筋下料时，要求钢筋端面与钢筋轴线垂直，端头不得弯曲、不得出现马蹄形。

3.3　钢筋套丝：

3.3.1　套丝机必须用水溶性切削冷却润滑液，不得用机油润滑或不加润滑液套丝。

3.3.2　钢筋套丝质量必须用牙形规与卡规检查，钢筋的牙形必须与牙形规相吻合，其小端直径必须在卡规上标出的允许误差之内，锥螺纹丝扣完整牙数不得小于表 4-26 的规定值。

锥螺纹丝扣完整牙数　　**表 3.3.2**

钢筋直径（mm）	完整牙数不小于（个）
16～18	5
20～22	7
25～28	8
32	10
36	11
40	12

3.3.3　在操作工人自检的基础上，质检员必须每批抽检 3%，且不少于 3 个，并填写检验记录（见附表 1）。

3.3.4　检查合格的钢筋锥螺纹，应立即将其一端拧上塑料保护帽，另一端按规定的力矩值，用扭力扳手拧紧连接套。

3.4　接头单体试件试验：

3.4.1　试件数量：每种规格接头，每 300 个为一批，不足 300 个也作为一批，每批做 3 根试件。

3.4.2　试件制作：施工作业之前，从施工现场截取工程用的钢筋长 300mm 若干根，接头单体试件长度不小于 600mm。将其一头套成锥螺纹，用牙形规和卡规检查锥螺纹丝头的加工质量。当其牙形与牙形规吻合，小端直径在卡规上标出的允许误差之内，则判定锥螺纹丝头为合格品，然后再用锥螺纹塞规。检查同规格连接套的加工质量。当连接套的大端边缘在锥螺纹塞规大端缺口范围内时，连接套为合格品。

3.4.3　接头的拧紧力矩值应符合表 4-27 的规定值。

接头的拧紧力矩值　　**表 3.4.3**

钢筋直径（mm）	16	18	20	22	25～28	32	36～40
拧紧力矩（N·m）	118	145	177	216	275	314	343

3.4.4　试件的拉伸试验应符合以下要求：

3.4.4.1　屈服强度实测值不小于钢筋的屈服强度标准值。

3.4.4.2　抗拉强度实测值与钢筋屈服强度标准值的比值不小于 1.35（异径钢筋接头以小径钢筋强度为准）。

续表

工程名称		交底部位	
工程编号		日　期	

如有1根试件达不到上述要求值，应再取双倍试件试验。当全部试件合格后，方可进行连接施工。如仍有1根试件不合格，则判定该批连接件不合格，不准使用。

3.4.4.3　填写接头拉伸试验报告（见附表2）。

3.5　钢筋连接：

3.5.1　连接套规格与钢筋规格必须一致。

3.5.2　连接之前应检查钢筋锥螺纹及连接套锥螺纹是否完好无损。钢筋锥螺纹丝头上如发现杂物或锈蚀，可用钢丝刷清除。

3.5.3　将带有连接套的钢筋拧到待接钢筋上，然后按表4-27规定的力矩值，用力矩扳手拧紧接头。当听到力矩扳手发出"卡塔"响声时，即达到接头的拧紧值。连接水平钢筋时，必须先将钢筋托平对正用手拧进，再按图示操作。

3.5.4　连接完的接头必须立即用油漆作上标记，防止漏拧。

3.6　质量检查：在钢筋连接生产中，操作工人应认真逐个检查接头的外观质量，外露丝扣不得超过1个完整扣。如发现外露丝扣超过1个完整扣，应重拧或查找原因及时消除。不能消除时，应报告有关技术人员作出处理。

专职质量检查人员要抽查接头的外观质量，并用力矩扳手抽检接头的拧紧力矩，并填写抽检记录（见附表3）。发现不合格时应及时处理。

4　质量标准

4.1　保证项目：

4.1.1　钢筋的品种和质量必须符合设计要求和有关标准的规定。

检验方法：检查出厂质量证明书和试验报告单。

4.1.2　连接套的规格和质量必须符合要求。

检验方法：检查产品合格证。

4.1.3　接头的强度必须合格。

每种规格接头，每300个为一批，不足300个也作为一批，每批做3根试件作拉力试验。

检验方法：检查接头拉伸试验报告。

4.1.4　接头拧紧力矩值的抽检必须合格。

梁、柱构件：每个构件抽验1个接头。

板、墙、基础底板：一个楼层每100个接头为一批，不足100个也作为一批，每批抽检3个接头。

抽查接头的拧紧力矩值必须全部合格。如有1个构件中的1个接头达不到规定的拧紧力矩值，则该构件的接头必须全部逐个拧到规定的力矩值。

检验方法：检查锥螺纹钢筋接头施工抽检记录。

4.1.5　钢筋的规格、接头的位置、同一区段内有接头钢筋面积的百分比，必须符合设计要求和施工规范的规定。

检验方法：观察或尺量检查。

4.2　基本项目：

锥螺纹接头的外露丝扣不得超过1个完整扣，否则应重新拧紧接头或进行加固处理。

检验方法：观察检查。

5　成品保护

注意对连接套和已套丝钢筋丝扣的保护，不得损坏丝扣，丝扣上不得粘有水泥浆等污物。

6　应注意的质量问题

6.1　必须分开施工用和检验用的力矩扳手，不能混用，以保证力矩检验值准确。

6.2　钢筋在套丝前，必须对钢筋规格及外观质量进行检查。如发现钢筋端头弯曲，必须先进行调直处理。钢筋边肋尺寸如超差，要先将端头边肋砸扁方可使用。

续表

工程名称		交底部位	
工程编号		日　期	

6.3　钢筋套丝，操作前应先调整好定位尺的位置，并按照钢筋规格配以相对应的加工导向套。对于大直径钢筋要分次车削到规定的尺寸，以保证丝扣精度，避免损坏梳刀。

6.4　对个别经检验不合格的接头，可采用电弧焊贴角焊缝方法补强，但其焊缝高度和厚度应由施工、设计、监理人员共同确定，持有焊工考试合格证的人员才能施焊。

6.5　锥螺纹接头施工应由具有资质证明的专门施工队伍承包施工。

7　质量记录

本工艺标准应具备以下质量记录：

7.1　钢筋出厂质量证明书或试验报告单。

7.2　钢筋机械性能试验报告。

7.3　连接套合格证。

7.4　接头强度检验报告。

7.5　接头拧紧力矩值的抽检记录。

锥螺纹钢筋接头拉伸试验报告

工程名称：　　　　结构层数：　　　　构件种类：　　　　**表 7.5.1**

钢筋 规格 （mm）	横断 面积 （mm^2）	屈服 拉力 （kN）	极限 拉力 （kN）	屈服 强度 （kN/mm^2）	强度 极限 （kN/mm^2）	屈服强度实测值 屈服强度标准值 （倍）	强度极限实测值 屈服强度标准值 （倍）
试验 结论	1. 钢筋的屈服强度实测值不小于钢筋的屈服强度标准值。 2. 钢筋接头的抗拉强度实测值与钢筋屈服强度标准值的比值不小于 1.35 倍。						

试验单位：　　　　试验负责人：　　　　试验员：　　　　试验日期：

续表

工程名称		交底部位	
工程编号		日　期	

钢筋锥螺纹加工检验记录　　表 7.5.2

工程名称				结构层数	
加工数量		抽检数量		构件种类	
序号	钢筋规格	螺纹牙形	小端直径	完整丝扣数	检验结论

备注：

1. 按加工每批钢筋锥螺纹数的 3%抽检；
2. 螺纹牙形与牙形规牙形吻合为合格打“√”，否则打“×”；
3. 锥螺纹小端直径在卡规允差范围内合格打“√”，否则打“×”；
4. 各种规格钢筋锥螺纹最少完整丝扣数，合格的在下表里打“√”；

ϕ16～ϕ18	ϕ20～ϕ22	ϕ25～ϕ28	ϕ32	ϕ36	ϕ40
5 扣	7 扣	8 扣	10 扣	11 扣	12 扣

5. 锥螺纹丝头有一项不合格即为不合格品，则该批丝头要逐个复检。

检验单位：　　　　检验员签字：

检验日期：　　　　技术负责人：

锥螺纹钢筋接头施工抽检记录　　表 7.5.3

工程名称				检查日期	
结构层次		构件种类		接头位置	
		规定力矩值（kN·m）		检验力矩值（kN·m）	
		施工力矩值（kN·m）			

检验结论：合格√，不合格×。　　　　检验人员：

抽检单位：　　　　技术负责人：

技术负责人：　　　　交底人：　　　　接交人：

学习情境5　混凝土结构混凝土分项工程

项　目　构　架

1　项目说明

以典型混凝土结构施工图作为任务对象，以混凝土分项工程作为项目载体，进行混凝土结构混凝土分项工程的实训操作。

1.1　目标设置（培养目标）

明确混凝土材料组成与配比要求，根据任务要求，能确定、调整施工配合比，能组织混凝土施工，包括混凝土配料与拌制、混凝土搅拌、运输与浇筑、混凝土施工缝、后浇带留置与处理、混凝土养护等任务，并结合具体任务，进行混凝土的质量评定和外观缺陷的修补工作，能完成相应的施工资料编写和归档工作。

1.2　教学时间

理论教学时间：8学时
实践教学时间：8学时

2　项目

以局部框架作为任务，引出典型工作任务，采取四步和六步教学方法进行教学组织和教学实施。具体参见项目清单：

1）结构施工图纸；
2）混凝土柱子浇筑；
3）混凝土梁浇筑；
4）混凝土剪力墙浇筑；
5）局部框架浇筑（方案）；
6）混凝土施工技术交底。

3　工作单

3.1　混凝土工程实训

1）根据配料单，检测原材料性能，确定施工配合比。

2）配合比的开盘鉴定，试块的制作，塌落度的测定。

3）给定混凝土构件图，进行混凝土的拌制、搅拌、运输与浇筑（振捣）、养护。

4）给定框架结构施工图，划出施工缝的留设位置，并给出施工缝处理措施。

5）对既有混凝土建筑，进行混凝土质量评定和外观质量的测评，并对存在的缺陷给出修补处理措施。

6）识读材料报告、验收表，填写工程检验批质量验收记录表。

根据以上对应项目，针对局部框架结构，完成混凝土施工的专项方案。

4　项目评价

对混凝土工程实训进行考核评价。注重学习和训练的过程评价，包括项目模拟学习、练习、实施过程、结果对比、反馈交流等。采取评价表实施项目全过程评价和考核。

项　目　评　价

学习情境评价表（混凝土结构混凝土分项工程）

<table>
<tr><td colspan="3">姓名：</td><td colspan="2">学号：</td><td rowspan="3">照　片</td></tr>
<tr><td colspan="3">年级：</td><td colspan="2">专业：</td></tr>
<tr><td colspan="5">自评标准</td></tr>
<tr><td>项次</td><td colspan="2">内　容</td><td>分　值</td><td>自评分</td><td>教师评分</td></tr>
<tr><td rowspan="2">1</td><td colspan="2">混凝土配料与计量</td><td>2</td><td></td><td></td></tr>
<tr><td colspan="2">原材料性能检测</td><td>3</td><td></td><td></td></tr>
<tr><td rowspan="5">2</td><td colspan="2">混凝土开盘与施工配合比确定</td><td>5</td><td></td><td></td></tr>
<tr><td colspan="2">混凝土工作性测定</td><td>5</td><td></td><td></td></tr>
<tr><td colspan="2">混凝土试块制作与养护</td><td>5</td><td></td><td></td></tr>
<tr><td colspan="2">混凝土强度测试</td><td>5</td><td></td><td></td></tr>
<tr><td colspan="2">混凝土强度评定</td><td>5</td><td></td><td></td></tr>
<tr><td rowspan="4">3</td><td colspan="2">混凝土搅拌</td><td>5</td><td></td><td></td></tr>
<tr><td colspan="2">混凝土浇筑</td><td>5</td><td></td><td></td></tr>
<tr><td colspan="2">混凝土振捣</td><td>5</td><td></td><td></td></tr>
<tr><td colspan="2">混凝土养护</td><td>5</td><td></td><td></td></tr>
<tr><td rowspan="5">4</td><td colspan="2">混凝土外观质量评价</td><td>5</td><td></td><td></td></tr>
<tr><td colspan="2">现浇结构尺寸偏差检验</td><td>5</td><td></td><td></td></tr>
<tr><td colspan="2">混凝土施工缝的留置与处理</td><td>5</td><td></td><td></td></tr>
<tr><td colspan="2">混凝土后浇带的留置与处理</td><td>5</td><td></td><td></td></tr>
<tr><td colspan="2">混凝土缺陷识别与处理</td><td>5</td><td></td><td></td></tr>
<tr><td>5</td><td colspan="2">现浇框架结构混凝土浇筑施工</td><td>5</td><td></td><td></td></tr>
<tr><td>6</td><td>工效</td><td>是否按规定时间完成，在规定时间内提前10分钟加1分，最多加4分</td><td>5</td><td></td><td></td></tr>
<tr><td>7</td><td colspan="2">安全文明施工（工完场清）</td><td>5</td><td></td><td></td></tr>
<tr><td>8</td><td colspan="2">混凝土框架结构混凝土施工方案</td><td>10</td><td></td><td></td></tr>
<tr><td colspan="4">自评等级</td><td></td><td></td></tr>
<tr><td colspan="5">教师评定等级：</td><td></td></tr>
<tr><td colspan="4">工作时间：</td><td colspan="2">提前 ○
准时 ○
超时 ○</td></tr>
<tr><td colspan="2">自评做得很好的地方</td><td colspan="4"></td></tr>
<tr><td colspan="2">自评做得不好的地方</td><td colspan="4"></td></tr>
<tr><td colspan="2">下次需要改进的地方</td><td colspan="4"></td></tr>
<tr><td colspan="2">自评：</td><td colspan="4">非常满意 ○　满意 ○　合格 ○　不满意 ○</td></tr>
<tr><td colspan="2">教师交流记录：</td><td colspan="4"></td></tr>
</table>

综合任务一　混凝土原材料检测与施工配合比确定

任务1：

材料质量鉴别，主要测试骨料的含水率、泥块含量、含泥量、针片状颗粒含量。

任务2：

根据混凝土配料单，结合场地实际骨料情况，进行混凝土开盘鉴定，测试混凝土的塌落度，留置试块，确定施工配合比。

混凝土配料单：

每立方米用料量				配　合　比			
水	水泥	砂	石子	水	水泥	砂	石子
205	500	542	1153	0.41	1	1.084	2.306
骨料最大粒经 20mm； 塌落度 55～70mm;； 水泥强度等级 32.5MPa； 每立方米混凝土假定用量 2400kg； 强度标准差 5MPa，配置强度 38.23MPa。							

任务3：

针对项目，编写材料的质量要求（列表），主要包括水泥、砂、石子和外加剂。

混凝土原材料检验批质量验收记录。

混凝土配合比设计检验批质量验收记录。

综合任务二　混凝土施工过程模拟实训

任务1：

根据给定图纸，如梁、柱子、墙、基础等，制定混凝土构件的施工方案，包括混凝土的材料计量、投料、搅拌、运输、振捣浇筑、养护以及混凝土试件的留置、混凝土工作性的测试等，并完成相应的验收批填写和模拟评定工作。具体参照给定图纸，完成混凝土施工检验批质量验收记录。

完成普通混凝土现场拌制技术交底记录。

任务2：

完成钢筋保护层厚度的抽样测定，完成混凝土强度评定。

根据给出的数据，对混凝土强度进行合格性评定，采取非统计方法和统计方法进行，并完成对应表格。

混凝土强度表，钢筋保护层厚度实测表。

任务 3：

根据要求，完成混凝土施工缝、后浇带的留置和处理，并提出具体措施和方案。

任务 4：

现浇结构外观质量检验，选取混凝土结构，以现浇结构外观质量检验批质量验收记录、现浇结构外观质量缺陷为依据进行评定，并完成表格。完成现浇结构外观质量检验批质量验收记录与现浇结构尺寸偏差检验批质量验收记录。

附表：强度评定示例：

混凝土强度评定 **TJ2. 4. 2**

单位工程：

验收批名称	框架结构						混凝土强度等级	C30		
水泥品种及强度等级	配合比（重量比）						坍落度（cm）	养护条件	同批混凝土代表数量（m^3）	结构部位
	水	水泥	砂	石子	外加剂 PHF-3 泵送剂 eng	掺合剂 粉煤灰				
P.O 42.5	0.58	1	2.39	3.76	0.03	0.28	160～180		2100	主体结构
	58	100	239	376	3	28				
验件组数 $n=28$　　合格判定系数 $\lambda_1=1.65$，$\lambda_2=0.85$										
同一验收批强度平均值　$mf_{cu}=35.7$　　最小值 $f_{cu,min}=30.1$										
同一验收批强度标准差　$sf_{cu}=4.5423$										
验收批各组试件强度（MPa）										
例子 1	39	33.2	37.3	35.5	39.1	32.5	38.4	33.1	39.2	35.1
	33.2	36.4	37.2	38.2	34.1	32.3	38.4	39.2	34.2	35.7
	36.2	39.7	39.2	37.1	39.1	31.2	30.2	30.1		
例子 2	32.5	38.3	37.5	36.2						

$$mf_{cu}=\frac{\sum_{1}^{n} f_{cu}}{n}=35.7,\quad \sum_{1}^{n} f_{cui}^2=39932,\quad Sf_{cu}=\sqrt{\frac{\sum_{i=1}^{n} f_{cui}^2-n\cdot mf_{cu}^2}{n-1}}=4.5423$$

非统计方法评定	评定条件： $mf_{cu}\geqslant 1.15 f_{cu,k}$ $f_{cu,min}\geqslant 0.95 f_{cu,k}$ 计算： $mf_{cu}=\frac{\sum_{1}^{n} f_{cu}}{n}=\frac{32.5+38.3+37.5+36.2}{4}=36.1$	统计方法评定	评定条件： $mf_{cu}-\lambda_1 Sf_{cu}\geqslant 0.9 f_{cu,k}$ $f_{cu,min}\geqslant \lambda_2 f_{cu,k}$ 计算： $mf_{cu}-\lambda_1 Sf_{cu}=35.7-1.6*4.5423=28.4>27$ $f_{cu,min}=30.1>0.85*30=25.5$
验收评定结论：合格			

技术负责人：　　　　　　　　质量检查员：　　　　　　　　年　月　日

钢筋保护层厚度实测表　　TJ2.8.1

工程名称		结构层次		建筑面积（m^2）		形象进度	基础
施工单位	有限公司		监理（建筑）单位		监理有限公司		
检测方法	（√）非破损法（　）局部破损法			检测实品			

层次	构件名称	轴线或部位	实测值（mm）						
基础	基础承台	①～⑦ XU～Y2							
基础	基础承台	（8）～（14） XU～Y2							

实测梁____个构件，共____点，合格____点，最大偏差值____；

实测板____个构件，共____点，合格____点，最大偏差值____；

共　测____个构件，____点，合格____点，合格率为____%。

抽测人：________________

复核人：________________

结论：

监理单位项目经理（签字）：

工单位项目
技术负责人（签字）：　　　　年　月　日

任务：

附图：

图 5.1　局部柱子平法图

图 5.2　梁平法施工图

图 5.3　板施工图

图 5.4　后浇带在板上的做法

图 5.5　后浇带防水构造做法 1

图 5.6　后浇带防水构造做法 2

图 5.7　后浇带防水构造做法 3

图 5.8　后浇带防水构造做法 4

图 5.9 后浇带防水构造做法 5

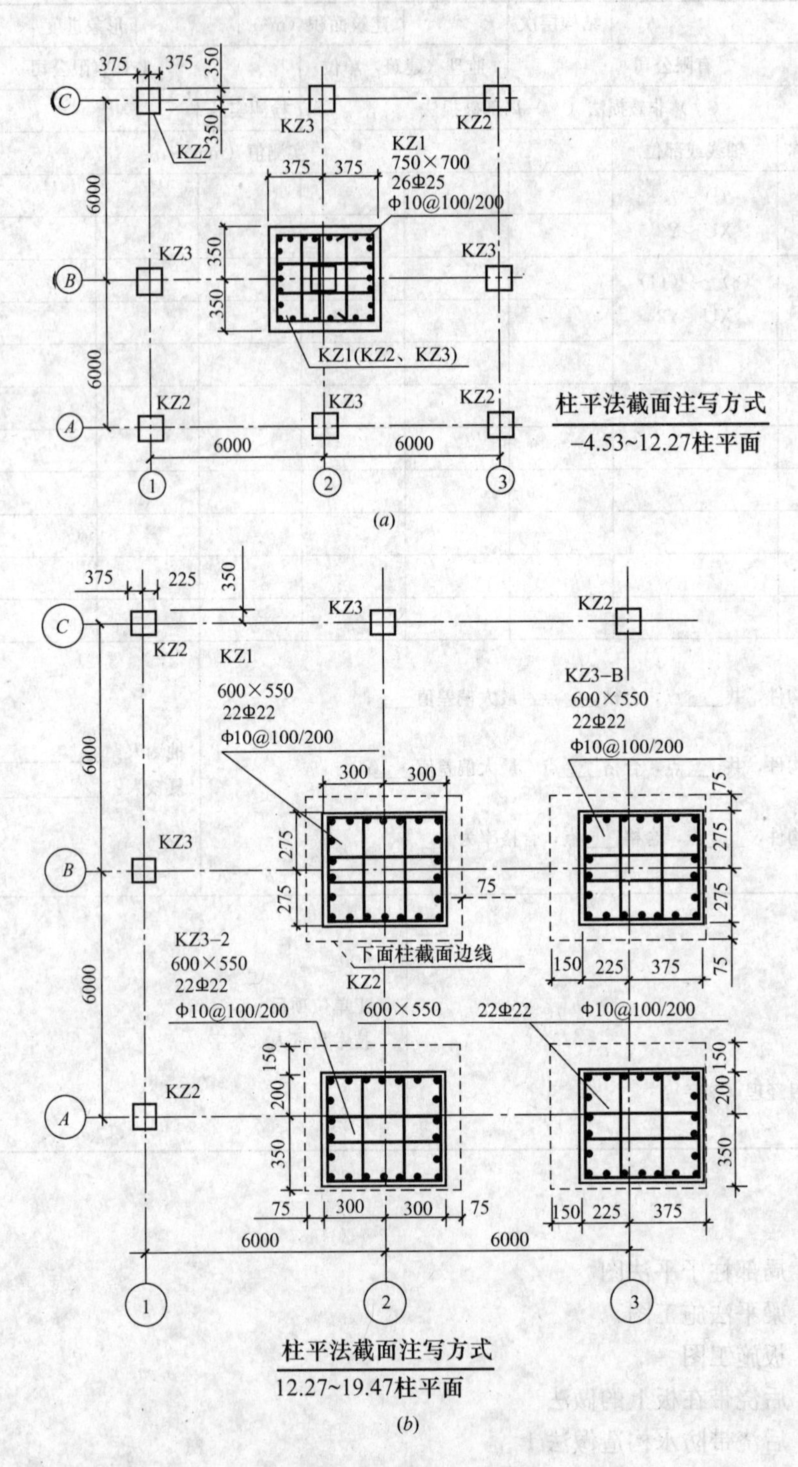

图 5.1 局部柱子平法图

(*a*) 柱子钢筋计算任务；(*b*) 柱子钢筋计算任务

任务：针对柱子结构施工图，选取一个柱子，进行混凝土施工实训操作，制定浇筑方案。

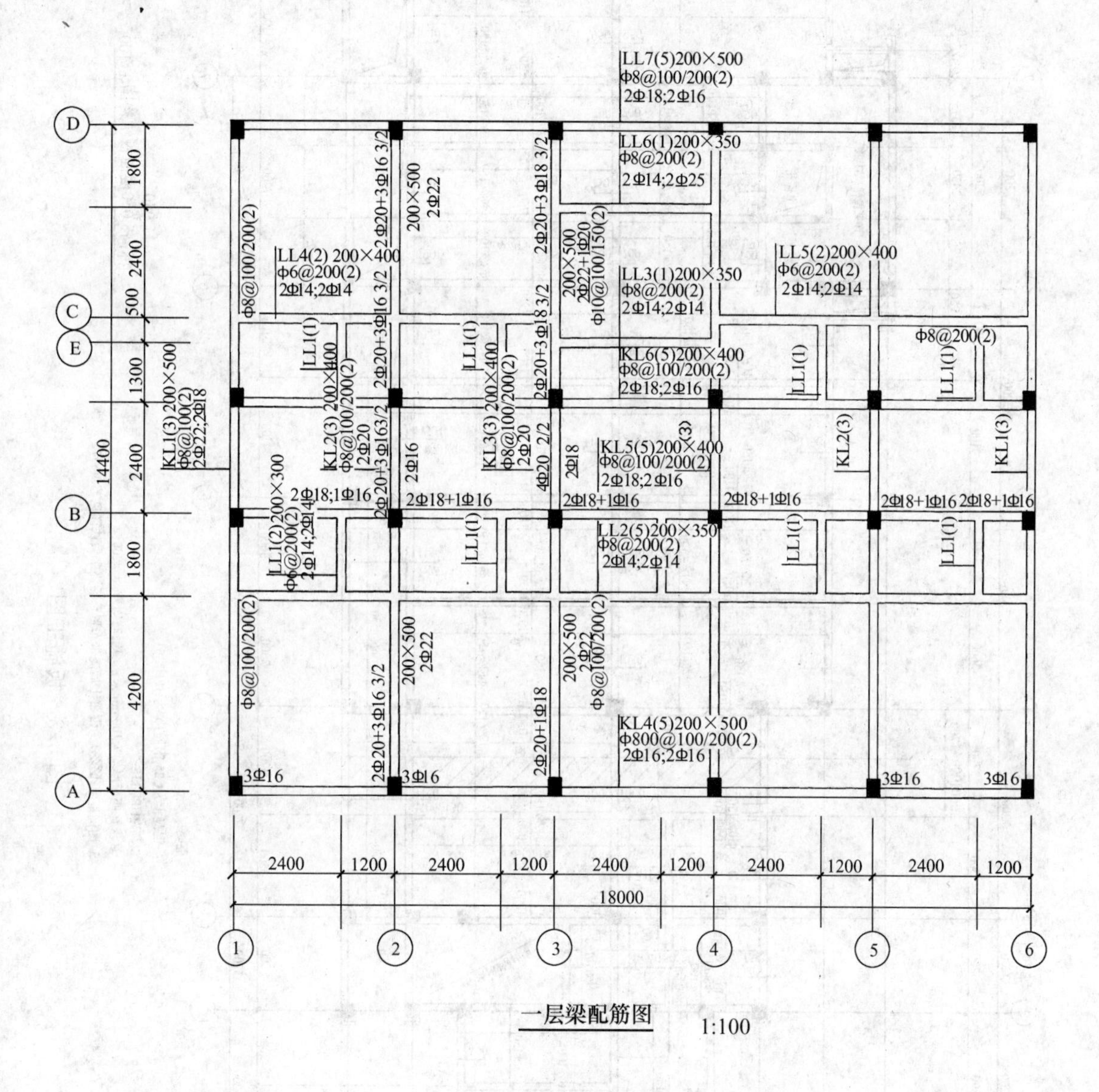

图 5.2 梁平法施工图

针对梁平法施工图，选取梁段，进行混凝土施工实训，包括计量、搅拌、振捣、浇筑、养护、外观评定、缺陷修补。

任务：

后浇带的留置和处理

后浇带防水构造做法

编写后浇带的工艺

后浇带的做法参见苏 J9607

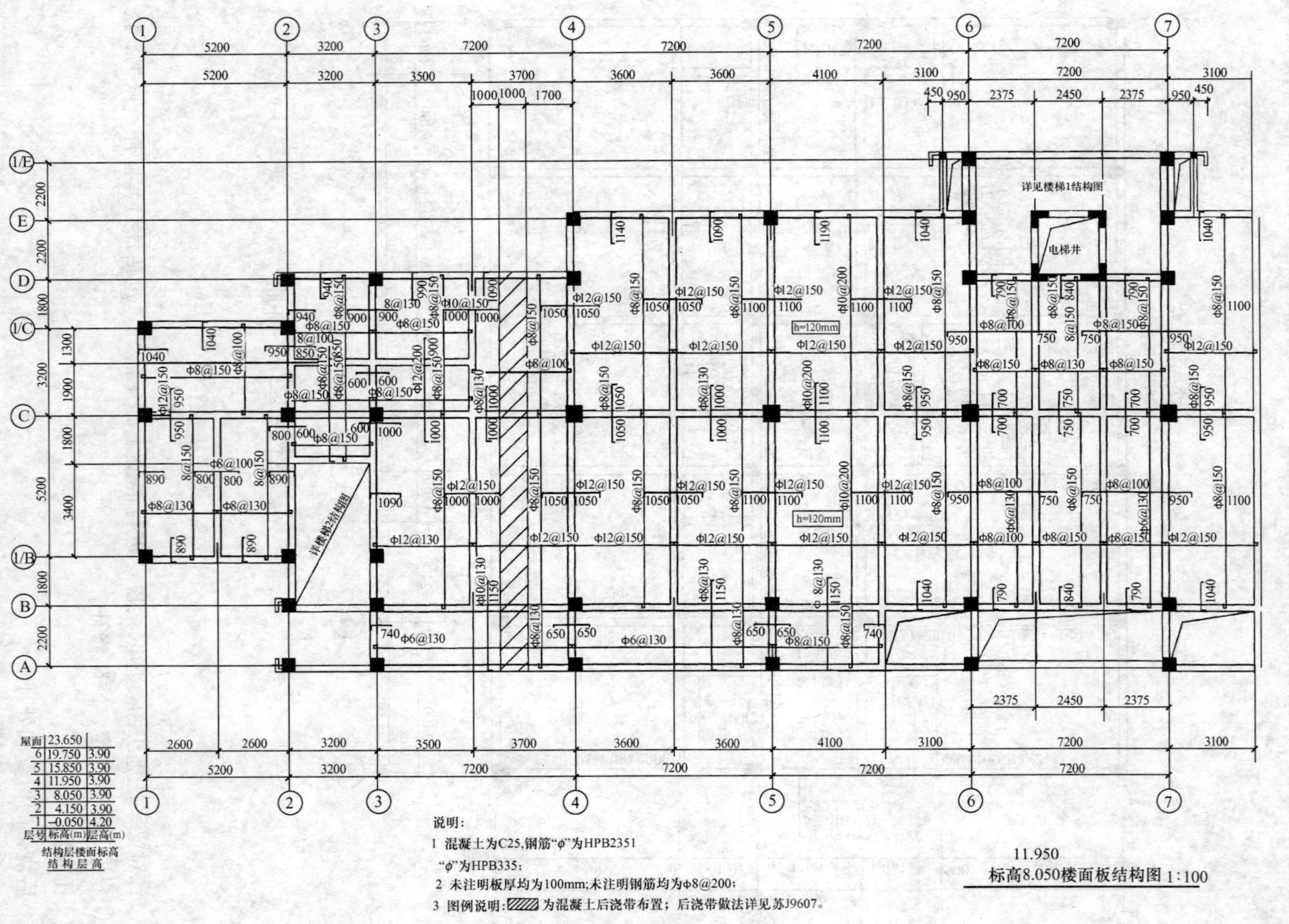
详见楼梯1结构图
电梯井
详楼梯2结构图
h=120mm
11.950
标高8.050楼面板结构图 1:100
屋面 23.650
6 19.750 3.90
5 15.850 3.90
4 11.950 3.90
3 8.050 3.90
2 4.150 3.90
1 −0.050 4.20
层号 标高(m) 层高(m)
结构层楼面标高
结构层高
说明:
1 混凝土为C25,钢筋“φ”为HPB2351
“φ”为HPB335;
2 未注明板厚均为100mm;未注明钢筋均为φ8@200;
3 图例说明: 为混凝土后浇带布置;后浇带做法详见苏J9607。

图 5.3 板施工图

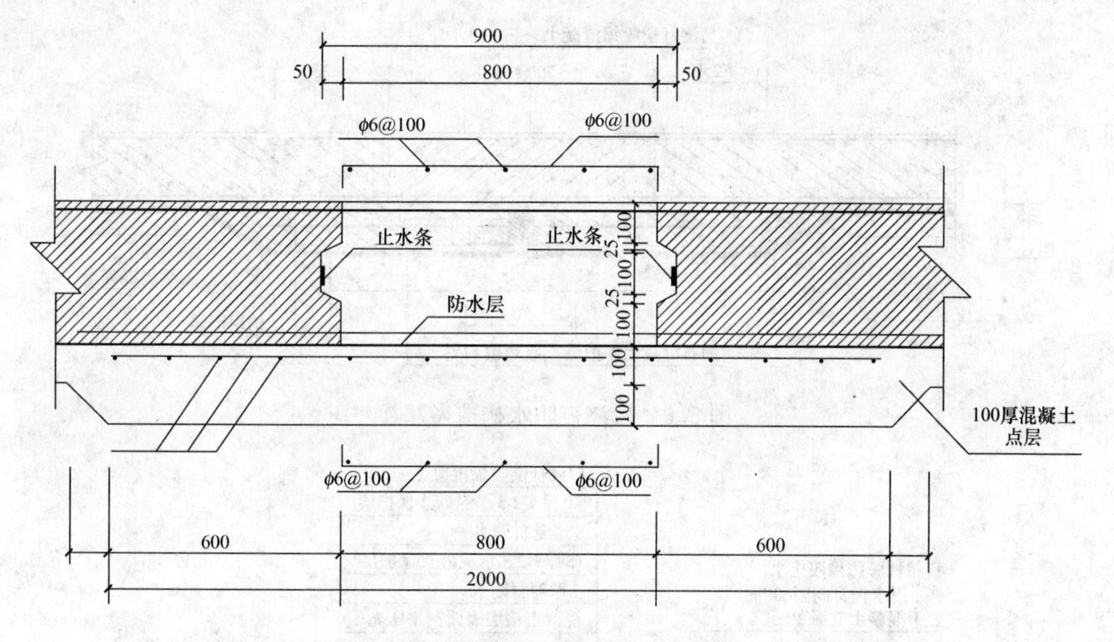

图 5.4　后浇带在板上的做法

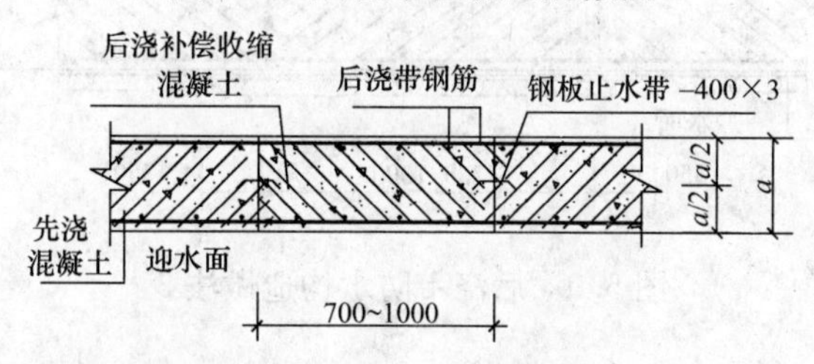

图 5.5　后浇带防水构造做法 1

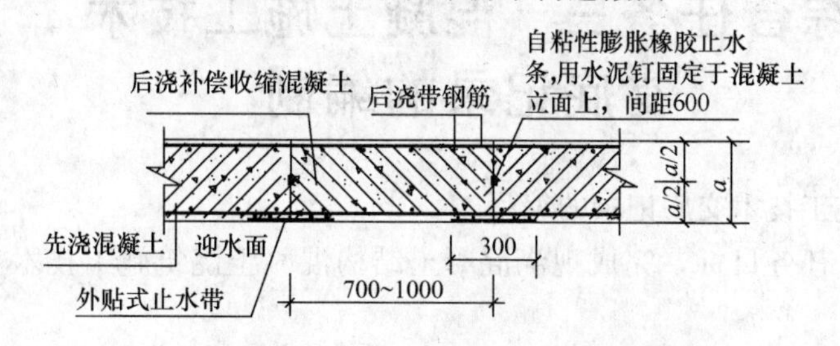

图 5.6　后浇带防水构造做法 2

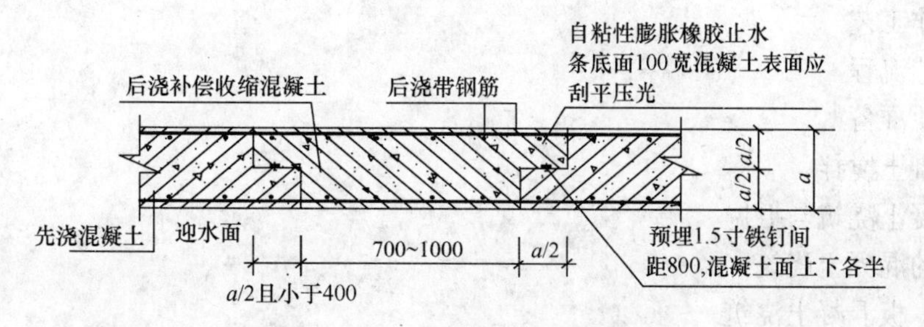

图 5.7　后浇带防水构造做法 3

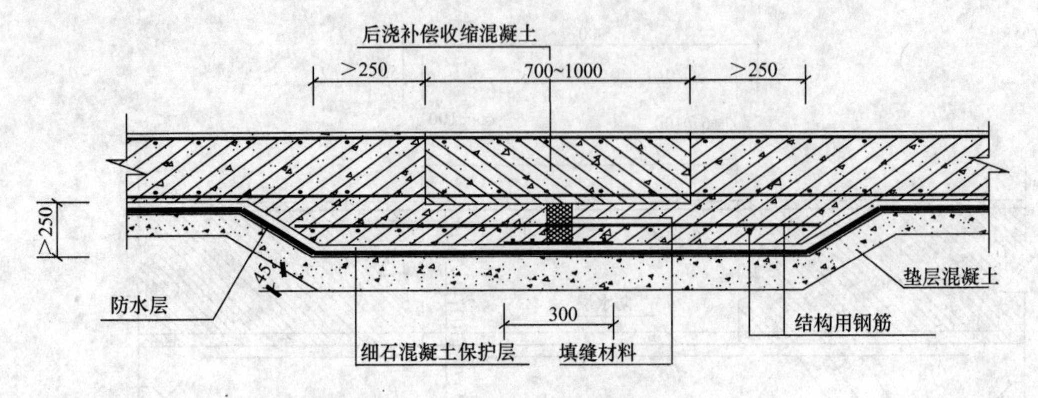

图 5.8　后浇带防水构造做法 4

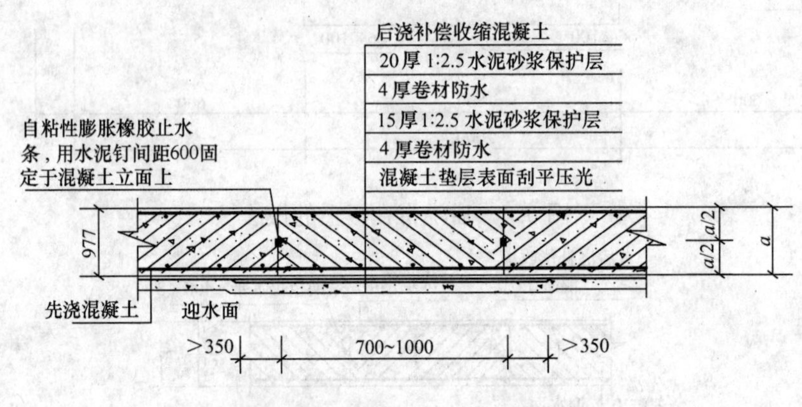

图 5.9　后浇带防水构造做法 5

综合任务三　混凝土施工技术交底记录的编制

任务：混凝土施工技术交底记录的编写

能结合施工图、任务目标，完成现浇混凝土结构混凝土浇筑施工技术交底记录的编制，包括：

1. 施工准备
2. 操作工艺
3. 工艺流程
4. 作业准备
5. 混凝土搅拌
6. 混凝土浇筑与振捣
7. 柱的混凝土浇筑
8. 梁、板混凝土浇筑
9. 剪力墙混凝土浇筑
10. 楼梯混凝土浇筑

11. 养护
12. 冬期施工
13. 质量标准
14. 成品保护
15. 质量记录

附录：

混凝土开盘鉴定

工程名称及部位			鉴定编号			
施工单位			搅拌方式			
强度等级			要求坍落度			
配合比编号			试配单位			
水灰比			砂率（%）			
材料名称	水泥	砂	石	水	外加剂（ ）	掺合料（ ）
设计每立方米用料（kg）						
调整后每盘用料（kg）	砂含水率（%）			石含水率（%）		
结果鉴定	鉴定项目	混凝土拌合物性能			混凝土试块抗压强度（MPa）	原材料与申请但是否相符
		坍落度	保水性	粘聚性		
	设计					
	实测					
鉴定结论：						

监理工程师（建设单位项目技术负责人）	混凝土试配单位负责人	施工单位项目（专业）技术负责人	搅拌机组负责人
鉴定日期			

混凝土原材料检验批质量验收记录

编号：010603（1）/020103（2）□□□（GB 50204—2002）

<table>
<tr><td colspan="3">工程名称</td><td></td><td>分项工程名称</td><td></td><td>项目经理</td><td></td></tr>
<tr><td colspan="3">施工单位</td><td></td><td>验收部位</td><td colspan="3"></td></tr>
<tr><td colspan="3">施工执行标准
名称及编号</td><td colspan="3"></td><td>专业工长
（施工员）</td><td></td></tr>
<tr><td colspan="3">分包单位</td><td></td><td>分包项目经理</td><td></td><td>施工班组长</td><td></td></tr>
<tr><td colspan="4">质量验收规范的规定</td><td colspan="3">施工单位自检记录</td><td>监理（建设）单位验收记录</td></tr>
<tr><td rowspan="3">主控项目</td><td>1</td><td>水泥检验</td><td>（第 7.2.1 条）</td><td colspan="3"></td><td></td></tr>
<tr><td>2</td><td>外加剂</td><td>质量及应用技术应符合《混凝土外加剂》GB 8076、《混凝土外加剂应用技术规范》GB 50119 等有关环境保护的规定
预应力混凝土结构中，严禁使用含氯化物的外加剂，钢筋混凝土结构中，当使用含氯化物的外加剂时，其含量应符合《混凝土质量控制标准》GB 50164 的规定（第 7.2.2 条）</td><td colspan="3"></td><td></td></tr>
<tr><td>3</td><td>氯化物及碱含量</td><td>混凝土中总含量应符合《混凝土结构设计规范》GB 50010 和设计的要求（第 7.2.3 条）</td><td colspan="3"></td><td></td></tr>
<tr><td rowspan="3">一般项目</td><td>1</td><td>矿物掺合料</td><td>质量应符合《用于水泥和混凝土中的粉煤灰》GB 1596 等的规定，其掺量应通过试验确定</td><td colspan="3"></td><td></td></tr>
<tr><td>2</td><td>粗、细骨料</td><td>第 7.2.5 条</td><td colspan="3"></td><td></td></tr>
<tr><td>3</td><td>拌制用水</td><td>宜采用饮用水；当采用其他水源时，水质应符合《混凝土拌合用水标准》JGJ 63 的规定（第 7.2.6 条）</td><td colspan="3"></td><td></td></tr>
<tr><td colspan="4">施工操作依据</td><td colspan="3"></td><td></td></tr>
<tr><td colspan="4">质量检查记录</td><td colspan="3"></td><td></td></tr>
<tr><td colspan="3">施工单位
检查结果评定</td><td colspan="5">项目专业
质量检查员：　　　　项目专业
技术负责人：　　　　年　月　日</td></tr>
<tr><td colspan="3">监理（建设）
单位验收
结论</td><td colspan="5">专业监理工程师：
（建设单位项目专业技术负责人）　　　　年　月　日</td></tr>
</table>

010603(1)/020103(2)□□□说明

主 控 项 目

7.2.1 水泥进场时应对其品种、级别、包装或散装仓号、出厂日期等进行检查，并应对其强度、安定性及其他必要的性能指标进行复验，其质量必须符合现行国家标准《硅酸盐水泥、普通硅酸盐水泥》GB 175 等的规定。

当在使用中对水泥质量有怀疑或水泥出厂超过三个月（快硬硅酸盐水泥超过一个月）时，应进行复验，并按复验结果使用。

钢筋混凝土结构、预应力混凝土结构中，严禁使用含氯化物水泥。

检查数量：按同一生产厂家、同一等级、同一品种、同一批号且连续进场的水泥，袋装不超过 200t 为一批，散装不超过 500t 为一批，每批抽样不少于一次。

检验方法：检查产品合格证、出厂检验报告和进场复验报告。

7.2.2 混凝土中掺用外加剂的质量及应用技术应符合现行国家标准《混凝土外加剂》GB 8076—2008、《混凝土外加剂应用技术规范》GB 50119—2003 等有关环境保护的规定。预应力混凝土结构中，严禁使用含氯化物的外加剂。钢筋混凝土结构中，当使用含氯化物的外加剂时，混凝土中氯化物的总含量应符合现行国家标准《混凝土质量控制标准》GB 50164—92 的规定。

检查数量：按进场的批次和产品的抽样检验方案确定。

检验方法：检查产品合格证、出厂检验报告和进场复验报告。

7.2.3 混凝土中氯化物和碱的总含量应符合现行国家标准《混凝土结构设计规范》GB 50010—2002 和设计的要求。

检验方法：检查原材料试验报告和氯化物、碱的总含量计算书。

一 般 项 目

7.2.4 混凝土中掺用矿物掺合料的质量应符合现行国家标准《用于水泥和混凝土中的粉煤灰》GB 1596—2005 等的规定。矿物掺合料的掺量应通过试验确定。

检查数量：按进场的批次和产品的抽样检验方案确定。

检验方法：检查出厂合格证和进场复验报告。

7.2.5 普通混凝土所用的粗、细骨料的质量应符合国家现行标准《普通混凝土用碎石或卵石质量标准及检验方法》JGJ 53—2006、《普通混凝土用砂、石质量标准及检验方法》JGJ 52—2006 的规定。

检查数量：按进场的批次和产品的抽样检验方案确定。

检验方法：检查进场复验报告。

注：1. 混凝土用的粗骨料，其最大颗粒粒径不得超过构件截面最小尺寸的 1/4，且不得超过钢筋最小净间距的 3/4。

2. 对混凝土实心板，骨料的最大粒径不宜超过板厚的 1/3，且不得超过 40mm。

7.2.6 拌制混凝土宜采用饮用水；当采用其他水源时，水质应符合国家现行标准《混凝土拌合用水标准》JGJ 63—2006 的规定。

检查数量：同一水源检查不应少于一次。

检验方法：检查水质试验报告。

注：本表由施工项目专业质量检查员填写，专业监理工程师（建设单位项目专业技术负责人）组织项目专业质量（技术）负责人等进行验收。

混凝土配合比设计检验批质量验收记录

编号：010603(2)/020103(2)□□□□(GB 50204—2002)

工程名称		分项工程名称		项目经理	
施工单位		验收部位			
施工执行标准名称及编号				专业工长（施工员）	
分包单位		分包项目经理		施工班组长	
质量验收规范的规定				施工单位自检记录	监理（建设）单位验收记录
主控项目	1	配合比设计	混凝土应按规定进行配合比设计（第7.3.1条）		
一般项目	1	配合比鉴定及验证	首次使用的配合比应进行开盘鉴定，其工作性应满足设计配合比的要求，开始生产时应至少留置一组标准养护试件，作为验证的依据（第7.3.2）		
	2	施工配合比	混凝土拌制前，应测定砂、石含水率并根据测试结果调整材料用量，提出施工配合比（第7.3.3条）		
			施工操作依据		
			质量检查记录		
施工单位检查结果评定	项目专业质量检查员：			项目专业技术负责人： 年 月 日	
监理（建设）单位验收结论	专业监理工程师： （建设单位项目专业技术负责人）			年 月 日	

010603(2)/020103(2)□□□□说明

7.3 配合比设计

主 控 项 目

7.3.1 混凝土应按国家现行标准《普通混凝土配合比设计规程》JGJ 55—2000的有关规定，根据混凝土强度等级、耐久性和工作性等要求进行配合比设计。

对有特殊要求的混凝土，其配合比设计尚应符合国家现行有关标准的专门规定。

检验方法：检查配合比设计资料。

一 般 项 目

7.3.2 首次使用的混凝土配合比应进行开盘鉴定，其工作性应满足设计配合比的要求。开始生产时应至少留置一组标准养护试件，作为验证配合比的依据。

检验方法：检查开盘鉴定资料和试件强度试验报告。

7.3.3 混凝土拌制前，应测定砂、石含水率并根据测试结果调整材料用量，提出施工配合比。

检查数量：每工作班检查一次。

检验方法：检查含水率测试结果和施工配合比通知单。

注：本表由施工项目专业质量检查员填写，专业监理工程师（建设单位项目专业技术负责人）组织项目专业质量（技术）负责人等进行验收。

混凝土施工检验批质量验收记录

（GB 50204—2002）　　　　　　　　　　编号：010603(3)/020103(3)□□□□

<table>
<tr><td colspan="3">工程名称</td><td colspan="2"></td><td>分项工程名称</td><td></td><td>项目经理</td><td></td></tr>
<tr><td colspan="3">施工单位</td><td colspan="2"></td><td>验收部位</td><td colspan="3"></td></tr>
<tr><td colspan="3">施工执行标准
名称及编号</td><td colspan="4"></td><td>专业工长
（施工员）</td><td></td></tr>
<tr><td colspan="3">分包单位</td><td colspan="2"></td><td>分包项目经理</td><td></td><td>施工班组长</td><td></td></tr>
<tr><td colspan="5">质量验收规范的规定</td><td colspan="2">施工单位自检记录</td><td colspan="2">监理（建设）
单位验收记录</td></tr>
<tr><td rowspan="6">主控项目</td><td>1</td><td>混凝土强度及试件取样留置</td><td colspan="2">第7.4.1条</td><td colspan="2"></td><td colspan="2"></td></tr>
<tr><td>2</td><td>抗渗混凝土试件</td><td colspan="2">应在浇筑地点随机取样，同一工程、同一配合比的混凝土，取样不应少于一次，留置组数可根据实际需要确定（第7.4.2条）</td><td colspan="2"></td><td colspan="2"></td></tr>
<tr><td rowspan="4">3</td><td rowspan="4">混凝土原材料每盘称量的偏差（第7.4.3条）</td><td>材料名称</td><td>允许偏差</td><td colspan="2">实测值</td><td colspan="2" rowspan="4"></td></tr>
<tr><td>水泥、掺合料</td><td>±2%</td><td colspan="2"></td></tr>
<tr><td>粗、细骨料</td><td>±3%</td><td colspan="2"></td></tr>
<tr><td>水、外加剂</td><td>±2%</td><td colspan="2"></td></tr>
<tr><td>4</td><td>混凝土运输、浇筑及间歇</td><td colspan="2">全部时间不应超过混凝土的初凝时间，同一施工段的混凝土应连续浇筑，并应在底层混凝土初凝之前将上一层混凝土浇筑完毕，当底层混凝土初凝后浇筑上一层混凝土时，应按施工缝的要求进行处理（第7.4.4条）</td><td colspan="2"></td><td colspan="2"></td></tr>
<tr><td rowspan="3">一般项目</td><td>1</td><td>施工缝留置及处理</td><td colspan="2">按设计要求和施工技术方案确定（第7.4.5条）</td><td colspan="2"></td><td colspan="2"></td></tr>
<tr><td>2</td><td>后浇带留置位置</td><td colspan="2">按设计要求和施工技术方案确定，混凝土浇筑应按施工技术方案进行（第7.4.6条）</td><td colspan="2"></td><td colspan="2"></td></tr>
<tr><td>3</td><td>养护</td><td colspan="2">第7.4.7条</td><td colspan="2"></td><td colspan="2"></td></tr>
<tr><td colspan="5">施工操作依据</td><td colspan="2"></td><td colspan="2"></td></tr>
<tr><td colspan="5">质量检查记录</td><td colspan="2"></td><td colspan="2"></td></tr>
<tr><td colspan="3">施工单位检查
结果评定</td><td colspan="6">项目专业
质量检查员：　　项目专业
技术负责人：　　年　月　日</td></tr>
<tr><td colspan="3">监理（建设）
单位验收结论</td><td colspan="6">专业监理工程师：
（建设单位项目专业技术负责人）　　年　月　日</td></tr>
</table>

010603(3)/020103(3)□□□说明

主 控 项 目

7.4.1 结构混凝土的强度等级必须符合设计要求。用于检查结构构件混凝土强度的试件，应在混凝土的浇筑地点随机抽取。取样与试件留置应符合下列规定：

1. 每拌制 100 盘且不超过 $100m^3$ 的同配合比的混凝土，取样不得少于一次；

2. 每工作班拌制的同一配合比的混凝土不足 100 盘时，取样不得少于一次；

3. 当一次连续浇筑超过 $1000m^3$ 时，同一配合比的混凝土每 $200m^3$ 取样不得少于一次；

4. 每一楼层、同一配合比的混凝土，取样不得少于一次；

5. 每次取样应至少留置一组标准养护试件，同条件养护试件的留置组数应根据实际需要确定。

检验方法：检查施工记录及试件强度试验报告。

7.4.2 对有抗渗要求的混凝土结构，其混凝土试件应在浇筑地点随机取样。同一工程、同一配合比的混凝土，取样不应少于一次，留置组数可根据实际需要确定。

检验方法：检查试件抗渗试验报告。

7.4.3 混凝土原材料每盘称量的偏差应符合表 7.4.3 的规定。

原材料每盘称量的允许偏差 **表 7.4.3**

材 料 名 称	允 许 偏 差
水泥、掺合料	±2%
粗、细骨料	±3%
水、外加剂	±2%

注：1. 各种衡器应定期校验，每次使用前应进行零点校核，保持计量准确；

2. 当遇雨天或含水率有显著变化时，应增加含水率检测次数，并及时调整水和骨料的用量。

检查数量：每工作班抽查不应少于一次。

检验方法：复称。

7.4.4 混凝土运输、浇筑及间歇的全部时间不应超过混凝土的初凝时间。同一施工段的混凝土应连续浇筑，并应在底层混凝土初凝之前将上一层混凝土浇筑完毕。

当底层混凝土初凝后浇筑上一层混凝土时，应按施工技术方案中对施工缝的要求进行处理。

检查数量：全数检查。

检验方法：观察，检查施工记录。

一 般 项 目

7.4.5 施工缝的位置应在混凝土浇筑前按设计要求和施工技术方案确定。施工缝的处理应按施工技术方案执行。

检查数量：全数检查。

检验方法：观察，检查施工记录。

7.4.6 后浇带的留置位置应按设计要求和施工技术方案确定。后浇带混凝土浇筑应按施工技术方案进行。

检验数量：全数检查。

检验方法：观察，检查施工记录。

7.4.7 混凝土浇筑完毕后，应按施工技术方案及时采取有效的养护措施，并应符合下列规定：

1. 应在浇筑完毕后的12h以内对混凝土加以覆盖并保湿养护；

2. 混凝土浇水养护的时间：对采用硅酸盐水泥、普通硅酸盐水泥或矿渣硅酸盐水泥拌制的混凝土，不得少于7d，对掺用缓凝型外加剂或有抗渗要求的混凝土，不得少于14d；

3. 浇水次数应能保持混凝土处于湿润状态，混凝土养护用水应与拌制用水相同；

4. 采用塑料布覆盖养护的混凝土，其敞露的全部表面应覆盖严密，并应保持塑料布内有凝结水；

5. 混凝土强度达到1.2N/mm^2前，不得在其上踩踏或安装模板及支架。

注：1. 当日平均气温低于5℃时，不得浇水；

2. 当采用其他品种水泥时，混凝土的养护时间应根据所采用水泥的技术性能确定；

3. 混凝土表面不便浇水或使用塑料布时，宜涂刷养护剂；

4. 对大体积混凝土的养护，应根据气候条件按施工技术方案采取控温措施。

检查数量：全数检查。

检验方法：观察，检查施工记录。

注：本表由施工项目专业质量检查员填写，专业监理工程师（建设单位项目专业技术负责人）组织项目专业质量（技术）负责人等进行验收。

现浇结构外观质量检验批质量验收记录

（GB 50204—2002）　　　　　　　　编号：010603（4）/020105（1）□□□

<table>
<tr><td colspan="2">工程名称</td><td></td><td colspan="2">分项工程名称</td><td></td><td>项目经理</td><td></td></tr>
<tr><td colspan="2">施工单位</td><td></td><td colspan="2">验收部位</td><td colspan="3"></td></tr>
<tr><td colspan="2">施工执行标准
名称及编号</td><td colspan="4"></td><td>专业工长
（施工员）</td><td></td></tr>
<tr><td colspan="2">分包单位</td><td></td><td colspan="2">分包项目经理</td><td></td><td>施工班组长</td><td></td></tr>
<tr><td colspan="3">质量验收规范的规定</td><td colspan="2">施工单位自检记录</td><td colspan="3">监理（建设）单位验收记录</td></tr>
<tr><td>主控项目</td><td>外观质量</td><td>不应有严重缺陷。
对已经出现的严重缺陷，应由施工单位提出技术处理方案，并经监理（建设）单位认可后进行处理，对经处理的部位，应重新检查验收。
（第8.2.1条）</td><td colspan="2"></td><td colspan="3"></td></tr>
<tr><td>一般项目</td><td>外观质量</td><td>不宜有一般缺陷。
对已经出现的一般缺陷，应由施工单位按技术处理方案进行处理，并重新检查验收。
（第8.2.2条）</td><td colspan="2"></td><td colspan="3"></td></tr>
<tr><td colspan="3">施工操作依据</td><td colspan="2"></td><td colspan="3"></td></tr>
<tr><td colspan="3">质量检查记录</td><td colspan="2"></td><td colspan="3"></td></tr>
<tr><td colspan="2">施工单位检查
结果评定</td><td colspan="6">项目专业
质量检查员：　　　　　　　　　　项目专业
　　　　　　　　　　　　　　　　技术负责人：
年　月　日</td></tr>
<tr><td colspan="2">监理（建设）
单位验收结论</td><td colspan="6">专业监理工程师：
（建设单位项目专业技术负责人）
年　月　日</td></tr>
</table>

010603(4)/020105(1)□□□□说明

主 控 项 目

8.2.1 现浇结构的外观质量不应有严重缺陷。

对已经出现的严重缺陷，应由施工单位提出技术处理方案，并经监理（建设）单位认可后进行处理。对经处理的部位，应重新检查验收。

检查数量：全数检查。

检查方法：观察，检查技术处理方案。

一 般 项 目

8.2.2 现浇结构的外观质量不宜有一般缺陷。

对已经出现的一般缺陷，应由施工单位按技术处理方案进行处理，并重新检查验收。

检查数量：全数检查。

检验方法：观察，检查技术处理方案。

现浇结构外观质量缺陷

名 称	现 象	严重缺陷	一般缺陷
露 筋	构件内钢筋未被混凝土包裹而外露	纵向受力钢筋有露筋	其他钢筋有少量露筋
蜂 窝	混凝土表面缺少水泥砂浆而形成石子外露	构件主要受力部位有蜂窝	其他部位有少量蜂窝
孔 洞	混凝土中孔穴深度和长度均超过保护层厚度	构件主要受力部位有孔洞	其他部位有少量孔洞
夹 渣	混凝土中夹有杂物且深度超过保护层厚度	构件主要受力部位有夹渣	其他部位有少量夹渣
疏 松	混凝土中局部不密实	构件主要受力部位有疏松	其他部位有少量疏松
裂 缝	缝隙从混凝土表面延伸至混凝土内部	构件主要受力部位有影响结构性能或使用功能的裂缝	其他部位有少量不影响结构性能或使用功能的裂缝
连接部位缺陷	构件连接处混凝土缺陷及连接钢筋、连接件松动	连接部位有影响结构传力性能的缺陷	连接部位有基本不影响结构传力性能的缺陷
外形缺陷	缺棱掉角、棱角不直、翘曲不平、飞边凸肋等	清水混凝土构件有影响使用功能或装饰效果的外形缺陷	其他混凝土构件有不影响使用功能的外形缺陷
外表缺陷	构件表面麻面、掉皮、起砂、沾污等	具有重要装饰效果的清水混凝土构件有外表缺陷	其他混凝土构件有不影响使用功能的外表缺陷

注：本表由施工项目专业质量检查员填写，专业监理工程师（建设单位项目专业技术负责人）组织项目专业质量（技术）负责人等进行验收。

现浇结构尺寸偏差检验批质量验收记录（Ⅰ）

（GB 50204—2002）　　　　　　　　　　　　　　编号：010603（5）/020105（2）□□□

工程名称		分项工程名称		项目经理	
施工单位		验收部位			
施工执行标准 名称及编号				专业工长 （施工员）	
分包单位		分包项目经理		施工班组长	

		质量验收规范的规定	施工单位自检记录	监理（建设） 单位验收记录
主控项目	尺寸偏差	不应有影响结构性能和使用功能的尺寸偏差； 对超过尺寸允许偏差且影响结构性能和安装、使用功能的部位，应由施工单位提出技术处理方案，并经监理（建设）单位认可后进行处理。对经处理的部位，应重新检查验收（第 8.3.1 条）		

		项目			允许偏差（mm）	实测值
一般项目	拆模后的尺寸偏差（第 8.3.2 条）	轴线位置	基础		15	
			独立基础		10	
			墙、柱、梁		8	
			剪力墙		5	
		垂直度	层高	≤5m	8	
				＞5m	10	
			全高（H）		H/1000 且≤30	
		标高	层高		10	
			全高		30	
		截面尺寸			＋8，－5	
		电梯井	井筒长、宽对定位中心线		＋25，0	
			井筒全高（H）垂直度		H/1000 且≤30	
		表面平整度			8	
		预埋设施中心位置	预埋件		10	
			预埋螺栓		5	
			预埋管		5	
		预留洞中心线位置			15	
		施工操作依据				
		质量检查记录				

施工单位检查结果评定	项目专业质量检查员：	项目专业技术负责人：　　　年　月　日
监理（建设）单位验收结论	专业监理工程师： （建设单位项目专业技术负责人）	年　月　日

010603(5)/020105(2)□□□□说明

主 控 项 目

8.3.1 现浇结构不应有影响结构性能和使用功能的尺寸偏差。

对超过尺寸允许偏差且影响结构性能和安装、使用功能的部位，应由施工单位提出技术处理方案，并经监理（建设）单位认可后进行处理。对经处理的部位，应重新检查验收。

检查数量：全数检查。

检验方法：量测，检查技术处理方案。

一 般 项 目

8.3.2 现浇结构拆摸后的尺寸偏差应符合表 8.3.2-1 的规定。

检查数量：按楼层、结构缝或施工段划分检验批。在同一检验批内，对梁、柱和独立基础，应抽查构件数量的 10%，且不少于 3 件；对墙和板，应按有代表性的自然间抽查 10%，且不少于 3 间；对大空间结构，墙可按相邻轴线间高度 5m 左右划分检查面，板可按纵、横轴线划分检查面，抽查 10%，且均不少于 3 面；对电梯井，应全数检查。

现浇结构尺寸允许偏差和检验方法　　表 8.3.2-1

项目			允许偏差（mm）	检验方法
轴线位置	基础		15	钢尺检查
	独立基础		10	
	墙、柱、梁		8	
	剪力墙		5	
垂直度	层高	≤5m	8	经纬仪或吊线、钢尺检查
		＜5m	10	经纬仪或吊线、钢尺检查
	全高（H）		H/1000 且≤30	经纬仪、钢尺检查
标高	层高		±10	水准仪或拉线、钢尺检查
	全高		±30	
截面尺寸			+8，−5	钢尺检查
电梯井	井筒长、宽对定位中心线		+25，0	钢尺检查
	井筒全高（H）垂直度		H/1000 且≤30	经纬仪、钢尺检查
表面平整度			8	2m 靠尺和塞尺检查
预埋设施中心线位置	预埋件		10	钢尺检查
	预埋螺栓		5	
	预埋管		5	
预留洞中心线位置			15	钢尺检查

注：1. 检查轴线、中心线位置时，应沿纵、横两个方向量测，并取其中的较大值；

2. 本表由施工项目专业质量检查员填写，专业监理工程师（建设单位项目专业技术负责人）组织项目专业质量（技术）负责人等进行验收。

混凝土设备基础尺寸偏差检验批质量验收记录（Ⅱ）

(GB 50204—2002)　　　　编号：010603（6）□□□

工程名称		分项工程名称		项目经理	
施工单位		验收部位			
施工执行标准名称及编号				专业工长（施工员）	
分包单位		分包项目经理		施工班组长	

质量验收规范的规定					施工单位自检记录	监理（建设）单位验收记录
主控项目	尺寸偏差	不应有影响结构性能和使用功能的尺寸偏差； 对超过尺寸允许偏差且影响结构性能和安装、使用功能的部位，应由施工单位提出技术处理方案，并经监理（建设）单位认可后进行处理。对经处理的部位，应重新检查验收（第 8.3.1 条）				
一般项目	拆模后的尺寸偏差（第 8.3.2 条）	项　目		允许偏差（mm）	实　测　值	
		坐标位置		20		
		不同平面的标高		0.20		
		平面外形尺寸		±20		
		凸台上平面外形尺寸		0，−20		
		凹穴水平度		+20，0		
		平　面水平度	每米	5		
			全长	10		
		垂直度	每米	5		
			全高	10		
		预埋地脚螺栓	标高（顶部）	+20，0		
			中心距	±2		
		预埋地脚螺栓孔	中心线位置	10		
			深度	+20，0		
			孔垂直度	10		
		预埋活动地脚螺栓锚板	标高	+20，0		
			中心线位置	5		
			带槽锚板平整度	5		
			带螺纹孔锚板平整度	2		
施工单位检查结果评定		项目专业质量检查员：		项目专业技术负责人：		年　月　日
监理（建设）单位验收结论		专业监理工程师：（建设单位项目专业技术负责人）				年　月　日

主 控 项 目

8.3.1 混凝土设备基础不应有影响结构性能和设备安装的尺寸偏差。

对超过尺寸允许偏差且影响结构性能和安装、使用功能的部位，应由施工单位提出技术提出处理方案，并经监理（建设）单位认可后进行处理。对经处理的部位，应重新检查验收。

检查数量：全数检查。

检验方法：量测，检查技术处理方案。

一 般 项 目

8.3.2 混凝土设备基础拆摸后的尺寸偏差应符合表 8.3.2-2 的规定。

检查数量：设备基础全数检查。

混凝土设备基础尺寸允许偏差和检验方法 **表 8.3.2-2**

项 目		允许偏差（mm）	检 验 方 法
坐标位置		20	钢尺检查
不同平面的标高		0，−20	水准仪或拉线、钢尺检查
平面外形尺寸		±20	钢尺检查
凸台上平面外形尺寸		0，−20	钢尺检查
凹穴水平度		+20，0	钢尺检查
平面水平度	每 米	5	水平尺、塞尺检查
	全 长	10	水准仪或拉线、钢尺检查
垂直度	每 米	5	经纬仪或吊线、钢尺检查
	全 高	10	
预埋地脚螺栓	标高（顶部）	+20，0	水准仪或拉线、钢尺检查
	中心距	±2	钢尺检查
预埋地脚螺栓孔	中心线位置	10	钢尺检查
	深 度	+20，0	钢尺检查
	孔垂直度	10	吊线、钢尺检查
预埋活动地脚螺栓锚板	标 高	+20，0	水准仪或拉线、钢尺检查
	中心线位置	5	钢尺检查
	带槽锚板平整度	5	钢尺、塞尺检查
	带螺纹孔锚板平整度	2	钢尺、塞尺检查

注：1. 检查坐标、中心线位置时，应沿纵、横两个方向量测，并取其中的较大值；

2. 本表由施工项目专业质量检查员填写，专业监理工程师（建设单位项目专业技术负责人）组织项目专业质量（技术）负责人等进行验收。

技术交底记录

TJ1. 5

工程名称		施工单位	
交底部位		工序名称	
交底提要：			
交底内容：			

技术负责人		交底人		接受交底人	

注：本记录一式两份，一份交接受交底人，一份存档。

附表：水泥进厂检验

序号	水泥品种及等级	合格证编号	生产厂家	进场数量	进场日期	复试报告编号	报告日期	主要使用部位及有关说明

技术负责人：　　　　　　　　　　　　　　　　　　　　　　质量检查员

普通混凝土现场拌制技术交底记录

工程名称		交底部位	
工程编号		日　　期	

交底内容：

普通混凝土现场拌制技术交底

1　范围

本工艺标准适用于工业与民用建筑的普通混凝土的现场拌制。

2　施工准备

2.1　材料及主要机具：

2.1.1　水泥：水泥的品种、强度等级、厂别及牌号应符合混凝土配合比通知单的要求。水泥应有出厂合格证及进场试验报告。

2.1.2　砂：砂的粒径及产地应符合混凝土配合比通知单的要求。砂中含泥量：当混凝土强度等级≥C30时，含泥量≤3%；混凝土强度等级＜C30时，含泥量≤5%，有抗冻、抗渗要求时，含泥量应≤3%。砂中泥块的含量（大于5mm的泥块），当混凝土强度等级≥C30时，其泥块含量应≤1%；混凝土强度等级＜C30时，其泥块含量应≤2%，有抗冻、抗渗要求时，其泥块含量应≤1%。砂应有试验报告单。

2.1.3　石子（碎石或卵石）：石子的粒径、级配及产地应符合混凝土配合比通知单的要求。

石子的针、片状颗粒含量：当混凝土强度等级≥C30时，应≤15%；当混凝土强度等级为C25～C15时，应≤25%。

石子的含泥量（小于0.8mm的尘屑、淤泥和黏土的总含量）：当混凝土强度等级≥C30时，应≤1%；当混凝土强度等级为C15～C25时，应≤2%；当对混凝土有抗冻、抗渗要求时，应≤1%。

石子的泥块含量（大于5mm的纯泥）：当混凝土强度等级≥C30时，应≤0.5%；当混凝土强度等级＜C30时，应≤0.7%；当混凝土强度等级≤C10时，应≤1%。

石子应有试块报告单。

2.1.4　水：宜采用饮用水。其他水，其水质必须符合《混凝土拌合用水标准》JGJ63—2006的规定。

2.1.5　外加剂：所用混凝土外加剂的品种、生产厂家及牌号应符合配合比通知单的要求。外加剂应有出厂质量证明书及使用说明，并应有有关指标的进场试验报告。国家规定要求认证的产品，还应有准用证件。外加剂必须有掺量试验。

2.1.6　混合材料（目前主要是掺粉煤灰，也有掺其他混合材料的，如UEA膨胀剂、沸石粉等）：所用混合材料的品种、生产厂家及牌号应符合配合比通知单的要求。混合材料应有出厂质量证明书及使用说明，并应有进场试验报告。混合材料还必须有掺量试验。

2.1.7　主要机具：混凝土搅拌机宜优先采用强制式搅拌机，以可采用自落式搅拌机。计量设备一般采用磅秤或电子计量设备。水计量可采用流量计、时间继电器控制的流量计或水箱水位管标志计量器。上料设备有双轮手推车、铲车、装载机、砂石输料斗等，以及配套的其他设备。现场试验器具，如坍落度测试设备、试模等。

2.2　作业条件：

2.2.1　试验室已下达混凝土配合通知单，并将其转换为每盘实际使用的施工配合比，并公布于搅拌配料地点的标牌上。

2.2.2　所有的原材料经检查，全部应符合配合比通知单所提出的要求。

2.2.3　搅拌机及其配套的设备应运转灵活、安全可靠。电源及配电系统符合要求，安全可靠。

2.2.4　所有计量器具必须有检定的有效期标识。地磅下面及周围的砂、石清理干净，计量器具灵敏可靠，并按施工配合比设专人定磅。

2.2.5　管理人员向作业班组进行配合比、操作规程和安全技术交底。

2.2.6　需浇筑混凝土的工程部位已办理隐检、预检手续、混凝土浇筑的申请单已经有关管理人员批准。

2.2.7　新下达的混凝土配合比，应进行开盘鉴定。开盘鉴定的工作已进行并符合要求。

3　操作工艺

3.1　基本工艺流程：

开盘→计量→上料→拌制→搅拌

续表

工程名称		交底部位	
工程编号		日　期	

3.2　每台班开始前，对搅拌机及上料设备进行检查并试运转；对所用计量器具进行检查并定磅；校对施工配合比；对所用原材料的规格、品种、产地、牌号及质量进行检查，并与施工配合比进行核对；对砂、石的含水率进行检查，如有变化，及时通知试验人员调整用水量。一切检查符合要求后，方可开盘拌制混凝土。

3.3　计量：

3.3.1　砂、石计量：用手推车上料时，必须车车过磅，卸多补少。有贮料斗及配套的计量设备，采用自动或半自动上料时，需调整好斗门关闭的提前量，以保证计量准确。砂、石计量的允许偏差应≤±3%。

3.3.2　水泥计量：搅拌时采用袋装水泥时，对每批进场的水泥应抽查10袋的重量，并计量每袋的平均实际重量。小于标定重量的要开袋补足，或以每袋的实际水泥重量为准，调整砂、石、水及其他材料用量，按配合比的比例重新确定每盘混凝土的施工配合比。搅拌时采用散装水泥的，应每盘精确计量。水泥计量的允许偏差应≤±2%。

3.3.3　外加剂及混合料计量：对于粉状的外加剂和混合料，应按施工配合比每盘的用料，预先在外加剂和混合料存放的仓库中进行计量，并以小包装运到搅拌地点备用。液态外加剂要随用随搅拌，并用比重计检查其浓度，用量桶计量。外加剂、混合料的计量允许偏差应≤±2%。

3.3.4　水计量：水必须盘盘计量，其允许偏差应≤±2%..

3.4　上料：现场拌制混凝土，一般是计量好的原材料先汇集在上料斗中，经上料斗进入搅拌筒。水及液态外加剂经计量后，在往搅拌筒中进料的同时，直接进入搅拌筒。原材料汇集入上料斗的顺序如下：

3.4.1　当无外加剂、混合料时，依次进入上料斗的顺序为石子、水泥、砂。

3.4.2　当掺混合料时，其顺序为石子、水泥、混合料、砂。

3.4.3　当掺干粉状外加剂时，其顺序为石子、外加剂、水泥、砂成顺序为石子、水泥、砂子、外加剂。

3.5　第一盘混凝土拌制的操作：

每次上班拌制第一盘混凝土时，先加水使搅拌筒空转数分钟，搅拌筒被充分湿润后，将剩余积水倒净。

搅拌第一盘时，由于砂浆粘筒壁而损失，因此，石子的用量应按配合比减半。

从第二盘开始，按给定的配合比投料。

3.6　搅拌时间控制：混凝土搅拌的最短时间应按表3.6控制。

混凝土搅拌的最短时间（s）　　**表3.6**

类　型	搅拌机出料量（L）		
	＜250	250～500	＞500
强制式	60	90	120
自落式	90	120	150
强制式	60	60	90
自落式	90	90	120

注：1. 混凝土搅拌的最短时间系指自全部材料装入搅拌筒中起，到开始卸料止的时间。

2. 当掺有外加剂时，搅拌时间应适当延长。

3. 冬期施工时搅拌时间应取常温搅拌时间的1.5倍。

3.7　出料：出料时，先少许出料，目测拌合物的外观质量，如目测合格方可出料。每盘混凝土拌合物必须出尽。

3.8　混凝土拌制的质量检查：

3.8.1　检查拌制混凝土所用原材料的品种、规格和用量，每一个工作班至少两次。

3.8.2　检查混凝土的坍落度及和易性，每一工作班至少两次。混凝土拌合物应搅拌均匀、颜色一致，具有良好的流动性、粘聚性和保水性，不泌水、不离析。不符合要求时，应查找原因，及时调整。

续表

工程名称		交底部位	
工程编号		日　　期	

3.8.3　在每一工作班内，当混凝土配合比由于外界影响有变动时（如下雨或原材料有变化），应及时检查。

3.8.4　混凝土的搅拌时间应随时检查。

3.8.5　按以下规定留置试块：

3.8.5.1　每拌制100盘且不超过100m^3的同配合比的混凝土其取样不得少于一次。

3.8.5.2　每工作班拌制的同配合比的混凝土不足100盘时，其取样不得少于一次。

3.8.5.3　对现浇混凝土结构，每一现浇楼层同配合比的混凝土，其取样不得少于一次。

3.8.5.4　有抗渗要求的混凝土，应按规定留置抗渗试块。

每次取样应至少留置一组标准试件，同条件养护试件的留置组数。可根据技术交底的要求确定。为保证留置的试块有代表性，应在第三盘以后至搅拌结束前30min之间取样。

3.9　冬期施工混凝土的搅拌：

3.9.1　室外日平均气温连续5d稳定低于5℃时，混凝土拌制应采取冬期施工措施，并应及时采取气温突然下降的防冻措施。

3.9.2　配制冬期施工的混凝土，应优先选用硅酸盐水泥或普通硅酸盐水泥，水泥强度等级不应低于32.5，最小水泥用量不宜少于300kg/m^3，水灰比不应大于0.6。

3.9.3　冬期施工宜使用无氯盐类防冻剂，对抗冻性要求高的混凝土。宜使用引气剂或引气减水剂。如掺用氯盐类防冻剂，应严格控制掺量，并严格执行有关掺用氯盐类防冻剂的规定。

3.9.4　混凝土所用骨料必须清洁，不得含有冰、雪等冻结物及易冻裂的矿物质。

3.9.5　冬期拌制混凝土应优先采用加热水的方法。水及骨料的加热温度应根据热工计算确定，但不得超过表3.9.5的规定。

拌合水和骨料最高温度　　　　**表3.9.5**

项　　目	拌合水	骨　料
强度等级小于等于42.5MPa的普通硅酸盐水泥、矿渣硅酸盐水泥	80℃	60℃
强度等级大于52.5MPa的普通硅酸盐水泥、矿渣硅酸盐水泥	60℃	40℃

水泥不得直接加热，并宜在使用前运入暖棚内存放。

当骨料不加热时，水可加热到100℃，但水泥不应与80℃以上的水直接接触。投料顺序为先投入骨料和已加热的水，然后再投入水泥。

3.9.6　混凝土拌制前，应用热水或蒸汽冲洗搅拌机，拌制时间应取常温的1.5倍。混凝土拌合物的出机温度不宜低于10℃，入模温度不得低于5℃。

3.9.7　冬期混凝土拌制的质量检查除遵守3.8条的规定外，尚应进行以下检查：

3.9.7.1　检查外加剂的掺量。

3.9.7.2　测量水和外加剂溶液以及骨料的加热温度和加入搅拌机的温度。

3.9.7.3　测量混凝土自搅拌机中卸出时的温度和浇筑时的温度。

以上检查每一工作班至少应测量检查四次。

3.9.7.4　混凝土试块的留置除应符合3.8.5条的规定外，尚应增设不少于两组与结构同条件养护的试件，分别用于检验受冻前的混凝土强度和转入常温养护28d的混凝土强度。

4　质量标准

4.1　保证项目：

4.1.1　混凝土所用水泥、骨料、外加剂、混合料的规格、品种和质量必须符合有关标准的规定。

检查方法：检查原材料出厂合格证、试验报告单。

4.1.2　混凝土的强度评定应符合要求。

检查方法：检查混凝土试块强度试压报告及强度评定资料。

续表

工程名称		交底部位	
工程编号		日　期	

4.2　基本项目：

4.2.1　混凝土应搅拌均匀、颜色一致，具有良好的和易性。

检查方法：观察检查。

4.2.2　混凝土拌合物的坍落度应符合要求。

检查方法：现场测定及检查施工记录。

4.2.3　冬期施工时，水、骨料加热温度及混凝土拌合物出机温度应符合要求。

检查方法：现场测定及检查施工记录。

5　应注意的质量问题

5.1　混凝土强度不足或强度不均匀，强度离差大，是常发生的质量问题，是影响结构安全的质量问题。防止这一质量问题需要综合治理，除了在混凝土运输、浇筑、养护等各个环节要严格控制外，在混凝土拌制阶段要特别注意。要控制好各种原材料的质量。要认真执行配合比，严格原材料的配料计量。

5.2　混凝土裂缝是常发生的质量问题。造成的原因很多。在拌制阶段，如果砂、石含泥量大、用水量大、使用过期水泥或水泥用量过多等，都可能造成混凝土收缩裂缝。因此在拌制阶段，仍要严格控制好原材料的质量，认真执行配合比，严格计量。

5.3　混凝土拌合物和易性差，坍落度不符合要求。造成这类质量问题原因是多方面的。其中水灰比影响最大；第二是石子的级配差，针、片状颗粒含量过多；第三是搅拌时间过短或太长等。解决的办法应从以上三方面着手。

6　质量记录

本工艺标准应具备以下质量记录：

6.1　水泥出厂质量证明。

6.2　水泥进场试验报告。

6.3　外加剂出厂质量证明。

6.4　外加剂进场试验报告及掺量试验报告。

6.5　混合料出厂质量证明。

6.6　混合料进场试验报告及掺量试验报告。

6.7　砂子试验报告。

6.8　石子试验报告。

6.9　混凝土配合比通知单。

6.10　混凝土试块强度试压报告。

6.11　混凝土强度评定记录。

6.12　混凝土施工日志（含冬施日志）。

6.13　混凝土开盘鉴定。

技术负责人：　　　　　　　　交底人：　　　　　　　　接交人：

现浇框架结构混凝土浇筑施工技术交底

工程名称		交底部位	
工程编号		日　期	

交底内容：

现浇框架结构混凝土浇筑施工

1　范围

本工艺标准适用于一般现浇框架及框架剪力墙混凝土的浇筑工程。

2　施工准备

2.1　材料及主要机具：

2.1.1　水泥：32.5MPa以上矿渣硅酸盐水泥或普通硅酸盐水泥。进场时必须有质量证明书及复试试验报告。

2.1.2　砂：宜用粗砂或中砂。混凝土强度低于C30时，含泥量不大于5%，高于C30时，不大于3%。

2.1.3　石子：粒径0.5～3.2cm，混凝土强度低于C30时，含泥量不大于2%，高于C30时，不大于1%。

2.1.4　掺合料：粉煤灰，其掺量应通过试验确定，并应符合有关标准。

2.1.5　混凝土外加剂：减水剂、早强剂等应符合有关标准的规定，其掺量经试验符合要求后，方可使用。

2.1.6　主要机具：混凝土搅拌机、磅秤（或自动计量设备）、双轮手推车、小翻斗车、尖锹、平锹、混凝土吊斗、插入式振捣器、木抹子、长抹子、铁插尺、胶皮水管、铁板、串桶、塔式起重机等。

2.2　作业条件。

2.2.1　浇筑混凝土层段的模板、钢筋、预埋件及管线等全部安装完毕，经检查符合设计要求，并办完隐、预检手续。

2.2.2　浇筑混凝土用的架子及马道已支搭完毕，并经检查合格。

2.2.3　水泥、砂、石及外加剂等经检查符合有关标准要求，试验室已下达混凝土配合比通知单。

2.2.4　磅秤（或自动上料系统）经检查核定计量准确，振捣器（棒）经检验试运转合格。

2.2.5　工长根据施工方案对操作班组已进行全面施工技术交底，混凝土浇筑申请书已被批准。

3　操作工艺

3.1　工艺流程：

作业准备 → 混凝土搅拌 → 混凝土运输 → 柱、梁、板、剪力墙、楼梯混凝土浇筑与振捣 → 养护

3.2　作业准备：浇筑前应将模板内的垃圾、泥土等杂物及钢筋上的油污清除干净，并检查钢筋的水泥砂浆垫块是否垫好。如使用木模板时应浇水使模板湿润。柱子模板的扫除口应在清除杂物及积水后再封闭。剪力墙根部松散混凝土已剔掉清净。

3.3　混凝土搅拌：

3.3.1　根据配合比确定每盘各种材料用量及车辆重量，分别固定好水泥、砂、石各个磅秤标准。在上料时车车过磅，骨料含水率应经常测定，及时调整配合比用水量，确保加水量准确。

3.3.2　装料顺序：一般先倒石子，再装水泥，最后倒砂子。如需加粉煤灰掺合料时，应与水泥一并加入。

如需掺外加剂（减水剂、早强剂等）时，粉状应根据每盘加入量预加工装入小包装袋内（塑料袋为宜），用时与粗细骨料同时加入；液状应按每盘用量与水同时装入搅拌机搅拌。

3.3.3　搅拌时间：为使混凝土搅拌均匀，自全部拌合料装入搅拌筒中起到混凝土开始卸料止，混凝土搅拌的最短时间，可按表3.3.3规定采用。

混凝土搅拌的最短时间（s）　　3.3.3

	搅拌机出料量（L）		
	＜250	250～500	＞500
自落式	90	120	150
强制式	60	90	120
自落式	90	90	120
强制式	60	60	90

续表

工程名称		交底部位	
工程编号		日　期	

3.3.4　混凝土开始搅拌时，由施工单位主管技术部门、工长组织有关人员，对出盘混凝土的坍落度、和易性等进行鉴定，检查是否符合配合比通知单要求，经调整合格后再正式搅拌。

混凝土运输：混凝土自搅拌机中卸出后，应及时送到浇筑地点。在运输过程中，要防止混凝土离析、水泥浆流失、坍落度变化以及产生初凝等现象。如混凝土运到浇筑地点有离析现象时，必须在浇筑前进行二次拌合。

混凝土从搅拌机中卸出后到浇筑完毕的延续时间，不宜超过表 3.3.4 的规定。

混凝土从搅拌机卸出至浇筑完毕的时间（min）　　3.3.4

	气　温　（℃）	
	低于 25	高于 25
＜C30	120	90
＜C30	90	60

注：掺用外加剂或采用快硬水泥拌制混凝土时，应按试验确定。

泵送混凝土时必须保证混凝土泵连续工作，如果发生故障，停歇时间超过 45min 或混凝土出现离析现象，应立即用压力水或其他方法冲洗管内残留的混凝土。

3.4　混凝土浇筑与振捣的一般要求：

3.4.1　混凝土自吊斗口下落的自由倾落高度不得超过 2m，浇筑高度如超过 3m 时必须采取措施，用串桶或溜管等。

3.4.2　浇筑混凝土时应分段分层连续进行，浇筑层高度应根据结构特点、钢筋疏密决定，一般为振捣器作用部分长度的 1.25 倍，最大不超过 50cm。

3.4.3　使用插入式振捣器应快插慢拔，插点要均匀排列，逐点移动，顺序进行，不得遗漏，做到均匀振实。移动间距不大于振捣作用半径的 1.5 倍（一般为 30～40cm）。振捣上一层时应插入下层 5cm，以消除两层间的接缝。表面振动器（或称平板振动器）的移动间距，应保证振动器的平板覆盖已振实部分的边缘。

3.4.4　浇筑混凝土应连续进行。如必须间歇，其间歇时间应尽量缩短，并应在前层混凝土凝结之前，将次层混凝土浇筑完毕。间歇的最长时间应按所用水泥品种、气温及混凝土凝结条件确定，一般超过 2h 应按施工缝处理。

3.4.5　浇筑混凝土时应经常观察模板、钢筋、预留孔洞、预埋件和插筋等有无移动、变形或堵塞情况，发现问题应立即处理，并应在已浇筑的混凝土凝结前修正完好。

3.5　柱的混凝土浇筑：

3.5.1　柱浇筑前底部应先填以 5～10cm 厚与混凝土配合比相同减石子砂浆，柱混凝土应分层振捣，使用插入式振捣器时每层厚度不大于 50cm，振捣棒不得触动钢筋和预埋件。除上面振捣外，下面要有人随时敲打模板。

3.5.2　柱高在 3m 之内，可在柱顶直接下灰浇筑，超过 3m 时，应采取措施（用串桶）或在模板侧面开门子洞安装斜溜槽分段浇筑。每段高度不得超过 2m，每段混凝土浇筑后将门子洞模板封闭严实，并箍牢。

3.5.3　柱子混凝土应一次浇筑完毕，如需留施工缝时应留在主梁下面。无梁楼板应留在柱帽下面。在与梁板整体浇筑时，应在柱浇筑完毕后停歇 1～1.5h，使其获得初步沉实，再继续浇筑。

3.5.4　浇筑完后，应随时将伸出的搭接钢筋整理到位。

3.6　梁、板混凝土浇筑：

3.6.1　梁、板应同时浇筑，浇筑方法应由一端开始用“赶浆法”，即先浇筑梁，根据梁高分层浇筑成阶梯形，当达到板底位置时再与板的混凝土一起浇筑，随着阶梯形不断延伸，梁板混凝土浇筑连续向前进行。

3.6.2　和板连成整体高度大于 1m 的梁，允许单独浇筑，其施工缝应留在板底以下 2～3cm 处。浇捣时，浇筑与振捣必须紧密配合，第一层下料慢些，梁底充分振实后再下二层料，用“赶浆法”保持水泥浆沿梁底包裹石子向前推进，每层均应振实后再下料，梁底及梁帮部位要注意振实，振捣时不得触动钢筋及预埋件。

3.6.3　梁柱节点钢筋较密时，浇筑此处混凝土时宜用小粒径石子同强度等级的混凝土浇筑，并用小直径振捣棒振捣。

续表

工程名称		交底部位	
工程编号		日　期	

3.6.4 浇筑板混凝土的虚铺厚度应略大于板厚，用平板振捣器垂直浇筑方向来回振捣，厚板可用插入式振捣器顺浇筑方向托拉振捣，并用铁插尺检查混凝土厚度，振捣完毕后用长木抹子抹平。施工缝处或有预埋件及插筋处用木抹子找平。浇筑板混凝土时不允许用振捣棒铺摊混凝土。

3.6.5 施工缝位置；宜沿次梁方向浇筑楼板，施工缝应留置在次梁跨度的中间1/3范围内。施工缝的表面应与梁轴线或板面垂直，不得留斜槎。施工缝宜用木板或钢丝网挡牢。

3.6.6 施工缝处须待已浇筑混凝土的抗压强度不小于1.2MPa时，才允许继续浇筑。在继续浇筑混凝土前，施工缝混凝土表面应凿毛，剔除浮动石子，并用水冲洗干净后，先浇一层水泥浆，然后继续浇筑混凝土，应细致操作振实，使新旧混凝土紧密结合。

3.7 剪力墙混凝土浇筑：

3.7.1 如柱、墙的混凝土强度等级相同时，可以同时浇筑，反之宜先浇筑柱混凝土，预埋剪力墙锚固筋，待拆柱模后，再绑剪力墙钢筋、支模、浇筑混凝土。

3.7.2 剪力墙浇筑混凝土前，先在底部均匀浇筑5cm厚与墙体混凝土成分相同的水泥砂浆，并用铁锹入模，不应用料斗直接灌入模内。

3.7.3 浇筑墙体混凝土应连续进行，间隔时间不应超过2h，每层浇筑厚度控制在60cm左右，因此必须预先安排好混凝土下料点位置和振捣器操作人员数量。

3.7.4 振捣棒移动间距应小于50cm，每一振点的延续时间以表面呈现浮浆为度，为使上下层混凝土结合成整体，振捣器应插入下层混凝土5cm。振捣时注意钢筋密集及洞口部位，为防止出现漏振。须在洞口两侧同时振捣，高度也要大体一致。大洞口的洞底模板应开口，并在此处浇筑振捣。

3.8 楼梯混凝土浇筑：

3.8.1 楼梯段混凝土自下而上浇筑，先振实底板混凝土，达到踏步位置时再与踏步混凝土一起浇捣，不断连续向上推进，并随时用木抹子（或塑料抹子）将踏步上表面抹平。

3.8.2 施了缝位置：楼梯混凝土宜连续浇筑完、多层楼梯的施工缝应留置在楼梯段1/3的部位。

3.9 养护：混凝土浇筑完毕后，应在12h以内加以覆盖和浇水，浇水次数应能保持混凝土有足够的润湿状态，养护期一般不少于7昼夜。

3.10 冬期施工：

3.10.1 冬期浇筑的混凝土掺负温复合外加剂时，应根据温度情况的不同，使用不同的负温外加剂。且在使用前必须经专门试验及有关单位技术鉴定。柱、墙养护宜采用养护灵。

3.10.2 冬期施工前应制定冬期施工方案，对原材料的加热、搅拌、运输、浇筑和养护等进行热工计算，并应据此施工。

3.10.3 混凝土在浇筑前，应清除模板和钢筋上的冰雪、污垢。运输和浇筑混凝土用的容器应有保温措施。

3.10.4 运输浇筑过程中，温度应符合热工计算所确定的数据、如不符时，应采取措施进行调整。采用加热养护时，混凝土养护前的温度不得低于2℃。

3.10.5 整体式结构加热养护时，浇筑程序和施工缝位置，应能防止发生较大的温度应力，如加热温度超过40℃时，应征求设计单位意见后确定。混凝土升、降温度不得超过规范规定。

3.10.6 冬期施工平均气温在−5℃以内，一般采用综合蓄热法施工，所用的早强抗冻型外加剂应有出厂证明，并要经试验室试块对比试验后再正式使用。综合蓄热法宜选用32.5MPa以上普通硅酸盐水泥或R型早强水泥。外加剂应选用能明显提高早期强度，并能降低抗冻临界强度的粉状复合外加剂，与骨料同时加入，保证搅拌均匀。

3.10.7 冬施养护：模板及保温层，应在混凝土冷却到5℃后方可拆除。混凝土与外界温差大于15℃时，拆模后的混凝土表面，应临时覆盖，使其缓慢冷却。

3.10.8 混凝土试块除正常规定组数制作外，还应增设两组与结构同条件养护：一组用以检验混凝土受冻前的强度；另一组用以检验转入常温养护28d的强度。

续表

工程名称		交底部位	
工程编号		日　期	

3.10.9　冬期施工过程中，应填写“混凝土工程施工记录”和“冬期施工混凝土日报”。

4　质量标准

4.1 保证项目：

4.1.1　混凝土所用的水泥、水、骨料、外加剂等必须符合规范及有关规定，检查出厂合格证或试验报告是否符合质量要求。

4.1.2　混凝土的配合比、原材料计量、搅拌、养护和施工缝处理，必须符合施工规范规定。

4.1.3　混凝土强度的试块取样、制作、养护和试验要符合《混凝土强度检验评定标准》GBJ 107—87 的规定。

4.1.4　设计不允许裂缝的结构，严禁出现裂缝，设计允许裂缝的结构，其裂缝宽度必须符合设计要求。

4.2　基本项目：混凝土应振捣密实；不得有蜂窝、孔洞、露筋、缝隙、夹渣等缺陷。

4.3　允许偏差项目，见表 4.3。

现浇框架混凝土允许偏差　　**表 4.3**

项　次	项　目		允许偏差（mm）		检　验　方　法
			单层多层	高层框架	
1	轴线位移		8	5	尺量检查
2	标　高	层　高	±10	±5	用水准仪或尺量检验
		全　高	±30	±30	
3	柱、墙、梁截面尺寸		+8　−5	±5	尺量检查
4	柱、墙垂直度	每　层	5	5	用经纬仪或吊线和尺量检验
		全　高	H/1000 且不大于 20	H/1000 且不大于 30	
5	表面平整度		8	8	用 2m 靠尺和楔形塞尺检查
6	预埋钢板中心线位置偏移		10	10	尺量检验
7	预埋管、预留孔中心线位置偏移		5	5	尺量检验
8	预埋螺栓中心线位置偏移		5	5	尺量检验
9	预留洞中心位置偏移		15	15	尺量检验
10	电梯井	井筒长、宽对中心线	+25 −0	+25 −0	吊线和尺量检验
		井筒全高垂直度	H/1000 且不大于 30	H/1000 且不大于 30	

注：H 为柱、墙全高。

5　成品保护

5.1　要保证钢筋和垫块的位置正确，不得踩楼板、楼梯的弯起钢筋，不碰动预埋件和插筋。

5.2　不用重物冲击模板，不在梁或楼梯踏步模板吊帮上蹬踩，应搭设跳板，保护模板的牢固和严密。

5.3　浇筑楼板、楼梯踏步的上表面混凝土要加以保护，必须在混凝土强度达到 1.2MPa 以后，方准在面上进行操作及安装结构用的支架和模板。

5.4　冬期施工在已浇的模板上覆盖时，要在铺的脚手板上操作，尽量不踏脚印。

6　应注意的质量问题

6.1　蜂窝：原因是混凝土一次下料过厚，振捣不实或漏振，模板有缝隙使水泥浆流失，钢筋较密而混凝土坍落度过小或石子过大，柱、墙根部模板有缝隙，以致混凝土中的砂浆从下部涌出而造成。

续表

工程名称		交底部位	
工程编号		日　期	

6.2　露筋：原因是钢筋垫块位移、间距过大、漏放、钢筋紧贴模板、造成露筋，或梁、板底部振捣不实，也可能出现露筋。

6.3　麻面：拆模过早或模板表面漏刷隔离剂或模板湿润不够，构件表面混凝土易粘附在模板上造成麻面脱皮。

6.4　孔洞：原因是钢筋较密的部位混凝土被卡，未经振捣就继续浇筑上层混凝土。

6.5　缝隙与夹渣层：施工缝处杂物清理不净或未浇底浆等原因，易造成缝隙、夹渣层。

6.6　梁、柱连接处断面尺寸偏差过大，主要原因是柱接头模板刚度差或支此部位模板时未认真控制断面尺寸。

6.7　现浇楼板面和楼梯踏步上表面平整度偏差太大：主要原因是混凝土浇筑后，表面不用抹子认真抹平。冬期施工在覆盖保温层时，上人过早或未垫板进行操作。

7　质量记录

本工艺标准应具备以下质量记录：

7.1　水泥出厂质量证明书及进场复试报告。

7.2　石子试验报告。

7.3　砂试验报告。

7.4　掺合料出厂质量证明及进场试验报告。

7.5　外加剂出厂质量证明及进场试验报告、产品说明书。

7.6　混凝土试配记录。

7.7　混凝土施工配合比通知单。

7.8　混凝土试块强度试压报告。

7.9　混凝土强度统计评定表。

7.10　混凝土分项工程质量检验评定。

7.11　混凝土施工日志（含冬期施工记录）。

技术负责人：　　　　交底人：　　　　接交人：

工程名称		交底部位	19～30幢及地下室
工程编号		日　期	

泵送混凝土工程施工安全技术交底

工　　程　　钢筋混凝土（泵送混凝土工程）　　工种　　混凝土工

1. 混凝土泵的操作人员必须经过专门培训合格后，方可上岗独立操作。

2. 泵送混凝土时，混凝土泵的支腿应完全伸出，并插好安全销。

3. 混凝土泵与输送管连通后，应按所用混凝土泵使用说明书的规定进行全面检查，符合要求后方能开机进行空运转。

4. 泵送设备必须有出厂合格证和产品使用说明书。现场安装接管，必须按施工方案执行泵送混凝土所用碎石。不得大于输送管径的1/3，不得大于混凝土结构截面最小尺寸的1/4，并不得大于钢筋最小净距的3/4。

5. 泵送设备必须放置在坚实的地基上，与基坑周边保持足够安全距离。

6. 水平泵送管道敷设线路应接近直线，少弯曲，管道支撑必须紧固可靠，管道接头处应密封可靠。Y型管道应装接锥形管。

7. 垂直管道架设的前端应安装长度不少于10m的水平管，严禁直接装接在泵的软出口上，水平管近泵处应装逆止阀。热天应用湿麻袋或湿草包等遮盖管路。

8. 敷设向下倾斜的管道时，下端应接一段水平管，其长度至少是倾斜高低差的5倍，如倾斜度较大时，应在坡道上端装置排气阀。

9. 作业前应检查各部位，操纵开关、调整手柄、手轮、控制杆、旋塞等位置正确，液压系统无泄漏，电气线路绝缘良好，接线正确，开关无损坏，有重复接地和触电保护器，安全阀，压力表等各种仪表正常有效。

10. 泵送混凝土前必须先用按规定配制的水泥砂浆润滑管道，无关人员必须离开管道，高层建筑管道较长，应分段设置监控点。

11. 混凝土搅拌运输汽车出料前，应高速转3～4min方可出料至泵机，按工程需要计划多台泵机和泵车配合。保证连续泵送施工。现场门口，应设专人指挥泵车进出安全。

12. 使用布料杆浇筑混凝土时，支腿必须先全部伸出固定平稳，并按顺序伸出布料杆。在全伸状态中，严禁移动车身，严禁使用布料杆起吊或拖拉物件。

13. 泵送混凝土连续作业中，料斗内应保持一定数量的混凝土，不得吸空，并随时监控各种仪表和指示灯，出现不正常时，应及时调整或处理。必须暂停作业时，应每隔5～10min（冬期3～5min）泵送一次。若停止时间较长再泵送时，应逆向运转一至二个行程，然后顺向泵送。

14. 泵送过程中发生输送管道堵塞现象时，应进行逆向运转使混凝土返回料斗，必要时应拆管排除堵塞。

15. 浇筑混凝土出料口的软管应系扎防脱安全绳（带），移动时要防碰撞伤人。

16. 作业后，必须将料斗内和管道内的混凝土全部输出，然后对泵机、料斗、管道进行冲洗。用压缩空气冲洗管道时，管道两侧和出口端前方10m内不得站人，并应采用金属网等收集冲出的泡沫及砂、石粒，防止溅出伤人。

17. 严禁用压缩空气冲洗布料杆配管，布料杆的折叠收缩应按顺序进行。

18. 各部位操纵开关、调整手柄、手轮、控制杆、旋塞等均应复位，液压系统应卸荷，拉闸切断电源，锁好电箱。

19. 遇大雨或五级大风及其以上时，必须停止泵送作业。

技术负责人：　　　　　　　　交底人：　　　　　　　　接交人：

学习情境 6
混凝土结构预应力分项工程

项 目 构 架

理论教学时间：8 学时　实践教学时间：8 学时

任务：混凝土结构的预应力分项工程
理论教学时间：8 学时　实践教学时间：8 学时
职业行动能力
职业能力和知识： 1）预应力构件的原材料检验（预应力筋、锚夹具及连接器、成孔材料） 2）制作及安装 3）张拉和放张 4）灌浆和封锚 5）质量检验 任务引导： 给定预应力原材料，能进行原材料的取样与检测。 制作后张法预应力混凝土构件，能进行预应力施工的全过程模拟和检测。 包括：张拉设备的选择 预应力钢筋下料长度的计算 预应力损失的模拟测试 预应力钢筋张拉力和有效预应力值的计算 预应力施工过程模拟 预应力混凝土质量验收

教 学 内 容	教学论、方法论教学媒体建议
1）预应力混凝土＋件原材料检测； 2）预应力钢筋制作与安装； 3）预应力钢筋张拉和放张； 4）预应力损失测试； 5）预应力张拉设备选用； 6）预应力混凝土质量验收； 7）预应力施工方案的制定。 ·目标任务、结构施工图纸、标准、资料、项目现状、工作准备要求； ·工作任务； ·质量记录；	工程问题引入，采取问题导向的学习，初步学会预应力施工专项方案的编制，做好相应的知识准备和认识； 通过六阶段教学方法来组织学习和实践，即采取：资讯－决策－计划－实施－检查－评估，在六个阶段以学生为主进行，教师进行咨询和必要的指导； 实训操作：在实训室进行 教学媒体：多媒体、实物 教学资源：结构施工图、混凝土结构设计规范、高层混凝土结构技术规程、工作单、预应力施工方案案例

综合任务一　预应力钢筋混凝土原材料检验

给出实物，对照预应力原材料检验批质量验收记录，进行原材料检验。

- 钢绞线
- 预应力混凝土用金属螺旋管
- 预应力筋用锚具夹具和连接器

任务1：认识钢绞线

依据规程：《预应力混凝土用钢绞线》GB/T 5224—2003

序号	项目	内　　容	方　　法
1	标记	预应力钢绞线 1×7－15.20－18 60－GB/T 224—2003	公称直径为15.20mm，强度级别为1860MPa的七根钢丝捻制的标准型钢绞线
		预应力钢绞线 1×31－8.74－16 70－GB/T 5224—2003	公称直径8.74mm，强度分别为1670MPa的三根刻痕钢丝捻制的钢绞线
		预应力钢绞线 (1×7) C－12.70－18 60－GB/T 5224—2003	公称直径12.7mm，强度分别为1860MPa的七根刻痕钢丝捻制又经模板的的钢绞线
2	尺寸检验	量具测量	钢绞线的直径应用分度值为0.02mm的量具测量
3	外观质量	钢绞线表面不得有油、润滑脂等物质。 钢绞线允许有轻微的浮锈，但不得有目视可见的锈蚀麻坑	目测
4	每米质量	质量核对	$M=\frac{m}{l}$实测单重取3个计算值的平均值
5	力学性能	拉伸试验	钢绞线外观检查合格后，从同一批中任意选取3盘钢绞线，每盘在任意位置截取1根试件进行拉伸试验。如有某一项试验结果不符合《预应力混凝土用钢绞线》GB/T 5224—2003标准的要求，则不合格盘报废。再从未试验过的钢绞线中取双倍数量的试件进行复验。如仍有1项不合格，则该批钢绞线判为不合格品。对设计文件有指定要求的疲劳性能、偏斜拉伸性能等，应再进行抽样试验

尺寸检验：钢绞线的直径应用分度值为0.02mm的量具测量。1×2结构钢绞线的直径测量应测量附图1所示的D_n值；1×3结构的钢绞线应测量附图2所示的A值，测量1×7结构钢绞线直径应以横穿直径方向的相对两根外层钢丝为准；在同一截面不同方向上测量两次取平均值。钢绞线的伸直性（取弦长为1m的钢绞线，放在一平面上，其弦与弧内侧最大自然矢高不大于25mm）。

每米质量钢绞线每米质量测量应采用如下方法：取3根长度不小于1m的钢绞线，每根钢绞线长度测量精确毫米，称量每根钢绞线的质量，精确到1g，然后按下式计算钢绞

线的每米质量，$M=\frac{m}{l}$

式中：M——钢绞线每米质量，单位为克每米（g/m）；

m——钢绞线质量，单位为克（g）；

l——钢绞线长度，单位为米（m），实测单重取3个计算值的平均值。

外观质量：除非需方有特殊要求，钢绞线表面不得有油、润滑脂等物质。钢绞线允许有轻微的浮锈，但不得有目视可见的锈蚀麻坑盘重。

盘径盘重：每盘卷钢绞线质量不小于1000kg，允许有10%的盘卷质量小于1000kg，但不能小于300kg。

盘径：钢绞线盘卷内径不小于750mm，卷宽为750mm±50mm，或600mm±50mm。供方应在质量证明书中注明盘卷尺寸。

附图1　1×2结构钢绞线外形示意图

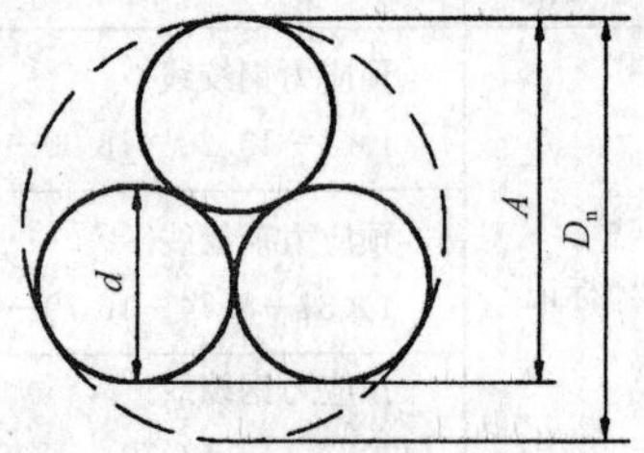

附图2　1×3结构钢绞线外形示意图

1×2结构钢绞线尺寸及允许偏差、每米参考质量　　**附表1**

钢绞线	公称直径		钢绞线直径允许偏差/mm	钢绞线参考截面积 S_n/mm^2	每米钢绞线参考质量/(g/m)
	钢绞线直径 D_n/mm	钢丝直径 d/mm			
1×2	5.00	2.50	+0.15 −0.05	9.82	77.1
	5.80	2.90		13.2	104
	8.00	4.00	+0.25 −0.10	25.1	107
	10.00	5.00		39.3	309
	12.00	6.00		26.5	444

1×3结构钢绞线尺寸及允许偏差、每米参考质量　　**附表2**

钢绞线结构	公称直径		钢绞线测量尺寸 A/mm	测量尺寸 A 允许偏差/mm	钢绞线参考截面积 S_n/mm^2	每米钢绞线参考质量/(g/m)
	钢绞线直径 D_n/mm	钢丝直径 d/mm				
1×3	6.20	2.90	5.41	+0.15 −0.05	19.8	155
	6.50	3.00	5.60		21.2	166
	8.60	4.00	7.46	+0.20 −0.10	37.7	296
	8.74	4.05	7.56		38.6	303
	10.80	5.00	9.33		58.9	462
	12.90	6.00	11.2		57.8	666
1×31	8.74	4.05	7.56		38.6	303

预应力钢绞线，结构代号，公称直径，强度级别，标准号。

标记示例

示例1：公称直径为15.20mm，强度级别为1860MPa的七根钢丝捻制的标准型钢绞

线其标记为：预应力钢绞线 1×7－15.20－1860－GB/T 5224—2003

示例 2：公称直径为 8.74mm，强度级别为 1670MPa 的三根刻痕钢丝捻制的钢绞线其标记为：预应力钢绞线 1×31－8.74－16 70－GB/T 5224—2003

示例 3：公称直径为 12.70mm，强度级别为 1860MPa 的七根钢丝捻制又经模拔的钢绞线其标记为：预应力钢绞线（1×7）C－12.70－18 60－GB/T 5224—2003

钢纹线按结构分为 5 类。其代号为：

用两根钢丝捻制的钢绞线 1×2

用三根钢丝捻制的钢绞线 1×3

用三根刻痕钢丝捻制的钢绞线 1×31

用七根钢丝捻制的标准型钢绞线 1×7

用七根钢丝捻制又经模拔的钢绞线（1×7）C

力学性能

7.2.6 成品钢绞线只允许保留拉拔前的焊接点。

7.3 力学性能

7.3.1 1×2 结构钢绞线的力学性能应符合附表 3 规定

7.3.2 1×3 结构钢绞线的力学性能应符合规范规定

7.3.3 1×7 结构钢绞线的力学性能应符合规范规定

1×2 结构钢绞线力学性能 **附表 3**

钢绞线结构	钢绞线公称直径 D_n/mm	抗拉强度 R_m/MPa 不小于	整根钢绞线的最大力 F_m/k_n 不小于	规定非比例延伸力 $F_p0.2$/kN 不小于	最大力总伸长率 ($L_0 \geqslant 400$mm) A/%不小于	应力松弛性能	
						初始负荷相当于公称最大力的百分数/%	1000h 后应力松弛率 r/% 不大于
					对所有规格	对所有规格	对所有规格
	5.00	1570	15.4	13.9			
		1720	16.9	15.2			
		1860	18.3	16.5			
		1960	19.2	17.3			
	5.80	1570	20.7	18.6		60	1.0
		1720	22.7	20.4			
		1860	24.6	22.1			
		1960	25.9	23.3	3.5	70	2.5
	8.00	1470	36.9	33.2			
		1570	39.4	35.5			
		43.2	38.980	4.5		80	4.5
1×2		1860	46.7	42.0			
		1960	49.2	44.3			
	10.00	1470	57.8	52.0			
		1570	61.7	55.5			
		1720	67.6	60.8			
		1860	73.1	68.5			
		1960	77.0	69.3			
	12.00	1470	83.1	74.8			
		1570	88.7	79.8			
		1720	97.2	87.5			
		1860	105	94.5			

注：规定非比例延伸力 Fp0.2 值不小于整根钢绞线公称最大力 F_m 的 90%

任务 2： 认识金属螺旋管

依据规程：《预应力混凝土用金属螺旋管》JG/T 3013—1994

同一波纹数量、同一截面形状、同一镀锌情况的螺旋管中，选取三个典型规格的产品，每种规格抽取六个试件进行全部项目的检验，检验顺序和内容见附表 4，按附表 4 所示顺序逐项进行检验。

预应力混凝土用金属螺旋管检验内容 **附表 4**

检验顺序	项目名称	取样数量	试验方法	合格标准
1	外观	全部	目测	见 4.2.1 预应力混凝土用金属螺旋管外折皱，咬口无开裂、无脱扣
2	尺寸	6	见 5.2 测量尺寸及其允许偏差的工具为：内外径尺寸用游标卡尺，钢带厚度用螺旋千分尺，长度用钢卷尺	见 4.2.2
3	集中荷载下径向刚度	3	见 5.3	见 4.3
4	荷载作用后抗渗漏	不另取样	见 5.5	见 4.4 抗渗漏性能经规定的集中荷载和均布荷载作用后，或在弯曲情况下，预应力混凝土用金属螺旋管不得渗出水泥浆，但允许渗水
5	抗弯曲渗漏	3	见 5.6	见 4.4

附录：4.2 尺寸及允许偏差

预应力混凝土用金属螺旋圆管内径尺寸及其允许偏差见附表 5。

预应力混凝土用金属螺旋圆管内径尺寸及其允许偏差

单位：mm **附表 5**

内径	40	45	50	55	60	65	70	75	80	85	90	95	100
允许偏差	+0.5 0												

注：表中未列尺寸的规格由供需双方协议决定

4.3 径向刚度性能应符合附表 6 规定。

各种螺旋管径向刚度要求 **附表 6**

截面形状	圆 形	扁 形
集中荷载值 N	800	800
均布荷载值 N	$F=0.31d^2$	$F=0.25\ (\mu s+\mu l)\ /\mu l$
外径允许变形值/内径不大于	0.20	0.25

5.3 集中荷载试验方法：取长度为 1m 的试件，按附图 3 所示，通过直径 ϕ10mm 圆钢，用满量程不大于 2000N 的万能试验砝码—杠杆机构，向试件缓缓施加集中荷载至 800N，直至停止变形。

5.5 承受荷载后抗渗漏性能试验方法

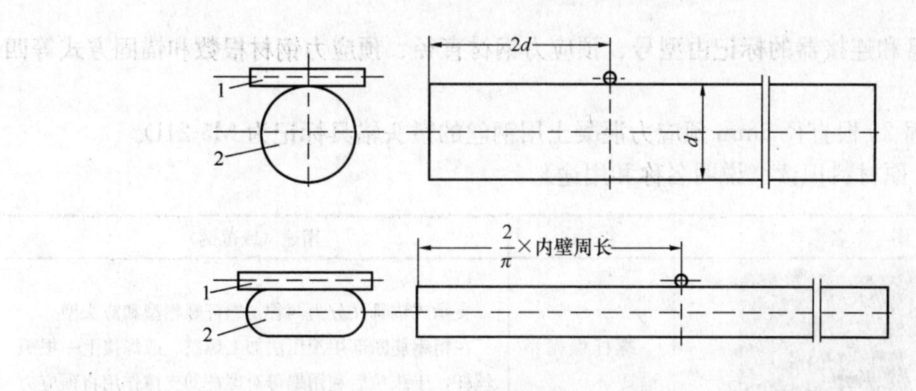

1－φ10mm圆钢；2－试件

附图 3　集中荷载试验方法

5.5.1　试件制做

将已进行过抗集中荷载试验的试件的另一端，按集中荷载试验方法，在管内放入 0.8 倍圆管内径（扁管为短边长度）的圆钢，施加 1000N 的集中荷载，制成集中荷载作用后抗渗漏性能试验试件；承受过均布荷载作用下刚度性能的试件就是均布荷载作用后抗渗漏性能的试件。

5.5.2　试件准备

试件竖放，将此次加荷部位朝下，下端封严。

5.5.3　用 0.50 水灰比的纯水泥浆灌入试件，其灌注高度为 1.0m，观察表面渗漏情况 30min。

5.6　抗弯曲渗漏性能试验方法

将预应力混凝土用金属螺旋管弯成圆弧，圆弧半径为：圆管为 30 倍内径，扁管短轴方向为 30 倍长度、长轴方向为 30 倍长轴长度且不大于 800 倍预应力钢丝直径，灌入水灰比为 0.50 的纯水泥浆，高度不低于 1.0m，观察表面渗漏情况 30min，见附图 4。

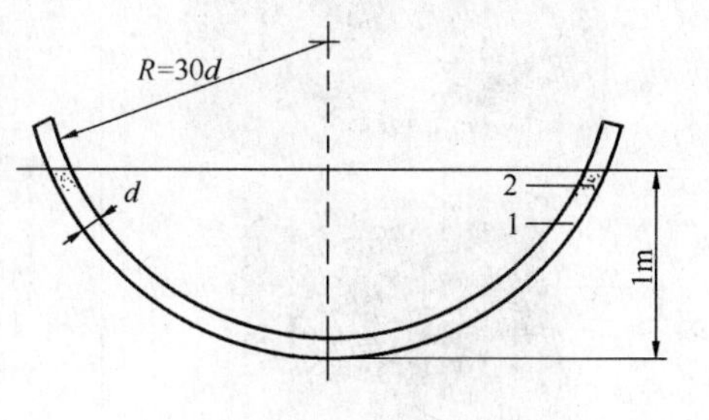

1—试件；2—纯水泥浆

附图 4

任务 3：认识预应力筋用锚具夹具和连接器（《预应力筋用锚具、夹具和连接器》GB/T14370）

锚具和连接器的型号可以用两个汉语拼音字母表示，第一个字母为预应力体系代号，由研制单位选定，无研制单位者可省略不写，第二个字母为锚具夹具或连接器代号见附表 7。

附表 7

名　称	锚　具	夹　具	连接器
代号	M	J	L

锚固方式	夹片式	支承式		锥塞式	握裹式
		螺　纹	镦　头		
代　号	J	L	D	Z	W

锚具夹具和连接器的标记由型号、预应力钢材直径、预应力钢材根数和锚固方式等四部分组成。

例如锚固 21 根直径 5mm 预应力混凝土用钢丝的镦头锚具标记为 M5-21D。

任务 4：原材料识读（说明名称和用途）

图　　名	名　称	用途（或范例）
	螺杆螺帽型锚具	支承式锚具又分为两种：螺杆螺帽型和镦头型 在粗钢筋断部用滚压法加工螺纹、或焊接上一根螺丝杆，于张拉后利用螺母对螺杆的支撑作用将预应力筋锚固在钢垫板上
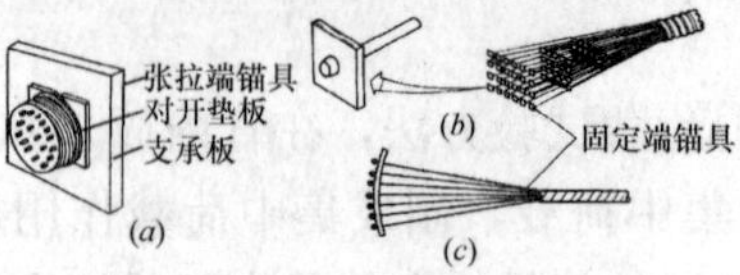 (*a*) 张拉端；(*b*) 分散式固定端； (*c*) 集中式固定端 图镦头锚具		 DM型镦头锚 镦头锚　用专门的镦头设备把高强钢丝的端头镦粗成球形，将粗镦头支承在锚板孔端面形成锚固
	楔紧式锚具	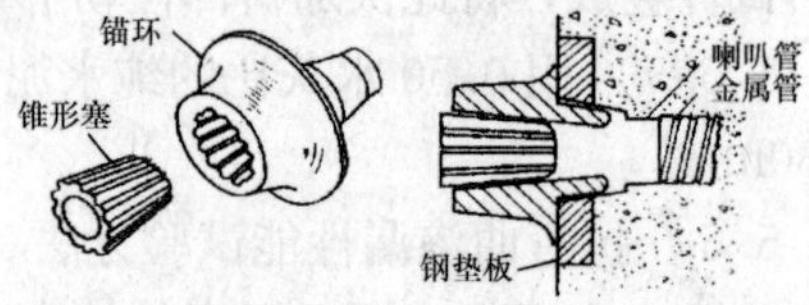 夹持钢绞线的弗式锚具
		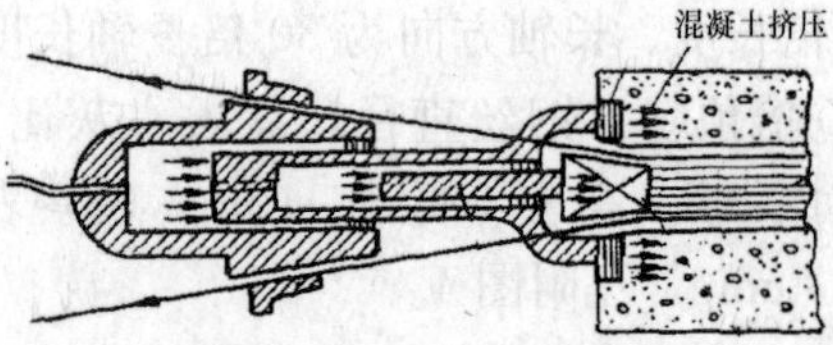

 固定端P型锚固体系	固定端 P 型锚固体系	

续表

图　名	名　称	用途（或范例）
	BM 扁型锚具	
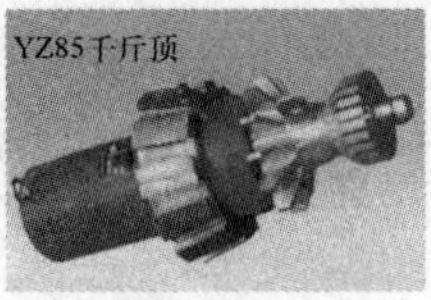	YZ85 千斤顶	
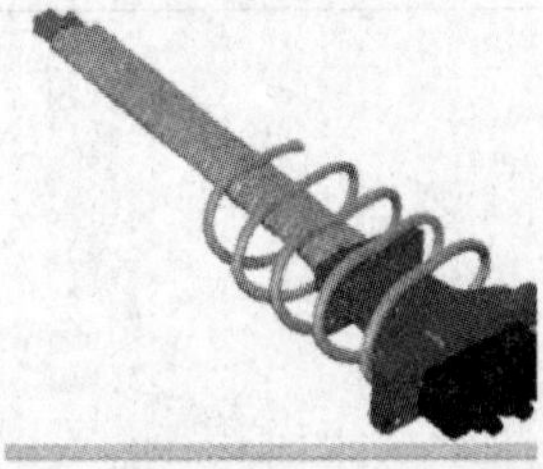	DZM 扁形夹片式锚具	
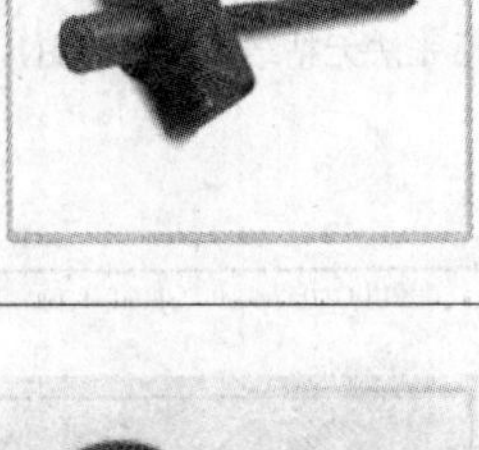	挤压锚具（P型	
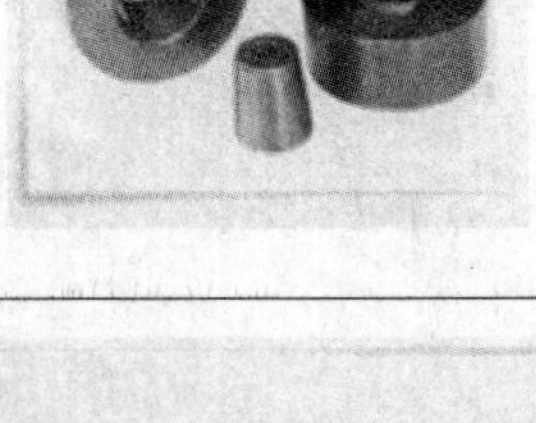	GZ 型钢质椎形锚具（弗式锚）	
	YGM、YGL 型精轧螺纹钢锚具、连接器	

续表

图　　名	名　称	用途（或范例）
		波纹管
	灌浆设备	
	接长套管	
		后张法有粘结预应力的图片 后张法无粘结预应力的图片

任务5：认识预应力构部件组成与构造

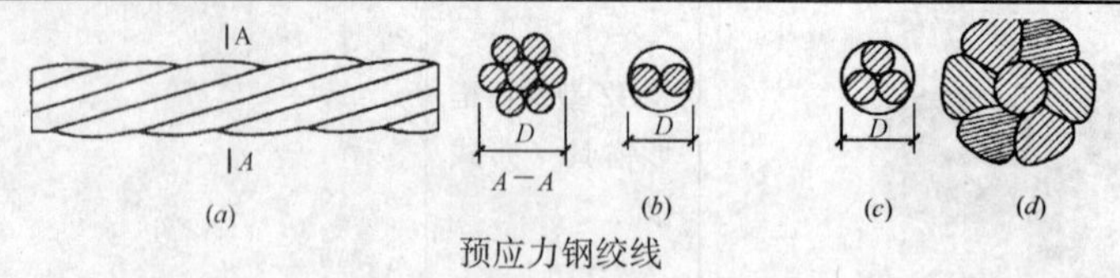

预应力钢绞线

（*a*）1×7钢绞线；（*b*）1×2钢绞线；（*c*）1×3钢绞线；（*d*）模拔钢绞线

D—钢绞线公称直径

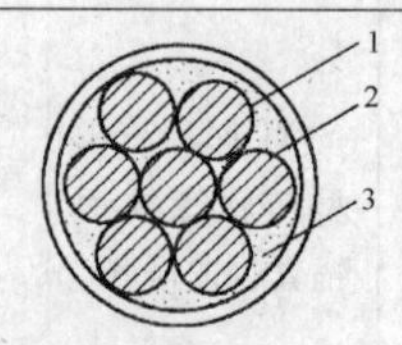

无粘结钢绞线 1—钢绞线；2—油脂；3—塑料护套

续表

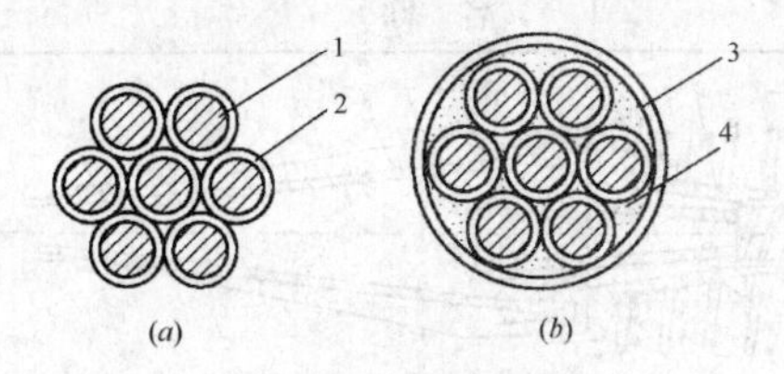

环氧涂层钢绞线

(*a*) 有粘结型；(*b*) 无粘结型

1—钢绞线；2—环氧树脂涂层；3—聚乙烯护套；4—油脂环氧涂层钢绞线的质

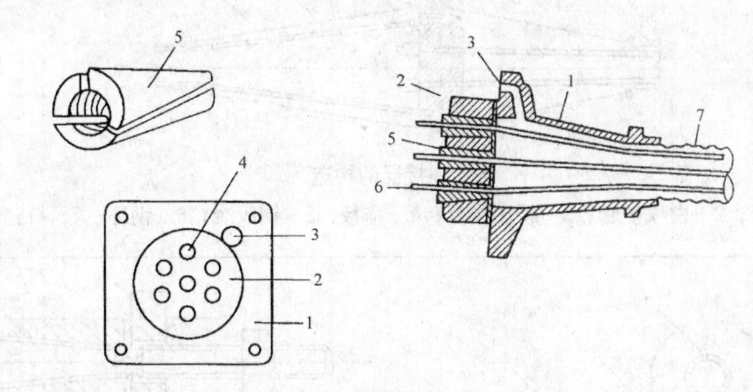

七根 XM 型锚具

1—喇叭管；2—锚环；3—灌浆孔；4—圆锥孔；5—夹片；6—钢绞线；7—波纹管

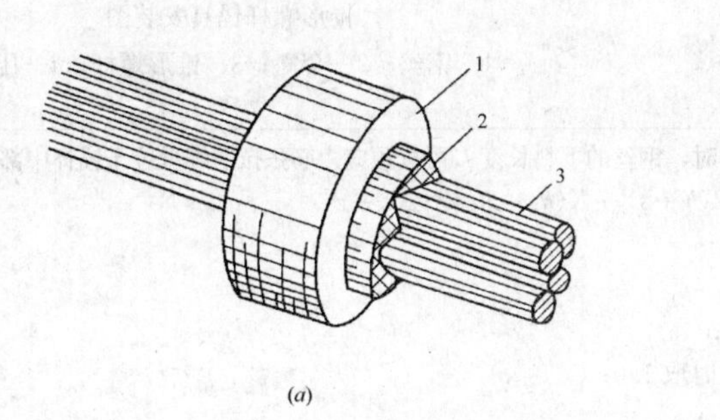

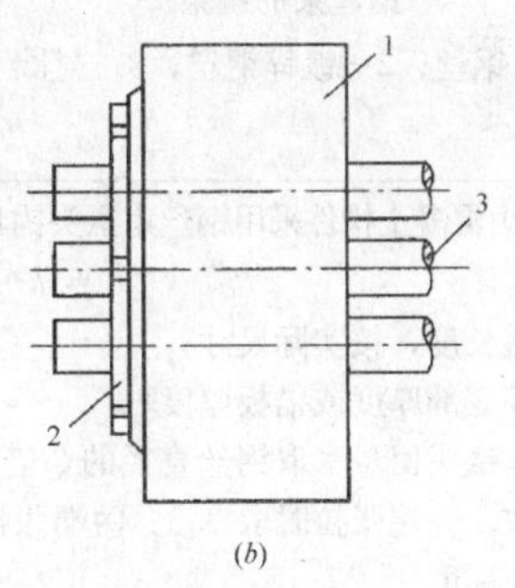

JM12 型及 JM 型锚具 (*a*) JM12 型锚具；(*b*) JM 型锚具

1—锚环；2—夹片；3—钢筋束或钢绞线束

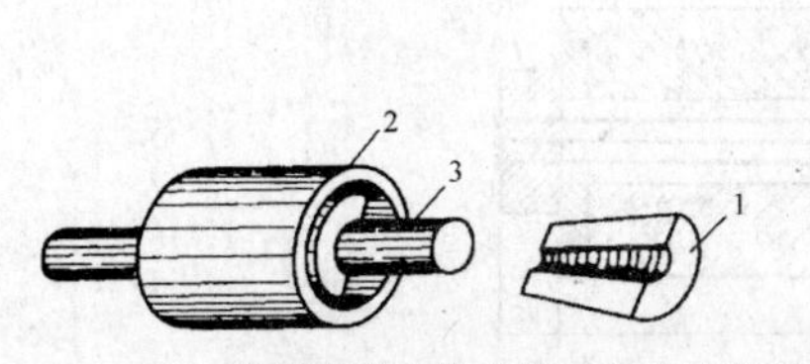

单根钢筋夹片式锚、夹具示意图

l—夹片；2—套筒；3—预应力筋

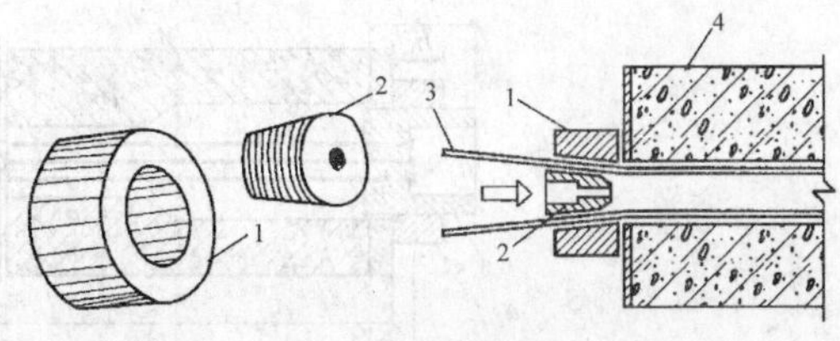

钢质锥形锚具

1—锚环；2—锚塞；3—钢丝束；4—构件

续表

图　名	名　称	用途（或范例）

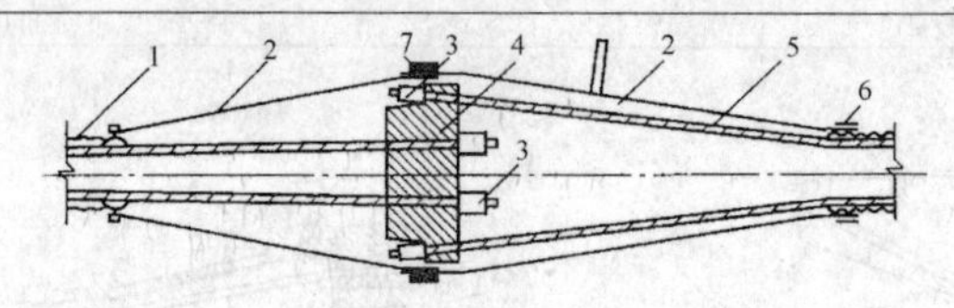

锚头连接器的构造

1—波纹管；2—螺旋筋；3—铸铁喇叭管；4—挤压锚具；5—连接体；6—夹片；7—日铁护套；8—钢绞线；9—钢环；10—打包钢条

接长连接器的构造

1—波纹管；2—白铁护套；3—挤压锚具；4—锚板；5—钢绞线；6—钢环；7—打包钢条

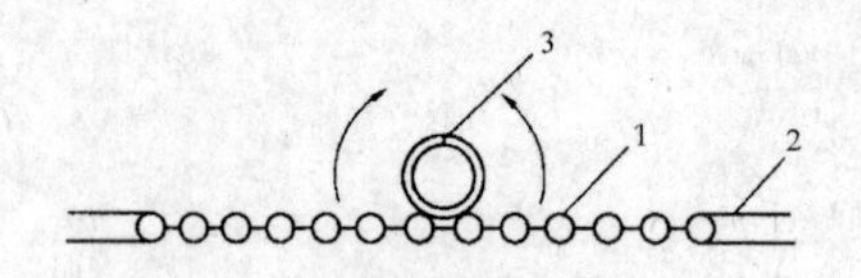

钢丝束的编束

1—钢丝；2—镀锌钢丝；3—衬圈

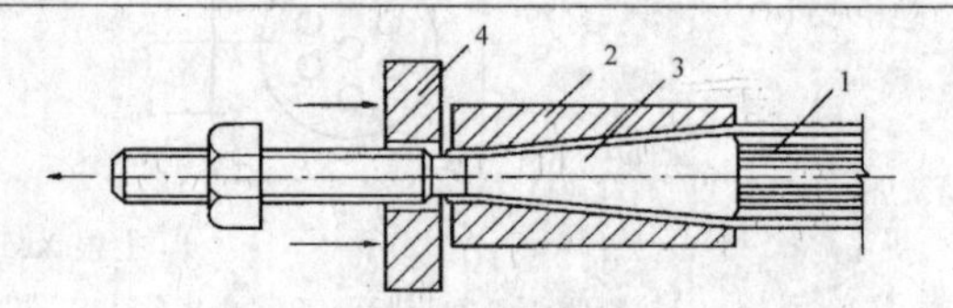

锥形螺杆锚具安装图

1—钢丝；2—套筒；3—锥形螺杆；4—压圈

后张法预应力混凝土构件采用钢丝束镦头锚具时，钢丝的下料长度 L 可按预应力筋张拉后螺母位于锚杯中部计算：

$$L=l+2(h+s)-K(h_2-h_1)-\Delta L-c$$

式中：l—孔道长度，按实际尺寸；

h—锚杯底部厚度或锚板厚度；

s—钢丝镦头留量（取钢丝直径的2倍）；

K—系数。一端张拉时取0.5，两端张拉时取1.0；

h_2—锚环高度；

h_1—螺母高度；

ΔL—钢丝束张拉时伸长伸；

c—张拉时构件的弹性压缩值（当其值很小时可略去不计）。

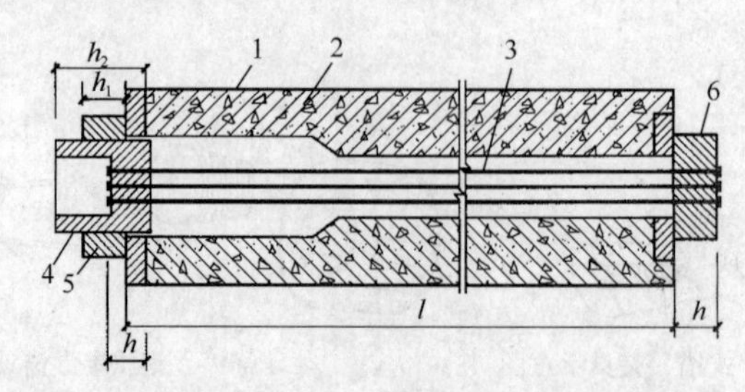

采用镦头锚具时钢丝的下料长度

1—混凝土构件；2—孔道；3—钢丝束；4—锚杯；5—螺母；6—锚板

续表

图　　名	名　称	用途（或范例）

后张法预应力混凝土构件采用钢绞线束夹片锚具时，钢绞线的下料长度 L 可按下式计算：

两端张拉：$L=l+2(l_1+l_2+100)$

一端张拉：$L=l+2(+100)+l_2$

式中　l——构件孔道长度；

l_1——夹片式工具锚厚度；

l_2——张拉用千斤顶长度（含工具锚），采用前卡式千斤顶时仅算至千斤顶体内工具锚处。

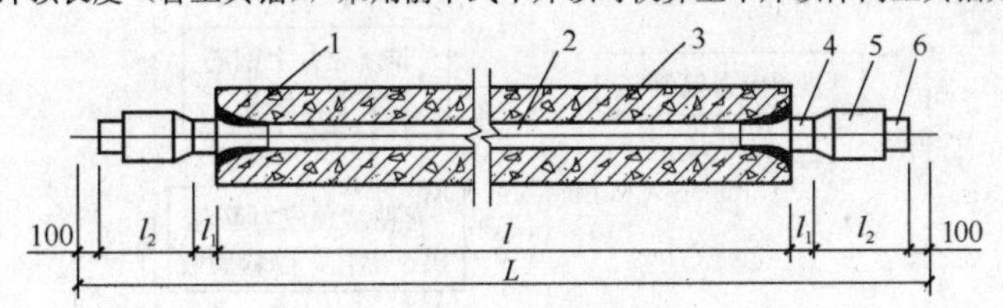

采用夹片锚固时钢绞线的下料长度

1—混凝土构件；2—预应力筋孔道；3—钢绞线；

4—夹片式工作锚；5—张拉用千斤顶；6—夹片式工具锚

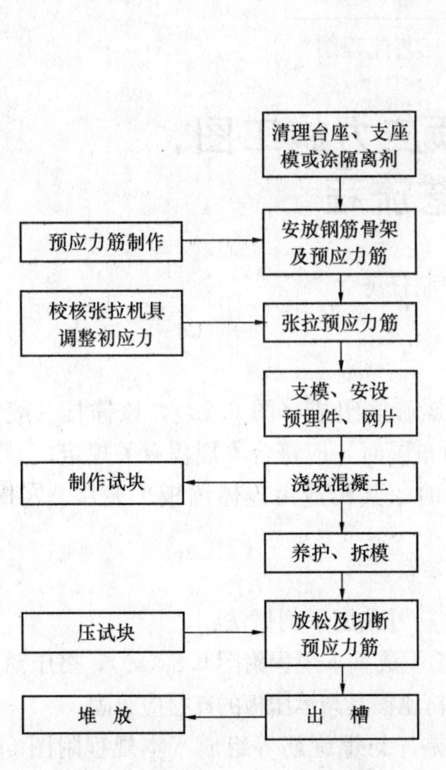

附图 5　先张法生产流程图

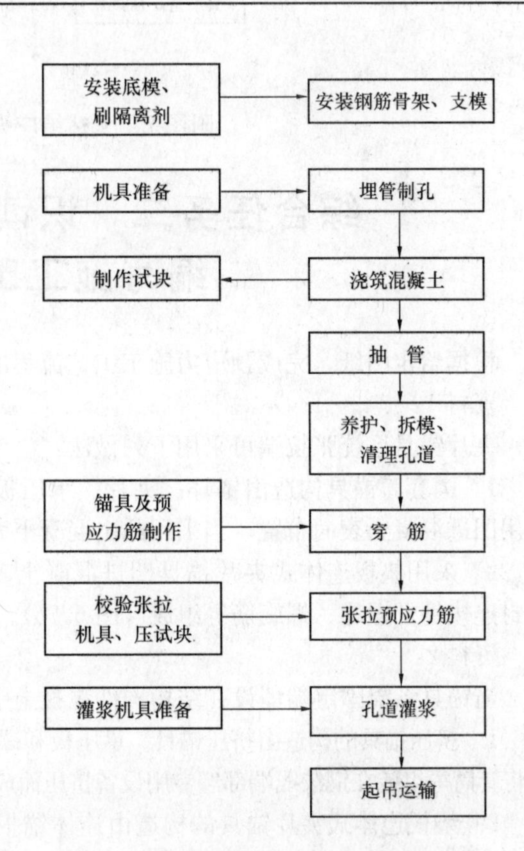

附图 6　后张法生产流程图

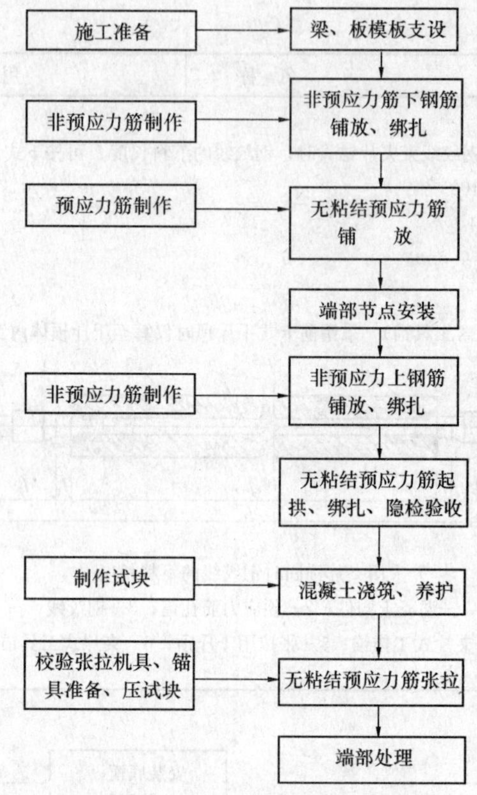

附图 7　无粘结应力法工艺流程图

综合任务二　识读预应力施工图，编写施工工艺流程

根据给定图纸，完成预应力施工工艺流程的编制任务。

资料 1：

夹片锚具系统张拉端可采用下列做法：

1　圆套筒锚具构造由锚环、夹片、承压板、螺旋筋组成（图 6.7*a*），该锚具一般宜采用凹进混凝土表面布置，当采用凸出混凝土表面布置时，应符合本规程有关规定；

2　采用垫板连体式夹片锚具凹进混凝土表面时，其构造由连体锚板、夹片、穴模、密封连接件及螺母、螺旋筋等组成（图 6.7*b*）。

资料 2：

当锚具系统固定端埋设在结构构件混凝土中时，可采用下列做法：

1　挤压锚具的构造由挤压锚具、承压板和螺旋筋组成（本规程附图 6.8（*a*）），挤压锚具应将套筒等组装在钢绞线端部经专用设备挤压而成，挤压锚具与承压板的连接应牢固；

2　垫板连体式夹片锚具的构造由连体锚板、夹片与螺旋筋等组成（本规程附图 6.8（*b*）），该锚具应预先用专用紧楔器以不低于 75%预应力筋张拉力的顶紧力使夹片预紧，并安装带螺母外盖。

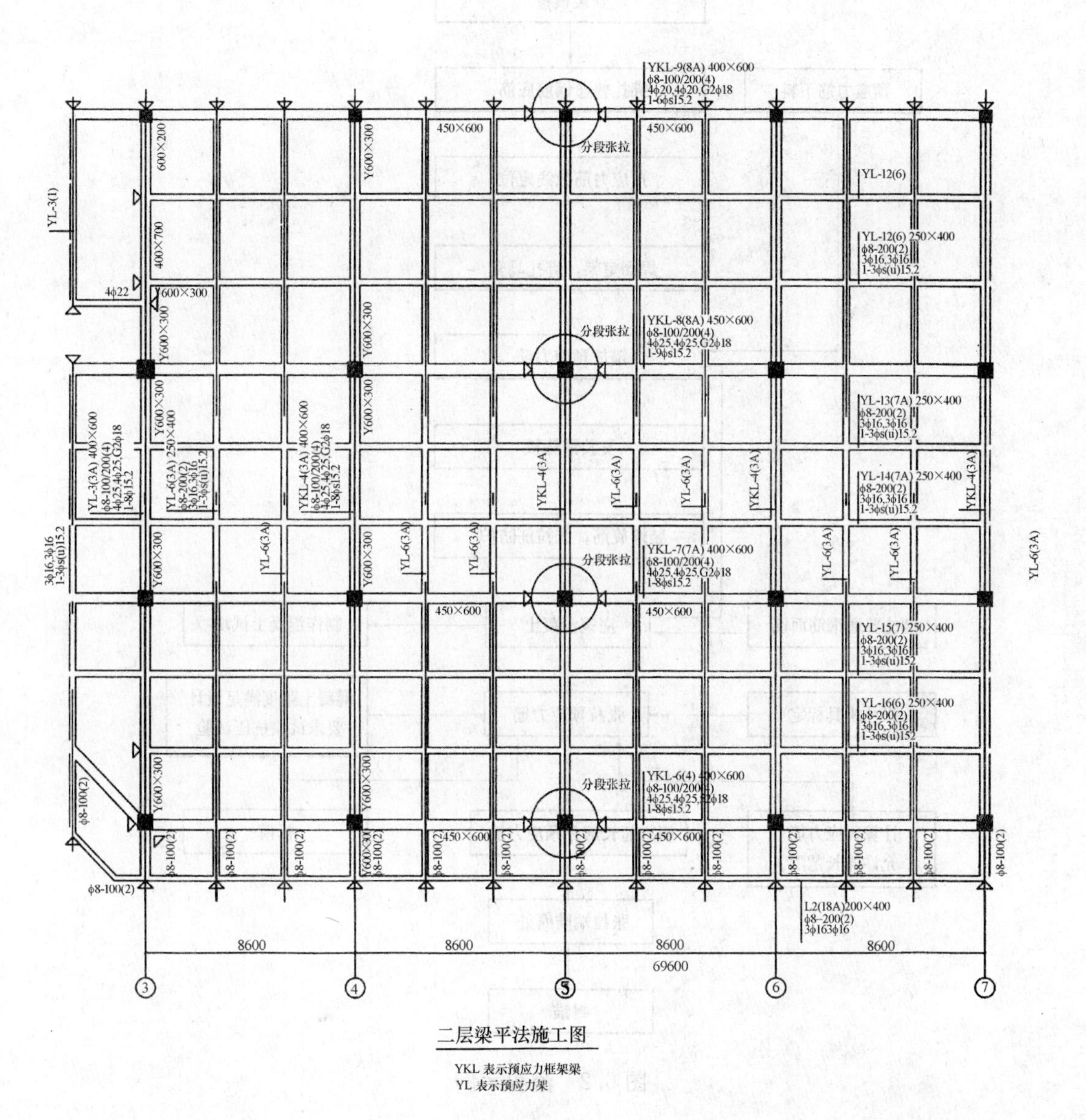

二层梁平法施工图

图 6.1

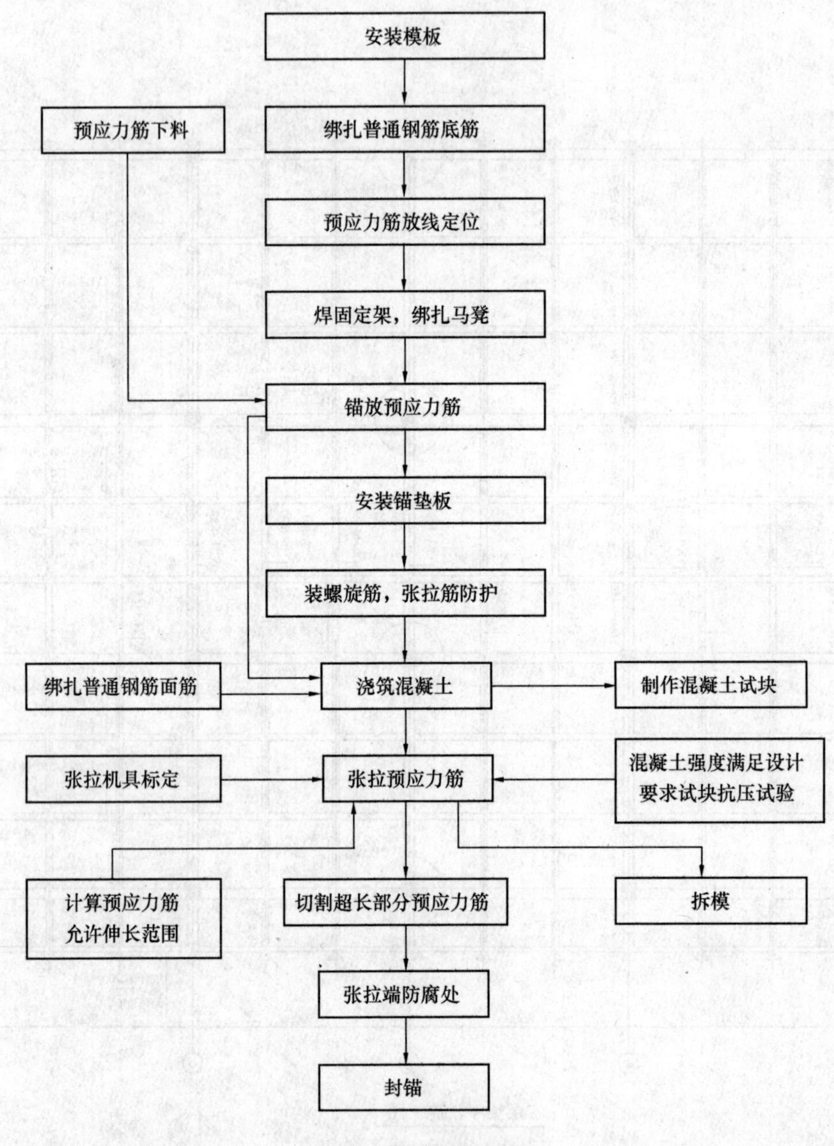
安装模板
预应力筋下料
绑扎普通钢筋底筋
预应力筋放线定位
焊固定架，绑扎马凳
锚放预应力筋
安装锚垫板
装螺旋筋，张拉筋防护
绑扎普通钢筋面筋
浇筑混凝土
制作混凝土试块
张拉机具标定
张拉预应力筋
混凝土强度满足设计要求试块抗压试验
计算预应力筋允许伸长范围
切割超长部分预应力筋
拆模
张拉端防腐处
封锚

图 6.2　流程示例

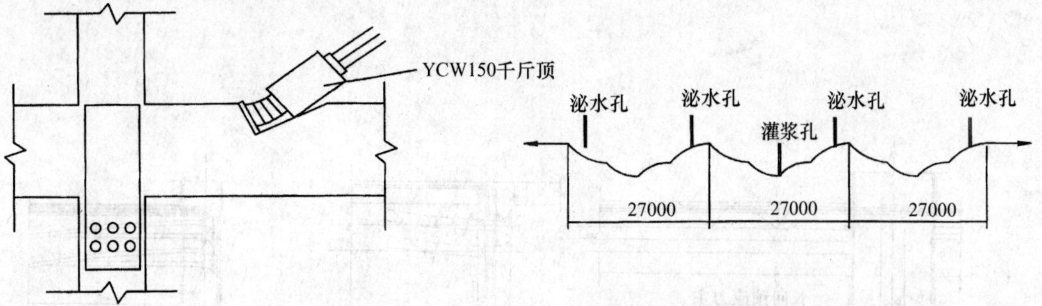

预应力筋三连续跨的灌浆孔及泌水孔布置

短向4~7 j15钢束的中筋跨楼面转角张拉

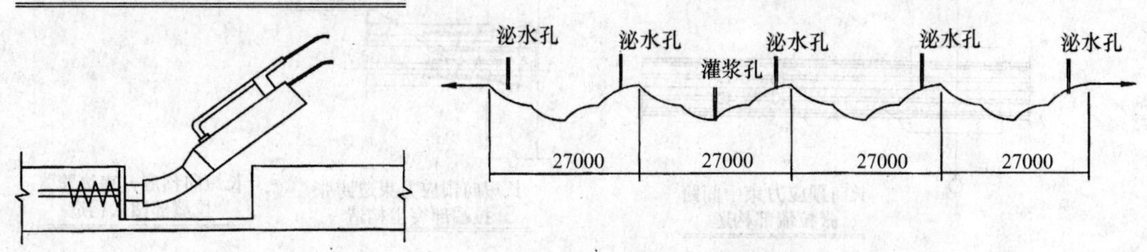

预应力筋四连续跨的灌浆孔及泌水孔布置图

无粘结楼板中间部位板面上的转角张拉

预应力转角张拉及灌浆孔、泌水孔布置示意图

图 6.3

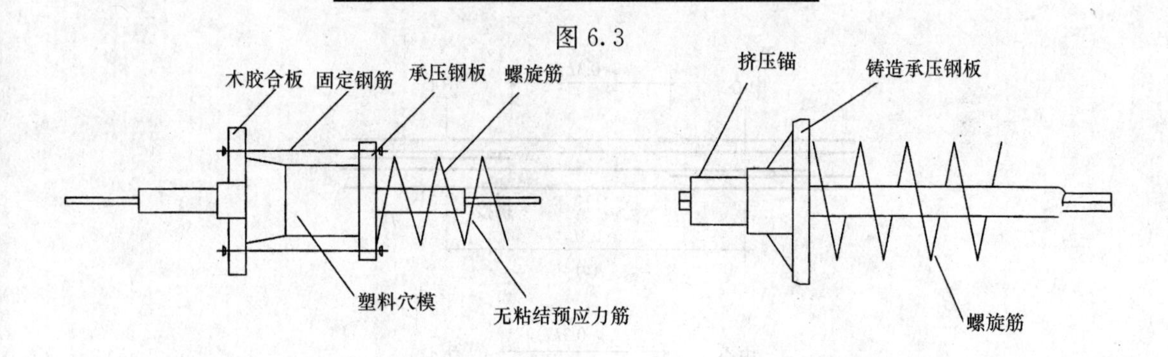

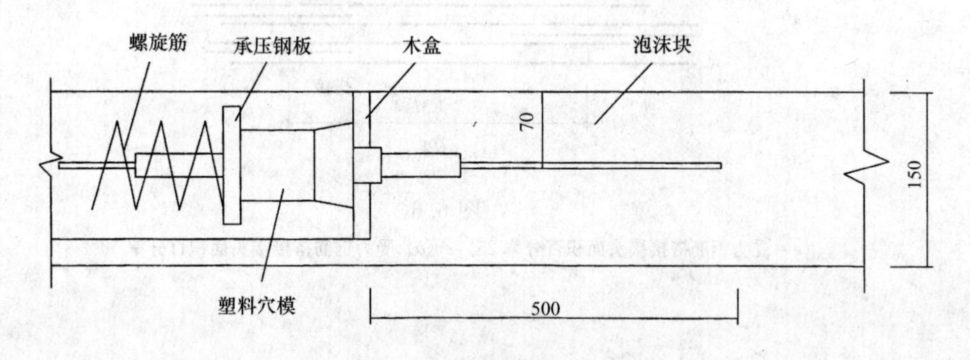

预应力筋锚固结点示意图

图 6.4

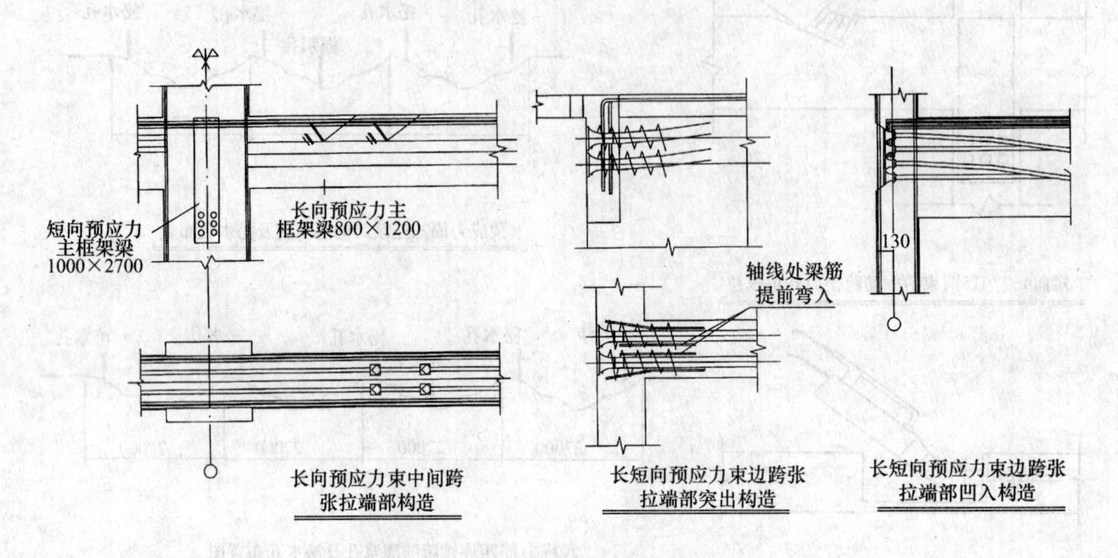

图 6.5 预应力筋端部构造示意图

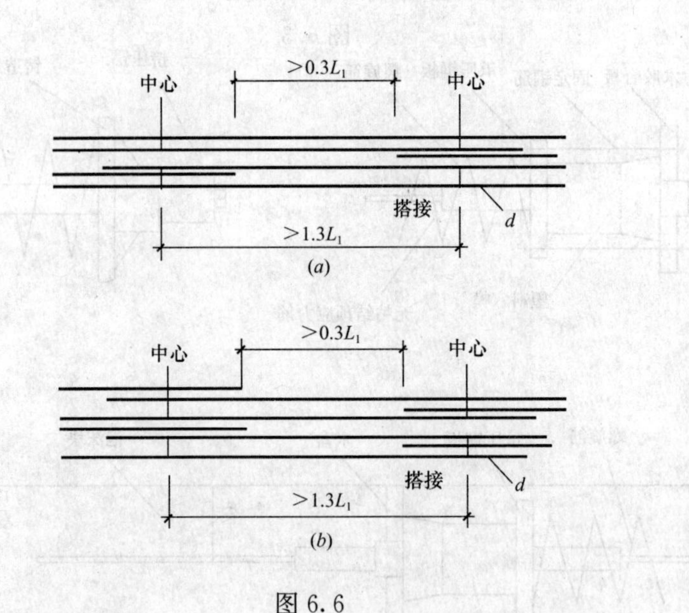

图 6.6

(a) 受力钢筋搭接接头面积百分率 25%；(b) 受力钢筋搭接接头面积百分率 50%

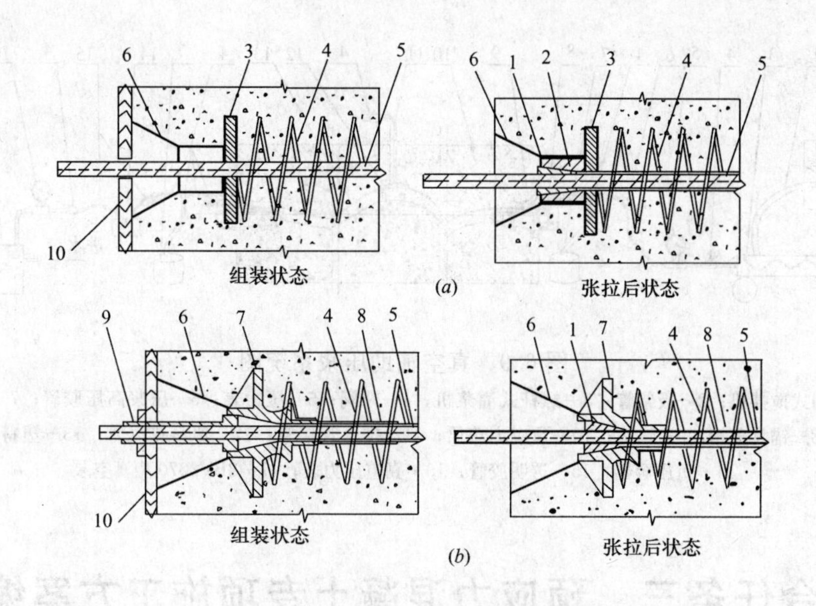

图 6.7　张拉端锚固连接构造

(*a*) 固套筒锚具；(*b*) 垫板连体式锚具

1—夹片；2—锚环；3—承压板；4—螺旋筋；5—无粘结预应力筋；6—穴模；7—连体锚板；8—资料保护套；9—密封连接件及螺母；10—模板

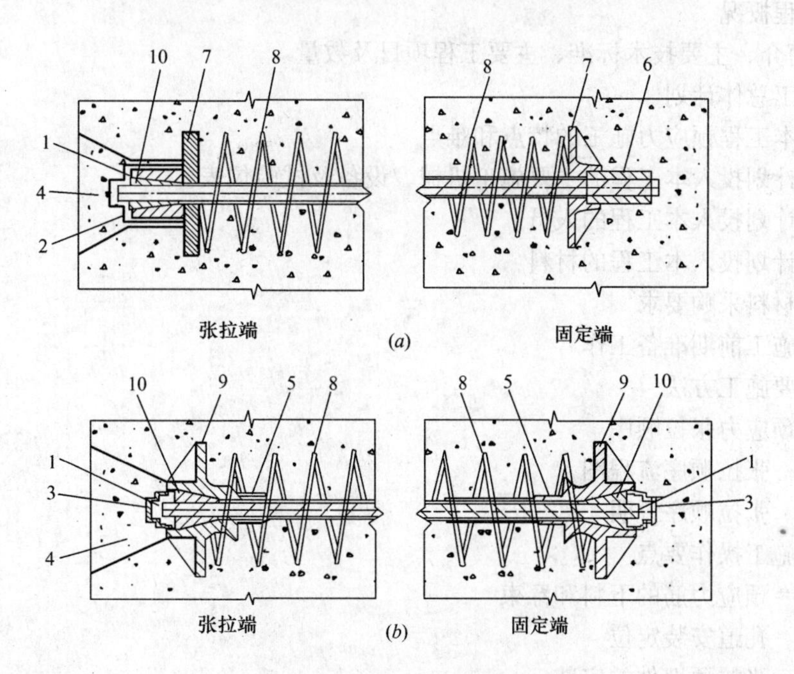

图 6.8　锚固区保护措施

(*a*) 保护做法之一（一类环境）；(*b*) 保护做法之二（二类、三类环境）

1—涂专用防腐油脂或环氧树脂；2—塑料帽；3—密封盖；4—微膨胀混凝土或专用密封砂浆；5—塑料密封套；6—挤压锚具；7—承压板；8—螺旋筋；9—连体锚板；10—夹片

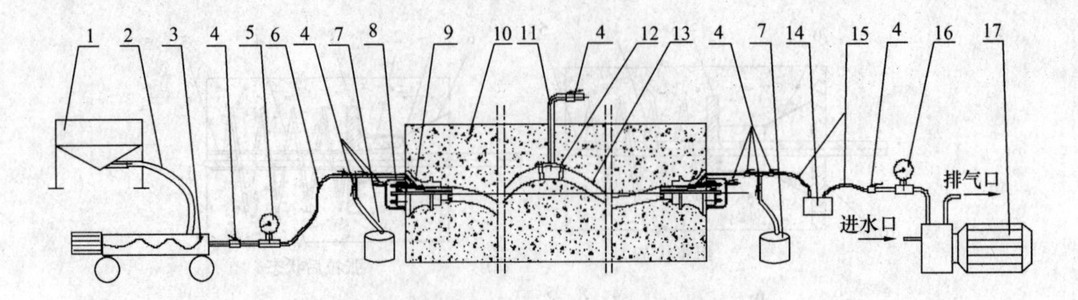

图 6.9　真空辅助压浆系统图

1—强制式搅拌机；2—吸浆管；3—螺杆式灌浆机；4—球阀；5—压力表；6—压浆高压胶管；7—废浆收积桶；8—锚具盖帽；9—锚头；10—预应力箱梁；11—排气管接管；12—塑料排气管；13—塑料波纹管；14—负压容器；15—透明胶管；16—真空压力表；17—2BV2070 型真空泵

综合任务三　预应力混凝土专项施工方案编写

结合任务，编写预应力混凝土专项施工方案，并对结果进行讨论交流和反馈评价。

编写提纲：

1　工程概况

工程简介、主要技术标准、主要工程项目及数量

2　施工总体计划

2.1　本工程预应力施工的特点和难点

2.2　计划投入本工程的主要施工机械、设备及试验仪表

2.3　计划投入本工程的人员

2.4　计划投入本工程的材料

2.5　材料采购要求

2.6　施工前期准备工作

3　主要施工方法

3.1　预应力张拉顺序

3.1.1　张拉顺序流程图

3.1.2　张拉顺序说明

3.2　施工操作要点

3.2.1　预应力筋的下料和穿束

3.2.2　孔道安装定位

3.2.3　张拉预埋件的安装

3.2.4　混凝土浇筑

3.2.5　预应力钢束的张拉

3.2.6　孔道压浆

3.2.7　封锚

3.2.8　施工中可能出现的问题及处理方法

4 施工计划进度安排

梁预应力施工工期安排（按一根盖梁考虑）

5 质量保证措施

6 安全保证措施

7 文明施工措施

8 其他应明确的事项

预应力原材料检验批质量验收记录 **表 6.2**

(GB 50204—2002) 编号：020104（1）□□□

工程名称		分项工程名称		项目经理	
施工单位		验收部位			
施工执行标准名称及编号				专业工长（施工员）	
分包单位		分包项目经理		施工班组长	
质量验收规范的规定			施工单位自检记录	监理（建设）单位验收记录	
主控项目	1	预应力筋的质量符合有关规定（6.2.1条）			
主控项目	2	无粘结预应力筋的涂包质量符合有关规定（6.2.2条）			
主控项目	3	锚具、夹具和连接器的性能符合有关规定（6.2.3条）			
主控项目	4	孔道灌浆用水泥和外加剂应符合规定（6.2.4条）			
一般项目	1	预应力筋外观质量符合要求（6.2.5条）			
一般项目	2	锚具、夹具和连接器的外观应符合要求（6.2.6条）			
一般项目	3	金属螺旋管的尺寸和性能应符合规定（6.2.7条）			
一般项目	4	金属螺旋管的外观质量应符合要求（6.2.8条）			
施工操作依据					
质量检查记录					
施工单位检查结果评定	项目专业质量检查员：		项目专业技术负责人： 年 月 日		
监理（建设）单位验收结论	专业监理工程师： （建设单位项目专业技术负责人）		年 月 日		

020104(1)□□□□说明

主 控 项 目

6.2.1 预应力筋进场时，应按现行国家标准《预应力混凝土用钢绞线》GB/T**5224**等的规定抽取试件作力学性能检验，其质量必须符合有关标准的规定。

检查数量：按进场的批次和产品的抽样检验方案确定。

检验方法：检查产品合格证、出厂检验报告和进场复验报告。

6.2.2 无粘结预应力筋的涂包质量应符合无粘结预应力钢绞线标准的规定。

检查数量：每 60t 为一批，每批抽取一组试件。

检验方法：观察，检查产品合格证、出厂检验报告和进场复验报告。

注：当有工程经验，并经观察认为质量有保证时，可不作油脂用量和护套厚度的进场复验。

6.2.3 预应力筋用锚具、夹具和连接器应按设计要求采用，其性能应符合现行国家标准《预应力筋用锚具、夹具和连接器》GB/T 14370 等的规定。

检查数量：按进场批次和产品的抽样检验方案确定。

检验方法：检查产品合格证、出厂检验报告和进场复验报告。

注：对锚具用量较少的一般工程，如供货方提供有效的试验报告，可不作静载锚固性能试验。

6.2.4 孔道灌浆用水泥应采用普通硅酸盐水泥，其质量应符合本规范第 7.2.1 条的规定。孔道灌浆用外加剂的质量应符合本规范第 7.2.2 条的规定。

检查数量：按进场批次和产品的抽样检验方案确定。

检验方法：检查产品合格证、出厂检验报告和进场复验报告。

注：对孔道灌浆用水泥和外加剂用量较少的一般工程，当有可靠依据时，可不作材料性能的进场复验。

一 般 项 目

6.2.5 预应力筋使用前应进行外观检查，其质量应符合下列要求：

1. 有粘结预应力筋展开后应平顺，不得有弯折，表面不应有裂纹、小刺、机械损伤、氧化铁皮和油污等；

2. 无粘结预应力筋护套应光滑、无裂缝，无明显褶皱。

检查数量：全数检查。

检验方法：观察。

注：无粘结预应力筋护套轻微破损者应外包防水塑料胶带修补，严重破损者不得使用。

6.2.6 预应力筋用锚具、夹具和连接器使用前应进行外观检查，其表面应无污物、锈蚀、机械损伤和裂纹。

检查数量：全数检查。

检验方法：观察。

6.2.7 预应力混凝土用金属螺旋管的尺寸和性能应符合国家现行标准《预应力混凝土用金属螺旋管》JG/T 3013 的规定。

预应力筋制作与安装检验批质量验收记录　　表 6.3

(GB 50204—2002)　　　　编号：020104（2）□□□

工程名称		分项工程名称		项目经理	
施工单位		验收部位			
施工执行标准名称及编号				专业工长（施工员）	
分包单位		分包项目经理		施工班组长	
质量验收规范的规定			施工单位自检记录		监理（建设）单位验收记录
主控项目	1	安装时的品种、级别、规格、数量必须符合设计要求（6.3.1条）			
	2	先张法预应力施工的隔离剂应符合要求（6.3.2条）			
	3	施工时应避免损伤预应力筋（6.3.3条）			
一般项目	1	预应力筋下料应符合要求（6.3.4条）			
	2	预应力筋端部锚具的制作质量应符合要求（6.3.5条）			
	3	后张法有粘结预应力筋预留孔道应符合要求（6.3.6条）			
	4	控制点的竖向偏差应符合要求（6.3.7条）			
	5	无粘结筋的铺设应符合要求（6.3.8条）			
	6	有粘结筋宜采取防锈措施（6.3.9条）			
施工操作依据					
质量检查记录					
施工单位检查结果评定	项目专业质量检查员：		项目专业技术负责人：　　年　月　日		
监理（建设）单位验收结论	专业监理工程师：（建设单位项目专业技术负责人）		年　月　日		

检查数量：按进场批次和产品的抽样检验方案确定。

检验方法：检查产品合格证、出厂检验报告和进场复验报告。

注：对金属螺旋管用量较少的一般工程，当有可靠依据时，可不作径向刚度、抗渗漏性能的进场复验。

6.2.8 预应力混凝土用金属螺旋管在使用前应进行外观检查，其内外表面应清洁，无锈蚀，不应有油污、

孔洞和不规则的褶皱，咬口不应有开裂或脱扣。

检查数量：全数检查。

检验方法：观察。

注：本表由施工项目专业质量检查员填写，专业监理工程师（建设单位项目专业技术负责人）组织项目专业质量（技术）负责人等进行验收。

020104□□□(2)说明

主 控 项 目

6.3.1 预应力筋安装时，其品种、级别、规格、数量必须符合设计要求。

检查数量：全数检查。

检验方法：观察，钢尺检查。

6.3.2 先张法预应力施工时应选用非油质类模板隔离剂，并应避免沾污预应力筋。

检查数量：全数检查。

检验方法：观察。

6.3.3 施工过程中应避免电火花损伤预应力筋；受损伤的预应力筋应予以更换。

检查数量：全数检查。

检验方法：观察。

一 般 项 目

6.3.4 预应力筋下料应符合下列要求：

1. 预应力筋应采用砂轮锯或切断机切断，不得采用电弧切割；

2. 当钢丝束两端采用镦头锚具时，同一束中各根钢丝长度的极差不应大于钢丝长度的1/5000，且不应大于5mm。当成组张拉长度不大于10m的钢丝时，同组钢丝长度的极差不得大于2mm。

检查数量：每工作班抽查预应力筋总数的3%，且不少于3束。检验方法：观察，钢尺检查。

6.3.5 预应力筋端部锚具的制作质量应符合下列要求：

1. 挤压锚具制作时压力表油压应符合操作说明书的规定，挤压后预应力筋外端应露出挤压套筒1～5mm；

2. 钢绞线压花锚成形时，表面应清洁、无油污，梨形头尺寸和直线段长度应符合设计要求；

3. 钢丝镦头的强度不得低于钢丝强度标准值的98%。

检查数量：对挤压锚，每工作班抽查5%，且不应少于5件；对压花锚，每工作班抽

查3件；对钢丝镦头强度，每批钢丝检查6个镦头试件。

检验方法：观察，钢尺检查，检查镦头强度试验报告。

6.3.6 后张法有粘结预应力筋预留孔道的规格、数量、位置和形状除应符合设计要求外，尚应符合下列规定：

1. 预留孔道的定位应牢固，浇筑混凝土时不应出现移位和变形；
2. 孔道应平顺，端部的预埋锚垫板应垂直于孔道中心线；
3. 成孔用管道应密封良好，接头应严密且不得漏浆；
4. 灌浆孔的间距：对预埋金属螺旋管不宜大于30m，对抽芯成形孔道不宜大于12m；
5. 在曲线孔道的曲线波峰部位应设置排气兼泌水管，必要时可在最低点设置排水孔；
6. 灌浆孔及泌水管的孔径应能保证浆液畅通。

检查数量：全数检查。

检验方法：观察，钢尺检查。

6.3.7 预应力筋束形控制点的竖向位置偏差应符合表6.3.7的规定。

束形控制点的竖向位置允许偏差 **表6.3.7**

截面高（厚）度（mm）	$h \leqslant 300$	$300 < h \leqslant 1500$	$h > 1500$
允许偏差（mm）	±5	±10	±15

检查数量：在同一检验批内，抽查各类型构件中预应力筋总数的5%，且对各类型构件均不少于5束，每束不应少于5处。

检验方法：钢尺检查。

注：束形控制点的竖向位置偏差合格点率应达到90%及以上，且不得有超过表中数值1.5倍的尺寸偏差。

6.3.8 无粘结预应力筋的铺设除应符合本规范第6.3.7条的规定外，尚应符合下列要求：

1. 无粘结预应力筋的定位应牢固，浇筑混凝土时不应出现移位和变形；
2. 端部的预埋锚垫板应垂直于预应力筋；
3. 内埋式固定端垫板不应重叠，锚具与垫板应贴紧；
4. 无粘结预应力筋成束布置时应能保证混凝土密实并能裹住预应力筋；
5. 无粘结预应力筋的护套应完整，局部破损处应采用防水胶带缠绕紧密。

检查数量：全数检查。

检验方法：观察。

6.3.9 浇筑混凝土前穿入孔道的后张法有粘结预应力筋，宜采取防止锈蚀的措施。

检查数量：全数检查。

检验方法：观察。

注：本表由施工项目专业质量检查员填写，专业监理工程师（建设单位项目专业技术负责人）组织项目。

专业质量（技术）负责人等进行验收。

预应力筋张拉和放张检验批质量验收记录　　表 6.4

（GB 50204—2002）　　编号：020104□□□（3）

工程名称		分项工程名称		项目经理	
施工单位		验收部位			
施工执行标准名称及编号				专业工长（施工员）	
分包单位		分包项目经理		施工班组长	
质量验收规范的规定			施工单位自检记录		监理（建设）单位验收记录
主控项目	1	张拉、放张时的混凝土强度应符合要求（6.4.1条）			
	2	预应力筋的张拉力、张拉或放张顺序及张拉工艺应符合要求（6.4.2条）			
	3	实际建立的预应力值与工程设计规定检验值的相对允许偏差为±5%（6.4.3条）			
	4	张拉过程中应避免预应力筋断裂和滑脱，当此类发生后，必须符合规范规定（6.4.4条）			
一般项目	1	锚固阶段张拉端预应力筋的内缩量应符合要求（6.4.5条）			
	2	位置偏差不得大于5mm，且不得大于构件截面短边边长的4%（6.4.6条）			
施工操作依据					
质量检查记录					
施工单位检查结果评定	项目专业质量检查员：		项目专业技术负责人：		年　月　日
监理（建设）单位验收结论	专业监理工程师：（建设单位项目专业技术负责人）				年　月　日

主 控 项 目

6.4.1 预应力筋张拉或放张时，混凝土强度应符合设计要求；当设计无具体要求时，不应低于设计的混凝土立方体抗压强度标准值的75%。

检查数量：全数检查。

检验方法：检查同条件养护试件试验报告。

6.4.2 预应力筋的张拉力、张拉或放张顺序及张拉工艺应符合设计及施工技术方案的要求，并应符合下列规定：

1. 当施工需要超张拉时，最大张拉应力不应大于国家现行标准《混凝土结构设计规范》GB50010—2002的规定；

2. 张拉工艺应能保证同一束中各根预应力筋的应力均匀一致；

3. 后张法施工中，当预应力筋是逐根或逐束张拉时，应保证各阶段不出现对结构不利的应力状态，同时宜考虑后批张拉预应力筋所产生的结构构件的弹性压缩对先批张拉预应力筋的影响，确定张拉力；

4. 先张法预应力筋放张时，宜缓慢放松锚固装置，使各根预应力筋同时缓慢放松；

5. 当采用应力控制方法张拉时，应校核预应力筋的伸长值。实际伸长值与设计计算理论伸长值的相对允许偏差为±6%。

检查数量：全数检查。

检验方法：检查张拉记录。

6.4.3 预应力筋张拉锚固后实际建立的预应力值与工程设计规定检验值的相对允许偏差为±5%。

检查数量：对先张法施工，每工作班抽查预应力筋总数的1%，且不少于3根；对后张法施工，在同一检验批内，抽查预应力筋总数的3%，且不少于5束。

检验方法：对先张法施工，检查预应力筋应力检测记录；对后张法施工，检查见证张拉记录。

6.4.4 张拉过程中应避免预应力筋断裂或滑脱；当发生断裂或滑脱时，必须符合下列规定：

1. 对后张法预应力结构构件，断裂或滑脱的数量严禁超过同一截面预应力筋总根数的3%，且每束钢丝不得超过一根，对多跨双向连续板，其同一截面应按每跨计算；

2. 对先张法预应力构件，在浇筑混凝土前发生断裂或滑脱的预应力筋必须予以更换。

检查数量：全数检查。

检验方法：观察，检查张拉记录。

一 般 项 目

6.4.5 锚固阶段张拉端预应力筋的内缩量应符合设计要求；当设计无具体要求时，应符合表6.4.5的规定。

检查数量：每工作班抽查预应力筋总数的3%，且不少于3束。

检验方法：钢尺检查。

张拉端预应力筋的内缩量限值　　表 6.4.5

锚具类别		内缩量限值（mm）
支承式锚具（镦头锚具等）	螺帽缝隙	1
	每块后加垫板的缝隙	1
锥塞式锚具		5
夹片式锚具	有顶压	5
	无顶压	6～8

6.4.6 先张法预应力筋张拉后与设计位置的偏差不得大于 5mm，且不得大于构件截面短边边长的 4%。

检查数量：每工作班抽查预应力筋总数的 3%，且不少于 3 束。

检验方法：钢尺检查。

注：本表由施工项目专业质量检查员填写，专业监理工程师（建设单位项目专业技术负责人）组织项目专业质量（技术）负责人等进行验收。

预应力灌浆及封锚检验批质量验收记录　　表 6.5

（GB 50204—2002）　　编号：020104□□□（4）

工程名称			分项工程名称		项目经理	
施工单位			验收部位			
施工执行标准名称及编号					专业工长（施工员）	
分包单位			分包项目经理		施工班组长	
质量验收规范的规定			施工单位自检记录		监理（建设）单位验收记录	
主控项目	1	孔道灌浆应饱满、密实（6.5.1条）				
	2	锚具的封闭保护应符合要求（6.5.2条）				
一般项目	1	预应力筋外露部分应符合要求（6.5.3条）				
	2	灌浆用水泥浆应符合要求（6.5.4条）				
	3	灌浆用水泥浆的抗压强度不应小于 30N/mm²（6.5.5条）				
施工操作依据						
质量检查记录						
施工单位检查结果评定	项目专业质量检查员：		项目专业技术负责人：			年　月　日
监理（建设）单位验收结论	专业监理工程师：（建设单位项目专业负责人）					年　月　日

020104□□□(4)说明

主 控 项 目

6.5.1 后张法有粘结预应力筋张拉后应尽早进行孔道灌浆，孔道内水泥浆应饱满、密实。

检验数量：全数检查。

检验方法：观察，检查灌浆记录。

6.5.2 锚具的封闭保护应符合设计要求；当设计无具体要求时，应符合下列规定：

1. 应采取防止锚具腐蚀和遭受机械损伤的有效措施；

2. 凸出式锚固端锚具的保护层厚度不应小于 50mm；

3. 外露预应力筋的保护层厚度：处于正常环境时，不应小于 20mm，处于易受腐蚀的环境时，不应小于 50mm。

检验数量：在同一检验批内，抽查预应力筋总数的 5%，且不小于 5 处。

检验方法：观察，钢尺检查。

一 般 项 目

6.5.3 后张法预应力筋锚固后的外露部分宜采用机械方法切割，其外露长度不宜小于预应力筋直径的 1.5 倍，且不宜小于 30mm。

检查数量：在同一检验批内，抽查预应力筋总数的 3%，且不小于 5 束。

检验方法：观察，钢尺检查。

6.5.4 灌浆用水泥浆的水灰比不应大于 0.45，搅拌后 3h 泌水率不宜大于 2%，且不应大于 3%。泌水应能在 24h 内全部重新被水泥浆吸收。

检查数量：同一配合比检查一次。

检验方法：检查水泥浆性能试验报告。

6.5.5 灌浆用水泥浆的抗压强度不应小于 $30N/mm^2$。

检查数量：每工作班留置一组边长为 70.7mm 的立方体试件。

检验方法：检查水泥浆试件强度试验报告。

注：1. 一组试件由 6 个试件组成，试件应标准养护 28d；

2. 抗压强度为一组试件的平均值，当一组试件中抗压强度最大值或最小值与平均值相差超过 20%时，应取中间 4 个试件强度的平均值。

注：本表由施工项目专业质量检查员填写，专业监理工程师（建设单位项目专业技术负责人）组织项目专业质量（技术）负责人等进行验收。

现场施工预应力记录

TJ2. 6. 2

工程名称		工程地点			
施工单位		项目负责人			
钢筋规格及数量		设计张拉应力和张拉力		要求压力表读数	
张拉设备		压力表测力计精度		钢筋理论伸长值	
张拉时混凝土强度		张拉日期：		操作人：	

序号	编　号	位　置	张拉时间	压力表(测力计)读数	伸长值	备　注

监理工程师：　　　　　　　　　　　　　　　　　　　　记录人：

项目负责人：

预应力张拉记录（一） 施记表 12

工程名称		结构部位		施工单位	
构件编号		张拉方式		张拉日期	年 月 日

预应力钢筋种类		规格		标准抗拉强度（MPa）		张拉时混凝土强度（MPa）	

张拉机具设备编号	A端	千斤顶		油泵		压力表		理论伸长值（mm）	
	B端							断、滑丝情况	

初始应力	（MPa）	控制应力值	（MPa）	超张拉控制应力值	（MPa）

预应力钢筋编号	预应力钢筋束长（m）	张拉初应力（kN）	初应力阶段油表读数		控制张拉力（kN）	控制应力阶段油表读数		超张控制张拉力（kN）	超张控制阶段油表读数		实测伸长值（mm）	计算伸长值（mm）	伸长值偏差（mm）
			A端	B端		A端	B端		A端	B端			

监理工程师：　　施工项目负责人：　　复　核：　　记　录

预应力张拉记录（二）

施记表 13

工程名称：　　　　　　　　　　　　　　　　　　　　　　　　施工单位：

构件编号		预应力束编号		张拉日期			
预应力钢筋种类		规格		标准抗拉强度（MPa）		混凝土强度(N/mm)	
张拉控制应力 $\sigma_k=$	f_{ptk}	MPa		张拉混凝土构件龄期（d）			

张拉机具设备编号		千斤顶		油泵		压力表	
	A端						
	B端						

项目		初始应力阶段		控制应力阶段		超张拉应力阶段	
应力值（MPa）							
张拉力（kN）							
压力表读数（MPa）	A端						
	B端						

理论伸长值（cm）		计算伸长值（cm）		顶楔时压力表读数（MPa）	

阶 段	实 测 伸 长 值					
	A 端			B 端		
	活塞伸出量（mm）	夹片外露（mm）	油表读数（MPa）	活塞伸出量（mm）	夹片外露（mm）	油表读数（MPa）
初始应力阶段 σ_0						
相邻级别阶段 $2\sigma_0$						
倒顶						
二次张拉						
控制应力阶段						
超张拉应力阶段						
伸出量差值（mm）	ΔL_A	$\Delta\lambda_A$		ΔL_B	$\Delta\lambda_B$	

顶楔时压力表读数	A端		B端		实际伸长值（mm）	$\sum\Delta=$
张拉应力差值（%）			伸长值偏差（mm）			
滑丝、断丝情况						

监理工程师：　　　　　施工项目技术负责人：　　　　　复核：　　　　　记录：

《混凝土结构施工》课程标准

目　录

学习领域：混凝土结构施工

课程名称：　混凝土结构施工	基本学时：90～100 学时

职业描述（岗位）：建筑工程技术专业，施工技术员岗位

建筑工程技术专业施工员职业训练，能独立进行混凝土结构的识图、图纸会审、结构工程计量以及工程备料计划的编写，能独立编制混凝土分项工程、钢筋分项工程、模板分项工程等的施工方案，能编制混凝土主体结构的施工方案，能组织混凝土结构的分项验收和综合验收，能独立进行施工信息的归档和资料整理工作。

能力描述（技能、知识）：

根据混凝土结构施工图纸，学会结构识图，进行工程计量，编制施工专项和主体施工方案，组织分项施工，进行质量自查和验收评定，组织资料和工程交接，编写安全环境和工作保护措施。

课程内容和时间安排

根据项目要求，独立进行计划、决策、实施、检查和自评，制定施工方案，组织分项施工，进行施工控制，进行质量自查和验收评定，组织资料和工程交接。根根据建筑工程的建设施工过程，混凝土结构的施工主要划分为以下内容：

学习情境 1　混凝土结构施工图的识读与交底

任务　混凝土结构施工图的识读与技术交底

学时安排：10 学时

职业能力和知识：

1）框架结构施工图的读图与识图能力；

2）梁柱平法制图规则和构造做法的应用能力（03G101-1）；

3）现浇混凝土楼面与屋面板的平法制图规则的应用能力（04G101-4）；

4）剪力墙结构施工图的整体识读能力；

5）剪力墙结构施工图的图纸会审与交底能力。

教学情境：识图室

教学方法：四步教学方法和行动导向教学方法

教学资源：框架结构施工图、剪力墙结构施工图、平法图集（03G101-1、03G101-2、04G101-3、04G101-4、06G101-6）、工作单

学习情境 2　混凝土结构工程计量

任务　混凝土结构主体工程计量

学时安排：18 学时

职业能力和知识：

1）混凝土结构钢筋工程的计量；

2）混凝土结构混凝土工程的计量；

3）混凝土结构模板工程的计量；

4）混凝土结构工料清单的编制；

5）混凝土结构工料计划的编写。

学习情境 3　混凝土结构模板分项工程

任务：混凝土结构模板分项工程

学时安排：10 学时

职业能力和知识：

1）混凝土结构模板及其支架的要求；

2）混凝土结构模板设计；

3）混凝土结构模板安装与验收要求；

4）混凝土结构模板拆除要求；

续表

<table>
<tr><td colspan="2">课程名称：　混凝土结构施工</td><td>基本学时：90～100学时</td></tr>
<tr><td colspan="3">5）混凝土结构模板用量计算；
6）混凝土结构模板的成品保护。
学习情境4　混凝土结构钢筋分项工程
任务：混凝土框架结构、剪力墙结构钢筋分项工程
学时安排：12学时
职业能力和知识：
1）钢筋原材料要求（外观质量、力学性能检验）；
2）钢筋代换规定；
3）钢筋加工（调直、冷拉、弯钩和弯折）；
4）钢筋连接（绑扎、焊接、机械连接）；
5）钢筋安装；
6）钢筋工程验收。
学习情境5　混凝土结构混凝土分项工程
任务：混凝土框架结构混凝土分项工程
学时安排：10学时
职业能力和知识：
1）混凝土原材料的检验（包括水泥、外加剂、掺合料、粗细骨料等）；
2）混凝土施工（包括施工配比、计量、搅拌、运输和浇注、施工缝和后浇带的留置、混凝土养护）；
3）混凝土强度评定；
4）混凝土外观质量检验和缺陷处理；
5）混凝土结构实体检验（钢筋保护层厚度、结构混凝土强度、裂缝宽度、钢筋锈蚀等）
学习情境6　混凝土结构预应力分项工程
任务：混凝土结构的预应力分项工程
学时安排：8学时
职业能力和知识：
1）预应力构件的原材料检验（预应力筋、锚夹具及连接器、成孔材料）
2）制作及安装
3）张拉和放张
4）灌浆和封锚
5）质量检验</td></tr>
<tr><td>工作对象：建筑工程技术专业，施工员岗位，第二学年。</td><td>工作工具：
1）工作页；2）图纸；3）平法图集；4）规范条目
5）手册；6）施工技术规程；7）计算机；8）绘图工具；9）测试工具
工作方法：
以框架结构施工图、剪力墙结构施工作为任务载体，对基本技能、计算、测试采取四阶段教学方法；对综合能力、方法能力、个人能力、专业能力的培养采取六阶段教学方法，以学生为中心，教师做好引导、咨询、策划和组织。
工作组织：
根据设计的教学情境进行教学安排，在识图实训室、建筑技术实训中心来完成学做。</td><td>工作要求：
（内容、产品）
根据设计图纸要求，进行图纸识读和会审，能准确进行结构工程计量，能独立编制混凝土分项工程、钢筋分项工程、模板分项工程等的施工方案，能编制混凝土框架主体结构的施工方案，能组织混凝土框架结构的分项验收和综合验收，独立进行施工信息的归档和资料整理工作，会编写安全环境和工作保护措施，最后在识图实训室、建筑技术实训基地进行施工模拟训练。</td></tr>
</table>

学习情境1
混凝土结构施工图的识读与交底

职业行动能力

职业能力和知识：
1）框架结构施工图的读图与识图能力；
2）梁柱平法制图规则和构造做法的应用能力（03G101-1）；
3）现浇混凝土楼面与屋面板的平法制图规则的应用能力（04G101-4）；
4）现浇混凝土板式楼梯制图规则和构造详图的应用能力（03G101-2）；
5）框架结构施工图的施工建构能力；
6）框架结构施工图的图纸会审与交底能力；
7）剪力墙结构施工图整体识读能力；
8）剪力墙结构施工图图纸会审与交底能力。
任务引导：
框架结构施工图的读图与识图能力；
1. 结构设计总说明（文字部分）
1）结构设计总说明应该包括哪些内容（04G103P5）；
2）补充说明规定（04G103P6-7）。
2. 结构设计图纸目录及组成
1）结构设计说明
2）基础平面布置及配筋图纸
3）基础详图
4）楼板布置及配筋图
5）梁布置及配筋图
6）柱布置及配筋图
7）楼梯结构详图
8）结构构造详图
梁柱平法制图规则和构造做法的应用能力（03G101-1）；
柱平法施工图制图规则
梁平法施工图制图规则
柱钢筋构造详图（基础插筋 04G101-3、首层柱纵筋、标准层柱纵筋、顶层柱纵筋）
梁钢筋构造详图（楼层框架梁、屋面框架梁）
现浇混凝土楼面与屋面板的平法制图规则的应用能力（04G101-4）；
有梁楼盖板制图规则
有梁楼面板和屋面板钢筋构造
有梁楼盖延伸板钢筋构造
现浇混凝土板式楼梯制图规则和构造详图的应用能力（03G101-2）
板式楼梯平法施工图制图规则
板式楼梯典型配筋构造详图识读（AT、DT）
框架结构施工图的施工建构能力

续表

职业行动能力	
某混凝土框架结构施工图的整体识读 某框架结构施工图的施工建构能力训练 框架结构施工图的图纸会审与交底能力 框架结构施工图的整体交底内容 框架结构施工图的整体会审内容 剪力墙结构施工图的整体会审能力 剪力墙结构施工图的技术交底能力	
教 学 内 容	教学论、方法论教学媒体建议
1）框架结构施工图的读图与识图能力 2）梁柱平法制图规则和构造做法的应用能力（03G101-1） 3）现浇混凝土楼面与屋面板的平法制图规则的应用能力（04G101-4） 4）现浇混凝土板式楼梯制图规则和构造详图的应用能力（03G101-2） 5）框架结构施工图的施工建构能力 6）框架结构施工图的图纸会审与交底能力 7）剪力墙结构施工图图纸识读能力 8）剪力墙结构施工图图纸会审与交底能力 •目标任务、图纸、标准、参考资料、项目现状、工作准备要求。 •工作进度安排 •图纸会审纪录 •图纸交底纪录	工程问题引入，采取问题导向的学习，初步对提出的结构识图的相应的知识准备和认识； 通过六阶段教学方法来组织学习和实践，即采取：资讯－决策－计划－实施－检查－评估，在六个阶段以学生为主进行，教师进行咨询和必要的指导； 实训操作：在识图室进行模拟图纸会审和技术交底 教学媒体：多媒体 教学资源：框架结构施工图、剪力墙结构施工图、平法图集（03G101-1、03G101-2、04G101-3、04G101-4、06G101-6）、06G901-1、09G901-3、09G901-4、09G901-5、08G101-5、08G101-11、混凝土结构设计规范、高层混凝土结构技术规程、工作单

项　目　评　价

学习情境评价表（结构施工图的识读与交底）

<table>
<tr><td colspan="3">姓名：</td><td colspan="2">学号：</td><td rowspan="2">照片</td></tr>
<tr><td colspan="3">年级：</td><td colspan="2">专业：</td></tr>
<tr><td colspan="6">自评标准</td></tr>
<tr><td>项次</td><td>内　容</td><td>分　值</td><td>自评分</td><td colspan="2">教师评分</td></tr>
<tr><td>1</td><td>结构说明识读</td><td>5</td><td></td><td colspan="2"></td></tr>
<tr><td>2</td><td>梁、柱平法图的识读</td><td>10</td><td></td><td colspan="2"></td></tr>
<tr><td>3</td><td>梁柱钢筋构造及施工做法</td><td>10</td><td></td><td colspan="2"></td></tr>
<tr><td>4</td><td>梁柱钢筋施工初步放样</td><td>10</td><td></td><td colspan="2"></td></tr>
<tr><td>5</td><td>板结构图纸识读</td><td>10</td><td></td><td colspan="2"></td></tr>
<tr><td>6</td><td>板钢筋施工放样</td><td>5</td><td></td><td colspan="2"></td></tr>
<tr><td>7</td><td>楼梯结构施工图纸识读</td><td>5</td><td></td><td colspan="2"></td></tr>
<tr><td>8</td><td>楼梯钢筋构造</td><td>5</td><td></td><td colspan="2"></td></tr>
<tr><td>9</td><td>楼梯放样</td><td>10</td><td></td><td colspan="2"></td></tr>
<tr><td>10</td><td>钢筋配料清单</td><td>10</td><td></td><td colspan="2"></td></tr>
<tr><td>11</td><td>剪力墙结构施工图识读</td><td>10</td><td></td><td colspan="2"></td></tr>
<tr><td>12</td><td>剪力墙结构钢筋构造要求</td><td>10</td><td></td><td colspan="2"></td></tr>
<tr><td></td><td></td><td></td><td></td><td colspan="2"></td></tr>
<tr><td></td><td></td><td></td><td></td><td colspan="2"></td></tr>
<tr><td colspan="3">自评等级</td><td></td><td colspan="2"></td></tr>
<tr><td colspan="3">教师评定等级：</td><td></td><td colspan="2"></td></tr>
<tr><td colspan="2">工作时间：</td><td colspan="4">提前 ○
准时 ○
超时 ○</td></tr>
<tr><td colspan="2">自评做得很好的地方</td><td colspan="4"></td></tr>
<tr><td colspan="2">自评做得不好的地方</td><td colspan="4"></td></tr>
<tr><td colspan="2">下次需要改进的地方</td><td colspan="4"></td></tr>
<tr><td colspan="2">自评：</td><td colspan="4">非常满意 ○
满　　意 ○
合　　格 ○　不满意 ○</td></tr>
<tr><td colspan="2">教师交流记录：</td><td colspan="4"></td></tr>
</table>

学习情境 2
混凝土结构工程计量

职业行动能力

职业能力和知识：

1）学会混凝土框架结构钢筋工程的计量；

2）学会混凝土框架结构混凝土工程的计量；

3）学会混凝土框架结构模板工程的计量；

4）学会混凝土框架结构工料清单的编制。

任务引导：

框架梁钢筋计算

框架梁上部钢筋计算

框架梁下部钢筋计算

框架梁附加钢筋计算（侧面纵向抗扭、拉筋、吊筋、加腋钢筋）

框架梁箍筋计算

其他梁钢筋计算（非框架梁、悬臂梁）

框架柱钢筋计算

基础插筋

下层纵筋

中间层纵筋

顶层纵筋（角柱、边柱、中柱）

箍筋

现浇板钢筋

受力钢筋

负筋及分布筋

现浇混凝土板式楼梯

AT 楼梯板钢筋

剪力墙钢筋计算

剪力墙计算内容包括包括 1 墙、2 柱、3 墙梁。

框架结构混凝土工程的计量

混凝土基础量

混凝土柱工程量

混凝土梁工程量

混凝土板工程量

混凝土墙工程量

整体楼梯工程量

阳台、雨篷

台阶

混凝土框架结构模板工程计量

现浇混凝土及钢筋混凝土工程模板工程量

现场预制钢筋混凝土构件模板工程量

续表

教 学 内 容	教学论、方法论教学媒体建议
1）混凝土梁钢筋计算； 2）混凝土柱、墙钢筋计算； 3）混凝土板钢筋计算； 4）混凝土楼梯钢筋计算； 5）混凝土工程计量； 6）模板工程量计算； 7）工料清单编制与分析。 •目标任务、混凝土结构施工图纸、标准、101系列图集，参考资料、项目现状、工作准备要求。 •工作任务。 •钢筋配料单。 分部分项工程量清单	工程问题引入，采取问题导向的学习，初步学会工程计量的规则，做好相应的知识准备和认识； 通过六阶段教学方法来组织学习和实践，即采取：资讯－决策－计划－实施－检查－评估，在六个阶段以学生为主进行，教师进行咨询和必要的指导； 实训操作：在识图室进行工程计量规则模拟练习和工程量计算 教学媒体：多媒体、实物 教学资源：框架结构施工图、平法图集 （03G101-1、03G101-2、04G101-3、04G101-4、06G101-6）、混凝土结构设计规范、高层混凝土结构技术规程、工作单、建设工程量计价规范（GB50500—2003）

项 目 评 价

学习情境评价表（混凝土结构工程计量）

姓名：		学号：			照片
年级：		专业：			
自 评 标 准					
项次	内 容		分值	自评分	教师评分
1	梁钢筋配料计算		10		
2	柱钢筋配料计算		10		
3	楼板钢筋配料计算		10		
4	楼梯钢筋配料计算		10		
5	剪力墙钢筋配料计算		10		
6	钢筋配料清单编制汇总		10		
7	现浇混凝土梁柱板工程计量		10		
8	现浇混凝土基础、楼梯、其他构件工程计量		10		
9	后浇带、预埋件等		10		
10	模板工程计量		10		
自评等级					
教师评定等级：					
工作时间：			提前 ○ □ 准时 ○ 超时 ○		
自评做得很好的地方					
自评做得不好的地方					
下次需要改进的地方					
自评：	非常满意 ○ 满意 ○ 合格 ○ 不满意 ○				
教师交流记录：					

学习情境3
混凝土结构模板分项工程

<table>
<tr><th colspan="2">职业行动能力</th></tr>
<tr><td colspan="2">职业能力和知识：
1）混凝土结构模板及其支架的要求；
2）混凝土结构模板设计；
3）混凝土结构模板安装与验收要求；
4）混凝土结构模板拆除要求；
5）混凝土结构模板的成品保护。
任务引导：
确定模板、支架的种类及其性能参数（规格、物理力学性能等）。
典型模板及其支撑设计训练，包括荷载分析、荷载组合、模板计算、模板施工图绘制、模板构造措施等。
模板安装与验收实训，确定模板施工工艺流程、质量控制要点、模板质量检验方式、检验内容。
模板拆除实训，模板拆除的方案、拆除的方法，拆除时混凝土强度要求等。
双排脚手架的搭设
外脚手架设计
落地式扣件钢管脚手架的设计
悬挑外脚手架设计
结合给出任务，给出局部框架结构的模板、脚手架专项施工方案</td></tr>
<tr><th>教 学 内 容</th><th>教学论、方法论教学媒体建议</th></tr>
<tr><td>1）模板材料管理
2）模板荷载计算
3）柱、梁模板设计
4）脚手架材料
5）外脚手架计算
6）扣件式钢管脚手架计算
7）悬挑型钢外脚手架设计计算
目标任务、混凝土结构施工图纸、标准、施工手册，参考资料、项目现状、工作准备要求。
• 工作任务；
• 模板安装（含预制构件）工程检验批质量验收记录；
• 模板拆除工程检验批质量验收记录
• 模板工程验收表；
• 模板工程安全检查评分表
• 脚手架技术交底记录
• 脚手架检查评分表</td><td>工程问题引入，采取问题导向的学习，初步学会模板、脚手架的材料管理、设计、安装、拆除与验收，做好相应的知识准备和认识；
通过六阶段教学方法来组织学习和实践，即采取：资讯－决策－计划－实施－检查－评估，在六个阶段以学生为主进行，教师进行咨询和必要的指导；
实训操作：在建筑技术实训室进行实施和操作
教学媒体：多媒体、实物
教学资源：结构施工图、建筑施工扣件式钢管脚手架安全技术规范 JGJ 130—2001、组合钢模板技术规范 GB 50214—2001混凝土结构设计规范、高层混凝土结构技术规程、工作单、混凝土结构工程施工质量验收规范 GB 50204—2002</td></tr>
</table>

项 目 评 价

学习情境评价表（混凝土结构模板分项工程）

姓名：		学号：			照片
年级：		专业：			

自评标准						
项次		内容		分值	自评分	教师评分
1	脚手架	准备工作	材料工具准备	5		
2			安全防护准备	5		
3			工料分析计算	5		
4		识读、绘制脚手架施工图（扣件钢管脚手架）		5		
5		搭拆扣件式钢管脚手架	搭设脚手架	10		
6			拆除脚手架	10		
7			铺设脚手板	10		
8		搭拆模板支撑架	搭拆梁板模板支架	5		
9			搭拆墙模板支架	5		
10			搭拆柱模板支架	5		
11			搭拆楼梯模板支架	5		
12		脚手架搭拆问题处理		10		
13		编制脚手架施工方案		20		
1	模板	施工准备	材料工具准备	5		
2			模板配板设计	10		
3			工料分析计算	10		
4		模板安装与拆除	柱模板安装与拆除	5		
5			梁模板安装与拆除	10		
6			楼梯模板安装与拆除	20		
7		模板技术交底		20		
8		模板施工方案		20		
1	工效	是否按规定时间完成，在规定时间内提前10分钟加1分，最多加5分		5		
2		安全文明施工（工完场清）		5		
自评等级						
教师评定等级：						
工作时间：				提前 ○	准时 ○	超时 ○
自评做得很好的地方						
自评做得不好的地方						
下次需要改进的地方						
自评：		非常满意 ○	满意 ○	合格 ○	不满意 ○	
教师交流记录：						

学习情境4
混凝土结构钢筋分项工程

职业能力和知识

1）钢筋原材料要求（外观质量、力学性能检验）；

2）钢筋加工（调直、冷拉、弯钩和弯折）；

3）钢筋连接（绑扎、焊接、机械连接）；

4）钢筋安装；

5）钢筋工程验收；

6）钢筋施工方案。

任务引导：

钢筋质量检验：结合工程实际，确定钢筋品种、规格、类型，进行钢筋进场模拟验收，包括验收内容、质量合格文件、钢筋的进场复验等；明确钢筋质量要求，最后进行钢筋的验收。

钢筋加工实训：选取梁、板，进行钢筋加工实训，主要训练钢筋调直与切断、钢筋的弯曲、主筋加工与箍筋加工等。

钢筋连接实训：以梁、柱为任务载体，进行钢筋的连接实训。主要对绑扎连接、焊接连接、机械连接进行分类操作，能学会工艺过程，能进行验收评定，能对缺陷进行识别和纠正处理，能对焊接接头、机械接头进行验收和评定。

钢筋安装实训：主要选取梁、板、墙进行钢筋绑扎实训，主要对绑扎要求与质量验收进行操作。

教 学 内 容	教学论、方法论教学媒体建议
目标任务、混凝土结构施工图纸、标准、施工手册，参考资料、项目现状、工作准备要求。 1）钢筋原材料要求（外观质量、力学性能检验）； 2）钢筋加工（调直、冷拉、弯钩和弯折）； 3）钢筋连接（绑扎、焊接、机械连接）； 4）钢筋安装； 5）钢筋工程验收； 6）钢筋施工方案。 ·工作任务； ·钢筋原材料检验批质量验收记录 ·钢筋加工检验批质量验收记录 ·钢筋连接检验批质量验收记录 ·钢筋安装检验批质量验收记录 ·技术交底记录 ■钢筋电渣压力焊 ■钢筋气压焊 ■带肋钢筋径向挤压连接 ■锥螺纹钢筋接头 ·现浇框架结构钢筋绑扎	工程问题引入，采取问题导向的学习，初步学会钢筋的材料管理，对钢筋的加工、连接、安装有初步的知识准备和认识； 通过六阶段教学方法来组织学习和实践，即采取：资讯—决策—计划—实施—检查—评估，在六个阶段以学生为主进行，教师进行咨询和必要的指导； 实训操作：在建筑技术实训室进行实施和操作 教学媒体：多媒体、实物、录像 教学资源：结构施工图、混凝土结构设计规范、高层混凝土结构技术规程、工作单、混凝土结构工程施工质量验收规范 GB 50204—2002、钢筋混凝土用热轧光圆钢筋 GB 13013—91、钢筋混凝土用焊接钢筋网 YB/T 076—1995

项　目　评　价

学习情境评价表（混凝土结构钢筋分项工程）

姓名：		学号：			照片
年级：		专业：			
自评标准					
项次	内　　容		分值	自评分	教师评分
1	施工准备 （1）熟悉图纸，编制钢筋表； （2）编制领料单； （3）工具准备； （4）安排施工程序； （5）施工现场准备。		5		
2	钢筋下料：		20		
	钢筋的直径		2		
	钢筋的钢号		2		
	钢筋的规格		3		
	钢筋的形状		3		
	钢筋的下料长度		4		
	每种钢筋的数量		3		
	各部位尺寸		3		
3	钢筋加工 包括下列内容		25		
	钢筋各部位尺寸		4		
	钢筋顺长度方向全长的净尺寸		4		
	钢筋弯折的弯折位置		4		
	箍筋内净尺寸		3		
	钢筋的弯心直径		4		
	弯钩端部的平直长度		3		
	弯钩角度		3		
4	钢筋绑扎	1	40		
	钢筋的排距	±5mm	4		
	钢筋的间距	±10mm	5		
	箍筋间距	±20mm	6		
	箍筋位置	±10mm	2		
	箍筋加密	按规范规定	2		
	骨架长、宽、高偏差	长±10mm 宽高±5mm	3		

续表

项次	内　容		分值	自评分	教师评分
	绑扎松紧、漏扎程度		3		
	弯钩的朝向	按规定	2		
	箍筋闭合的位置（常识）		3		
	搭接长度	不小于规定长度	2		
	锚固长度	不小于规定长度	2		
	箍筋与主筋的垂直度与平整度	±3°	3		
	核心区的箍筋（数量、加密）	按要求	3		
5	工效	是否按规定时间完成，在规定时间内提前10分钟加1分，最多加5分	5		
6	安全文明施工（工完场清）		5		
自评等级					
教师评定等级：					

工作时间：	提前 ○ 准时 ○ 超时 ○
自评做得很好的地方	
自评做得不好的地方	
下次需要改进的地方	
自评：	非常满意 ○ 满意 ○ 合格 ○ 不满意 ○
教师交流记录：	

学习情境 5
混凝土结构混凝土分项工程

职业行动能力
职业能力和知识： 1）混凝土原材料的检验（包括水泥、外加剂、掺合料、粗细骨料等）； 2）混凝土施工（包括施工配比、计量、搅拌、运输和浇注、施工缝和后浇带的留置、混凝土养护）； 3）混凝土强度评定； 4）混凝土外观质量检验和缺陷处理； 5）混凝土结构实体检验（钢筋保护层厚度、结构混凝土强度、裂缝宽度、钢筋锈蚀等）。 任务引导： 根据配料单，选取原材料，检测原材料性能，确定混凝土施工配合比。 组织混凝土施工，包括： 混凝土配料与拌制、混凝土搅拌、运输与浇筑、混凝土施工缝、后浇带留置与处理、混凝土养护等任务。 结合具体任务，进行混凝土的质量评定和外观缺陷的修补工作。 编写混凝土专项施工方案的编写。 能完成相应的施工资料编写和归档工作通过。

教　学　内　容	教学论、方法论教学媒体建议
1）混凝土原材料质量验收； 2）混凝土施工配合比； 3）混凝土搅拌、运输、浇筑、养护 4）混凝土试件留置和工作性测试 5）混凝土构件浇筑模拟 6）混凝土施工缝、后浇带的留置与处理 7）混凝土质量评定 8）混凝土方案编制 • 目标任务、图纸、标准、参考资料、项目现状、工作准备要求。 • 工作进度安排 • 验收记录 • 交底记录表	工程问题引入，采取问题导向的学习，初步对提出的结构识图的相应的知识准备和认识； 通过六阶段教学方法来组织学习和实践，即采取：资讯－决策－计划－实施－检查－评估，在六个阶段以学生为主进行，教师进行咨询和必要的指导； 实训操作：在识图室进行模拟图纸会审和技术交底 教学媒体：多媒体 教学资源：结构施工图、《普通混凝土配合比设计规程》JGJ 55—2000、混凝土结构设计规范、混凝土质量控制标准、混凝土结构施工质量验收规范、工作单

项 目 评 价

学习情境评价表（混凝土结构混凝土分项工程）

项次	内容		分值	自评分	教师评分
姓名：		学号：			照片
年级：		专业：			
自评标准					
项次	内容		分值	自评分	教师评分
1	混凝土配料与计量		2		
	原材料性能检测		3		
2	混凝土开盘与施工配合比确定		5		
	混凝土工作性测定		5		
	混凝土试块制作与养护		5		
	混凝土强度测试		5		
	混凝土强度评定		5		
3	混凝土搅拌		5		
	混凝土浇筑		5		
	混凝土振捣		5		
	混凝土养护		5		
4	混凝土外观质量评价		5		
	现浇结构尺寸偏差检验		5		
	混凝土施工缝的留置与处理		5		
	混凝土后浇带的留置与处理		5		
	混凝土缺陷识别与处理		5		
5	现浇框架结构混凝土浇筑施工		5		
6	工效	是否按规定时间完成，在规定时间内提前 10 分钟加 1 分，最多加 4 分	5		
7	安全文明施工（工完场清）		5		
8	混凝土框架结构混凝土施工方案		10		
自评等级					
教师评定等级：					
工作时间：			提前 ○ 准时 ○ 超时 ○		
自评做得很好的地方					
自评做得不好的地方					
下次需要改进的地方					
自评：	非常满意 ○	满意 ○	合格 ○	不满意 ○	
教师交流记录：					

学习情境 6

混凝土结构预应力分项工程

职业行动能力
任务：混凝土结构的预应力分项工程 学时安排：8 学时 职业能力和知识： 1）预应力构件的原材料检验（预应力筋、锚夹具及连接器、成孔材料） 2）制作及安装 3）张拉和放张 4）灌浆和封锚 5）质量检验 任务引导： 给定预应力原材料，能进行原材料的取样与检测。 制作后张法预应力混凝土构件，能进行预应力施工的全过程模拟和检测。 包括：张拉设备的选择 预应力钢筋下料长度的计算 预应力损失的模拟测试 预应力钢筋张拉力和有效预应力值的计算 预应力施工过程模拟 预应力混凝土质量验收

教 学 内 容	教学论、方法论教学媒体建议
1）预应力混凝土原材料检测； 2）预应力钢筋制作与安装； 3）预应力钢筋张拉和放张； 4）预应力损失测试； 5）预应力张拉设备选用； 6）预应力混凝土质量验收； 7）预应力施工方案的制定。 • 目标任务、结构施工图纸、标准、资料、项目现状、工作准备要求。 • 工作任务； • 质量记录。	工程问题引入，采取问题导向的学习，初步学会工程计量的规则，做好相应的知识准备和认识； 通过六阶段教学方法来组织学习和实践，即采取：资讯－决策－计划－实施－检查－评估，在六个阶段以学生为主进行，教师进行咨询和必要的指导； 实训操作：在实训室进行 教学媒体：多媒体、实物 教学资源：结构施工图、混凝土结构设计规范、高层混凝土结构技术规程、工作单、预应力施工方案案例

项 目 评 价

学习情境评价表（混凝土结构预应力分项工程）

<table>
<tr><td colspan="4">姓名： 学号：</td><td rowspan="3">照片</td></tr>
<tr><td colspan="4">年级： 专业：</td></tr>
<tr><td colspan="4">自评标准</td></tr>
<tr><td>项次</td><td>内 容</td><td>分 值</td><td>自评分</td><td>教师评分</td></tr>
<tr><td>1</td><td>预应力施工准备
（技术准备、材料准备、机具准备、场地准备、作业条件）</td><td>10</td><td></td><td></td></tr>
<tr><td>2</td><td>预应力构件的原材料检验</td><td>10</td><td></td><td></td></tr>
<tr><td>3</td><td>预应力筋的制作和安装</td><td>10</td><td></td><td></td></tr>
<tr><td>4</td><td>预应力张拉设备选用</td><td>5</td><td></td><td></td></tr>
<tr><td>5</td><td>预应力筋的张拉和放张</td><td>10</td><td></td><td></td></tr>
<tr><td>6</td><td>预应力损失计算和测试</td><td>10</td><td></td><td></td></tr>
<tr><td>7</td><td>预应力的灌浆和封锚</td><td>5</td><td></td><td></td></tr>
<tr><td>8</td><td>预应力混凝土质量验收</td><td>10</td><td></td><td></td></tr>
<tr><td>9</td><td>预应力施工日志、记录的填写</td><td>10</td><td></td><td></td></tr>
<tr><td>10</td><td>预应力施工专项方案的编写</td><td>20</td><td></td><td></td></tr>
<tr><td></td><td></td><td></td><td></td><td></td></tr>
<tr><td></td><td></td><td></td><td></td><td></td></tr>
<tr><td colspan="3">自评等级</td><td></td><td></td></tr>
<tr><td colspan="4">教师评定等级</td><td></td></tr>
<tr><td colspan="2">工作时间</td><td colspan="3">提前 ○
准时 ○
超时 ○</td></tr>
<tr><td>自评做得很好的地方</td><td colspan="4"></td></tr>
<tr><td>自评做得不好的地方</td><td colspan="4"></td></tr>
<tr><td>下次需要改进的地方</td><td colspan="4"></td></tr>
<tr><td>自评：</td><td colspan="4">非常满意 ○
满 意 ○
合 格 ○ 不满意 ○</td></tr>
<tr><td>教师交流记录</td><td colspan="4"></td></tr>
</table>

结构设计总说明(一)

一、概述

1.本工程为1#写字楼工程，本工程施工位置.放线定位尺寸详见总平面布置图。

2.主体结构：钢筋混凝土框架剪力墙结构。

3.本图中全部尺寸除注明外均以毫米为单位，标高以米为单位，所有尺寸均以标注为准，不得以比例尺量取图中尺寸。

4.本工程地质勘察报告由某地质工程勘察院勘察的《1#写字楼工程岩土工程勘察报告》，工程编号为 08111。

根据地质报告，本工程 ±0.00 绝对标高标高为 38.00m。室内外高差为 0.600m。

5.本工程主体结构设计合理使用年限为50年，结构安全等级为二级，结构抗震设防类别为丙类，地基基础设计等级为丙级，

建筑耐火等级为二级，框架抗震等级为三级。混凝土构件裂缝控制等级为三级。

6.混凝土环境类别为：地下部分为二（b）类，其余为一类。

7.未经技术鉴定或设计许可，不得改变结构的用途和使用环境。

8.本工程未经有关部门施工图审查，不得进行施工。

9.建设项目开工前，建设单位应与白蚁防治单位签订白蚁预防合同。

10.本工程施工前应仔细阅读本说明，认真领会设计意图，不明之处及时和设计人员联系.不得擅自处理。

11.本工程施工时除遵守下列规定外，未尽之处还须遵循国家现行的有关设计及施工规范。

二、设计依据

（一）设计遵循的规范.规程及有关规定：

1.《建筑结构可靠度设计统一标准》（GB 50068－2001）　2.《建筑结构荷载规范》（GB 50009－2001）(2006年版)

3.《建筑工程抗震设防分类标准》（GB 50223－2008）　4.《混凝土结构设计规范》（GB 50010－2002）

5.《建筑抗震设计规范》（GB 50011－2001）(2008年版)　6.《建筑地基基础设计规范》（GB 50007－2002）

7.《建筑物抗震构造详图》（苏G 02－2004）　8.《建筑结构常用节点图集》（苏G 01－2003）

9.《砌体结构设计规范》（GB 50003－2001）及2002局部修订

10.《混凝土结构施工图平面整体表示方法制图规则和构造详图》（03G 101－1.04G 101－3）

（二）验收规范主要有：

1.《建筑工程施工质量验收统一标准》（GB 50300－2001）

2.《建筑地基基础工程施工质量验收规范》（GB 50202－2002）

3.《砌体结构工程施工质量验收规范》（GB 50203－2002）

4.《混凝土结构工程施工质量验收规范》（GB 50204－2002）　5.《屋面工程质量验收规范》（GB 50207－2002）

（三）自然条件

1.基本风压0.35kPa，基本雪压0.35kPa，地面粗糙度B类。

2.抗震设防烈度为 7度，设计基本地震加速度值为0.10g。设计地震分组为第一组，设计特征周期值为0.35s，

建筑场地类别Ⅱ类。

3.工程地质条件：本工程依据该报告书建议，以 3 层黏土为持力层.地基承载力特征值为 f_{ak}=130kPa.

（四）设计主要荷载标准值

1.设计主要恒荷载标准值：钢筋混凝土容重：25kN/m³; 200厚水泥炉渣空心砌块填充墙（含双面粉刷）：3.0kN/m³;

240厚砖墙（含双面粉刷）：5.24kN/m²。

2.主要设计活荷载标准值：楼面：2.0kN/m²；上人屋面：2.0kN/m²; 不上人屋面：0.5kN/m²;

基本风压：0.35kPa；基本雪压：0.35kPa。

3.屋面檐口施工或检修集中荷载：1.0kN；施工和检修荷载及栏杆水平荷载按在最不利位置处进行验算。

三、基础与地下室

1.本工程采用天然地基上的筏板基础；地下室抗渗等级S6，基底标高必须在持力层面下>300；基槽开挖至基底标高以上

200mm时，应进行普遍钎探，基坑开挖后应通知设计及勘察单位验槽，如发现土质与地质报告不符时，须会同勘察.

施工.设计.建设.监理单位共同协商研究处理。

2.地下室混凝土墙、基础筏板，地下室顶板等要加强覆盖保温，浇水保湿等养护工作；对较厚的地下室底板的施工，应采取

施工措施，降低混凝土的水化热，减少混凝土内外温差，尽量防止产生裂缝。

3.地下室施工完毕，四周应及时回填，回填材料应采用不具膨胀性的黏性土，严禁用淤泥、冻土、膨胀性土、有机质含量

大于5%的土或建筑垃圾进行回填，回填土不得含有石块、碎砖、灰渣及有机质，回填前应将地下室四周建筑垃圾.积水

应予以清除。回填施工应均匀对称进行,并分层夯实，分层厚度≤250mm，夯实后回填土压实系数应≥0.94。

四、主体结构施工说明

（一）主要结构材料

1.混凝土强度等级：基础垫层为 C15；主体结构除标高12.250米以下墙、柱采用 C35外，其余均为 C30。

2.钢筋：HPB235钢筋（用Φ表示.f_y=210N/mm²);HRB335钢筋（用Φ表示.f_y=300N/mm²);

HRB400钢筋（用Φ表示.f_y=360N/mm²). 钢筋的强度标准值应有不小于95%的保证率。

3.填充墙体：±0.000 标高以下墙体采用MU10烧结砖 M7.5水泥砂浆砌筑，双面粉20厚1:2防水水泥砂浆（内掺防水剂）。

结构设计总说明(一)						图号	结施1/27
审核		校对		设计		页	1

结构设计总说明(二)

±0.000 标高以上内墙采用 200厚 07级水泥炉渣空心砌块 M5混合砂浆砌筑。

确定砂浆强度等级时应采用同类块体为砂浆强度底模。

（二）结构混凝土耐久性要求：

二（b）类环境：水灰比≤0.55，水泥用量≥275 kg/m³,氯离子含量≤0.2%，碱含量≤3.0 kg/m³；

一类环境：水灰比≤0.65，水泥用量≥225 kg/m³，氯离子含量≤1.0%。

（三）主要构件钢筋混凝土保护层厚度：

基础及基础梁：40mm；钢筋混凝土墙：15mm; 柱：30mm；框架梁、过梁：25mm。现浇板：15mm。

（四）钢筋锚固和搭接

1.受拉钢筋锚固长度和搭接长度（普通钢筋）：

La 钢筋等级 \ 混凝土强度等级	C20	C25	C30	C35	C40
HPB235	31d	27d	24d	22d	20d
HRB335	39d	34d	30d	27d	25d
HRB400	46d	40d	36d	33d	30d
laE	一、二级抗震：$l_{aE}=1.15l_a$ 三级抗震：$l_{aE}=1.05l_a$ 四级抗震：$l_{aE}=1.0l_a$				
ll	$l_l=\zeta l_a$				
llE	$l_{lE}=\zeta l_{aE}$				
备注：					

纵向钢筋搭接接头面积百分率(%)	≤25	50	100
ζ	1.2	1.4	1.6

注:1）.l_a,l_l 与 l_{aE}, l_{lE} 分别为非抗震构件(板,次梁)及抗震构件(框架梁,柱及剪力墙）钢筋的锚固长度和搭接长度。

2）.搭接长度按相互搭接钢筋的较小直径计算。

3）.钢筋直径d>25mm时,其锚固长度及搭接长度均×1.1倍。

4）.当采用 HRB335、HRB400和 RRB400级的环氧树脂涂层钢筋时,其锚固长度和搭接长度应乘以环氧树脂涂层钢筋时,其锚固长度和搭接长度应乘以修正系数1.25。

5）.当钢筋混凝土施工过程中易受扰动(如滑模施工)时，其锚固长度应乘以修正系数 1.1。

6）.当混凝土等级大于 C40，其锚固长度和搭接长度均同 C40。

7）.受压钢筋的锚固长度和搭接长度可取受拉钢筋锚固长度的 0.7倍，且 >200mm。

8）.所有修正系数可以叠加修正。但修正后的受拉钢筋锚固长度不能小于最小锚固长度在任何情况下最小锚固长度的数值不应小于表中计算值的 0.7倍及 250mm。

（五）填充墙体

1.填充墙及隔墙的抗震措施详见03G329-1图集第34页;框架柱与填充墙连接采用柔性连接做法详见03G329–1图集第19页。

2.填充墙顶与框架梁或楼面板密切结合,详见图(1)。

3.填充墙在主体结构全部完工后,由上而下逐层砌筑,当每层砌至梁或板底附近时,应待砌块沉实后,再砌此部分墙体,防止下层 梁承受上层梁以上的荷载；所有墙身的顶部必须用砌块嵌紧斜砌密实,不得与上面的梁板脱空；在挑梁及其外纵梁下的填充墙, 应做成柔性连接。

4.对于200(100)左右厚的墙身，当墙净高大于4m(3m)时，应在墙高的中部或门洞顶部设置一道与柱连接且沿墙全长贯通的水平圈梁，圈梁钢筋应锚入柱30d；当墙长超过 5m(4m)，中间又无横墙或柱支承时，宜在墙顶与梁板结合处设置拉筋；混凝土构造柱施工时，应先砌墙后浇柱，并在其所处的梁面及梁底预留钢筋。

5.混凝土构造柱除在施工图中注明外，尚应在墙体转角、不同厚度墙体交接处、较大洞口(>2000)及100左右厚轻质隔墙门框的二侧、悬臂墙端部、飘窗俩侧设置构造柱。

6.填充墙应沿剪力墙及柱全高设置墙身拉结筋2Φ6@500伸入墙内700且不小于墙长的1/5。

7.当填充墙边的墙体长度<300时,做法见图(2)。

8.填充墙上的预埋件，应先做成混凝土块，后砌入砖墙中，不得挖洞埋板后浇。

9.对于外墙填充墙，除沿混凝土柱相应部位设置墙身拉结筋外，在墙面粉刷前，在填充墙与混凝土构件内外周边接缝处，应固定设置镀锌钢丝网片，宽度大于300。当过梁与梁接近时,过梁与梁整浇,详见图(3)。

10.洞口过梁详见本图"过梁表"。

（六）剪力墙、柱、框架主梁及次梁

1.本工程剪力墙、柱、框架主梁及次梁均采用平面法表示，详细说明及框架节点构造大样详见国标图集 03G101–1。

2.当主次梁高相同时，次梁上下部钢筋分别伸入主梁上下部钢筋之上。

3.吊筋及附加箍筋：所有主次梁交接处次梁端均设附加箍筋，规格同主梁，间距50，每边三根。

4.梁上开洞或预埋铁件应严格按图设置，验收合格后方可浇筑混凝土，严禁事后凿洞。

5.位于同一连接区段内的受拉钢筋搭接接头面积百分率：对梁、板及墙类构件，不应大于25%；对柱类构件，不应大于50%，其搭接长度 l_{lE} 不应小于 l_{aE} 。钢筋绑扎搭接接头连接区段的长度为1.3倍搭接长度，当采用搭接时，凡搭接接头中点位于连接区段长度内的搭接接头均属于同一连接区段。同一连接区段内纵向钢筋搭接接头面积百分率为该区段内有搭接接头的纵向受力钢筋截面面积与全部纵向受力钢筋截面面积的比值。

6.在任何情况下，纵向受拉钢筋绑扎搭接接头的搭接长度均不应小于300mm。箍筋间距不应大于搭接钢筋较小直径的5倍，且不应大于100。

7.纵向受力钢筋搭接长度范围内应配置箍筋，箍筋直径不应小于搭接钢筋较大直径的0.25倍。

8.框架梁、柱钢筋的连接优先采用机械连接或焊接。

结构设计总说明(二)				图号	结施2/27
审核		校对	设计	页	2

结构设计总说明(三)

9.当矩形梁高度≥450及T形梁腹板高度≥450时，梁侧面应配置构造钢筋，详见本图大样。

10.纵向受力钢筋机械连接接头宜相互错开。钢筋机械连接接头连接区段的长度为35d（d为纵向受力钢筋的较大直径），位于同一连接区段内的纵向钢筋直径，凡接头中点位于该连接区段长度内的机械连接接头均属于同一连接区段。

位于同一连接区段内的纵向受力钢筋的焊接接头面积百分率不应大于50%。

11.纵向受力钢筋焊接接头应相互错开。钢筋焊接接头连接区段的长度为35d（d为纵向受力钢筋的较大直径）且不小于500mm，凡接头中点位于该连接区段长度内的焊接接头均属于同一连接区段。位于同一连接区段内的纵向受力钢筋的焊接接头面积百分率不应大于50%。

（七）钢筋混凝土楼、屋面现浇板

1.楼板内主筋应锚入梁或墙内，下筋应伸至梁或墙中心线(边板则至少伸至板端),且锚固长度不应小于板厚及5d；板端及板顶标高不同处支座上筋按嵌固端考虑时应锚入梁或墙内l_a, 详见图(4)。

2.结构施工时应与各专业施工图密切配合，所有穿梁、楼板的管洞与其它专业核对无误方可施工，不得后凿；对于洞宽<300的管洞钢筋应在洞边绕过, 详见图(5)；对于1000≥洞宽>300的管洞结构图中未注明者，不得随意预留，必须通知结构设计人员采取有效措施，保证留洞位置的准确无误，且应按设计要求放置附加钢筋, 详见图(6)；设备、机电的管道间楼板混凝土需后浇时，请将钢筋预留，待管道安装后再浇筑混凝土，管道安装时不得切断钢筋，后浇板用高一级的微膨胀混凝土灌实孔洞缝隙。

3.板内电线管补强筋详苏G01–2003–16页–⑦大样。

4.排油烟,排气管道现浇板开洞处每边加2Φ10并延短方向通长,现浇板开洞补强筋做法详苏G01–2003–15页。

5.板顶标高不同处支座上筋未断开时构造, 详见图(7)。

6.现浇板内墙阳角处构造负筋做法, 详见图(8)。

7.悬臂挑檐板的伸缩缝间距应小于12m，缝宽小于20，缝隙宜用油膏或其他防渗漏措施处理, 详见图(9)。

8.对于外露的现浇钢筋混凝土女儿墙，挂板，栏板等构件，当其水平直线段长度超过12m时，应设置变形缝, 详见图(9)。

五、其他说明

1.对于图纸中不明或自相矛盾处，施工方应及时与设计联系。

2.采用标准图,通用图时,均应按所用图集要求进行施工。

3.在施工安装过程中,应采取有效措施保证结构的稳定性,确保施工安全。

4.混凝土结构施工前应对预留孔,预埋件,楼梯栏杆和阳台栏杆的位置与各专业图纸加以校对,并与设备及各工种应校改密切配合施工。

5.施工时对跨度≥4m的混凝土梁、板，应按跨度的大小取跨度的1/1000~3/1000起拱。

6.悬挑构件需待混凝土设计强度达到100%方可拆除底模。所有现浇结构构件的模板拆除应符合《混凝土结构工程施工质量验收规范》（GB 50204–2002）中第4.3条规定。

7.结构缝（伸缩缝、沉降缝、防震缝）之间的模板及垃圾应全部清除干净，保证设计所注缝宽。缝宽仅允许正误差。

8.施工期间不得超负荷堆放建材和施工垃圾,注意梁板上集中负荷时对结构受力和变形的不利影响。

9.冬季、夏季浇筑混凝土时，应采取相应措施，以保证施工质量。

10.施工应遵守国家与当地现行的各有关工种的施工质量验收规范或标准。

门窗过梁表

编号	洞口净宽 L_0(mm)	梁截面 (墙厚×h)	上部纵筋	下部纵筋	过梁长度 (mm)	箍筋
GL	≤1200	墙厚×120	2Φ8	2Φ12	L_0+500mm	Φ6@150
	≤1500	墙厚×150	2Φ8	3Φ12		
	≤1800	墙厚×180	2Φ8	3Φ12		
	≤2400	墙厚×200	2Φ10	3Φ14		
	≤3000	墙厚×240	2Φ12	3Φ16		

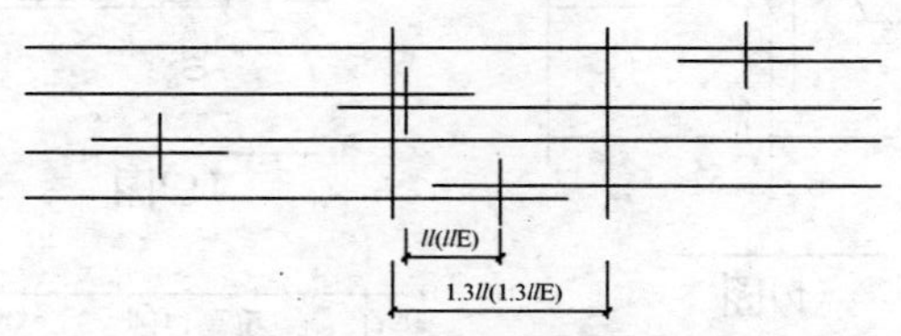

同一连接区段内的纵向受拉钢筋绑扎搭接接头

结构设计总说明(三)						图号	结施3/27
审核		校对		设计		页	3

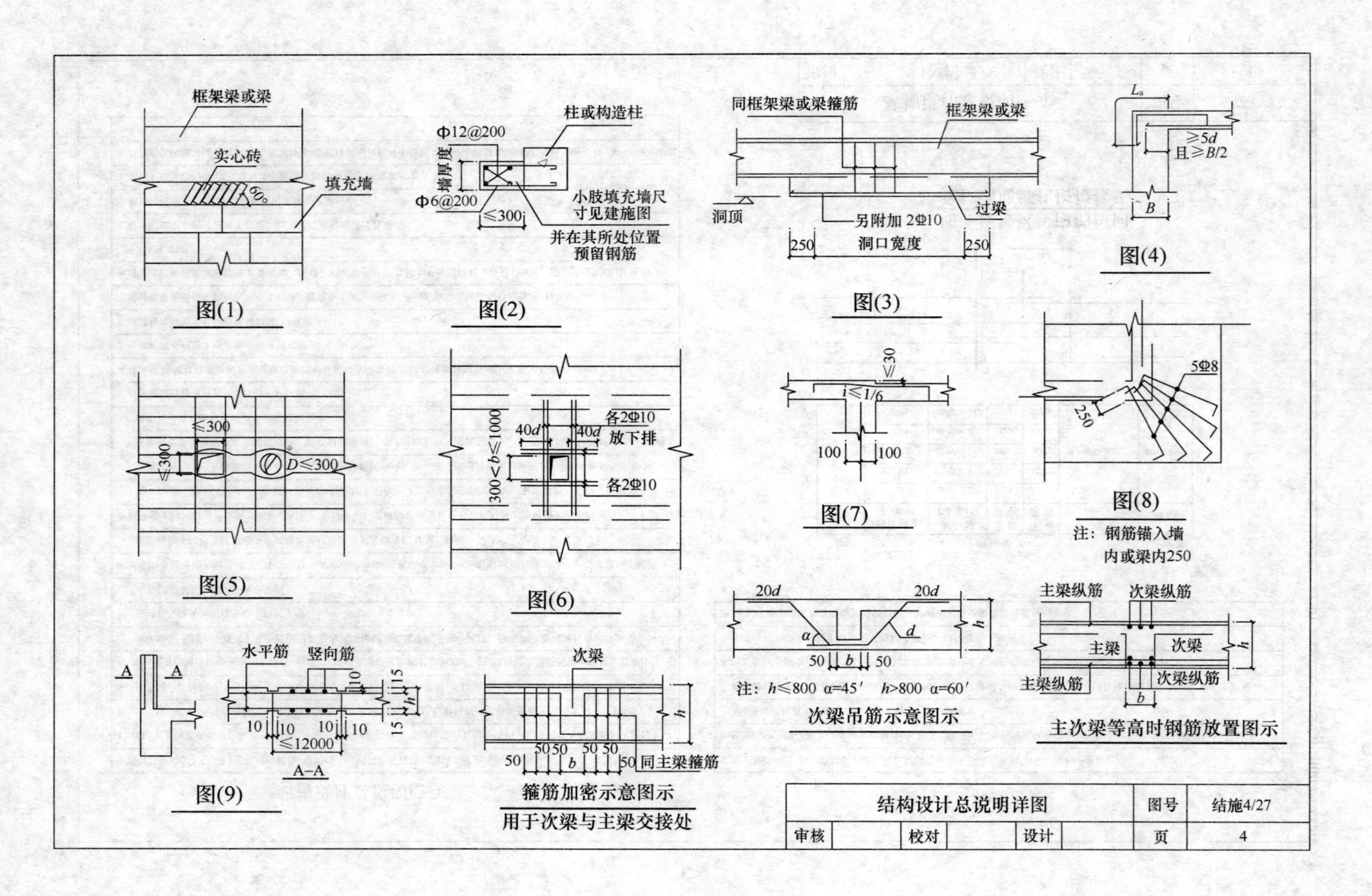
框架梁或梁
实心砖
60°
填充墙
图(1)
柱或构造柱
Φ12@200
墙厚度
Φ6@200
≤300
小肢填充墙尺
寸见建施图
并在其所处位置
预留钢筋
图(2)
同框架梁或梁箍筋
框架梁或梁
洞顶
另附加 2Φ10
过梁
250
洞口宽度
250
图(3)
La
≥5d
且≥B/2
B
图(4)
≤300
≤300
D≤300
图(5)
40d
40d
各2Φ10
放下排
300<b≤1000
各2Φ10
图(6)
≤30
i≤1/6
100
100
图(7)
5Φ8
250
图(8)
注：钢筋锚入墙
内或梁内250
A
A
水平筋
竖向筋
10
15
h
15
10
10
10
10
≤12000
A–A
图(9)
次梁
h
50
50 50
b
50 50
50
同主梁箍筋
箍筋加密示意图示
用于次梁与主梁交接处
20d
20d
h
α
d
50
b
50
注：h≤800 α=45′ h>800 α=60′
次梁吊筋示意图示
主梁纵筋
次梁纵筋
主梁
次梁
h
主梁纵筋
次梁纵筋
b
主次梁等高时钢筋放置图示
结构设计总说明详图
图号
结施4/27
审核
校对
设计
页
4

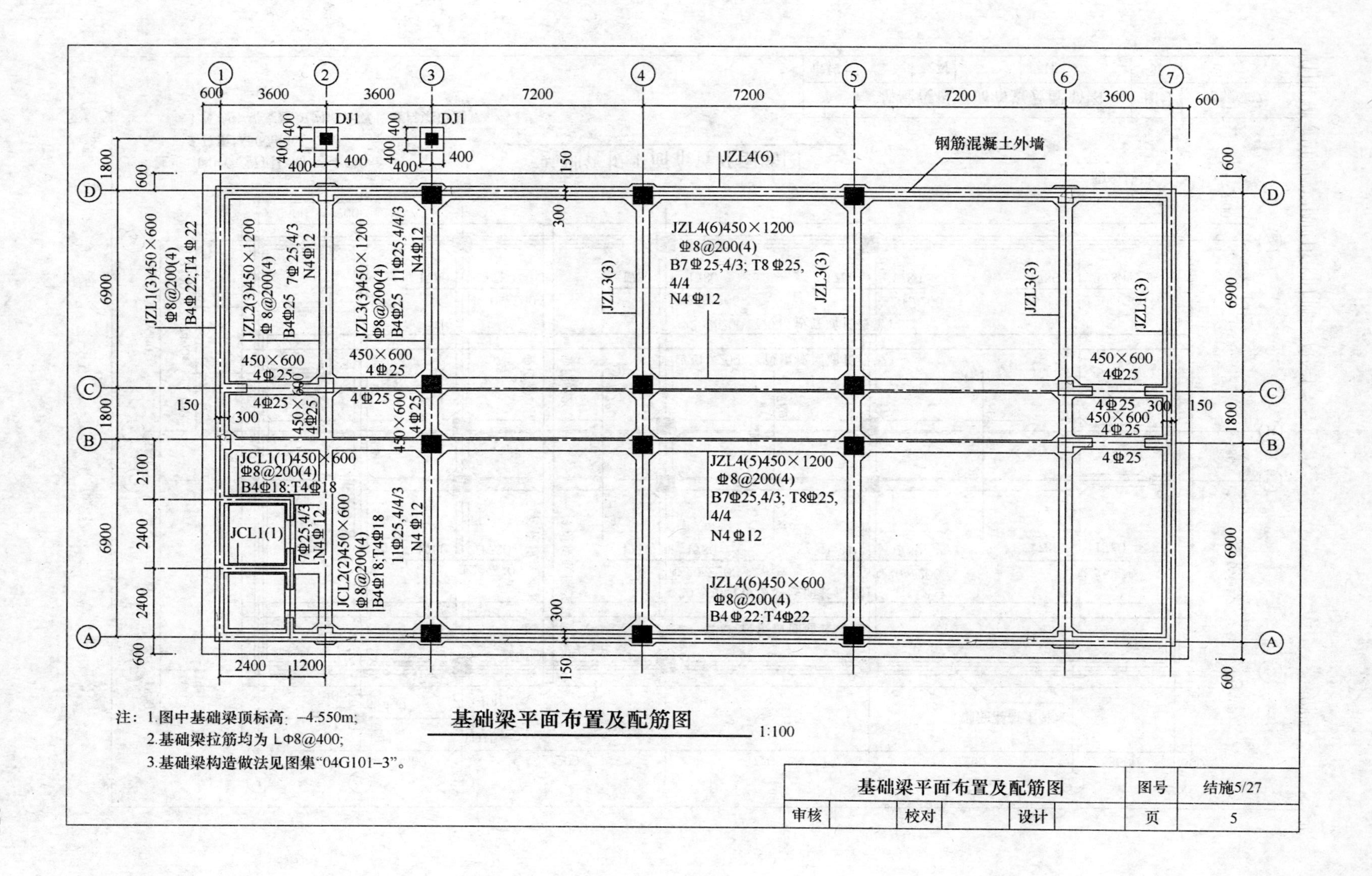

注：1.图中基础梁顶标高：−4.550m；

2.基础梁拉筋均为 LΦ8@400；

3.基础梁构造做法见图集“04G101−3”。

基础梁平面布置及配筋图 1:100

基础梁平面布置及配筋图						图号	结施5/27
审核		校对		设计		页	5

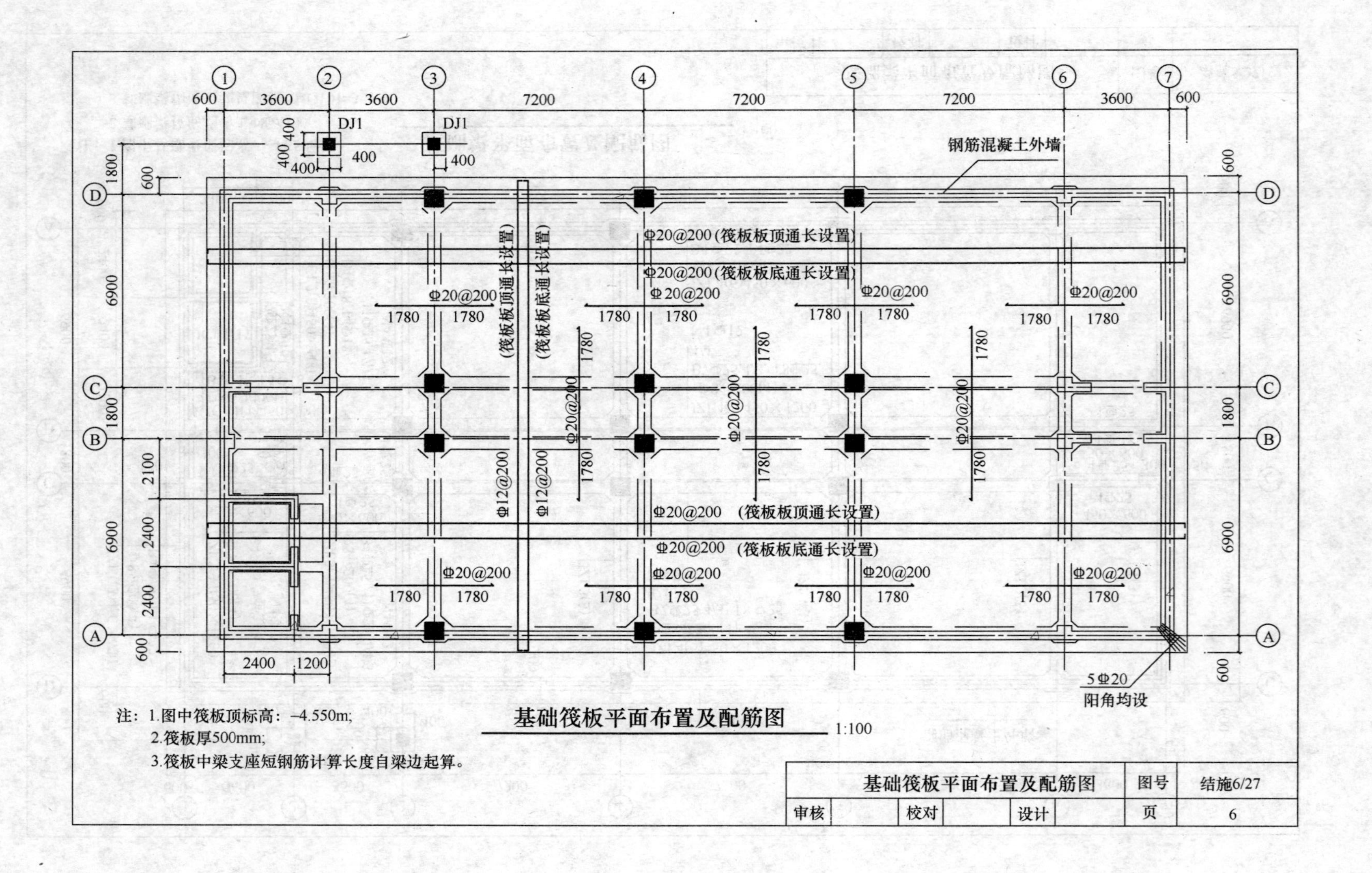

基础筏板平面布置及配筋图 1:100

注：1.图中筏板顶标高：−4.550m;

2.筏板厚500mm;

3.筏板中梁支座短钢筋计算长度自梁边起算。

基础筏板平面布置及配筋图						图号	结施6/27
审核		校对		设计		页	6

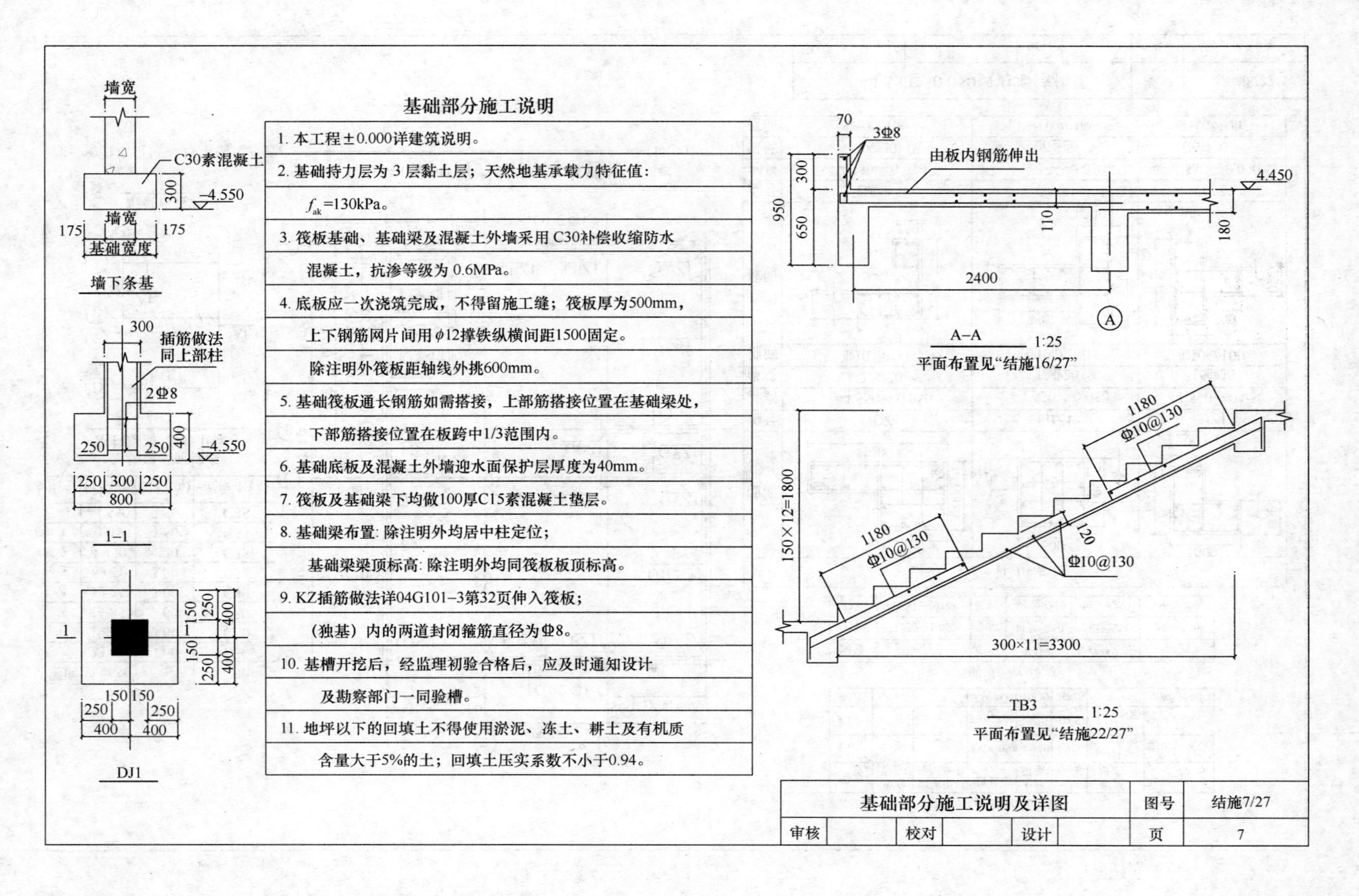

基础部分施工说明

1. 本工程±0.000详建筑说明。
2. 基础持力层为 3 层黏土层；天然地基承载力特征值：f_{ak}=130kPa。
3. 筏板基础、基础梁及混凝土外墙采用C30补偿收缩防水混凝土，抗渗等级为0.6MPa。
4. 底板应一次浇筑完成，不得留施工缝；筏板厚为500mm，上下钢筋网片间用ϕ12撑铁纵横间距1500固定。除注明外筏板距轴线外挑600mm。
5. 基础筏板通长钢筋如需搭接，上部筋搭接位置在基础梁处，下部筋搭接位置在板跨中1/3范围内。
6. 基础底板及混凝土外墙迎水面保护层厚度为40mm。
7. 筏板及基础梁下均做100厚C15素混凝土垫层。
8. 基础梁布置：除注明外均居中柱定位；基础梁梁顶标高：除注明外均同筏板板顶标高。
9. KZ插筋做法详04G101-3第32页伸入筏板；（独基）内的两道封闭箍筋直径为Φ8。
10. 基槽开挖后，经监理初验合格后，应及时通知设计及勘察部门一同验槽。
11. 地坪以下的回填土不得使用淤泥、冻土、耕土及有机质含量大于5%的土；回填土压实系数不小于0.94。

基础部分施工说明及详图				图号	结施7/27
审核		校对	设计	页	7

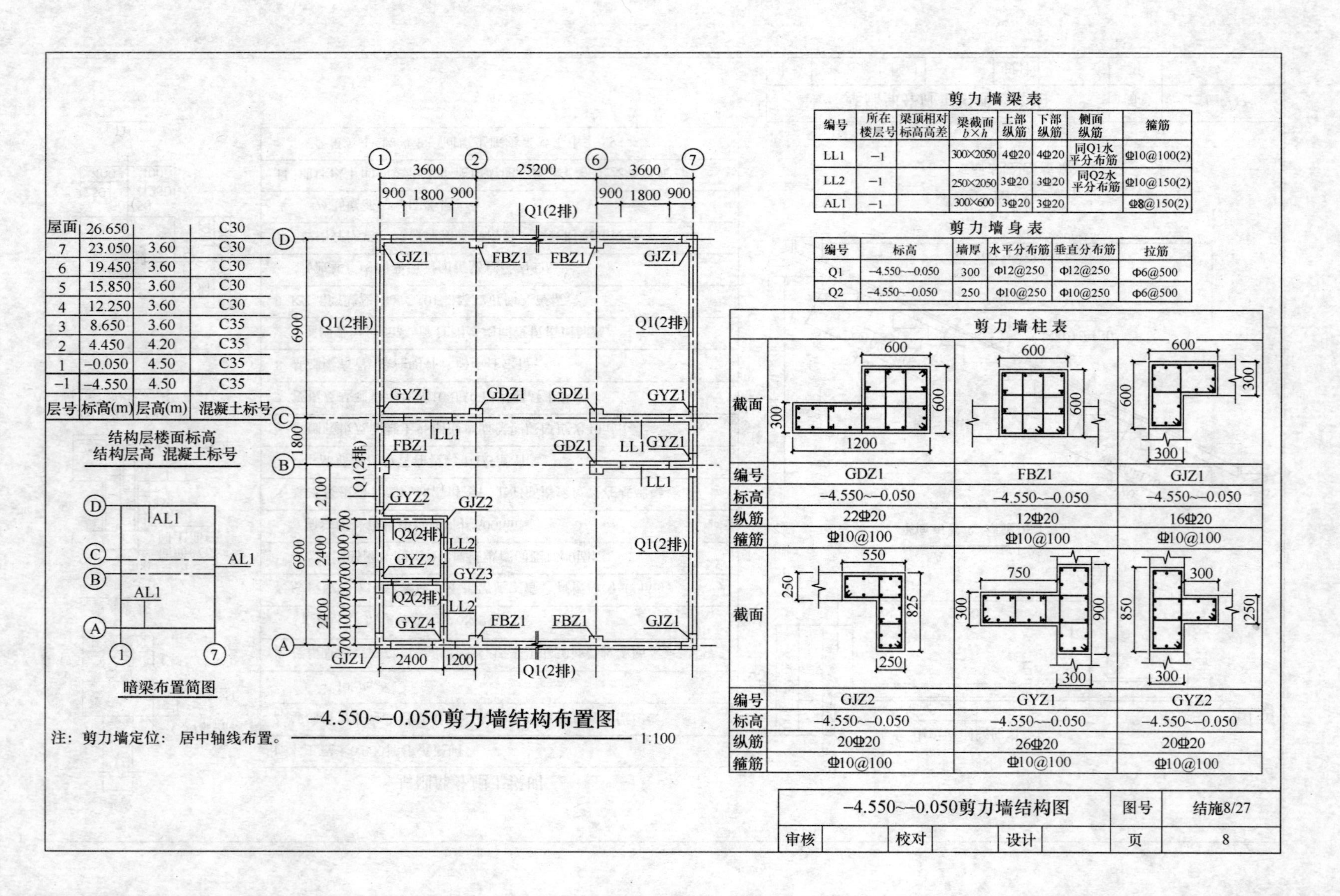

屋面	26.650		C30
7	23.050	3.60	C30
6	19.450	3.60	C30
5	15.850	3.60	C30
4	12.250	3.60	C30
3	8.650	3.60	C35
2	4.450	4.20	C35
1	−0.050	4.50	C35
−1	−4.550	4.50	C35
层号	标高(m)	层高(m)	混凝土标号

结构层楼面标高
结构层高 混凝土标号

剪力墙梁表

编号	所在楼层号	梁顶相对标高高差	梁截面 $b\times h$	上部纵筋	下部纵筋	侧面纵筋	箍筋
LL1	−1		300×2050	4Φ20	4Φ20	同Q1水平分布筋	Φ10@100(2)
LL2	−1		250×2050	3Φ20	3Φ20	同Q2水平分布筋	Φ10@150(2)
AL1	−1		300×600	3Φ20	3Φ20		Φ8@150(2)

剪力墙身表

编号	标高	墙厚	水平分布筋	垂直分布筋	拉筋
Q1	−4.550~−0.050	300	Φ12@250	Φ12@250	Φ6@500
Q2	−4.550~−0.050	250	Φ10@250	Φ10@250	Φ6@500

剪力墙柱表

截面			
编号	GDZ1	FBZ1	GJZ1
标高	−4.550~−0.050	−4.550~−0.050	−4.550~−0.050
纵筋	22Φ20	12Φ20	16Φ20
箍筋	Φ10@100	Φ10@100	Φ10@100
截面			
编号	GJZ2	GYZ1	GYZ2
标高	−4.550~−0.050	−4.550~−0.050	−4.550~−0.050
纵筋	20Φ20	26Φ20	20Φ20
箍筋	Φ10@100	Φ10@100	Φ10@100

−4.550~−0.050剪力墙结构布置图 1:100

注：剪力墙定位：居中轴线布置。

−4.550~−0.050剪力墙结构图				图号	结施8/27
审核		校对	设计	页	8

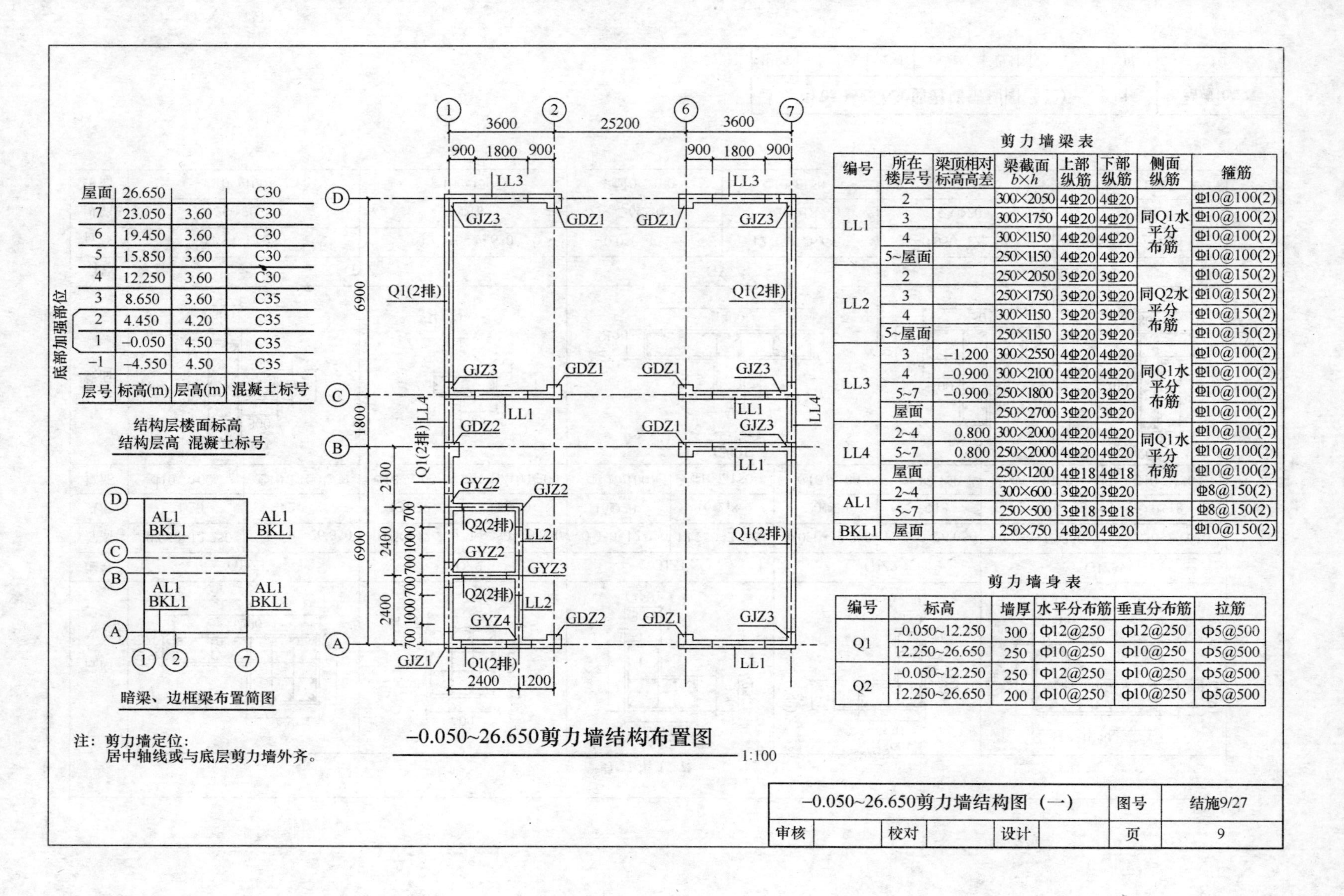

层号	标高(m)	层高(m)	混凝土标号
屋面	26.650		C30
7	23.050	3.60	C30
6	19.450	3.60	C30
5	15.850	3.60	C30
4	12.250	3.60	C30
3	8.650	3.60	C35
2	4.450	4.20	C35
1	−0.050	4.50	C35
−1	−4.550	4.50	C35

结构层楼面标高
结构层高 混凝土标号

暗梁、边框梁布置简图

注：剪力墙定位：
居中轴线或与底层剪力墙外齐。

−0.050~26.650剪力墙结构布置图 1:100

剪力墙梁表

编号	所在楼层号	梁顶相对标高高差	梁截面 $b\times h$	上部纵筋	下部纵筋	侧面纵筋	箍筋
LL1	2		300×2050	4Φ20	4Φ20	同Q1水平分布筋	Φ10@100(2)
	3		300×1750	4Φ20	4Φ20		Φ10@100(2)
	4		300×1150	4Φ20	4Φ20		Φ10@100(2)
	5~屋面		250×1150	4Φ20	4Φ20		Φ10@100(2)
LL2	2		250×2050	3Φ20	3Φ20	同Q2水平分布筋	Φ10@150(2)
	3		250×1750	3Φ20	3Φ20		Φ10@150(2)
	4		300×1150	3Φ20	3Φ20		Φ10@150(2)
	5~屋面		250×1150	3Φ20	3Φ20		Φ10@150(2)
LL3	3	−1.200	300×2550	4Φ20	4Φ20	同Q1水平分布筋	Φ10@100(2)
	4	−0.900	300×2100	4Φ20	4Φ20		Φ10@100(2)
	5~7	−0.900	250×1800	3Φ20	3Φ20		Φ10@100(2)
	屋面		250×2700	3Φ20	3Φ20		Φ10@100(2)
LL4	2~4	0.800	300×2000	4Φ20	4Φ20	同Q1水平分布筋	Φ10@100(2)
	5~7	0.800	250×2000	4Φ20	4Φ20		Φ10@100(2)
	屋面		250×1200	4Φ18	4Φ18		Φ10@100(2)
AL1	2~4		300×600	3Φ20	3Φ20		Φ8@150(2)
	5~7		250×500	3Φ18	3Φ18		Φ8@150(2)
BKL1	屋面		250×750	4Φ20	4Φ20		Φ10@150(2)

剪力墙身表

编号	标高	墙厚	水平分布筋	垂直分布筋	拉筋
Q1	−0.050~12.250	300	Φ12@250	Φ12@250	Φ5@500
	12.250~26.650	250	Φ10@250	Φ10@250	Φ5@500
Q2	−0.050~12.250	250	Φ12@250	Φ10@250	Φ5@500
	12.250~26.650	200	Φ10@250	Φ10@250	Φ5@500

−0.050~26.650剪力墙结构图（一）				图号	结施9/27
审核		校对	设计	页	9

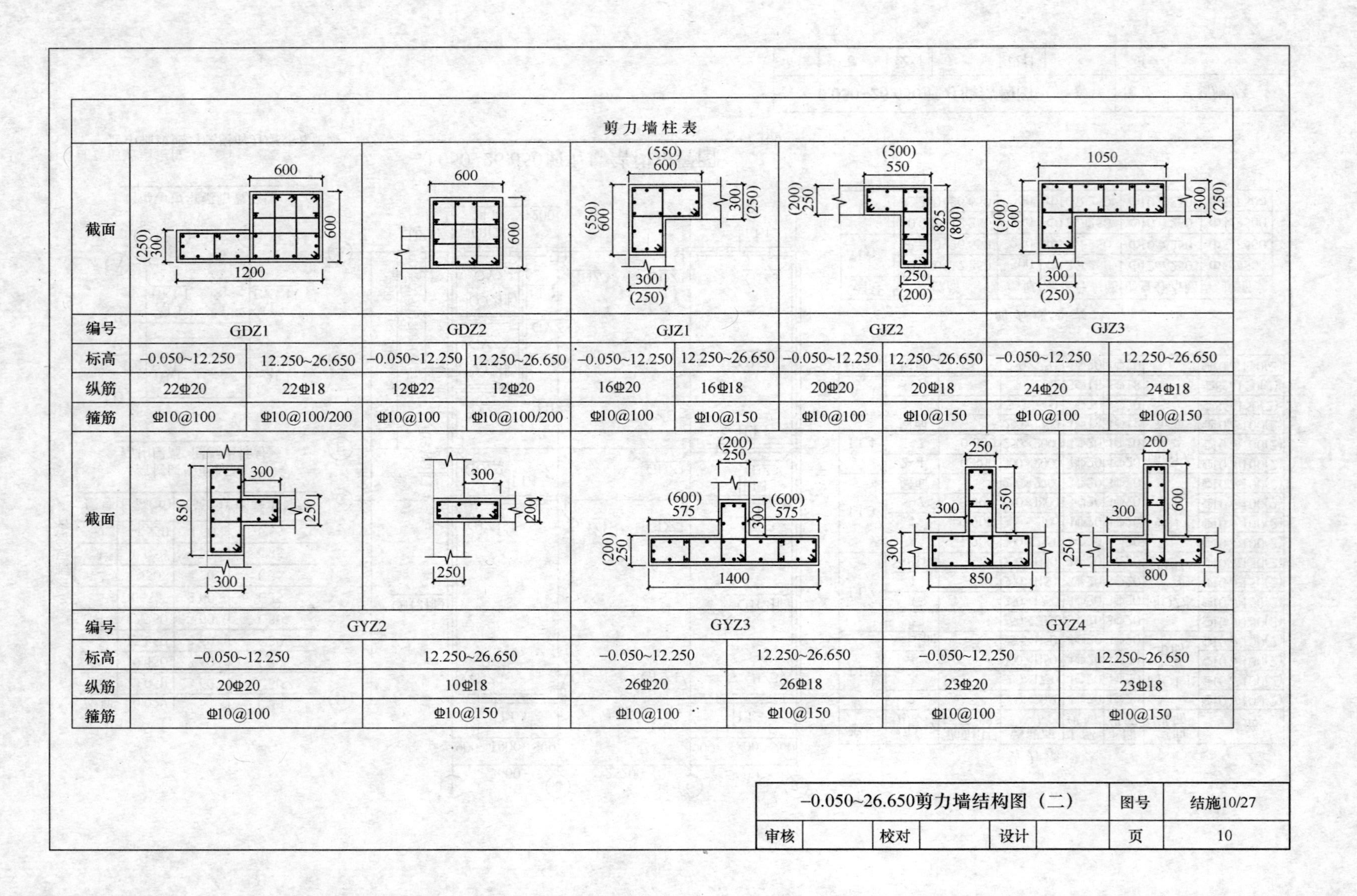

剪力墙柱表

截面										
编号	GDZ1		GDZ2		GJZ1		GJZ2		GJZ3	
标高	−0.050~12.250	12.250~26.650	−0.050~12.250	12.250~26.650	−0.050~12.250	12.250~26.650	−0.050~12.250	12.250~26.650	−0.050~12.250	12.250~26.650
纵筋	22Φ20	22Φ18	12Φ22	12Φ20	16Φ20	16Φ18	20Φ20	20Φ18	24Φ20	24Φ18
箍筋	Φ10@100	Φ10@100/200	Φ10@100	Φ10@100/200	Φ10@100	Φ10@150	Φ10@100	Φ10@150	Φ10@100	Φ10@150

截面						
编号	GYZ2		GYZ3		GYZ4	
标高	−0.050~12.250	12.250~26.650	−0.050~12.250	12.250~26.650	−0.050~12.250	12.250~26.650
纵筋	20Φ20	10Φ18	26Φ20	26Φ18	23Φ20	23Φ18
箍筋	Φ10@100	Φ10@150	Φ10@100	Φ10@150	Φ10@100	Φ10@150

−0.050~26.650剪力墙结构图（二）					图号	结施10/27
审核		校对		设计	页	10

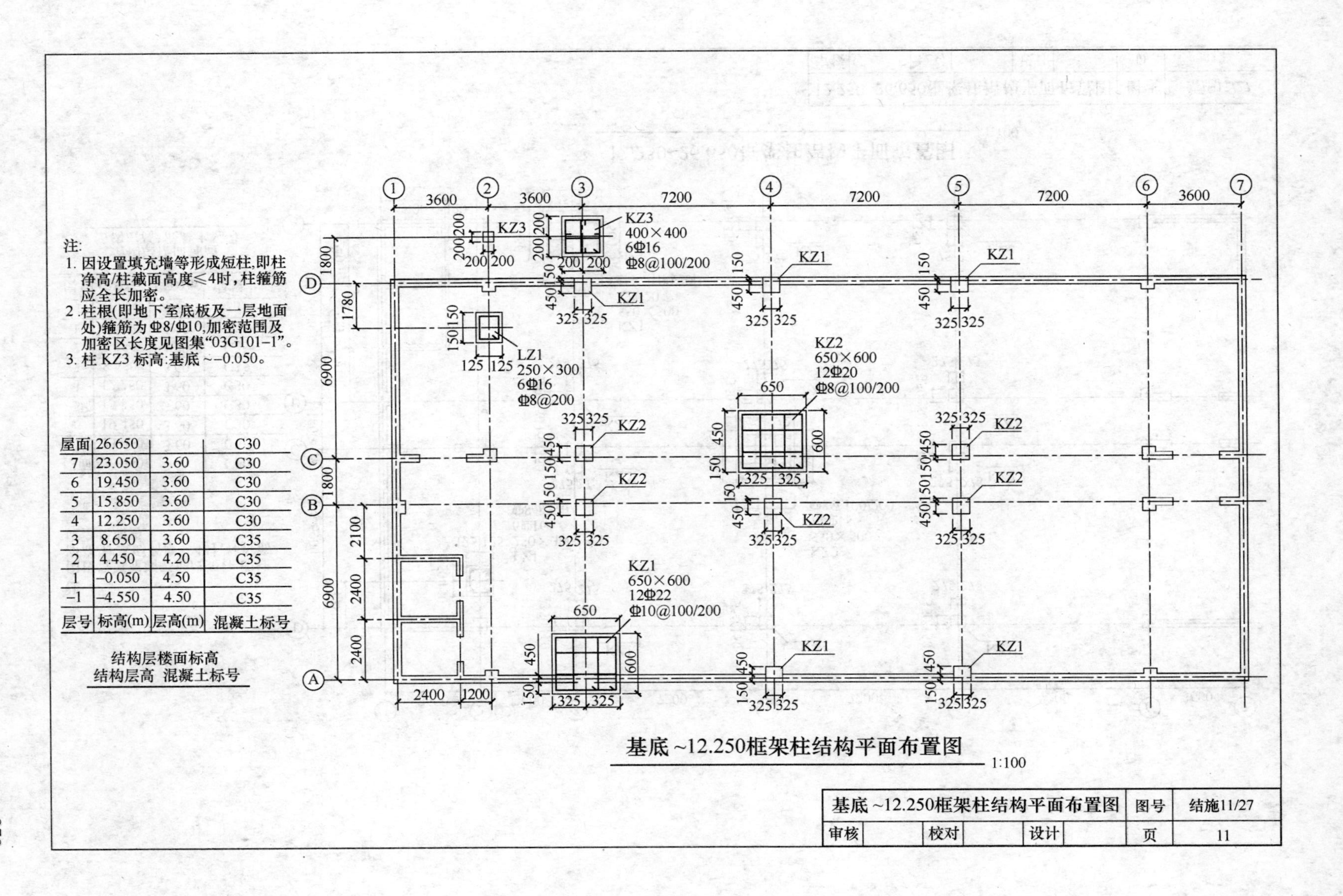

层号	标高(m)	层高(m)	混凝土标号
屋面	26.650		C30
7	23.050	3.60	C30
6	19.450	3.60	C30
5	15.850	3.60	C30
4	12.250	3.60	C30
3	8.650	3.60	C35
2	4.450	4.20	C35
1	-0.050	4.50	C35
-1	-4.550	4.50	C35

结构层楼面标高
结构层高 混凝土标号

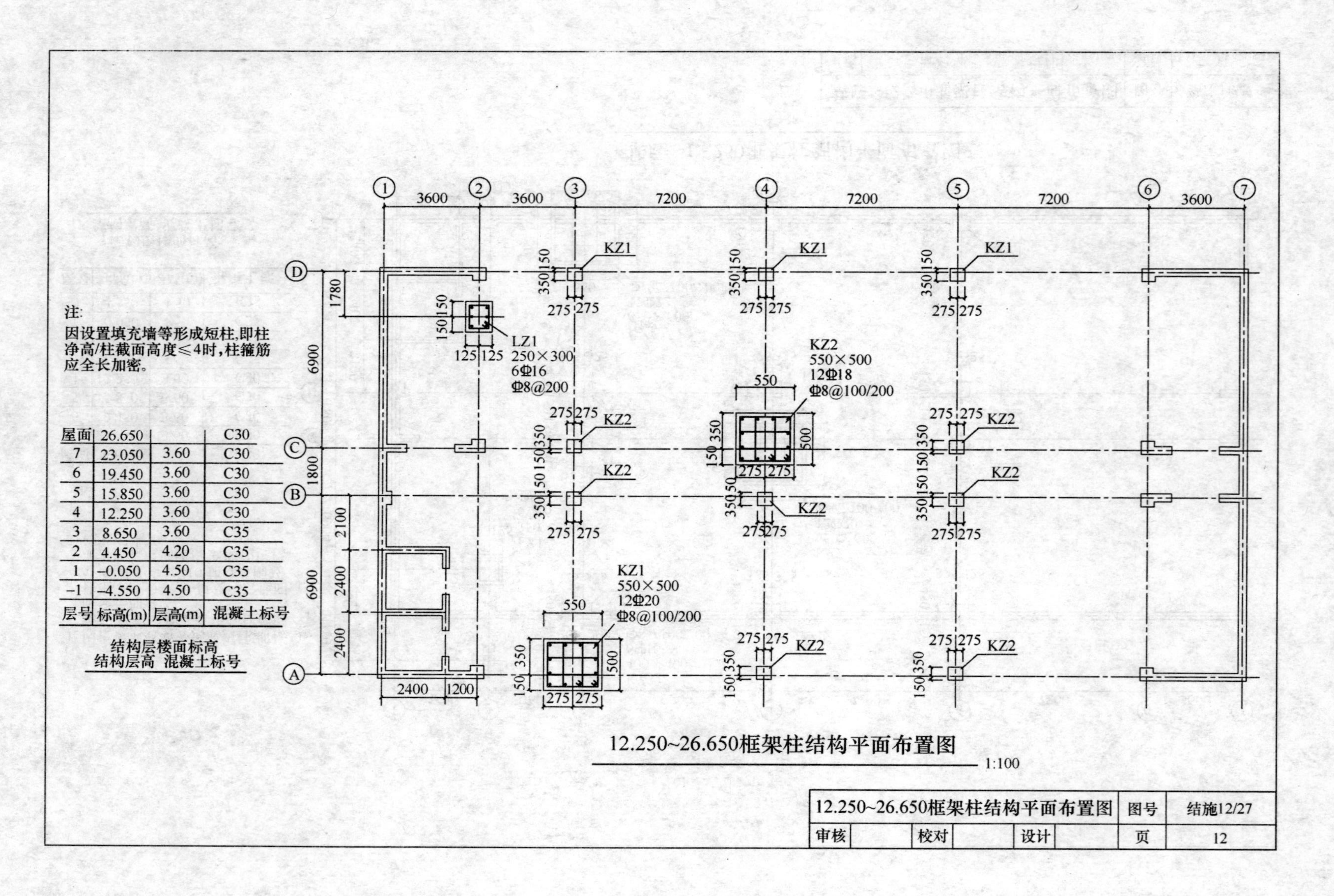

12.250~26.650框架柱结构平面布置图 1:100

12.250~26.650框架柱结构平面布置图						图号	结施12/27
审核		校对		设计		页	12

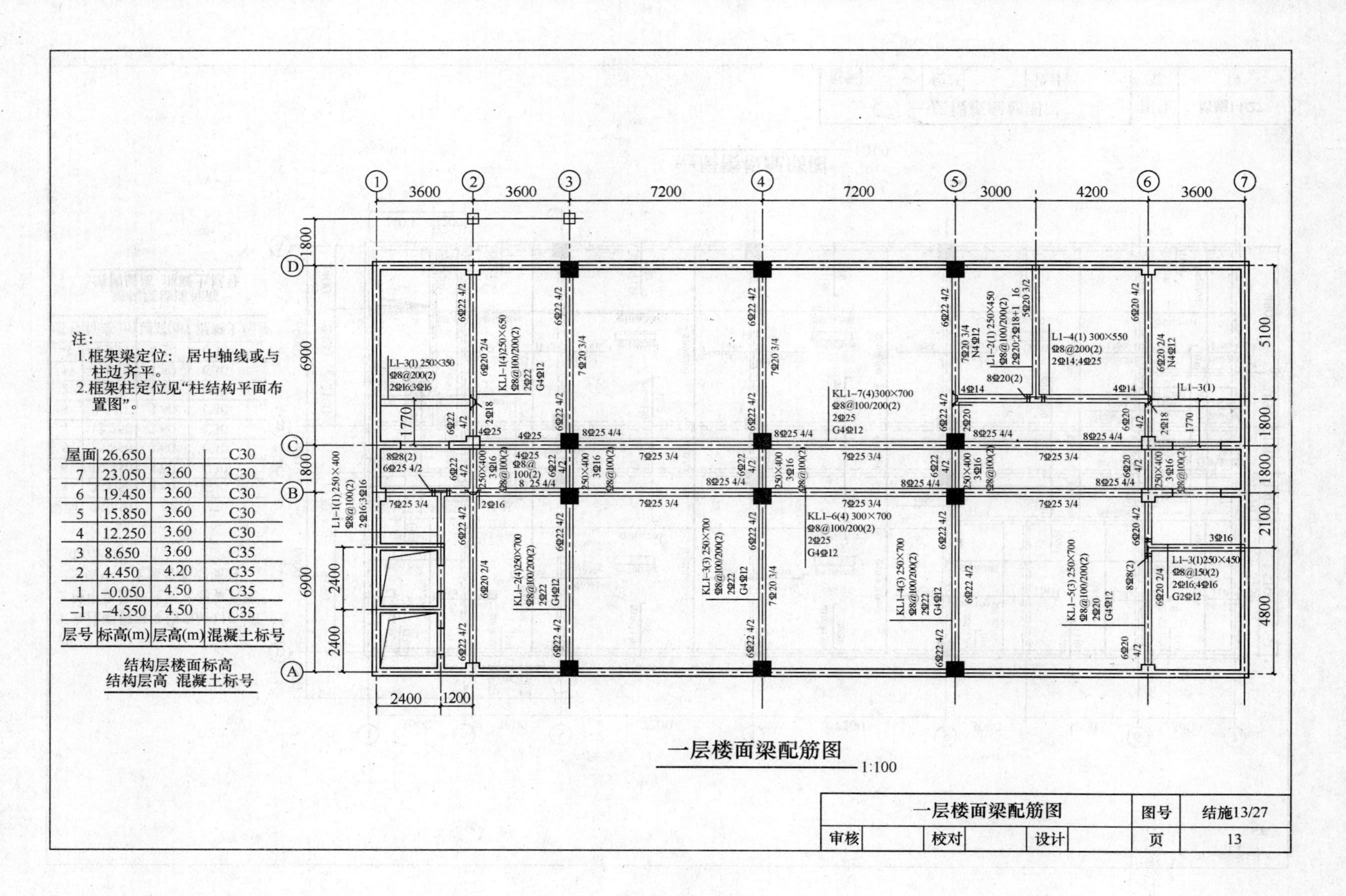

层号	标高(m)	层高(m)	混凝土标号
屋面	26.650		C30
7	23.050	3.60	C30
6	19.450	3.60	C30
5	15.850	3.60	C30
4	12.250	3.60	C30
3	8.650	3.60	C35
2	4.450	4.20	C35
1	−0.050	4.50	C35
−1	−4.550	4.50	C35

结构层楼面标高
结构层高 混凝土标号

一层楼面梁配筋图				图号	结施13/27
审核		校对	设计	页	13

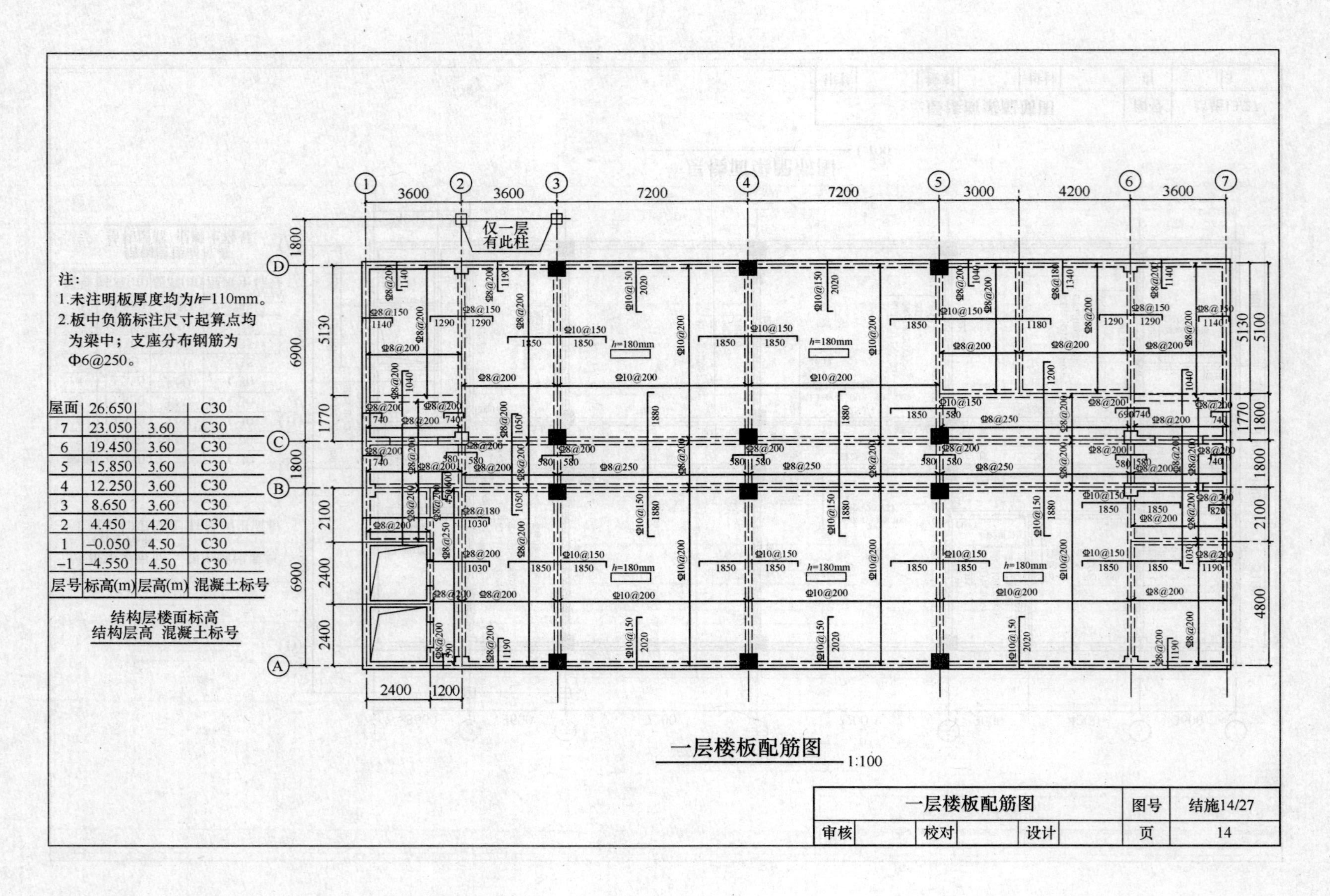

一层楼板配筋图 1:100

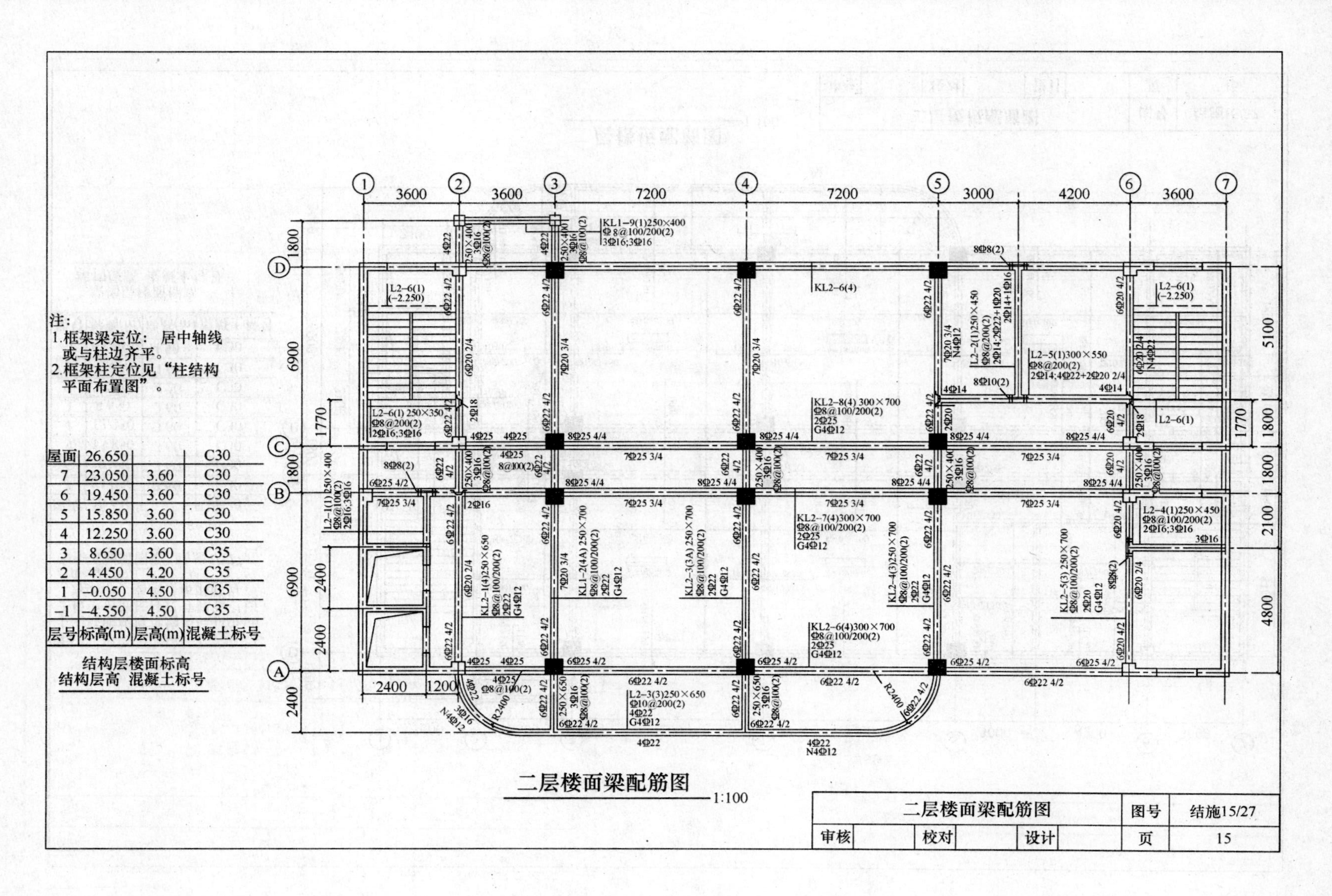

屋面	26.650		C30
7	23.050	3.60	C30
6	19.450	3.60	C30
5	15.850	3.60	C30
4	12.250	3.60	C30
3	8.650	3.60	C35
2	4.450	4.20	C35
1	-0.050	4.50	C35
-1	-4.550	4.50	C35
层号	标高(m)	层高(m)	混凝土标号

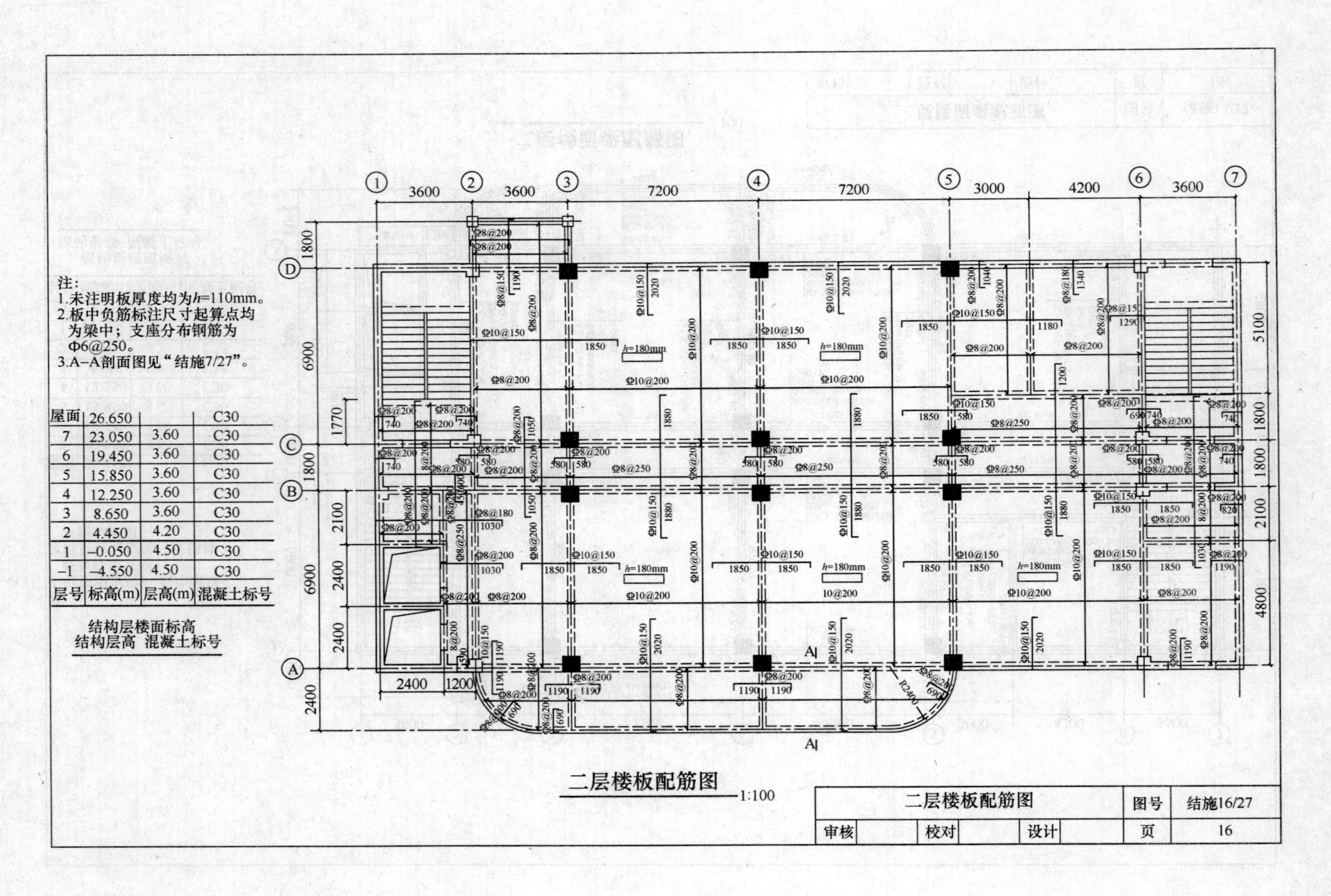

层号	标高(m)	层高(m)	混凝土标号
屋面	26.650		C30
7	23.050	3.60	C30
6	19.450	3.60	C30
5	15.850	3.60	C30
4	12.250	3.60	C30
3	8.650	3.60	C30
2	4.450	4.20	C30
1	−0.050	4.50	C30
−1	−4.550	4.50	C30

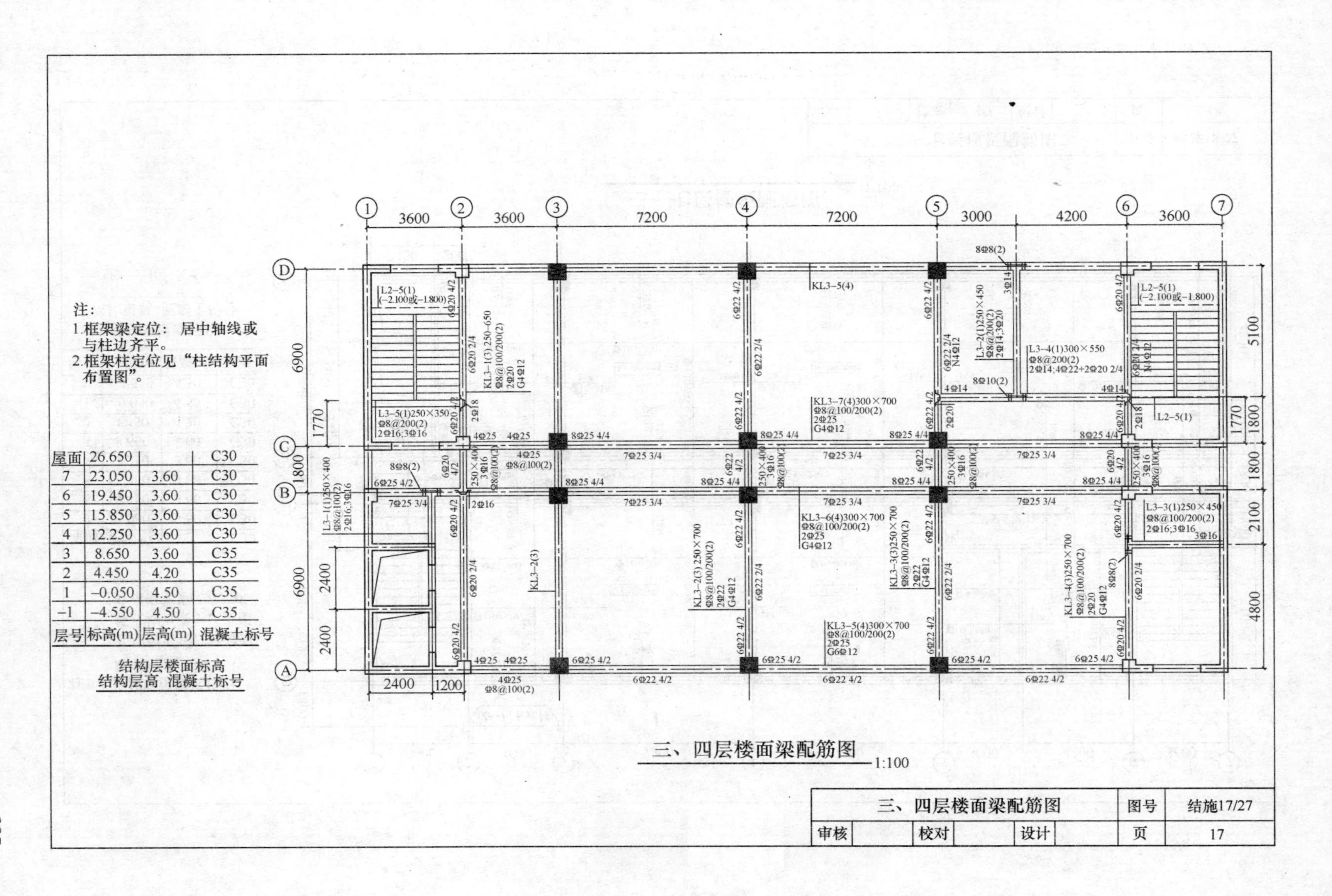

注：
1.框架梁定位：居中轴线或与柱边齐平。
2.框架柱定位见“柱结构平面布置图”。

屋面	26.650		C30
7	23.050	3.60	C30
6	19.450	3.60	C30
5	15.850	3.60	C30
4	12.250	3.60	C30
3	8.650	3.60	C35
2	4.450	4.20	C35
1	−0.050	4.50	C35
−1	−4.550	4.50	C35
层号	标高(m)	层高(m)	混凝土标号

结构层楼面标高
结构层高 混凝土标号

三、四层楼面梁配筋图 1:100

三、四层楼面梁配筋图						图号	结施17/27
审核		校对		设计		页	17

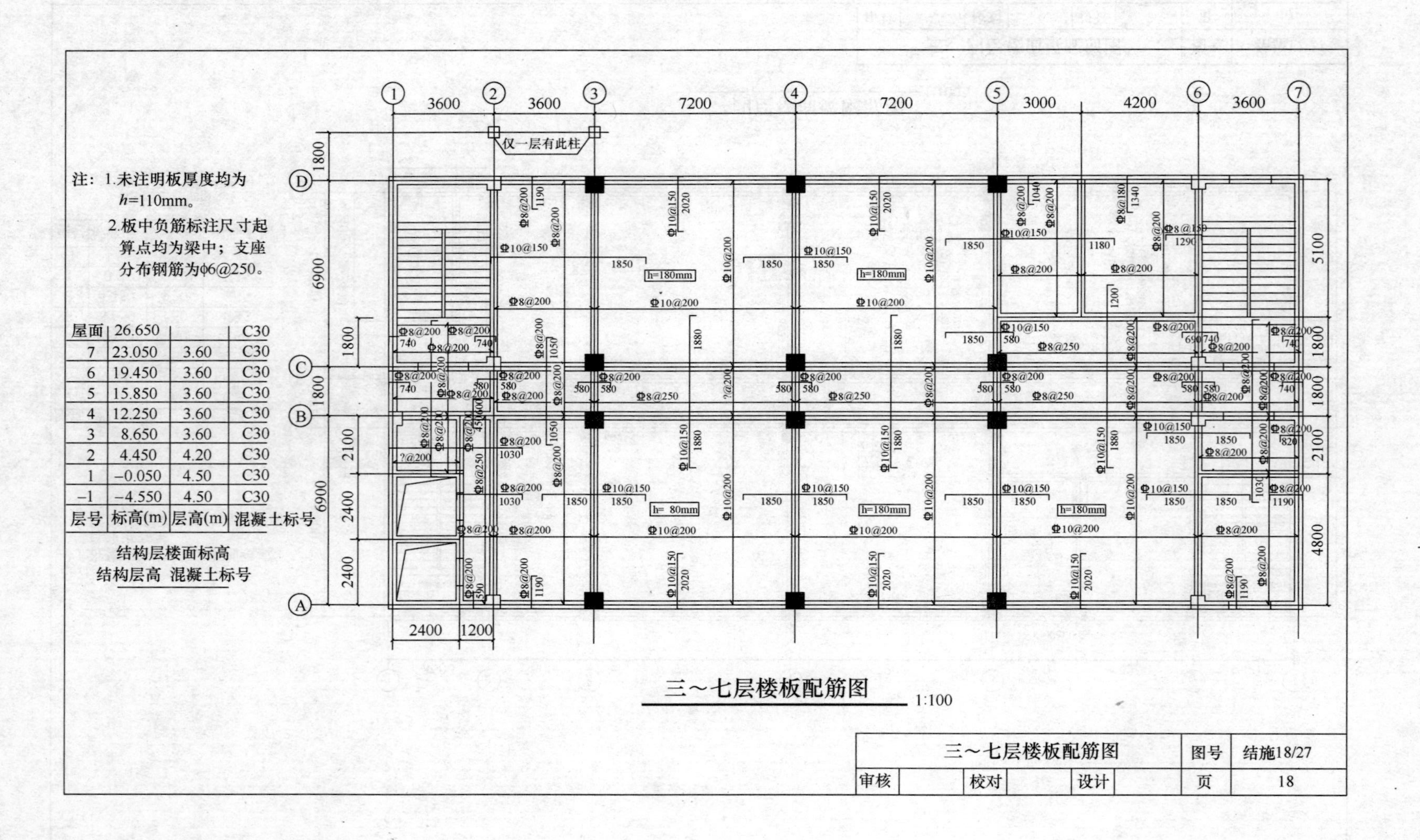

注：1.未注明板厚度均为 h=110mm。

2.板中负筋标注尺寸起算点均为梁中；支座分布钢筋为φ6@250。

层号	标高(m)	层高(m)	混凝土标号
屋面	26.650		C30
7	23.050	3.60	C30
6	19.450	3.60	C30
5	15.850	3.60	C30
4	12.250	3.60	C30
3	8.650	3.60	C30
2	4.450	4.20	C30
1	−0.050	4.50	C30
−1	−4.550	4.50	C30

结构层楼面标高

结构层高 混凝土标号

三～七层楼板配筋图

1:100

三～七层楼板配筋图				图号	结施18/27
审核		校对	设计	页	18

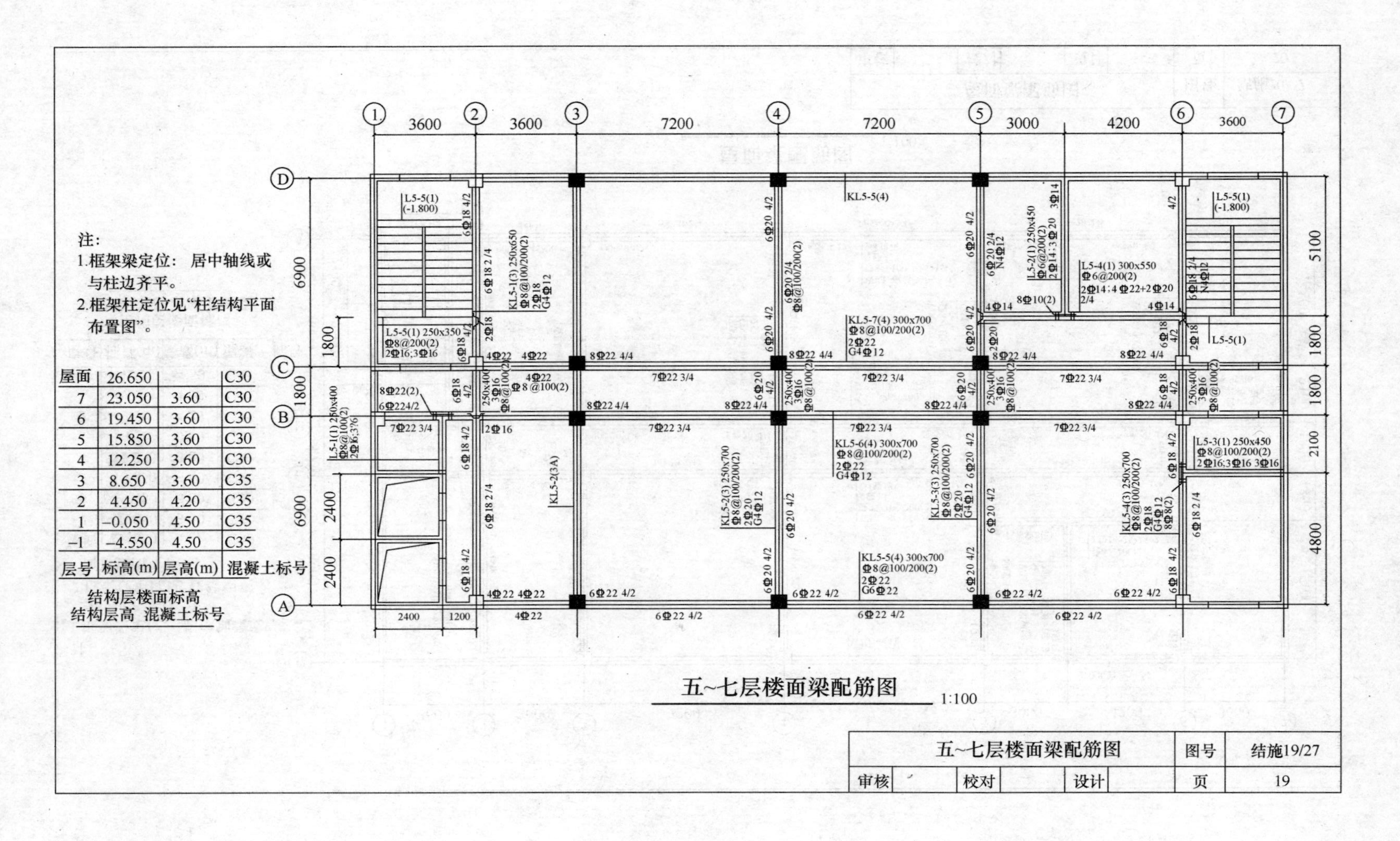
注：
1.框架梁定位：居中轴线或与柱边齐平。
2.框架柱定位见"柱结构平面布置图"。
屋面 26.650 C30
7 23.050 3.60 C30
6 19.450 3.60 C30
5 15.850 3.60 C30
4 12.250 3.60 C30
3 8.650 3.60 C35
2 4.450 4.20 C35
1 −0.050 4.50 C35
−1 −4.550 4.50 C35
层号 标高(m) 层高(m) 混凝土标号
结构层楼面标高
结构层高 混凝土标号
3600 3600 7200 7200 3000 4200 3600
6900 1800 1800 6900 2400 2400 1200
5100 1800 1800 2100 4800
KL5-5(4)
L5-5(1) (-1.800)
KL5-1(3) 250x650
L5-5(1) 250x350
L5-1(1) 250x400
KL5-2(3A)
KL5-7(4) 300x700
KL5-6(4) 300x700
KL5-2(3) 250x700
KL5-3(3) 250x700
KL5-5(4) 300x700
L5-2(1) 250x450
L5-4(1) 300x550
L5-3(1) 250x450
KL5-4(3) 250x700
五~七层楼面梁配筋图 1:100
五~七层楼面梁配筋图
图号 结施19/27
审核 校对 设计 页 19

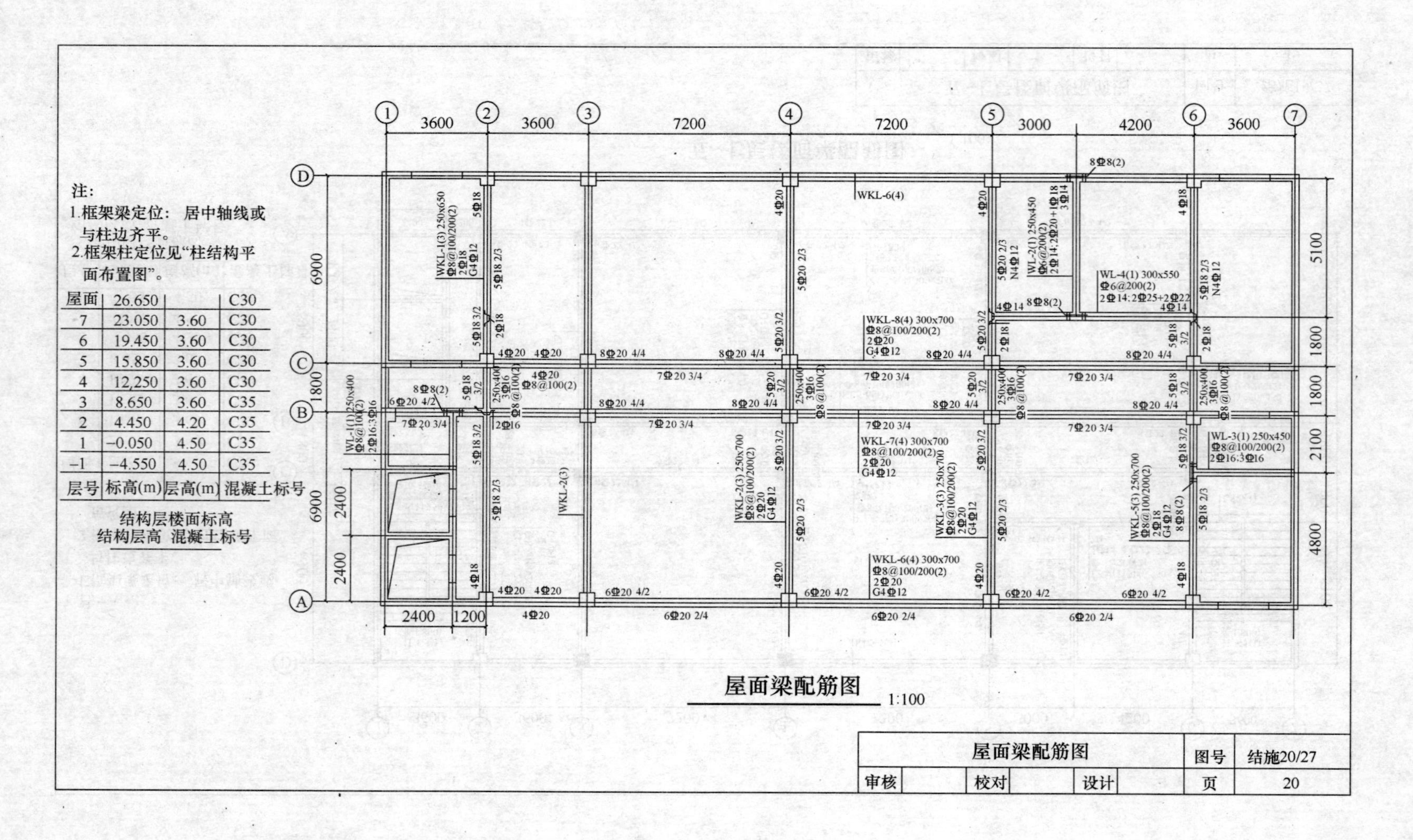

屋面	26.650		C30
7	23.050	3.60	C30
6	19.450	3.60	C30
5	15.850	3.60	C30
4	12,250	3.60	C30
3	8.650	3.60	C35
2	4.450	4.20	C35
1	–0.050	4.50	C35
–1	–4.550	4.50	C35
层号	标高(m)	层高(m)	混凝土标号

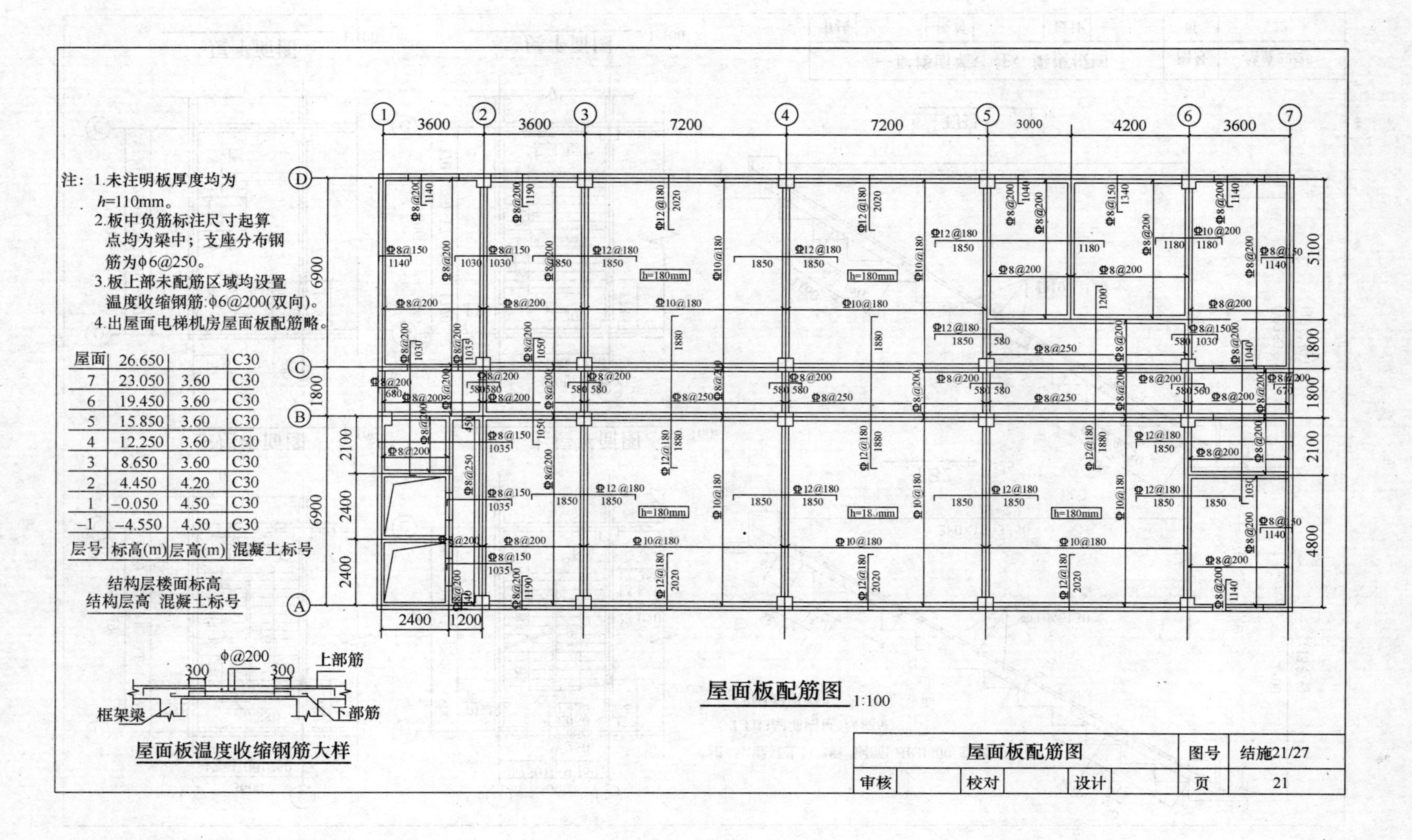

层号	标高(m)	层高(m)	混凝土标号
屋面	26.650		C30
7	23.050	3.60	C30
6	19.450	3.60	C30
5	15.850	3.60	C30
4	12.250	3.60	C30
3	8.650	3.60	C30
2	4.450	4.20	C30
1	−0.050	4.50	C30
−1	−4.550	4.50	C30

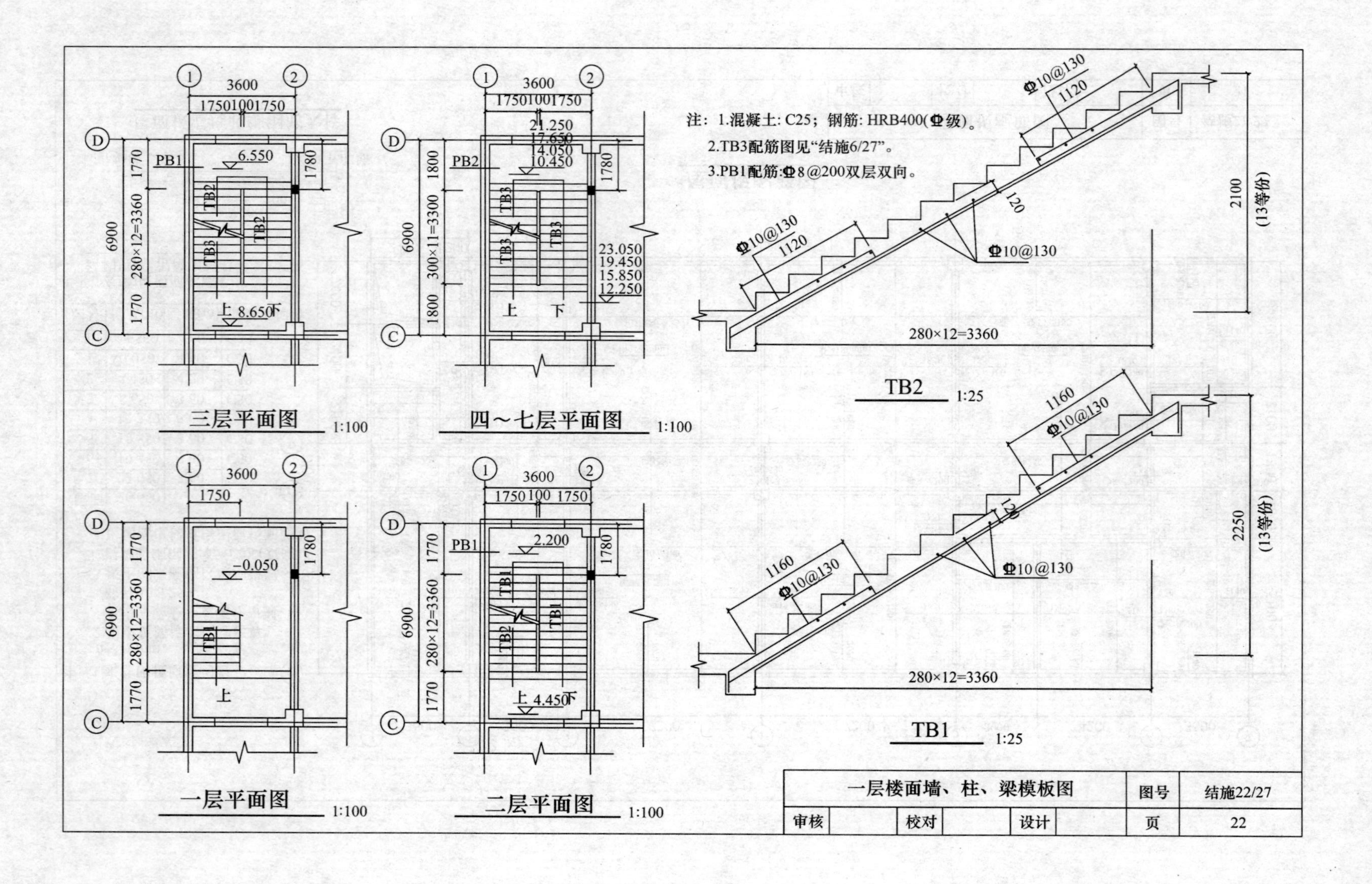

注：1.混凝土：C25；钢筋：HRB400(Φ级)。
2.TB3配筋图见“结施6/27”。
3.PB1配筋:Φ8@200双层双向。
三层平面图 1:100
四～七层平面图 1:100
一层平面图 1:100
二层平面图 1:100
TB2 1:25
TB1 1:25
Φ10@130
280×12=3360
2100
(13等份)
2250
1120
1160
120
3600
6900
1750 100 1750
1770
1800
1780
300×11=3300
PB1
PB2
TB1
TB2
TB3
6.550
8.650
21.250
17.650
14.050
10.450
23.050
19.450
15.850
12.250
−0.050
2.200
4.450
上
下
一层楼面墙、柱、梁模板图
图号
结施22/27
审核
校对
设计
页
22

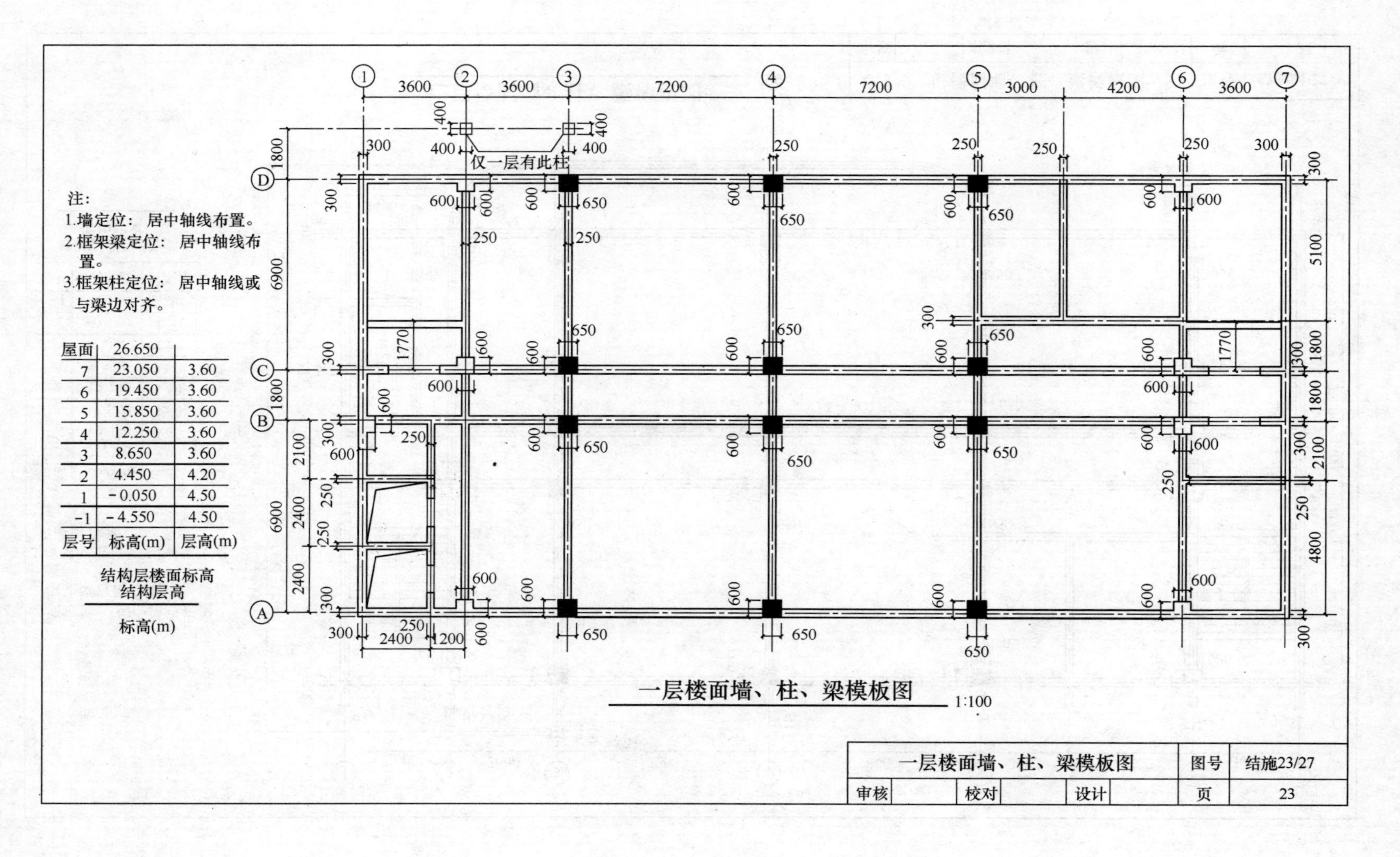

层号	标高(m)	层高(m)
屋面	26.650	
7	23.050	3.60
6	19.450	3.60
5	15.850	3.60
4	12.250	3.60
3	8.650	3.60
2	4.450	4.20
1	−0.050	4.50
−1	−4.550	4.50

结构层楼面标高
结构层高

标高(m)

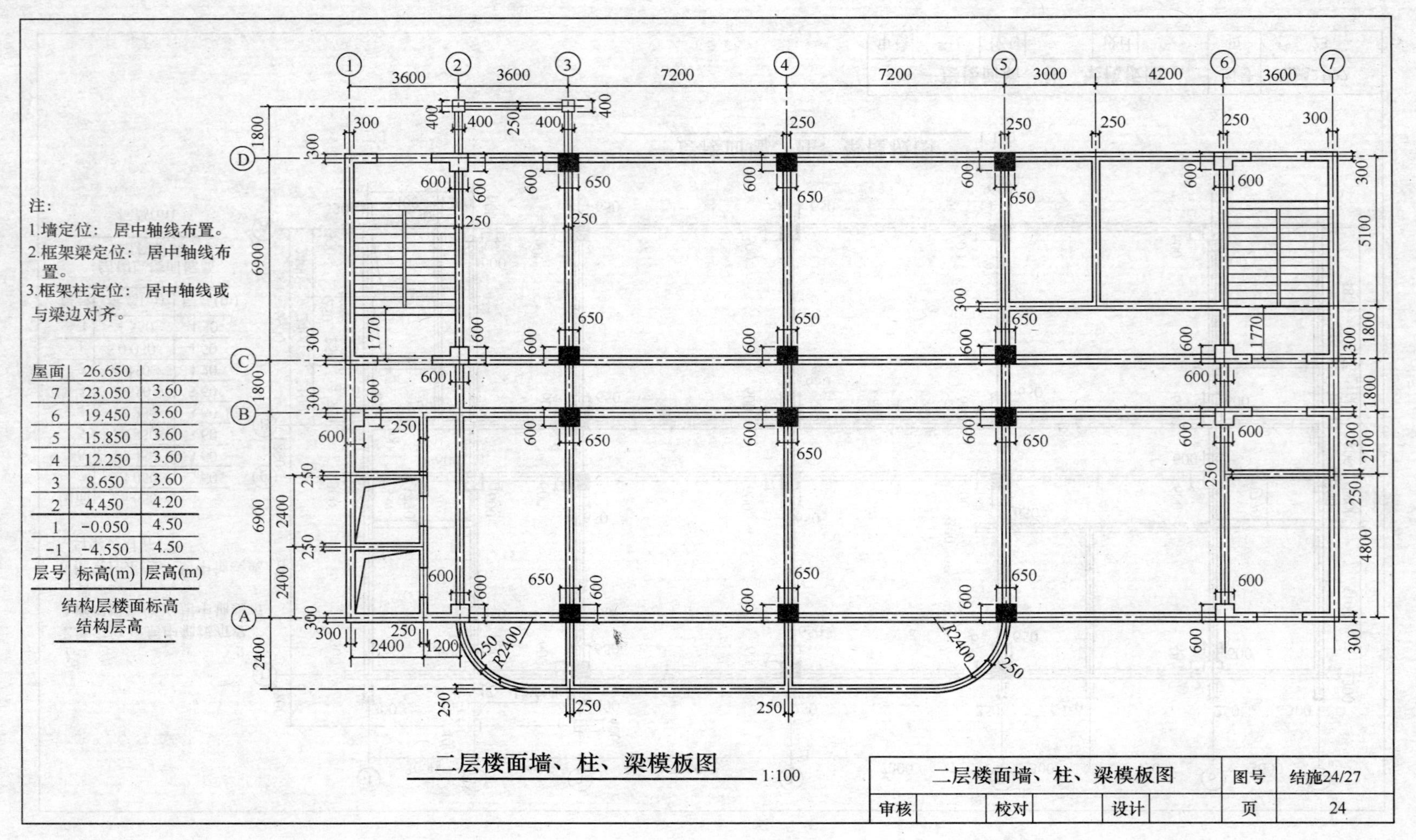

注：
1.墙定位：居中轴线布置。
2.框架梁定位：居中轴线布置。
3.框架柱定位：居中轴线或与梁边对齐。

屋面	26.650	
7	23.050	3.60
6	19.450	3.60
5	15.850	3.60
4	12.250	3.60
3	8.650	3.60
2	4.450	4.20
1	−0.050	4.50
−1	−4.550	4.50
层号	标高(m)	层高(m)

结构层楼面标高
结构层高

二层楼面墙、柱、梁模板图 1:100

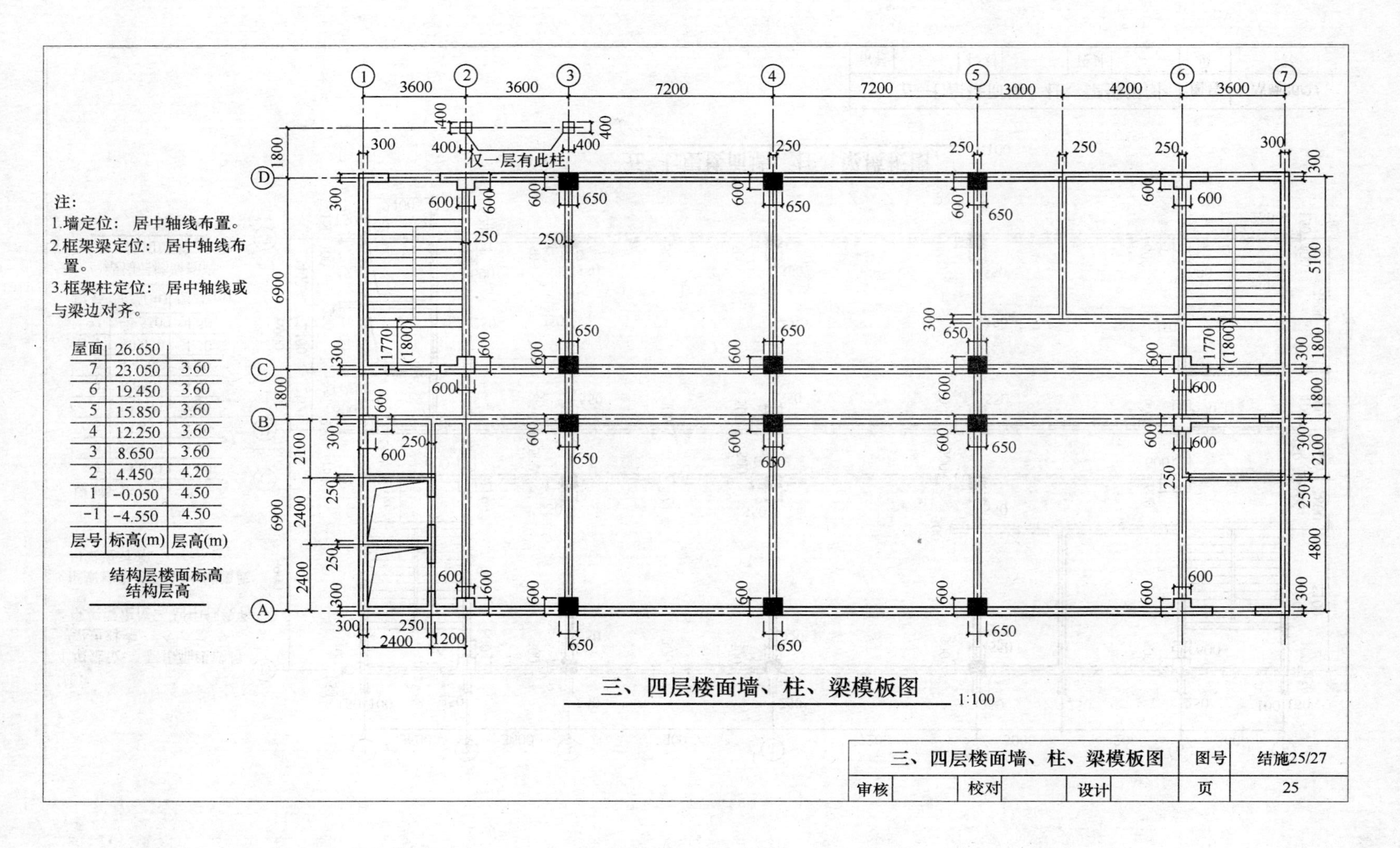

注：
1.墙定位：居中轴线布置。
2.框架梁定位：居中轴线布置。
3.框架柱定位：居中轴线或与梁边对齐。

层号	标高(m)	层高(m)
屋面	26.650	
7	23.050	3.60
6	19.450	3.60
5	15.850	3.60
4	12.250	3.60
3	8.650	3.60
2	4.450	4.20
1	-0.050	4.50
-1	-4.550	4.50

结构层楼面标高
结构层高

三、四层楼面墙、柱、梁模板图				图号	结施25/27
审核		校对	设计	页	25

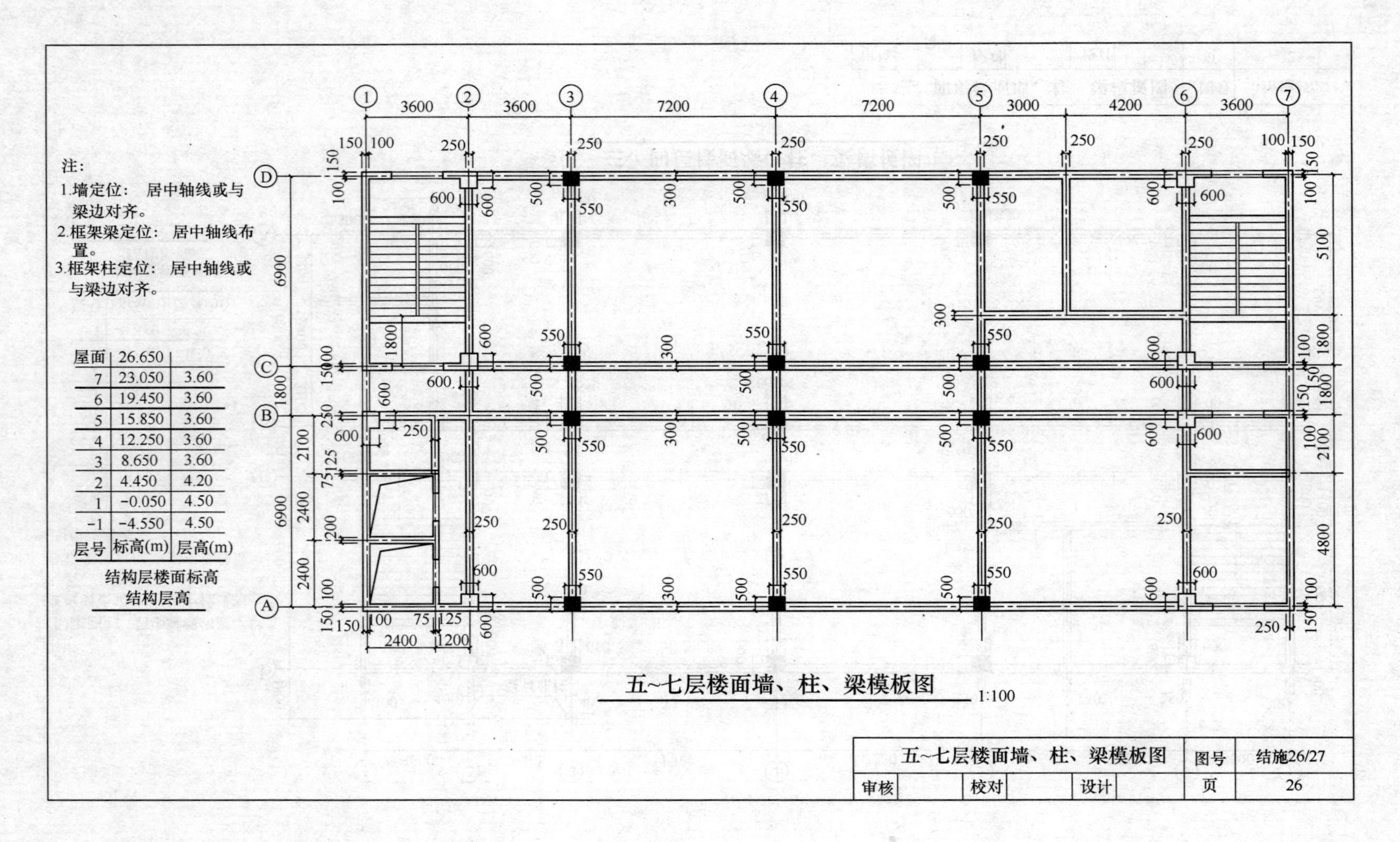

层号	标高(m)	层高(m)
屋面	26.650	
7	23.050	3.60
6	19.450	3.60
5	15.850	3.60
4	12.250	3.60
3	8.650	3.60
2	4.450	4.20
1	−0.050	4.50
−1	−4.550	4.50

结构层楼面标高
结构层高

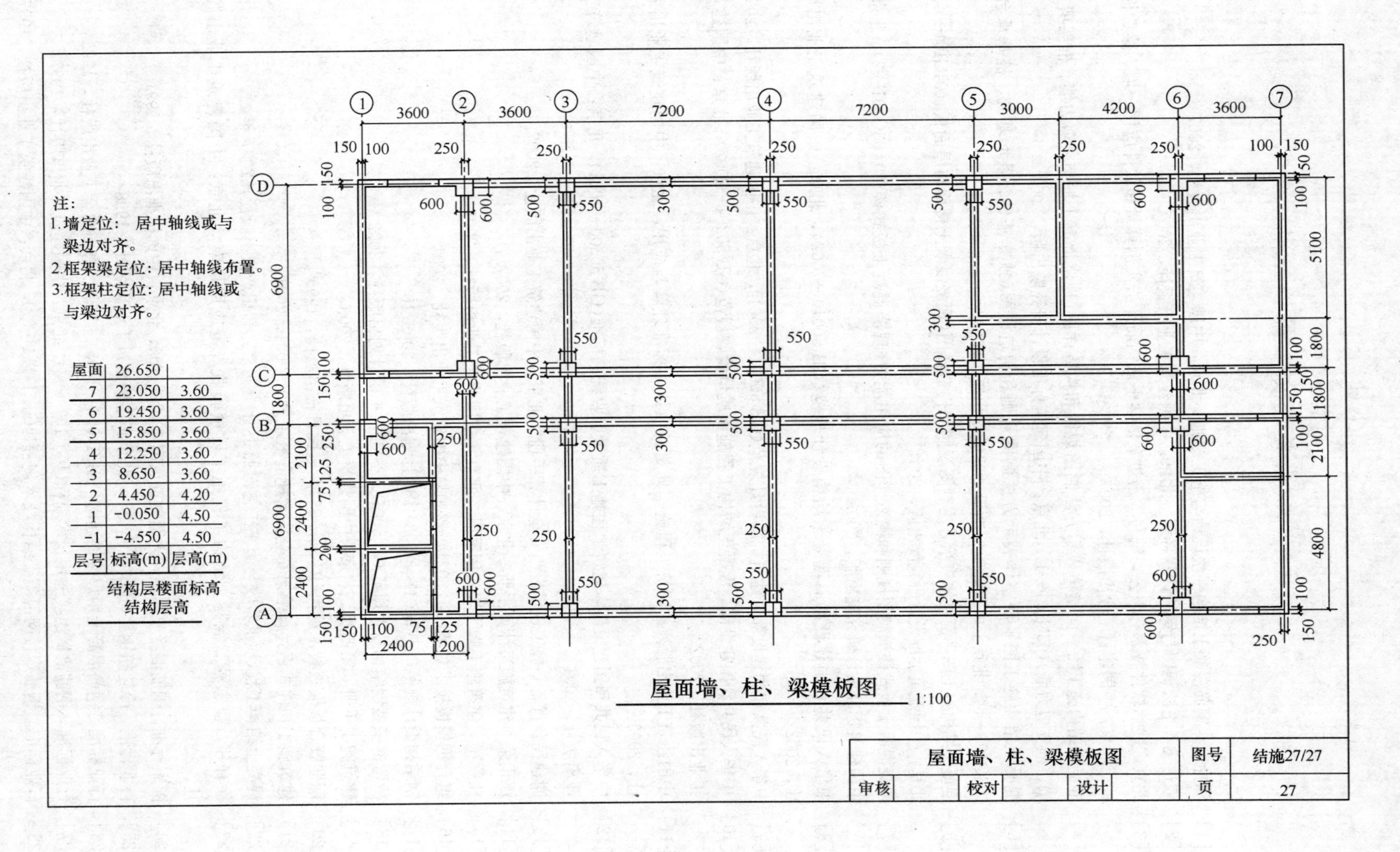
注：
1.墙定位：居中轴线或与梁边对齐。
2.框架梁定位：居中轴线布置。
3.框架柱定位：居中轴线或与梁边对齐。
屋面 26.650
7 23.050 3.60
6 19.450 3.60
5 15.850 3.60
4 12.250 3.60
3 8.650 3.60
2 4.450 4.20
1 −0.050 4.50
−1 −4.550 4.50
层号 标高(m) 层高(m)
结构层楼面标高
结构层高
屋面墙、柱、梁模板图 1:100
屋面墙、柱、梁模板图
图号 结施27/27
审核 校对 设计 页 27

参 考 文 献

[1] 陈青来．钢筋混凝土结构平法设计与施工规则．北京：中国建筑工业出版社，2007

[2] 陈达飞．平法识图与钢筋计算释疑．北京：中国建筑工业出版社，2007

[3] 北京广联达软件技术有限公司编写．透过案例学平法钢筋平法实例算量和软件应用一墙、梁、板、柱．北京：中国建材工业出版社，2007

[4] 混凝土结构施工图平面整体表示方法制图规则和构造详图(现浇混凝土框架、剪力墙、框架剪力墙、框支剪力墙)(03G101—1)．北京：中国建筑标准设计研究院出版，2003

[5] 混凝土结构施工图平面整体表示方法制图规则和构造详图(独立基础、条形基础、桩基承台)(06G101—6)．北京：中国建筑标准设计研究院出版，2006

[6] 混凝土结构施工图平面整体表示方法制图规则和构造详图(现浇混凝土楼面与屋面板)(04G101—4)．北京：中国建筑标准设计研究院出版，2004

[7] 现浇混凝土板式楼梯制图规则和构造详图的应用能力(现浇混凝土板式楼梯)(03G101—2)．北京：中国建筑标准设计研究院出版，2003

[8] 中华人民共和国建设部．混凝土结构设计规范(GB 50010—2002)．北京：中国建筑工业出版社，2002

[9] 中华人民共和国建设部．建筑抗震设计规范(GB 50011—2001)．北京：中国建筑工业出版社，2001

[10] 中华人民共和国建设部．混凝土结构工程施工质量验收规范(GB 50204—2002)．北京：中国建筑工业出版社，2002

[11] 中国建筑工业出版社．建筑工程施工质量验收统一标准理解与应用，北京：中国建筑工业出版社，2003

[12] 中华人民共和国建设部，建筑工程施工质量验收统一标准(GB 50300—2001)．北京：中国建筑工业出版社，2001

[13] 谢建民，肖备．施工现场设施安全计算手册．北京：中国建筑工业出版社，2007.11

[14] 江正荣．建筑施工计算手册．北京：中国建筑工业出版社，2007.7

[15] 杜荣军．建筑施工脚手架实用手册．北京：中国建筑工业出版社，2001

[16] 组合钢模板技术规范(GB 50214—2001)中国建筑工业出版社，2001

[17] 钢结构设计规范(GB 50017—2003)中国计划出版社，2003.10

[18] 冷弯薄壁型钢结构技术规范 GB 50018—2002，中国计划出版社，2002

[19] 建筑施工手册．第四版．北京：中国建筑工业出版社，2003

[20] 钢框胶合板模板技术规程(JG 96—95)，人民日报出版社，1995

[21] 建筑施工扣件式钢管脚手架安全技术规范 JGJ 130—2001，2001

[22] 混凝土结构工程(质量验收与施工工艺对照手册)．北京：知识产权出版社，2007 年

[23] 徐有邻，程志军．混凝土结构工程施工质量验收规范应用指南．北京：中国建筑工业出版社，2006

[24] 国家标准．钢筋混凝土用热轧光圆钢筋(GB 13013—91)．北京：中国标准出版社，1991

[25] 行业标准．冷轧扭钢筋(JG 3046—98)．北京：中国建筑工业出版社，1998

[26] 行业标准．钢筋混凝土用焊接钢筋网(YB/T 076—1995)．北京：中国冶金工业出版社，1995

[27] 行业标准．钢筋机械连接通用技术规程(JGJ 107—96)．北京：中国建筑工业出版社，1997

[28] 行业标准．钢筋焊接网混凝土结构技术规程(JGJ/T 114—97)．北京：中国建筑工业出版社，1997

[29] 中国建筑标准设计研究所．混凝土结构施工图平面整体表示方法制图规则和构造详图．北京：2001
[30] 行业标准．钢筋锥螺纹接头技术规程(JGJ 109—96)．北京：中国建筑工业出版社，1997
[31] 行业标准．镦粗直螺纹钢筋接头(JG/T 3057—1999)．北京：中国建筑工业出版社，2000
[32] 行业标准．钢筋焊接及验收规程(JGJ 18—96)．北京：中国建筑工业出版社，1996
[33] 行业标准．钢筋机械连接通用技术规程(JGJ 107—96)．北京：中国建筑工业出版社，1997
[34] 行业标准．带肋钢筋套筒挤压连接技术规程(JGJ 108—96)．北京：中国建筑工业出版社，1997
[35] 国家标准．钢筋混凝土用热轧带肋钢筋(GB 1499—1998)．北京：中国标准出版社，1999
[36] 国家标准．钢筋混凝土用余热处理钢筋(GB 13014—1991)．北京：中国标准出版社，1991
[37] 国家标准．冷轧带肋钢筋(GB 13788—92)．北京：中国标准出版社，1992
[38] 国家标准．混凝土结构设计规范(GB 50010—2002)．北京：中国建筑工业出版社，2002
[39] 建筑工程质量竣工资料实例．上海：同济大学出版社，2004，12
[40] 中华人民共和国建设部．建筑抗震设计规范(GB 50011—2001)．北京：中国建筑工业出版社，2008 版
[41] 中华人民共和国建设部．混凝土结构工程施工质量验收规范(GB 50204—2002)．北京：中国建筑工业出版社，2002
[42] 中华人民共和国建设部．《混凝土外加剂应用技术规范》(GBJ 50119—2003)．北京：中国建筑工业出版社，2003
[43] 混凝土外加剂．GB 8076—1997，中国标准出版社，1997
[44] 普通混凝土用砂、石质量检验方法标准．JGJ 52—2006，中国建筑工业出版社，2006
[45] 商品混凝土质量管理规程．DBJ 01—6—90，地方规程，1991
[46] 混凝土泵送施工技术规程．JGJT 10—95，中国建筑工业出版社，2005
[47] 预应力混凝土用钢绞线(GB/T 5224—2003)，中国标准出版社，2003
[48] 预应力混凝土用金属螺旋管(JG 225—2007)，中国标准出版社，2007
[49] 预应力筋用锚具夹具和连接器应用技术规程(JGJ 85—2002)，中国标准出版社，2002
[50] 中国建筑一局科学研究所，四川省建筑科学研究院，整体预应力装配式板柱建筑技术规程(CECS 52：93)，1993
[51] 中华人民共和国建设部．无粘结预应力混凝土结构技术规程(JGJ 92—2004)，中国建筑工业出版社，2005
[52] 中华人民共和国建设部．高层建筑混凝土结构技术规程(JG 3—2002)．北京：中国建筑工业出版社，2002
[53] 中华人民共和国建设部．建筑结构荷载规范(GB 5009—2001)，中国建筑工业出版社，2001
[54] 混凝土结构施工钢筋排布规则和构造详图(现浇混凝土楼面与屋面板)(09G901—4)，中国计划出版社出版，2009.9
[55] 混凝土结构施工钢筋排布规则和构造详图(筏形基础、箱型基础、地下室结构、独立基础、条形基础、桩基承台(09G901—3)，中国计划出版社出版，2009.8
[56] 混凝土结构施工钢筋排布规则和构造详图(现浇混凝土板式楼梯)(09G901—5)，中国计划出版社出版，2009.7
[57] 混凝土结构施工图平面整体表示方法制图规则和构造详图(箱型基础和地下室结构)(08G101—5)，中国计划出版社出版，2009.1
[58] 混凝土结构施工钢筋排布规则和构造详图(独立基础、条形基础、桩基承台)(06G90—1)，中国计划出版社出版，2008.6
[59] 建筑工程冬期施工规程 JGJ 104—97，中国建筑工业出版社，2005.7

[60] 建筑施工高处作业安全技术规范 JGJ 80—91，中国计划出版社，
[61] 建筑机械使用安全技术规程 JGJ 33—2001，中国建筑工业出版社，2002.1
[62] 建筑工程大模板技术规程 JGJ 74—2003，中国建筑工业出版社，2003.7
[63] 组合钢模板技术规范 GB 50214—2001，中国建筑工业出版社，2001.7
[64] 钢筋焊接及验收规程 JGJ 18—2003，中国建筑工业出版社，2003
[65] 钢筋焊接接头试验方法标准 JGJ/T 27—2001，中国建筑工业出版社，2002.5
[66] 钢筋锥螺纹接头技术规程 JGJ 109—96，中国建筑工业出版社，1997.5
[67] 预应力筋用锚具、夹具和连接器应用技术规程 JGJ 85—2002
[68] 建筑钢结构焊接技术规程 JGJ 81—2002，中国建筑工业出版社，2003.1
[69] 钢筋机械连接通用技术规程 JGJ 107—2003，中国建筑工业出版社，2005.7
[70] 带肋钢筋套筒挤压连接技术规程 JGJ 108—96，中国建筑工业出版社，1997.5

尊敬的读者：

感谢您选购我社图书！建工版图书按图书销售分类在卖场上架，共设22个一级分类及43个二级分类，根据图书销售分类选购建筑类图书会节省您的大量时间。现将建工版图书销售分类及与我社联系方式介绍给您，欢迎随时与我们联系。

★建工版图书销售分类表（详见下表）。

★欢迎登陆中国建筑工业出版社网站www.cabp.com.cn，本网站为您提供建工版图书信息查询，网上留言、购书服务，并邀请您加入网上读者俱乐部。

★中国建筑工业出版社总编室　电　话：010—58337016

传　真：010—68321361

★中国建筑工业出版社发行部　电　话：010—58337346

传　真：010—68325420

E-mail：hbw@cabp.com.cn

建工版图书销售分类表

一级分类名称(代码)	二级分类名称(代码)	一级分类名称(代码)	二级分类名称(代码)
建筑学(A)	建筑历史与理论(A10)	园林景观(G)	园林史与园林景观理论(G10)
	建筑设计(A20)		园林景观规划与设计(G20)
	建筑技术(A30)		环境艺术设计(G30)
	建筑表现·建筑制图(A40)		园林景观施工(G40)
	建筑艺术(A50)		园林植物与应用(G50)
建筑设计·建筑材料(F)	暖通空调(F10)	城乡建设·市政工程·环境工程(B)	城镇与乡(村)建设(B10)
	建筑给水排水(F20)		道路桥梁工程(B20)
	建筑电气与建筑智能化技术(F30)		市政给水排水工程(B30)
	建筑节能·建筑防火(F40)		市政供热、供燃气工程(B40)
	建筑材料(F50)		环境工程(B50)
城市规划·城市设计(P)	城市史与城市规划理论(P10)	建筑结构与岩土工程(S)	建筑结构(S10)
	城市规划与城市设计(P20)		岩土工程(S20)
室内设计·装饰装修(D)	室内设计与表现(D10)	建筑施工·设备安装技术(C)	施工技术(C10)
	家具与装饰(D20)		设备安装技术(C20)
	装修材料与施工(D30)		工程质量与安全(C30)
建筑工程经济与管理(M)	施工管理(M10)	房地产开发管理(E)	房地产开发与经营(E10)
	工程管理(M20)		物业管理(E20)
	工程监理(M30)	辞典·连续出版物(Z)	辞典(Z10)
	工程经济与造价(M40)		连续出版物(Z20)
艺术·设计(K)	艺术(K10)	旅游·其他(Q)	旅游(Q10)
	工业设计(K20)		其他(Q20)
	平面设计(K30)	土木建设计算机应用系列(J)	
执业资格考试用书(R)		法律法规与标准规范单行本(T)	
高校教材(V)		法律法规与标准规范汇编/大全(U)	
高职高专教材(X)		培训教材(Y)	
中职中专教材(W)		电子出版物(H)	

注:建工版图书销售分类已标注于图书封底。